社群網站的資料探勘
第三版

Mining The Social Web
THIRD EDITION

Matthew ~~Russell~~ *& Mikhail Klassen* 著

藍子軒 譯

O'REIL

斧頭鈍了若不磨利，用起來必多費力氣，
但智慧能助人成功。

— 傳道書 10:10

目錄

第一部分 社群網站的奇幻之旅

第二部分 Twitter 問答集

第三部分 附錄

前言

網路比較像社群的產物，而不只是一種技術。

我設計網路的目的，主要是為了社群的效應（協助人們合作），而不只是把它當成技術性的玩物。Web 網路最終的目標，就是支援與改善世界上任何與網路有關的體驗。我們每個人總是身處於家庭、各種組織和公司之中。如今我們有可能更相信千里之外的人，而不見得相信近在咫尺的人。

— Tim Berners-Lee，《*Weaving the Web*》
（一千零一網：網際網路 *WWW* 發明人的思想構圖；*Harper* 出版社）

來自作者 Matthew Russell 的提醒

自從我最後一次處理《社群網站的資料探勘》（*Mining the Social Web*；第二版）的文稿至今，已經過了五年多，這段期間發生了很多變化。我在生活中學習到許多新事物，各種技術也以驚人的速度不斷發展，而各種社群網站也成熟到了一定程度，如今政府已經在制定各種有關如何收集、分享與使用資料的法律政策。

雖然我知道自己的時間安排，很可能無法滿足新版本製作、內容更新與擴展的各種需求，但是我完全相信，再也沒有比現在更好的時刻，更適合本書所要傳達的訊息，因此我覺得現在正是找一位共同作者合作的最佳時機，這樣才有機會讓本書順利傳達給對於挖掘社群網站充滿好奇的下一波企業家、技術人員和電腦駭客。我花了一年多才找到一位共同作者，對這個主題抱有共同的熱情，而且擁有寫書所需的技能與決心。

我幾乎快要不知該如何表達，我對 Mikhail Klassen 有多麼感激；他多年來持續付出熱情與努力，為本書做出了極大的貢獻。在隨後的內容中，你可以看到他除了重新編輯並刷新整個文稿內容之外，在程式碼現代化、執行環境可用性改善，以及一些全新且實用的章節擴展內容方面，都做出了巨大的貢獻；他用他的熱情，為所有想要挖掘社群網站的企業家、技術人員和電腦駭客們，掀起了一股新的熱潮。

最好先瞭解的事

本書的精心設計，旨在針對特定目標讀者，提供美妙的學習體驗；為了避免各位受到一些表達不滿的郵件、不良的書籍評價或其他可能誤解的影響，而對本書的範圍或目的形成不必要的混淆，這段前言其餘的部分打算協助你，判斷自己是否屬於本書的目標讀者。做為一個忙碌的專業人士，我們總是把時間視為最寶貴的資產，希望你一開始就能明白這點，而且我們相信你也是如此。雖然我們一不小心就會浪費時間，但我們確實很努力，希望能在自己的一生中得到身邊人們的尊敬，而這段前言正是一種嘗試，希望我們可以協助你明確瞭解本書能否滿足你的期望，藉此贏得你的尊敬。

管理你的期望

本書對於讀者最基本的假設是，你想學習如何從各大流行社群網站中挖掘資料，並在執行各種範例程式碼時，能避開各種技術上的問題，而且在過程中得到「很多」的樂趣。雖然你閱讀本書可能只是為了學習一些知識，但你還是應該先瞭解本書的編寫方式，好讓你可以順利完成其中許多練習，而且只要透過幾個簡單的步驟，完成開發環境的設定，就可以成為一個資料挖掘者。如果你過去曾寫過一些程式，應該就會發現本書相當入門，而且要執行本書的程式碼範例相對比較簡單。就算你從未寫過程式，自認對於技術瞭解不多，我敢說你還是可以把本書當成一次非凡旅程的起點，進而以你從未想像過的方式擴展你的思維。

如果要充分享受本書的所有內容，你至少必須對深藏在各大社群網站（如 Twitter、Facebook、LinkedIn 和 Instagram）內豐富的資料，以及其中所潛藏的巨大可能性抱有一定的興趣，而且你還要激發自己的動力，把 Docker 安裝起來，並使用它來運行本書的虛擬機，然後在 Jupyter Notebook 中跟著本書的範例程式碼一起前進；Jupyter Notebook 是一個以 Web 為基礎的出色工具，我們每一章的所有範例全都保存在這樣的格式之中。所有程式碼全都放在一個相當友善的使用者界面中，如果你想要執行這些範例，通常就像按幾個鍵一樣簡單。

本書會教你一些值得學習的知識，並為你的工具箱增添一些必不可少的工具，不過更重要的是，本書打算用說故事的方式，讓你在整個旅途中保持愉悅的心情。這個有關於「資料科學」的故事，內容包含許多有趣的可能性，其中牽涉到各大社群網站、隱藏其中的各種資料，以及你（或任何人）如何處理資料的各種方法。

如果從頭到尾閱讀本書，你就會發現整個故事是逐章展開的。雖然每一章大致上都會遵循一定的架構，先介紹社群網站本身，再教你如何使用 API 取得資料，然後再介紹一些資料分析技術，不過，如果從更廣泛的角度來看，本書的複雜度也會逐漸提升。本書前幾章會花點時間介紹一些基本概念，後幾章則會在這些基礎上，逐步介紹一些可用來挖掘社群網站的工具和技術；如果你是資料科學家、分析師、有遠見的思想家，或者只是個好奇的讀者，這些東西全都可以代入你生活中的其他面向。

近年來，有些最受歡迎的社群網站已經從時尚逐漸轉變為主流，甚至已變成家喻戶曉的概念，進而改變我們在網路與日常生活的方式，透過這些技術帶給我們一些最好（有時也可能是最糟）的資訊。一般來說，本書每一章都會把社群網站的各個面向，與各種資料探勘、分析、視覺化呈現技術交織在一起，在探索資料的同時，嘗試回答以下這幾個具有代表性的問題：

- 誰認識誰？哪些人是社群網路中的共同點？
- 特定的某些人多久進行一次溝通？
- 什麼樣的社群網路連結，可以為特定市場帶來最大的價值？
- 地理上的因素，對於你在網路世界的社群關係有何影響？
- 誰是社群網路中最具影響力、最受歡迎的人？
- 大家都在聊些什麼？（這很有價值）
- 根據人們在數位世界所使用的語言，能否看出大家對什麼很感興趣？

這些基本的問題，其答案通常可以提供很有價值的見解，而對於想要瞭解問題並找出解決方案的企業家、社會科學家和其他好奇的專業工作者來說，也提供了很好的機會（有時甚至是利潤豐厚的商機）。從無到有構建出回答這些問題的殺手級應用，或是超越視覺化函式庫典型應用的冒險嘗試，甚至構建出最先進的技術，這些全都不在本書的範圍之內。如果你是為了達成其中一個目標而購買本書，最後恐怕會很失望。不過，本書確實提供許多回答問題所需的基本要素，並且提供了一個跳板，這很可能正是你構建殺手級應用或進行研究時所需的要件。建議你先略讀幾章，再自己做個判斷。本書內容確實涵蓋許多的基礎。

特別重要一定要注意的是，API 總會不斷變化。社群媒體才剛出現沒多久，甚至連當今看來最成熟的平台，也都還在適應大家的使用習慣，而且面臨各種安全與隱私的新威脅。因此，我們的程式碼與各平台 API 之間的界面，也有可能隨時發生變化；這也就表示，本書所提供的範例程式碼，將來很有可能無法持續正常運作。我們已經盡可能針對一般用途與應用程式開發者，建立一些實用的範例，其中有些範例還是必須先把應用程式提交給官方，以供審核與批准。我們會盡可能加上有用的註釋，不過請別忘了，API 服務條款隨時都有可能改變。雖然如此，但只要你的應用程式遵守服務條款，應該就能獲得官方批准。你的努力絕對是值得的。

以 Python 為中心的技術

本書所有範例程式碼，全都刻意採用 Python 程式語言。Python 本身直觀的語法及其相應的套件體系，再加上 JSON（*http://bit.ly/1a1kFaF*）核心資料結構，讓各種 API 存取與資料處理變得非常簡單，因此它成為了一種出色的教學工具，不但功能強大，而且非常容易安裝和運行。如果這樣還不足以讓 Python 成為挖掘社群網站教學實務上絕佳的選擇，可以再搭配 Jupyter Notebook（*http://bit.ly/2LOhGvt*）這款功能強大的交互式程式解譯器，它可以在你的 Web 瀏覽器中提供絕佳的使用者體驗，讓你把程式碼執行、輸出、文字說明、數學排版、圖表等全都結合起來。在學習環境方面，已經很難想像還有其他更好的使用者體驗，因為它把範例程式碼許多方面的問題變得更簡單，讀者可以隨心所欲理解並執行程式碼，而不會遇到什麼麻煩。圖 1 顯示的是 Jupyter Notebook 的控制面板（*dashboard*）的畫面，本書每一章相應的 Jupyter Notebook 都會用到這樣的界面。圖 2 顯示的則是打開一個 Notebook 檔案之後相應的畫面。

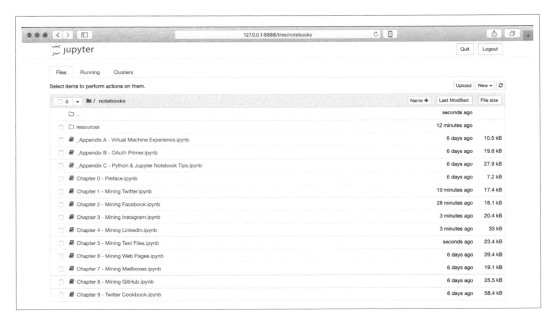

圖 1：顯示 Jupyter Notebook 整體狀況的一個控制面板

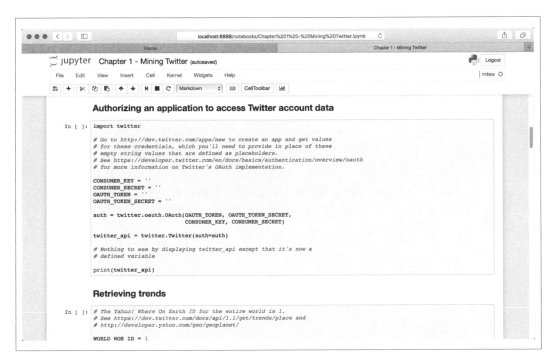

圖 2：「第一章：挖掘 Twitter」相應的 Notebook 檔案畫面

本書每一章都有個相應的 Jupyter Notebook，其中包含各章相應的範例程式碼，你可以很愉快地學習程式碼、修改程式碼，或是根據自己的需求，編寫自己的程式碼。如果你已經設計過一些程式，但從未看過 Python 語法，或許只要略讀前幾頁的內容，就可以讓你完成所有需要的確認。網路上也有許多出色的文件，如果你想以 Python 做為程式語言，正在尋找可靠的相關介紹，官方的 Python 教程（*http://bit.ly/1a1kDj8*）就是一個不錯的起點。本書的 Python 程式碼已全面修訂，全都採用 Python 3.6 編寫。

Jupyter Notebook 確實很不錯，但如果你還不熟悉 Python，我們就貿然建議你按照網路的說明，去設定你自己的開發環境，這樣很可能反而會有反效果（甚至可以說是很粗魯的建議）。為了讓你在本書盡可能享受到愉悅的體驗，建議你可以先使用我們所提供的虛擬機，其中包含本書所有範例相應的 Jupyter Notebook，而且所有需要的其他項目全都已預先安裝完成，可以直接使用。你所要做的就是按照幾個簡單步驟進行操作，大約15 分鐘之後，就可以開始使用其中的範例了。如果你有程式設計的背景，也可以自行設定開發環境，但我們還是希望可以說服你，把虛擬機做為一個更好的起點。

更多關於本書在虛擬機方面的經驗分享，請參見附錄 A。附錄 C 的內容也很值得你一讀：其中提供了一些 Jupyter Notebook 技巧和通用的 Python 程式設計習慣做法，這些技巧在本書的程式碼中經常用到。

無論你是 Python 的新手還是專家，本書最新的程式碼以及可用來構建虛擬機的隨附 script 腳本，全都可以在 GitHub（*http://bit.ly/Mining-the-Social-Web-3E*）取得；GitHub 是一個社群化的 Git（*http://bit.ly/16mhOep*）儲存庫，它可以用來持續提供最新的範例程式碼。社群化的程式設計方式，強化了志趣相投者之間的合作關係，人們可以透過共同努力的方式，對程式碼進行擴展，並解決一些令人著迷的問題。你可以擴充、改善一些程式碼，或是對程式碼進行分叉（*fork*），甚至有可能在過程中結識一些新朋友。

本書官方的 GitHub 儲存庫包含了本書最新、錯誤已修正的程式碼，詳情請參見 *http://bit.ly/Mining-the-Social-Web-3E*。

第三版的改進

如前所述，本書第三版是由 Mikhail Klassen 擔任共同作者。

技術日新月異，社群媒體平台也不例外。我們在修訂第二版時就知道，本書一定要反映這些正在發生的所有變化，讓各位讀者可以從最新變化中受益。第一個最明顯的變化，就是把程式碼從 Python 2.7 更新到 Python 3.0+ 的最新版本。儘管 Python 2.7 還是有一些死忠的使用者，但轉移到 Python 3 有很多優點，其中至少有一點是對 Unicode 更好的支援。處理社群媒體資料時，經常需要處理一些表情符號或其他語言的文字，因此對 Unicode 的良好支援至關重要。

在對使用者隱私日益關注的氣氛下，社群媒體平台正在改變他們的 API，針對第三方應用程式（甚至包括已通過審查批准的應用程式）可存取其平台的程度做出種種限制，讓使用者資訊得到更好的保護。

本書早期版本其中某些程式碼範例，已經因為資料存取限制的改變，而不再能夠使用。在這樣的限制狀況下，我們重新建立了一些新範例，同時也增加了一些有趣的例子。

雖然社群媒體平台修改 API 之後，本書許多程式碼範例也要隨之更改，不過我們還是可以存取到相同的資料，只不過可能要採取不同的方式。我們花了不少時間閱讀每個平台的開發者文件，再根據本書第二版的程式碼，運用新的 API 重新建立了新的程式碼範例。

第三版所做的最大變動，也許就是增加了挖掘 Instagram 的章節（第三章）。Instagram 是一個非常受歡迎的平台，我們認為絕對不能錯過。它也讓我們有機會展示一些對圖片資料進行資料探勘的有用技術，尤其是深度學習的應用。這個主題很快就變得很具有技術性，但我們還是以一種比較容易理解的方式介紹一些基礎知識，然後運用功能強大的電腦視覺 API，為我們完成繁重的工作。在最終的結果中，我們只用幾行 Python 就建立了一個系統，可以用來查看發佈到 Instagram 的照片，並告訴你其中的內容。

另一個重大的變化是，我們針對第五章的內容進行了大量的編輯與重組，不再針對 Google+，而是以文字檔案做為挖掘的對象。這一章的基礎並沒有改變，針對 API 送回來的任何人類語言資料，其內容還是具有通用性。

本書還做了一些其他技術性決策，其中有一些讀者或許不見得贊同。在挖掘郵件信箱的章節中（第七章），本書第二版採用的是 MongoDB，它是一種資料庫，可用來儲存或查詢電子郵件資料。介紹這類系統很有意義，但除非你是在 Docker 容器中執行本書的程式碼，否則要另外安裝資料庫系統總是比較麻煩。另外，我們也想提供更多關於如何使用 pandas 函式庫的範例，因此我們在第二章介紹了這個函式庫。由於這個函式庫可以讓表格資料的操作變得非常容易，因此它已迅速成為資料科學家工具箱裡最重要的函式庫之一。在一本介紹資料探勘的書中，沒有講到資料庫好像怪怪的。所以，我們還是保留了第九章的 MongoDB 範例，如果你使用的是本書的 Docker 容器，使用上應該是輕而易舉才對。

最後，我們刪除了之前「挖掘語義網路」（Mining the Semantic Web）的內容。這一章的內容第一版就有了，不過考慮到社群網站的總體發展方向，在經過將近十年之後，其存在必要性似乎變得有待商榷。

 我們歡迎你提供各種具有建設性的回饋意見，也很樂意看到你透過書評、@SocialWebMining（*http://bit.ly/1a1kHzq*）的推文、或是在 Mining the Social Web 的 Facebook（*http://on.fb.me/1a1kHPQ*）發表留言提供你的意見。本書的官方網站與部落格有一些與本書相關的內容，詳情請參見 *http://MiningTheSocialWeb.com*。

挖掘資料的道德規範

在撰寫本文時，《通用資料保護條例》（GDPR；General Data Protection Regulation）的規定剛在歐盟（EU）完全生效。這個條例規定各公司必須保護歐盟公民與居民的隱私，讓使用者對自己的資料有更多的控制權。由於世界各地的公司在歐洲都有相關的業務，因此幾乎所有公司都被迫修改其使用條款和隱私政策，否則就會面臨處罰。GDPR 為隱私設立了新的全球基準；即使沒有在歐洲開展業務，它對於世界各地的公司也會產生正面的影響。

《社群網站的資料探勘》（*Mining the Social Web*）第三版出版的此刻，人們越來越關注資料的使用道德和使用者隱私問題。世界各地都有許多資料經紀商，一直在收集、整理、轉售網路使用者的各種相關資料，包括人們的消費者行為、偏好、政治傾向、郵遞區號、收入等級、年齡等等。在某些地區，這樣的做法有時是完全合法的。只要擁有足夠的資料，就可以透過針對性很強的訊息、界面或誤導性資訊，利用人類的心理來操縱其行為。

做為一本談論如何從社群媒體與網路中挖掘資料、並從中獲得樂趣的書籍作者，我們完全可以意識到這種很諷刺的現象。我們也知道，合法的東西不一定就是道德的。資料探勘本身就是使用一堆特定技術的一種實務，而這些技術本身在道德上是中性的。資料探勘的技術，可以有許多非常有用的運用方式。我（Mikhail Klassen）經常提到的一個例子，就是聯合國全球脈動（UN Global Pluse）的工作，這是聯合國針對如何利用大數據為全球利益服務的一項行動。舉例來說，透過社群媒體資料的運用，就可以針對某個發展計劃（如疫苗接種活動）或某個國家的政治進程，衡量出相應的輿情。透過 Twitter 資料的分析，很可能就可以更快應對流行病或自然災害之類的新興危機。

不過，並不是每個例子都能符合人道主義。資料探勘的技術正以令人興奮的方式，被用於開發各種個性化的學習技術，以達到更好的教育訓練效果，或是變成一些新創企業的商業機會。在其他領域，資料探勘也被用來預測疫情、發現新藥、判斷哪些基因可能與特定疾病有關，或是何時該對引擎進行預防性保養。其實只要能負責任地使用資料，並尊重使用者的隱私，還是可以在符合道德規範的前提下，使用各種資料探勘的技術；這樣不但有利可圖，也有可能實現驚人的成就。

目前，關於眾人生活相關的大量資料，幾乎都掌握在相對少數的科技公司手中。這些公司必須承擔越來越大的社會壓力與政府法規，並以更負責任的方式使用他們手中的資料。值得稱讚的是，許多公司都在更新其政策，以及它們所提供的 API。只要好好閱讀本書，你就可以更瞭解第三方開發者（例如你自己）可以從這些平台取得什麼樣的資料，並學習到許多可以把資料轉化為知識的工具。我們同時也希望，你對於技術的濫用有更多的瞭解。如此一來，做為一個擁有充分資訊的公民，你便可以倡導制定出更明智的法律，來保護每個人的隱私。

本書所使用的排版體例

本書使用以下印刷排版體例：

斜體（*Italic*）
代表新術語、URL、電子郵件地址、檔案名稱和檔案副檔名。

定寬體（`Constant width`）

　　代表程式碼，或是內文段落中的程式碼元素，例如變數或函式名稱、資料庫、資料類型、環境變數、程式語句和關鍵字。

定寬粗體（**`Constant width bold`**）

　　用來顯示那些應由使用者直接輸入的指令或其他文字。偶爾也用來強調部分的程式碼。

等寬斜體（*`Constant width italic`*）

　　用來顯示那些應替換為使用者所提供的值，或是可根據前後文確定的值。

 這個圖標代表一般的提醒。

 這個圖標代表提示或建議。

 這個圖標代表警告或注意。

程式碼範例

本書最新範例程式碼全都放在 GitHub（*http://bit.ly/Mining-the-Social-Web-3E*）的官方程式碼儲存庫。我們很鼓勵你持續關注此儲存庫最新的錯誤修正程式碼，以及作者與其他社群程式設計社群所延伸出來的範例。如果你閱讀的是本書的紙本，印刷版的範例程式碼有可能並不是最新的資訊，但你只要針對本書的 GitHub 儲存庫進行操作，一定可以取得最新的範例程式碼。如果你使用的是本書的虛擬機，裡面就有最新的程式碼，但如果你選擇使用自己的開發環境，請務必善用直接從 GitHub 儲存庫下載程式碼封存檔案的功能。

請把範例程式碼相關的問題記錄到 GitHub 儲存庫的問題追蹤器（issue tracker），而不要放在 O'Reilly 書籍目錄的勘誤追蹤器中。

你在自己的程式和文件中，通常可以直接使用本書的程式碼。除非你要複製大部分的程式碼，否則並不需要與我們聯繫獲取許可。舉例來說，寫程式時用到本書其中部分程式碼，並不需要請求許可。出售或散佈 O'Reilly 書籍中的範例光碟，則必須獲得我們的許可。回答問題時，引用本書內容或範例程式碼，並不需要我們的許可。如果把本書大量範例程式碼合併到產品文件中，則需要取得我們的許可。

在發佈程式碼時，我們要求根據 OSS license 標註出處。標註出處時，通常應包括書名、作者、出版社與 ISBN。例如：Matthew A. Russell 與 Mikhail Klassen 所著的《社群網路的資料探勘》（Mining the Social Web，第三版）。Copyright 2018 Matthew A. Russell and Mikhail Klassen, 978-1-491-98504-5。

如果你認為自己對程式碼範例的使用，已超出合理使用的範圍，或是已超出上述的許可範圍，請隨時透過 *permissions@oreilly.com* 與我們聯繫。

本書有一個網頁，其中列出了一些「與程式碼無關的勘誤」及其他的訊息。其網址為 *http://bit.ly/mining-social-web-3e*

任何關於範例程式碼的錯誤，請透過 GitHub 的問題追蹤器（issue tracker）進行提交，網址為 *http://github.com/ptwobrussell/Mining-the-Social-Web/issues*

第三版謝辭

如果不是因為遇到了 O'Reilly Media 的 Susan Conant，我（Mikhail Klassen）就沒有機會參與本書。她看出我與 Matthew Russell 合力著作本書第三版的潛力，而且我很高興能夠參與此專案。能與 O'Reilly 編輯團隊合作感覺超棒的，我要感謝 Tim McGovern、Ally MacDonald 和 Alicia Young。O'Reilly 還製作了與本書專案相關的一系列影片講座，因此我也要感謝與我合作的團隊：David Cates、Peter Ong、Adam Ritz 和 Amanda Porter。

我只能利用晚上和週末的時間進行這項專案，這也就表示，一定會佔用到家人的時間，因此我要感謝我的妻子 Sheila 的諒解。

第二版謝辭

我（Matthew Russell）在第一版的謝辭中提過，寫書是一種巨大的犧牲。與朋友和家人共度的時光（主要是晚上和週末）非常珍貴，而且無法重來，因此一定要有道義上的支援，才能與家人朋友保持完整的關係。我要再次感謝我那些非常有耐心的朋友與家人，他們真的不應該容忍我再寫一本書，而且他們也許會擔心我那麼喜歡在晚上和週末工作，說不定我會因此得到某種慢性疾病。如果你知道有哪一家診所專門治療沉迷於寫書的人，請跟我說一聲，我保證我一定會去檢查一下。

每個專案都需要一位出色的專案經理，而我那令人難以置信的編輯 Mary Treseler，以及她那群令人驚嘆的製作人員，在我們合作這本書的過程中，實在令人感到相當愉快（一如既往）。寫技術書是一項長期而艱鉅的工作，而我至少可以說，與專業人士合作真是一種非凡的經歷，他們可以幫助你度過艱難的旅程，而且打磨出美好的成果，讓你可以很自豪地與全世界分享。Kristen Brown、Rachel Monaghan 和 Rachel Head 很切實發揮了所有的作用，把我的最大努力提高到全新的專業水平。

我從一些非常有能力的編輯人員和技術審閱者那裡所得到的詳細回饋，也十分令人驚訝。從非常技術性的建議，到使用 Python 時如何考慮軟體工程方面的最佳實務做法，再到如何以模擬讀者的方式最有效涵蓋目標讀者的觀點，這些回饋遠遠超出了我的預期。如果沒有那些我所收到、各種考慮周到的同行審閱者回饋，你所閱讀到的書籍品質肯定無法與本書相媲美。尤其感謝 Abe Music、Nicholas Mayne、Robert P.J. Day、Ram Narasimhan、Jason Yee 和 Kevin Makice 對於本書手稿非常詳細的審閱。這對本書的品質產生了巨大的影響，我唯一的遺憾就是在過程中沒有機會更緊密合作。我也要感謝 Tate Eskew 向我介紹了 Vagrant，這個工具在本書建立容易使用與維護的虛擬機方面，發揮了巨大的作用。

我還要感謝 Digital Reasoning 許多出色的同事，這些年來我們針對資料探勘與資訊科學主題，進行了許多具有啟發性的對話，還有許多具有建設性的交流，塑造了我更加專業的思維。能夠加入這麼有才華與能力的團隊，真的是一種幸福。我要特別感謝 Tim Estes 和 Rob Metcalf，他們一直支持我（在 Digital Reasoning 的專業職責之外）從事這種非常耗時的工作（例如寫書）。

最後，感謝本書程式碼的每個讀者或採用者，他們在本書第一版的整個生命週期中，提供了許多具有建設性的回饋。雖然名字實在太多了，但你們的回饋確實以一種無法估量的方式，影響了第二版的內容。我希望第二版能滿足你們的期望，並且能夠躋身於你們推薦給朋友或同事的實用書籍清單之列。

第一版謝辭

我可以這麼說,寫一本技術書一定要「付出極大的犧牲」。在家庭方面,我犧牲與妻子 Baseeret 和女兒 Lindsay Belle 共度的時光,比我想像還要多得多。我最感謝的就是你們兩個人,就算我的野心是有一天要統治全世界,你們還是一樣愛我。(說真的,那只是一個階段性目標,我會繼續努力的。)

我衷心相信,你的決定總能帶你去到想去的地方(尤其是職業生涯),但沒有人可以獨自完成旅程,我很榮幸有機會擁有這麼多值得讚揚的夥伴。在寫這本書的過程中,我真的很幸運能與世界上最聰明的人合作,包括像 Mike Loukides 這麼聰明的技術編輯,像 O'Reilly 這麼有才華的一群製作人員,以及熱情洋溢的審閱者不勝枚舉,就像所有幫助我完成本書的人一樣。我要特別感謝 Abe Music、Pete Warden、Tantek Celik、J. Chris Anderson、Salvatore Sanfilippo、Robert Newson、DJ Patil、Chimezie Ogbuji、Tim Golden、Brian Curtin、Raffi Krikorian、Jeff Hammerbacher、Nick Ducoff、Cameron Marlowe 協助審閱本書,並提出許多特別有用的意見,這些意見絕對塑造出了最好的結果。我還要感謝 Tim O'Reilly 慷慨地讓我可以把他的 Twitter 和 Google+ 資料放到顯微鏡下探索;有了這些內容,整個章節顯然變得有趣許多。所有直接或間接影響我的人生、讓我寫出本書的其他人,實在不大可能在此道盡,但我還是要表達我的感謝。

最後,感謝你給本書一個機會。如果你正在閱讀本書,至少考慮一下要不要買一本回家。如果你真的買了本書,也許會發現其中有些錯誤,不過我真的已經盡力了;儘管如此,我依然相信,你會發現這本書是你度過一些夜晚或週末,其中一種令人愉快的方式,而且你可以真正學到一些東西。

社群網站的奇幻之旅

本書第一部分稱為「社群網站的奇幻之旅」，因為我們在其中提供了一些實用的技巧，可以讓你從一些最受歡迎的社群網站中，取出一些馬上就能運用的價值。你會學習到如何存取 API，進而分析來自 Twitter、Facebook、LinkedIn、Instagram、網頁、部落格、電子郵件和 GitHub 帳號中的社群資料。總體來說，每個章節都是獨立的，每一章都在講述自己的故事，不過第一部分的所有章節，整個過程也在講述著一個涵蓋面更廣泛的故事。內容的複雜性會逐漸增加，前幾章介紹過的某些技術，在後面的章節還會反覆用到。

由於複雜度逐漸增加，因此我們鼓勵你按照順序閱讀，不過你還是可以直接挑選自己想要閱讀的章節，跟著其中的範例理解相應的內容。每一章的範例程式碼都會合併到一個 Jupyter Notebook 中，並根據本書的章節編號命名。

本書的程式碼全都可以在 GitHub（*http://bit.ly/Mining-the-Social-Web-3E*）找到。我們強烈建議你善用 Docker 的優勢，構建出獨立的虛擬機體驗。在預先設定好的開發環境下，範例程式碼一定都可以正常運作。

序幕

雖然在前言已經提過，隨後有機會我們還是會不斷重申，本書並不是那種附有封存範例程式碼的典型技術書籍。本書希望可以改變某種現狀，並為技術書定義一個新標準；本書的程式碼本身希望可以成為一流的開源軟體專案，而本書只不過是針對該程式碼儲存庫的一種「高級」支援形式。

為了實現這個目標，我們已經認真思考過，盡可能把書中的討論與程式碼範例進行整合，讓讀者盡可能無縫地獲得學習經驗。在與第一版讀者進行過大量討論、並反思所汲取的教訓之後，我們發現以虛擬機的伺服器提供互動式使用者界面，並以穩固而扎實的管理設定做為基礎，就是最好的前進之路。你使用的作業系統有可能是 macOS、Windows 或 Linux，電腦有可能是 32 位元還是 64 位元，安裝的第三方軟體依賴關係也有可能影響 API 的使用，因此幾乎沒有其他像是虛擬機這樣簡單好用的方法，可以讓你完全控制程式碼，同時又可確保程式碼「正常運作」。

本書第三版運用了 Docker 來提供虛擬機的體驗。Docker 是一種可以安裝在各種常見電腦作業系統上的技術，可用來建立和管理「容器」（container）。Docker 容器的行為就像虛擬機一樣，可建立獨立的環境，在該環境中具有運行軟體所需的所有必備程式碼、可執行檔與依賴項目。其中存在許多複雜軟體的容器化版本，在運行 Docker 的任何系統上，都可以輕鬆安裝起來。

本書的 GitHub 儲存庫（*http://bit.ly/Mining-the-Social-Web-3E*）包含了一個 Dockerfile。Dockerfile 就像一份食譜，可以告訴 Docker 如何「構建」容器化軟體。各位可以在附錄 A 找到如何快速啟動和運行的相關說明。

請好好善用如此強大的工具，進行互動式學習。

參閱「Reflections on Authoring a Minimum Viable Book」(關於撰寫最低限度可行書籍的思考;*http://bit.ly/1a1kPyJ*)以瞭解更多關於第二版虛擬機開發過程的思考。

雖然接下來閱讀第一章是最合理的選擇,不過你也可以考慮先閱讀附錄 A 和附錄 C,為後續執行範例程式碼做好一些準備。附錄 A 會指向一份線上文件,還有隨附的影片截圖,可引導你快速而輕鬆地進行設定,用 Docker 構建出本書所要使用的虛擬機。附錄 C 會指向另一份線上文件,其中提供了一些背景資訊,在虛擬機中進行互動操作時,你應該就會發現這些背景資訊很有價值。

就算你是一位經驗豐富的開發者,自己就能完成所有工作,我們還是建議你使用 Docker,這樣可以省掉一些因為軟體安裝問題所帶來的困擾。

挖掘 Twitter：
觀察流行趨勢、探索熱門話題

既然這是第一章，我們不妨先花點時間，為「探索社群網路」的旅程做些準備。不過，由於 Twitter 的資料實在很容易取得，而且其資料接受大眾審視的態度也極為開放，因此本書最後一章（第九章）還會用一種很便捷的問答形式，簡要提供各種不同的做法，進一步闡述多種資料挖掘的可能性；這些做法十分容易上手，也很容易套用到各式各樣的問題之中。至於未來各章節所提到的概念，當然也全都可以套用到 Twitter 的資料。

請務必從 GitHub（*http://bit.ly/Mining-the-Social-Web-3E*）取得本章（及其他各章）的最新程式碼。另外也請充分利用本書在虛擬機方面的經驗（參見附錄 A），以最大程度享用本書的範例程式碼。

1.1 本章內容

本章打算用 Python 建立一個最精簡有效的開發環境，並審視一下 Twitter 的 API，然後再運用頻率分析（frequency analysis）的做法，從許多推文（tweet）中挖掘出更深入的見解。你在本章會學習到以下這些內容：

- Twitter 的開發者平台，以及發送 API 請求的做法
- 推文的「元資料」（metadata）及使用方法
- 從推文中提取出「使用者提及」（user mention）、「主題標籤」（hashtag）和 URL 網址之類的實體（entity）
- 用 Python 實現「頻率分析」的技術
- 用 Jupyter Notebook 繪製出 Twitter 資料的直方圖

1.2 為何 Twitter 如此風靡？

通常大部分章節並不會一開始就討論這種具有反思性的問題，但既然這是本書第一章，介紹的又是一個經常被誤解的社群網站，因此花點時間從根本上檢視一下 Twitter 似乎也蠻恰當的。

你會怎麼定義 Twitter 呢？

每個人都有不同的答案，但我們姑且從一個比較高的角度來考慮這個問題；Tweitter 解決了我們每個人都有的一些基本問題 —— 任何技術都必須從這個角度來考慮，才能變成真正有用的成功技術。畢竟技術的目的，終究是為了強化我們人類的各種體驗。

身為人類，我們究竟希望技術能帶來什麼樣的體驗呢？

- 我們都想受到別人「關注」。
- 我們都想滿足「好奇心」。
- 我們都想「輕鬆」達成所望。
- 我們都想「隨時」達成所望。

以上幾點，可說是針對一般人類相當真實的觀察。在我們內心深處，總想要分享自己的想法與經驗；我們都希望與他人保持聯繫，希望受到他人關注，感受到自己很重要、很有價值。我們都對周遭的世界感到好奇，希望能有更多的理解與互動；我們會透過各種溝通方式來分享自己的觀察、提出一些問題，並針對自己的疑惑，與他人進行一些有意義的對話。

前面所提到的最後兩點，特別可以反映出人類喜歡輕鬆又沒耐性的本性。理想情況下除非必要，否則我們並不會只為了滿足好奇心，就主動去完成特定工作或困難的挑戰；我們寧可去做「別的事」，因為時間對我們來說，總是如此短暫而寶貴。在類似的想法下，我們總希望事物可以「隨時隨地唾手可得」；如果實際進展速度未如預期，我們很快就會失去耐性。

我們可以把 Twitter 視為一種「微型部落格」（microblog）服務，讓大家可以用很短的文字進行快速溝通，只要文字足以表達想法和概念就行了。以過去的歷史來說，推文長度原本限制為 140 個字元，不過現在這個限制已被放寬，將來也有可能還會再改變。如果從這個角度來看，你可能會覺得 Twitter 就像是一種免費、快速、全球通用的簡訊服務。換句話說，它可說是一種很有價值的基礎架構，讓人們可以輕鬆而快速地進行溝通。不過，Twitter 可不只如此而已。人類都渴望與他人保持聯繫，希望被人們關注；事實上，全球每個月都有 3.35 億的活躍使用者（*http://bit.ly/2p2GSV0*）在 Twitter 表達自己的想法，直接進行溝通，並滿足他們的好奇心。

這麼多的使用者，除了在廣告行銷方面極具潛力之外（這麼多人肯定有利可圖），網路確實也整合了眾人的力量，創造出許多真正讓人感興趣的動態訊息，而這正是 Twitter 如此風靡的理由。Twitter 使用者可以用很簡短的文字分享自己的想法，而這些訊息又會形成病毒式傳播的效果，並讓使用者持續保持關注；在 Twitter 中「想到什麼就說什麼」的溝通速度，雖然可說是前述現象的一種「必要」條件，卻不是「充分」條件。另一個額外的充分條件，就是 Twitter 的「非對稱跟隨模型」（asymmetric following model[譯註]），它滿足了人們的好奇心。這個「非對稱跟隨模型」讓 Twitter 不再只是個社群網站，而是更進一步建構出所謂的「興趣圖譜」（interest graph）；它的 API 則提供了足夠的軟體框架，讓各種結構和自我組織行為從混沌之中逐漸浮現出來。

換句話說，在某些社群網站（例如 Facebook 和 LinkedIn）中，使用者必須相互接受對方的連結（這通常意味雙方在現實世界中也存在某種連結關係），但 Twitter 的關係模型卻可以讓你「跟隨」（follow）任何其他使用者的最新動態，而被跟隨的使用者很可能並不會反過來跟隨你，甚至不知道你的存在。Twitter 的「跟隨」模型其實很簡單，但它確實利用了人類最基本的天性：好奇心。無論是對名人八卦的痴迷、對喜愛球隊的關注、對特定政治議題的濃厚興趣，還是想認識新朋友的渴望，Twitter 都為你提供了無限的機會，來滿足你的好奇心。

譯註　　follow 在 Twitter 中譯為「跟隨」，在 Instagram 中譯為「追蹤」，其實都有「關注」的意思。

雖然我在上一段很謹慎使用「跟隨」來介紹 Twitter 的人際關係，但是「跟隨」（following）某人的行為，有時也可以被視為一種想要「交朋友」（friending）的行為（不過這只能算是一種有點奇怪的單向朋友關係）。雖然官方 Twitter API 文件經常出現「交朋友、朋友」（friend）這樣的用語（*http://bit.ly/2QskIYD*），但你最好還是用「跟隨」（follow）來理解 Twitter 中的人際關係。

我們可以把「**興趣圖譜**（*interest graph*）」視為人與興趣之間各種連結的一種模型化方式。興趣圖譜為資料探勘領域帶來了許多可能性，其中主要牽涉到的就是如何衡量事物間的相關性，以便能夠提出更有智慧的建議，或是在機器學習方面做出各種應用。舉例來說，你可以用興趣圖譜來衡量相關性以提出某些建議，例如你可以在 Twitter 跟隨哪些人、可以跟誰買東西，或是應該跟誰約會。為了說明如何把 Twitter 當成興趣圖譜來使用，你可以想像一下 Twitter 的使用者，甚至不一定是真實的人類 —— 我們跟隨的很可能是一個人，也有可能是一個無生命體、一家公司、一個音樂團體、一個假想的角色，或是對某人（可能還在世或已經離世）的模仿，甚至任何其他可能的東西。

舉例來說，@HomerJSimpson（*http://bit.ly/1a1kQD1*）這個帳號是《辛普森家庭》（The Simpsons）節目中荷馬·辛普森（Homer Simpson）的官方帳號（他是節目中很受歡迎的一個角色）。雖然荷馬·辛普森並不是一個真實存在的人物，但他擁有舉世聞名的個性，而 @HomerJSimpson 這個 Twitter 帳號則是以角色扮演的方式，做為他（或角色創造者）吸引粉絲的一個管道。同樣的，即使本書可能永遠達不到荷馬·辛普森的程度，但我們還是建立了 @SocialWebMining（*http://bit.ly/1a1kHzq*）這個官方 Twitter 帳號，針對所有喜愛或關注本書的人們，提供一種可以在各種層面上進行聯繫或參與的管道。一旦你意識到 Twitter 可以讓你針對任何感興趣的主題建立特定的社群，並透過社群與人們保持聯繫，甚至進行更深入的探索時，你對於 Twitter 強大功能的認識，以及挖掘其中資料所能獲得的見解，就會變得更加清楚了。

Twitter 會把某些名人和公眾人物標示為「已認證帳號」（verified accounts），而 Twitter 的服務條款協議（*http://bit.ly/1a1kRXl*）也有一些基本的限制（使用此服務必須遵守這些限制），但除此之外，Twitter 帳號幾乎沒有什麼其他管理上的限制。有些其他社群網站的帳號，必須對應真實存在的個人、企業，或必須是符合特定分類、具有類似性質的實體；Twitter 在這方面小小的差異，其實是很重要的。Twitter 對於帳號所對應的角色並沒有特別的限制，而是倚賴自我組織的行為，譬如透過使用者跟隨的關係，以及主題標籤（hashtags）的使用，在系統中建立起某種秩序，進而產生某種分眾分類（folksonomy）的效果。

1.3 探索 Twitter 的 API

對於 Twitter 的框架有了一定的認識之後，現在我們把注意力轉移到如何取得 Twitter 資料進行分析。

1.3.1 Twitter 基本術語

我們可以把 Twitter 視為一種具有即時性、高度社群化的微型部落格服務，它可以讓使用者發佈簡短的動態更新（status update，也就是「推文」），並呈現在所謂的「時間軸」（timelines）上。在（目前）280 個字元的推文內容中，有可能包含一個或多個實體，或是對應到現實世界中一個或多個地點。若想有效運用 Twitter API，先深入理解「使用者」、「推文」和「時間軸」的概念尤為重要，因此在使用 API 取得資料之前，必須先對這些基本概念進行簡要的介紹。到目前為止，我們對於 Twitter 的「使用者」和

「非對稱跟隨模型」已經有不少討論，因此本節打算簡要介紹「推文」與「時間軸」，以對 Twitter 平台有更全面的認識。

「推文」（tweet）可說是 Twitter 的精髓；雖然從概念上來說，推文只不過是關於使用者最新狀態的一段簡短文字內容，但其中所包含的「元資料」（metadata）卻讓人眼睛為之一亮。推文除了本身的文字內容之外，另外還包含兩種特別需要注意的元資料：「實體」（entity）和「地點」（place）。推文的「實體」本質上就是與推文相關聯的「使用者提及」（user mentions）、「主題標籤」（hashtags）、URL 網址和相應的媒體；「地點」則是現實世界中可能與推文相關聯的地點位置。請注意，「地點」有可能是創作該推文的實際地點，也有可能是推文內容中所描述的地點。

如果要更具體一點，我們可以看看下面這段推文範例：

@ptwobrussell is writing @SocialWebMining, 2nd Ed. from his home office in Franklin, TN.（@ptwobrussell 正在田納西州富蘭克林的居家辦公室撰寫 @SocialWebMining 第二版。）#social: *http://on.fb.me/16WJAf9*

這則推文的長度（英文部分）為 124 個字元，其中有 4 個推文實體，包括 2 個使用者提及 @ptwobrussell 和 @SocialWebMining、1 個主題標籤 #social 和 1 個 URL 網址 *http://on.fb.me/16WJAf9*。雖然這則推文明確提到田納西州富蘭克林（Granklin, TN.）這個「地點」，但推文的「地點」元資料也有可能包含此推文的創作地點，而這個創作地點有可能是、也有可能並不是田納西州的富蘭克林。不到 140 個字元，就能夠包含如此大量的元資料，由此可見短文字的力量：推文可以明確參照多個其他 Twitter 使用者、連結到網頁、或是使用主題標籤與其他主題交叉參照，其中的主題標籤又可做為聚焦點，有助於在整個 Twitter 世界中快速搜尋其他內容。

至於所謂的「時間軸」（*timeline*），則是指按照時間排序的一串推文。理論上，你可能會說時間軸就是按時間順序顯示的一串特定推文；但實際上你通常可以看到好幾串特別值得注意的時間軸。如果從任一 Twitter 使用者的角度來看，「**首頁時間軸**」（*home timeline*）指的就是登入帳號之後，在首頁可以看到所跟隨的使用者們所有的推文，而所謂的「**使用者時間軸**」（*user timeline*）則是只包含某特定使用者的所有推文。

舉例來說，當你登入 Twitter 帳號後，*https://twitter.com* 顯示的就是你的「首頁時間軸」。但如果想看特定的「使用者時間軸」，URL 網址就必須加上可代表該使用者的文字後綴，例如 *https://twitter.com/SocialWebMining*。如果你想知道特定使用者在跟隨哪些人，可以在 URL 後面接上額外的 following 後綴文字，這樣就可以看到他跟隨了哪些使用者。舉例來說，只要連往 *https://twitter.com/timoreilly/following* 就可以看到 Tim O'Reilly 登入 Twitter 之後，他的首頁時間軸所看到的推文內容。

像 TweetDeck 這類的應用程式，還提供了一些可自定義的視圖，讓你可以更容易檢視各種混亂的推文（如圖 1-1 所示），如果你還在使用 Twitter.com 傳統使用者界面，建議你可以嘗試一下這種不同的存取方式。

時間軸是更新速度相對較低的推文集合，而「串流」（streams）則是在 Twitter 上以即時方式出現的公開推文。大家都知道，在總統辯論或大型體育賽事這類特別受到廣泛關注的活動期間，公開的 firehose 所有推文經常可達到每分鐘數十萬條推文的峰值（*http://bit.ly/2xenpnR*）。Twitter 的公開 firehose 所發出的資料實在太多，其相關處理已超出本書範圍，但它確實是個有趣的工程挑戰，而讓消費大眾更容易接受的許多 firehose 大量資料處理方式，也是各大第三方商業供應商與 Twitter 合作的主要原因之一。另外一種做法，也可以只取公開時間軸的少量隨機樣本（*http://bit.ly/2p7G8hf7*），這樣就可以讓 API 開發人員透過篩選的方式，取得足夠多的公開資料，以開發出功能強大的應用。

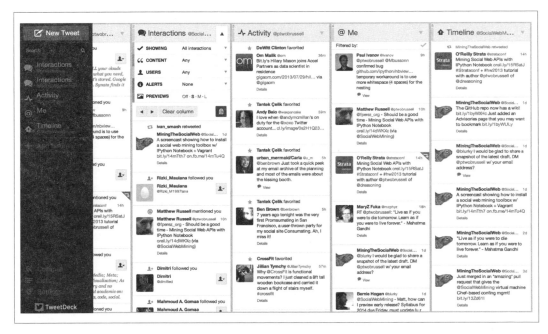

圖 1-1：TweetDeck 提供各種可高度客製化的使用者界面，有助於分析 Twitter 上正在發生的事，並展示 Twitter API 可存取的各類資料

本章的介紹是假設你已擁有 Twitter 帳號 —— 這是存取 API 必備的條件。如果你還沒有帳號，請先花點時間建立一個帳號，然後稍微查看一下 Twitter 的免費服務條款（*http://bit.ly/2e63DvY*）、API 文件（*http://bit.ly/1a1kSKQ*）及開發者規範（*http://bit.ly/2MsrryS*）的內容。本章的範例程式碼通常不會要求你的帳號必須有任何朋友或跟隨者，但你的帳號如果確實有在使用，而且擁有好幾個朋友和跟隨者，這樣就可以讓你在挖掘社群網站時有一定的資料基礎，後續某些範例也會變得更好玩而有趣。如果你還沒有可用的帳號，現在就是你加入 Twitter、迎接資料挖掘樂趣的最好時機。

1.3.2 建立一個 Twitter API 連結

Twitter 精心設計了一個直觀好用、優雅簡單的 RESTful（*http://bit.ly/1a1kVX5*）API。即便如此，你還是可以找到大量可用的函式庫，盡可能減少「發送 API 請求」相關的工作。有個叫做 twitter 的 Python 套件做得特別漂亮，它把 Twitter API 打包了起來，然後幾乎是以一對一的方式，依照公開 API 語義進行了模仿。就像大多數其他的 Python 套件一樣，只要在 terminal 終端輸入 `pip install twitter` 就可以進行安裝。如果你不喜歡 twitter 這個 Python 函式庫，還是有很多其他選擇。tweepy 就是另一個很受歡迎的替代方案。

 有關如何安裝 pip 的說明，請參見附錄 C。

Python 小技巧：開發階段善用 pydoc 取得有用的幫助

我們會透過一些範例來說明 twitter 套件的用法，但萬一你需要幫助（你一定會需要），請務必牢記，有好幾種不同的方式，可以隨時瀏覽套件的相關文件（pydoc；*http://bit.ly/1a1kVXg*）。除了 Python Shell 以外，如果你有設定好 PYTHONPATH，在你的 terminal 終端直接針對套件執行 pydoc 也是個不錯的選擇。舉例來說，在 Linux 或 macOS 系統上，你只要在 terminal 終端輸入 `pydoc twitter`，就能取得套件相關文件，而輸入 `pydoc twitter.Twitter` 則可以針對該套件的 Twitter 物件類別提供相應的文件。在 Windows 系統上，你也可以用 pydoc 取得同樣的套件相關訊息，只是方法略有不同。舉例來說，輸入 `python -m pydoc twitter.Twitter` 就可以取得 twitter.Twitter 物件類別的相關訊息。如果你發現自己經常查看特定模組的文件，則可以把 -w 選項丟給 pydoc，

這樣它就會輸出一個 HTML 頁面，你可以把這個頁面保存起來，再把它添加到瀏覽器的書籤之中。

不過，有時你很可能是在工作到一半的時候，突然需要尋求協助。預設的 help 函數可接受套件或物件類別名稱作為其參數，在一般的 Python shell 中就很好用，而 IPython（*http://bit.ly/2oiWhSw*）使用者更可以在套件或物件類別名稱後面直接加上一個問號，這樣就可以查看相關的輔助說明。舉例來說，你可以在一般的 Python 解譯器中輸入 **help(twitter)** 或 **help(twitter.Twitter)**，也可以在 IPython 或 Jupyter Notebook 中採用 **twitter?** 或 **twitter.Twitter?** 這種快捷的做法。

如果你並未使用 Jupyter Notebook，強烈建議你採用 IPython 做為標準 Python shell，因為它可提供各種方便的功能，例如 tab 鍵自動補全、session 歷史記錄等等，而且還提供了一些「神奇的功能」（*http://bit.ly/2nII3ce*）。本書附錄 A 針對比較推薦的開發者工具（例如 IPython），提供了一些最基本的詳細訊息。

我們選擇使用 Python 程式碼的方式發出 API 請求，是因為 twitter 套件非常優雅地模仿了 RESTful API 的做法。但如果你瞭解如何透過 HTTP 發出最原始的請求，或是想以更具互動性的方式探索 API，請查看開發者文件其中關於如何使用 Twurl 之類的工具瀏覽 Twitter API 的相關內容。

向 Twitter 發出任何 API 請求之前，你必須先在 *https://dev.twitter.com/apps* 建立一個應用程式。建立應用程式是一種標準的做法，開發者可藉此獲取 API 存取權限，Twitter 也可根據其需要，對第三方平台開發者進行監視與互動。由於最近各種社群媒體平台經常被濫用，因此你必須申請 Twitter 開發者帳號（*http://bit.ly/2AHBWO3*）並獲得批准，才能建立新的應用程式。建立應用程式時，還會創建出一組身份驗證 token，讓你可以透過程式碼在 Twitter 平台進行存取。

以目前的做法來看，首先「你」打算建立一個應用程式，然後再授權給它存取「你的」帳號資料 —— 這樣的做法好像有點迂迴，為何不乾脆直接用你的帳號和密碼來存取 API 呢？這樣的做法對你來說當然沒問題，但如果第三方（例如你的朋友或同事）想要使用你的應用程式，就不應該使用你的帳號和密碼。把你的身份憑證交給別人使用，絕不是個好做法。幸運的是，有些聰明的傢伙早在好幾年前就已經體認到這樣的問題，因此現在已經有一種稱為 OAuth（*http://bit.ly/1a1kZWN*；Open Authorization「開放授權」的縮寫）的標準化協定，可以用一種通用的方式解決此問題，而且可廣泛適用於各種社群網站。目前這個協定已成為社群網站的標準了。

如果你記不住這麼多東西，只要記得 OAuth 是一種讓使用者授權給第三方應用程式存取其帳號資料、卻不必給出密碼之類敏感訊息的做法。如果你真的很感興趣，本書的附錄 B 概略描述了 OAuth 的工作原理，而 Twitter 的 OAuth 文件（*http://bit.ly/2NawA3v*）則提供了有關其特定實作的詳細訊息。[1]

為了簡化開發，你必須從最新建立的應用程式設定中，取出一些關鍵的訊息，分別是 consumer key、consumer secret、access token，以及 access token secret。一定要特別注意的是，應用程式只要靠這四個憑證，透過一系列重定向動作就可以取得使用者授權，如此一來應用程式就可以隨意存取授權內容，因此請務必以對待密碼的謹慎態度來對待這些憑證。

> 如果你所要建立的應用程式，必須能夠讓任何使用者授權存取其帳號裡的資料，請先參見附錄 B，瞭解一下關於 OAuth 2.0 實作流程的詳細訊息。

圖 1-2 顯示的就是如何取得這些憑證的相應畫面。

事不宜遲，現在就來建立 Twitter API 身份認證連結，並透過 GET trends/place resource（*http://bit.ly/2BGWJBU*）檢查一下我們所能取得的流行趨勢（trends），看看大家都在談論些什麼。在使用這些 API 時，請先把官方 API 文件（*http://bit.ly/1a1kSKQ*）以及 API 參考資料（*http://bit.ly/2Nb9CJS*）加到你的書籤中，因為在 Twitter 世界進行開發工作時，你一定會經常用到這些文件。

> 截至 2017 年 3 月為止，Twitter API 主要運行的版本為 v1.1，如果你之前用過 v1 的 API，請注意 v1.1 在某些方面可能有很大的不同。v1 的 API 歷經了大約六個月的棄用期，目前已無法再使用了。本書所有的範例程式碼，全都預設採用 v1.1 版本的 API。

---

[1] 雖然只是實作上的細節、但值得留意的是，Twitter 的 v1.1 API 還是有實作出 OAuth 1.0a，而許多其他社群網站則已升級至 OAuth 2.0。

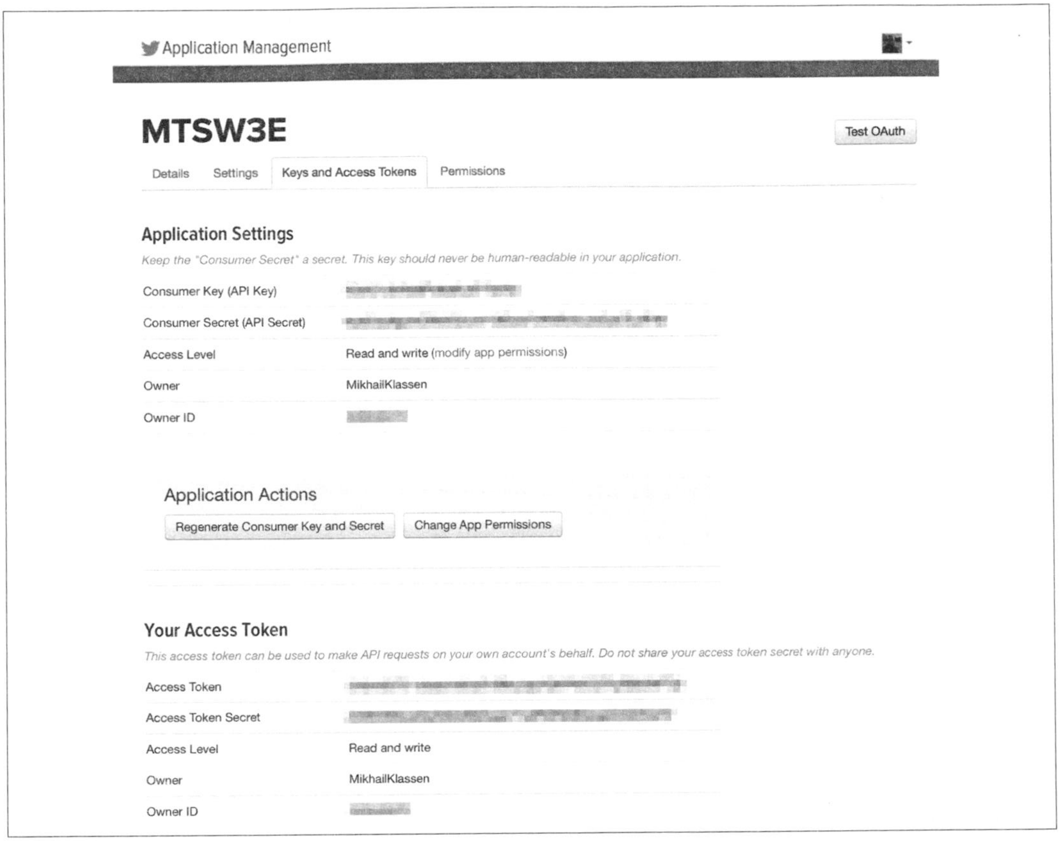

圖 1-2：建立一個新的 Twitter 應用程式之後，就可以在 *https://dev.twitter.com/apps* 取得 OAuth
憑證與 API 存取憑證；其中四個 OAuth 欄位（已進行馬賽克處理），可以讓你用來對
Twitter API 進行 API 調用

我們可以啟動 Jupyter Notebook，並開始嘗試進行搜尋。參見範例 1-1，你可以把自己的
帳號憑證，放到程式碼開頭的變數中，然後再執行調用，以創建出一個 Twitter API 的
instance 實例。這段程式碼會使用你的 OAuth 憑證，建立一個名為 auth 的物件來代表你
的 OAuth 授權，然後你就可以把它傳遞給名為 Twitter 的物件類別，隨後我們可以再透
過這個物件類別，向 Twitter API 發出查詢。

範例 1-1：授權應用程式，存取 *Twitter* 帳號資料

```
import twitter

# 到 http://dev.twitter.com/apps/new 建立一個 app 應用程式，並取得以下
# 這些憑證相應的值，替換掉下面的那些空白字串。這些空白字串
# 只是一些佔位符（placeholder），必須替換成真正的憑證，程式碼才能正常運作。
# 參見 https://developer.twitter.com/en/docs/basics/authentication/overview/oauth
# 以取得更多關於 Twitter OAuth 實作的相關資訊

CONSUMER_KEY = ''
CONSUMER_SECRET = ''
OAUTH_TOKEN = ''
OAUTH_TOKEN_SECRET = ''

auth = twitter.oauth.OAuth(OAUTH_TOKEN, OAUTH_TOKEN_SECRET,
                           CONSUMER_KEY, CONSUMER_SECRET)

twitter_api = twitter.Twitter(auth=auth)

# 這時候如果把 twitter_api 顯示出來，還看不到什麼具體的內容，
# 只能看到它是個已定義的變數。

print(twitter_api)
```

這個範例的結果應該只會用一種不大明確的表達方式，把你所構建的 `twitter_api` 物件顯示如下：

```
<twitter.api.Twitter object at 0x39d9b50>
```

不過這也就表示，你已成功使用 OAuth 憑證，取得了查詢 Twitter API 的授權。

1.3.3　探索流行趨勢熱門話題

有了這個已授權的 API 連結之後，現在你總算可以發出請求了。範例 1-2 示範的就是如何向 Twitter 發出請求，以取得當前全球範圍內的最新流行趨勢（trending）；在程式碼中你也可以看到，只要修改一下參數，就可以把話題（topics）限制在比較特定的範圍之內。限制查詢範圍的方式，是透過 Yahoo! GeoPlanet 的 Where On Earth（WOE）ID 系統（*http://bit.ly/2NHdAJB*），它本身也是一個 API，主要是提供一種方式，讓地球上任何一個（理論上或甚至是虛擬世界中）有名字的地點，對應到唯一而不重複的一個 ID 編號。這個範例會收集全世界與全美國一系列的流行趨勢，如果你還沒嘗試過，請務必親自體驗一下。

範例 1-2：取得流行趨勢

```
# Yahoo! Where On Earth ID 的值若為 1，就代表全世界。
# 參見 http://bit.ly/2BGWJBU 與
# http://bit.ly/2MsvwCQ

WORLD_WOE_ID = 1
US_WOE_ID = 23424977

# ID 前面的底線表示要把查詢字串參數化。
# 如果沒有這個底線，twitter 套件就會把 ID 的值
# 附加到 URL 後面，變成一個關鍵字參數

world_trends = twitter_api.trends.place(_id=WORLD_WOE_ID)
us_trends = twitter_api.trends.place(_id=US_WOE_ID)

print(world_trends)
print()
print(us_trends)
```

從 API 所取得的回應，應該是類似下面這樣的一個 Python 字典，其中包含一些半可讀的內容（也可能是某些錯誤訊息），我們接下來會用它來進行後續的操作（稍後就會把它重新格式化成比較容易閱讀的形式）：

```
[{u'created_at': u'2013-03-27T11:50:40Z', u'trends': [{u'url':
    u'http://twitter.com/search?q=%23MentionSomeoneImportantForYou'...
```

請注意，範例結果的 trends（流行趨勢）裡頭包含了一個 url 網址，對應的是主題標籤為 #MentionSomeoneImportantForYou（提到某個對你很重要的人）的一個搜尋查詢，其中的 % 23 就是主題標籤前面的 # 符號經過編碼後的結果。我們會在本章持續使用這個相當不錯的主題標籤，做為後續範例統一共用的主題。雖然本書程式碼針對此標籤提供了一些之前封存的推文，不過你也可以直接觀察這個流行趨勢目前最新的推文，然後與先前封存的推文做個比較，或許你會發現這兩者之間的差異還蠻有趣的。

twitter 模組的使用方法相當簡單：先用一個基本的 URL 建立 Twitter 物件類別，再透過這個物件的 method 方法，把其他查詢條件送進物件之中。舉例來說，twitter_api. trends.place(_id=WORLD_WOE_ID) 會 發 起 一 個 GET https://api.twitter.com/1.1/trends/ place.json?id=1 的 HTTP 請求。你可以對照一下物件與 URL 的對應關係；我們會用 twitter 套件所構建出來的物件來進行請求，而 URL 後面的查詢字串參數，則是以關鍵字參數的形式送進物件之中。如果想利用 twitter 套件來進行任何 API 請求，通常都只需要透過這種簡單的方式，即可構建出相應的請求，不過有時還是會出現一些小警告，稍後我們很快就會遇到。

Twitter 針對應用程式在一定時間內可以對 API 資源進行多少次請求，做出了一些速度上的限制。在「rate limit」（速度限制；*http://bit.ly/2x8c6yq*）這份文件中，有一些相應的說明，其中每個 API 資源都有各自相應的限制（參見圖 1-3）。舉例來說，我們剛剛針對流行趨勢所發出的 API 請求，相應的限制就是每個視窗（window）每 15 分鐘只能發出 75 次請求。更多關於 Twitter 速度限制的詳細訊息，可參閱相應的文件（*http://bit.ly/2MsLpcH*）。本章後續的操作，基本上不大可能超過這些速度限制。（我們會在「9.16 發出可靠的 Twitter 請求」引入一些技巧，針對這些速度限制示範最佳的實務做法。）

 根據開發者文件的說明，Trends API 查詢結果每五分鐘只會更新一次，因此任何比這個限制更頻繁的 API 請求，都不是明智的做法。

雖然這裡並未明確說明，但我們確實可以把範例 1-2 所得到的半可讀結果，當成原生的 Python 資料結構直接列印出來。IPython 解譯器會自動以一種「比較美觀的方式」把輸出列印出來，不過 Jupyter Notebook 和標準 Python 解譯器都沒有這個功能。如果你還是想做出比較美觀的呈現效果，可以利用預設的 json 套件，如範例 1-3 所示。

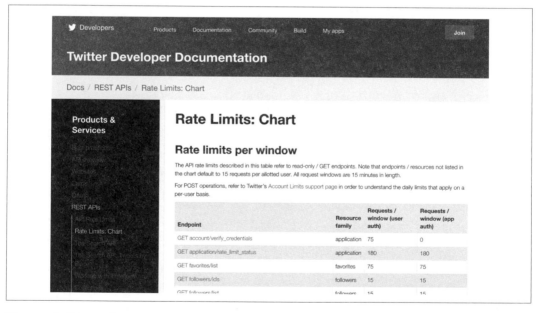

圖 1-3：每個 API 調用 Twitter API 資源的速度限制，線上文件都有相應的說明；此處顯示的是 API 調用 Chart 時，相應的速度限制頁面，其中可以看到一小部分的速度限制

範例 1-3：用比較好看的 *JSON* 形式，來呈現 *API* 的回應結果

```
import json

print(json.dumps(world_trends, indent=1))
print()
print(json.dumps(us_trends, indent=1))
```

Trends API 的回應被 json.dumps 處理過之後，看起來就如下面的範例所示：

```
[
 {
  "created_at": "2013-03-27T11:50:40Z",
  "trends":
  [
   {
    "url": "http://twitter.com/search?q=%23MentionSomeoneImportantForYou",
    "query": "%23MentionSomeoneImportantForYou",
    "name": "#MentionSomeoneImportantForYou",
    "promoted_content": null,
    "events": null
   },
   ...
  ]
 }
]
```

 JSON（*http://bit.ly/1a1l2lJ*）是一種很常用的資料交換格式。簡而言之，JSON 提供了一種方式，可用來保存各種 map 對應關係、list 列表、原生資料型別（例如數字和字串）及其各種組合。換句話說，理論上你可以根據自己的需求，用 JSON 來表達任何資料。

如果我們手邊有兩組流行趨勢的查詢結果，雖然可以用眼睛直接瀏覽並嘗試找出其中的共同點，不過實際上我們還是會用 Python 的 set（集合；*http://bit.ly/1a1l2Sw*）資料結構來進行一些自動計算，因為這種工作用 set 來處理最適合了。這裡的 set 其實是一種資料結構的數學概念，它會把資料以一種唯一而不重複的方式，按照無序的排列把資料保存起來，而且不同 set 之間還可以進行一些集合相關操作。舉例來說，intersection（交集）操作可以計算出 set 之間共同的資料項，union（聯集）操作則可以把好幾個 set 的資料項全部集合起來，而 difference（差集）操作則會做出類似減法的效果，把所有出現在其中一組 set 卻沒出現在另一組 set 的資料項羅列出來。

範例 1-4 示範的是如何使用 Python 的解析式列表（list comprehension；*http://bit.ly/1a111hy*），從先前的查詢結果中解析出流行趨勢熱門話題（trending topics）相應的名稱，然後把這些列表轉換成 set 集合，並進行 intersection 交集運算，以得出其中的共同資料項。請記住，任何給定的多組流行趨勢集合之間，並不一定有重疊的資料項，實際情況完全取決於流行趨勢的實際查詢結果。換句話說，分析結果完全取決於你所查詢的東西、以及送回來的查詢結果。

 附錄 C 針對一些常見的 Python 慣用做法（例如解析式列表），提供了一些可供參考的內容，閱讀一下或許對你有點幫助。

範例 1-4：計算兩組流行趨勢之間的交集

```
world_trends_set = set([trend['name']
                        for trend in world_trends[0]['trends']])

us_trends_set = set([trend['name']
                     for trend in us_trends[0]['trends']])

common_trends = world_trends_set.intersection(us_trends_set)

print(common_trends)
```

 在繼續閱讀本章之前，你應該先把範例 1-4 搞懂，這樣才能確保你有能力進一步運用、分析 Twitter 資料。你能否解釋自己所在的國家與世界其他地區的流行趨勢，兩者之間有沒有什麼相關性呢？

集合理論、無限數量，以及一些不同於直覺的概念

set 集合相關運算在分析方面似乎是一種相當原始的做法，但集合理論對於通用數學的影響其實相當深遠，因為它為許多數學原理奠定了基礎。

格奧爾格·坎托爾（Georg Cantor）為集合理論正式建立了數學基礎，他的論文《On a Characteristic Property of All Real Algebraic Numbers（關於所有實數代數的特性）》（1874 年）把集合描述成他自己用來回答無限概念相關問題的一

部分。如果想瞭解相應的工作原理，可以思考一下以下的問題：「正整數」集合的基數（cardinality），是否大於「正負整數」集合的基數？

雖然以一般直覺來說，正負整數的基數應該是正整數的兩倍，但 Cantor 卻證明這兩個集合的基數，實際上是相等的！他從數學上證明，這兩組數字集合內的數字可以兩兩對應形成一個序列，這個序列具有一個確定的起始點，而且始終沿著一個方向無限延伸，比如像下面這樣：$\{1, -1, 2, -2, 3, -3, ... \}$。

由於我們可以用很明確的方式枚舉所有的數字，卻永遠找不到終點，因此這個集合的基數可以說是「無限的」（infinite）。換句話說，如果你有足夠的時間一個一個去計算，就會發現這是一個遵循特定順序、完全可確定其中每個數字的序列。

1.3.4　搜尋推文

在眾多流行趨勢熱門話題（trending topics）所構成的不同集合之間，其中一個共同的資料項就是 #MentionSomeoneImportantForYou 這個主題標籤，因此我們用它來做為搜尋的基礎，獲取一些推文做進一步的分析。範例 1-5 說明的是如何使用 GET search/tweets resource（http://bit.ly/2QtIeF0）對我們感興趣的東西進行查詢，而且我們還可以根據搜尋結果，利用其元資料的某些欄位輕鬆做出更多請求，以獲取更多的搜尋結果。如果你想製作出持續顯示最新推文的功能，或許採用 Stream 的做法更為合適，不過 Twitter Streaming API（http://bit.ly/2p7G8hf）的用法已超出本章的範圍，我們之後在範例 9-9 才會進一步介紹相應的內容。

 在範例 1-5 中有函式使用 *args 和 **kwargs 做為其參數，這是一種 Python 的習慣做法，可分別代表「沒有鍵值的」參數和「帶有鍵值的」關鍵字參數。關於這種習慣做法的簡要說明，請參見附錄 C。

範例 1-5：收集一些搜尋的結果

```
# 這個變數可設定成某個流行趨勢熱門話題，或是其他
# 想要搜尋的東西。下面的範例查詢的就是一個
# 流行趨勢熱門話題，所得到的查詢結果
# 本章接下來還會反覆用到。

q = '#MentionSomeoneImportantForYou'

count = 100

# 匯入 unquote 模組以避免 next_results 裡的 URL 出現編碼錯誤
from urllib.parse import unquote

# 參見 https://dev.twitter.com/rest/reference/get/search/tweets

search_results = twitter_api.search.tweets(q=q, count=count)

statuses = search_results['statuses']


# 根據游標（cursor），最多針對 5 批結果進行迭代操作
for _ in range(5):
    print('Length of statuses', len(statuses))
    try:
        next_results = search_results['search_metadata']['next_results']
    except KeyError as e: # 如果 next_results 不存在，就表示已經沒有更多查詢結果了
        break

    # 根據 next_results 建立一個 dict；next_results 是一個查詢字串，其形式如下：
    # ?max_id=847960489447628799&q=%23RIPSelena&count=100&include_entities=1
    kwargs = dict([ kv.split('=') for kv in unquote(next_results[1:]).split("&") ])

    search_results = twitter_api.search.tweets(**kwargs)
    statuses += search_results['statuses']

# 從 list 列表取出其中一個搜尋結果，然後把它顯示出來 ...
print(json.dumps(statuses[0], indent=1))
```

 雖然我們這裡只是把主題標籤傳遞給 Search API，但值得注意的是，這個 API 具有許多強大的運算符號，可以讓你根據各種關鍵字（*http://bit.ly/2CTxv3O*）、推文的推文者、推文的相關的位置等，對查詢結果進行各種篩選操作。

從本質上來說，程式碼的動作其實就是向 Search API 反覆發出請求。如果你使用過其他 Web API（包括 v1 版本的 Twitter API），一開始可能讓你覺得不大習慣的是，Search API 本身並沒有很明確的「分頁」（*pagination*）概念。只要查閱一下 API 文件就會發現，這是一個故意的決定，因為 Twitter 資源經常處於高度動態變化的狀態，所以有充分的理由採用「游標」（*cursoring*）的做法。在整個 Twitter 開發者平台中，各個地方「游標」的最佳實務做法稍有不同，若相較於時間軸等其他資源，Search API 在導覽搜尋結果方面提供了一種稍微比較簡單的做法。

在搜尋結果中通常有個特殊的 search_metadata 節點，其中有個 next_results 欄位，保存著一個查詢字串，可做為後續查詢的基礎。如果我們並不是用 twitter 這類的函式庫來發出 HTTP 請求，這個預先建構好的查詢字串就會被附加在 Search API URL 網址的後面，而且後續仍必須使用額外的參數來處理 OAuth，才能進一步取得更新資料。不過我們在這裡並不是直接發出 HTTP 請求，因此只要把查詢字串拆解成鍵／值對，然後再化成帶有鍵值的關鍵字參數形式即可。

如果用 Python 的話來說，就是要把 dict 字典中的值「拆開」（*unpacking*），轉換成函式所能夠接受的關鍵字參數（keyword arguments）。換句話說，範例 1-5 的 for 迴圈裡所進行的函式調用，其實就相當於下面這樣的效果：

```
twitter_api.search.tweets(q='%23MentionSomeoneImportantForYou',
include_entities=1, max_id=313519052523986943)
```

雖然程式碼中寫成這樣：twitter_api.search.tweets(**kwargs)，但其效果是相同的；其中 kwargs 代表的是一個內含鍵／值對的 dict 字典。

 search_metadata 這個欄位其中還有個 refresh_url 值，如果你想持續且定期使用最新的訊息來更新查詢結果，就可以運用到這個值。

下面的推文範例就是查詢 #MentionSomeoneImportantForYou 所得到的搜尋結果。如果想仔細看完全部的內容，恐怕得花上一點時間。我之前就曾提過，雖然推文通常只有短短一段文字，但其中所包含的資訊，絕不只是「讓眼睛為之一亮」而已。後面這則推文就非常具有代表性，因為它若以未壓縮的 JSON 來表示，整個總內容將超過 5 KB。通常一般認為推文只包含 140 個字元（之前的限制），但這則推文的資料量顯然超過了 40 倍以上！

```
[
  {
    "contributors": null,
    "truncated": false,
    "text": "RT @hassanmusician: #MentionSomeoneImportantForYou God.",
    "in_reply_to_status_id": null,
    "id": 316948241264549888,
    "favorite_count": 0,
    "source": "Twitter for Android",
    "retweeted": false,
    "coordinates": null,
    "entities": {
      "user_mentions": [
        {
          "id": 56259379,
          "indices": [
            3,
            18
          ],
          "id_str": "56259379",
          "screen_name": "hassanmusician",
          "name": "Download the NEW LP!"
        }
      ],
      "hashtags": [
        {
          "indices": [
            20,
            50
          ],
          "text": "MentionSomeoneImportantForYou"
        }
      ],
      "urls": []
    },
    "in_reply_to_screen_name": null,
    "in_reply_to_user_id": null,
    "retweet_count": 23,
    "id_str": "316948241264549888",
    "favorited": false,
    "retweeted_status": {
      "contributors": null,
      "truncated": false,
      "text": "#MentionSomeoneImportantForYou God.",
      "in_reply_to_status_id": null,
      "id": 316944833233186816,
```

```
"favorite_count": 0,
"source": "web",
"retweeted": false,
"coordinates": null,
"entities": {
 "user_mentions": [],
 "hashtags": [
  {
   "indices": [
    0,
    30
   ],
   "text": "MentionSomeoneImportantForYou"
  }
 ],
 "urls": []
},
"in_reply_to_screen_name": null,
"in_reply_to_user_id": null,
"retweet_count": 23,
"id_str": "316944833233186816",
"favorited": false,
"user": {
 "follow_request_sent": null,
 "profile_use_background_image": true,
 "default_profile_image": false,
 "id": 56259379,
 "verified": false,
 "profile_text_color": "3C3940",
 "profile_image_url_https": "https://si0.twimg.com/profile_images/...",
 "profile_sidebar_fill_color": "95E8EC",
 "entities": {
  "url": {
   "urls": [
    {
     "url": "http://t.co/yRX89YM4J0",
     "indices": [
      0,
      22
     ],
     "expanded_url": "http://www.datpiff.com/mixtapes-detail.php?id=470069",
     "display_url": "datpiff.com/mixtapes-detai\u2026"
    }
   ]
  },
  "description": {
```

```
    "urls": []
   }
  },
  "followers_count": 105041,
  "profile_sidebar_border_color": "000000",
  "id_str": "56259379",
  "profile_background_color": "000000",
  "listed_count": 64,
  "profile_background_image_url_https": "https://si0.twimg.com/profile...",
  "utc_offset": -18000,
  "statuses_count": 16691,
  "description": "#TheseAreTheWordsISaid LP",
  "friends_count": 59615,
  "location": "",
  "profile_link_color": "91785A",
  "profile_image_url": "http://a0.twimg.com/profile_images/...",
  "following": null,
  "geo_enabled": true,
  "profile_banner_url": "https://si0.twimg.com/profile_banners/...",
  "profile_background_image_url": "http://a0.twimg.com/profile_...",
  "screen_name": "hassanmusician",
  "lang": "en",
  "profile_background_tile": false,
  "favourites_count": 6142,
  "name": "Download the NEW LP!",
  "notifications": null,
  "url": "http://t.co/yRX89YM4J0",
  "created_at": "Mon Jul 13 02:18:25 +0000 2009",
  "contributors_enabled": false,
  "time_zone": "Eastern Time (US & Canada)",
  "protected": false,
  "default_profile": false,
  "is_translator": false
 },
 "geo": null,
 "in_reply_to_user_id_str": null,
 "lang": "en",
 "created_at": "Wed Mar 27 16:08:31 +0000 2013",
 "in_reply_to_status_id_str": null,
 "place": null,
 "metadata": {
  "iso_language_code": "en",
  "result_type": "recent"
 }
},
"user": {
```

```
"follow_request_sent": null,
"profile_use_background_image": true,
"default_profile_image": false,
"id": 549413966,
"verified": false,
"profile_text_color": "3D1957",
"profile_image_url_https": "https://si0.twimg.com/profile_images/...",
"profile_sidebar_fill_color": "7AC3EE",
"entities": {
 "description": {
  "urls": []
 }
},
"followers_count": 110,
"profile_sidebar_border_color": "FFFFFF",
"id_str": "549413966",
"profile_background_color": "642D8B",
"listed_count": 1,
"profile_background_image_url_https": "https://si0.twimg.com/profile_...",
"utc_offset": 0,
"statuses_count": 1294,
"description": "i BELIEVE do you? I admire n adore @justinbieber ",
"friends_count": 346,
"location": "All Around The World ",
"profile_link_color": "FF0000",
"profile_image_url": "http://a0.twimg.com/profile_images/3434...",
"following": null,
"geo_enabled": true,
"profile_banner_url": "https://si0.twimg.com/profile_banners/...",
"profile_background_image_url": "http://a0.twimg.com/profile_...",
"screen_name": "LilSalima",
"lang": "en",
"profile_background_tile": true,
"favourites_count": 229,
"name": "KoKo :D",
"notifications": null,
"url": null,
"created_at": "Mon Apr 09 17:51:36 +0000 2012",
"contributors_enabled": false,
"time_zone": "London",
"protected": false,
"default_profile": false,
"is_translator": false
},
"geo": null,
"in_reply_to_user_id_str": null,
```

```
  "lang": "en",
  "created_at": "Wed Mar 27 16:22:03 +0000 2013",
  "in_reply_to_status_id_str": null,
  "place": null,
  "metadata": {
   "iso_language_code": "en",
   "result_type": "recent"
  }
 },
 ...
]
```

由此可見，社群網站裡的推文其實充滿了各種豐富的元資料，之後在第九章還會詳細介紹許多其他的可能性。

1.4 分析 140（或更多）個字元

線上文件永遠是 Twitter 平台相關物件最權威的說明資料，建議你最好把 Tweet objects（推文物件；*http://bit.ly/2OhPimp*）這個頁面添加到書籤裡，因為你如果想更熟悉推文的基本結構，肯定需要經常查找相關的說明。本書完全不想重新定義那些線上文件談過的東西，不過還是有些地方需要特別提醒，畢竟內含 5 KB 訊息的一則推文，還是有可能讓你感到不知所措。為了簡化相關用語，這裡假設我們從搜尋結果中提取了一則推文，並把它儲存在名為 t 的變數之中。舉例來說，t.keys() 可取得此推文最頂級的各欄位名稱，而 t['id'] 則可取得此推文的 ID 編號。

 如果你在閱讀本章過程中一直都是使用 Jupyter Notebook，別忘了我們所使用的推文一直都保存在名為 t 的變數之中，因此你可以用互動的方式直接存取其中各欄位的值，這樣探索起來會輕鬆許多。在目前的討論中，所採用的術語都是相同的，因此相應的值應該都是一對一的對應關係。

這裡有幾個蠻有趣的東西：

• 透過 t['text'] 即可取得推文的文字內容：

RT @hassanmusician: #MentionSomeoneImportantForYou God.

- 透過 t ['entities'] 即可取得推文的實體，要進行後續的處理也很容易：

```
{
 "user_mentions": [
  {
   "indices": [
    3,
    18
   ],
   "screen_name": "hassanmusician",
   "id": 56259379,
   "name": "Download the NEW LP!",
   "id_str": "56259379"
  }
 ],
 "hashtags": [
  {
   "indices": [
    20,
    50
   ],
   "text": "MentionSomeoneImportantForYou"
  }
 ],
 "urls": []
}
```

- 透 過 t['favorite_count'] 和 t['retweet_count'] 即 可 取 得 推 文「 被 加 入 書 籤 」
  （bookmarked）和「被轉推」（retweeted）的次數，可做為推文「有趣程度」的判
  斷線索。

- 如果是被轉推的推文，t['retweeted_status'] 欄位就會提供許多關於原始推文本身及
  其原始作者的詳細資料。請注意，有時推文被轉推之後文字內容會改變，因為有些
  使用者會把自己的想法加進去，或是直接修改其內容。

- t['retweeted'] 這個欄位代表的是已登入使用者（透過已授權的應用程式）是否已轉
  推這則推文。在 Twitter 的開發者文件中，如果欄位的值會隨著不同使用者的觀點而
  改變，這樣的欄位就會被標示為「*perspectival*」（隨觀點而異）。

- 此外請注意，如果從 API 和訊息管理的角度來看，只有原始推文會被轉推。因此，
  retweet_count 反映的是原始推文被轉推的總次數，無論是原始的推文，還是所有
  後續的轉推，都應該反映出相同的值。換句話說，轉推並不會再次被轉推。乍看之
  下這樣好像有點違反直覺，但如果你覺得自己轉推的是別人轉推的東西，實際上你

轉推的還是原始推文，只不過原始推文是透過別人代理（proxy）而來到了你的眼前。本章隨後「1.4.4 檢視一下轉推的模式」一節的內容，還會針對推文的「轉推」（retweeting）與「引用」（quoting）之間的區別，進行更細微的討論。

 有個常見的錯誤，就是根據 retweeted（已轉推）欄位的值，來判斷有沒有人轉推過此推文。如果想檢查某推文是否曾被轉推過，應該查看的是該推文是否存在 retweeted_status 這個節點包裝函式。

在繼續前進之前，你應該先好好研究一下前面的推文範例，並仔細查閱相關文件，釐清所有可能會搞錯的問題。對於推文的結構，建立良好而深入的理解，對於有效挖掘 Twitter 資料至關重要。

1.4.1 提取推文實體

接著我們就來提取推文的實體和文字，然後轉換成方便的資料結構，以供進一步使用。範例 1-6 從我們所收集的推文中提取了文字、螢幕名稱（screen names）和主題標籤，並引入了一種 Python 習慣做法，也就是所謂「雙層」（或「巢狀」）的解析式列表。如果你對（單層）解析式列表有所瞭解，那麼從程式碼格式應該也可以看得出來，雙層解析式列表其實很簡單，它就是根據雙層巢狀迴圈（而不是單層迴圈）所得出的一組值。解析式列表的功能特別強大，因為相較於巢狀列表來說，這種做法通常可以帶來相當可觀的效能提升，而且可提供更直觀（只要你夠熟悉）又簡潔的語法。

 本書經常會用到解析式列表，如果你需要更多相關說明，可參見附錄 C 或 Python 官方教程（*http://bit.ly/2otMTZc*），以取得更多詳細訊息。

範例 *1-6*：從推文中提取出文字、螢幕名稱和主題標籤

```
status_texts = [ status['text']
                for status in statuses ]

screen_names = [ user_mention['screen_name']
                for status in statuses
                    for user_mention in status['entities']['user_mentions'] ]

hashtags = [ hashtag['text']
            for status in statuses
```

```
                     for hashtag in status['entities']['hashtags'] ]

# 計算所有推文中出現過的所有單詞
words = [ w
           for t in status_texts
               for w in t.split() ]

# 查看一下每個變數的前五個項目 ...

print(json.dumps(status_texts[0:5], indent=1))
print(json.dumps(screen_names[0:5], indent=1))
print(json.dumps(hashtags[0:5], indent=1))
print(json.dumps(words[0:5], indent=1))
```

 在 Python 中，如果列表或字串的後面出現方括號（例如 status_
texts[0:5]），就表示要「提取部分片段」（slicing）的意思，你可以藉此
方式從列表中輕鬆提取出某些項，或是從字串中提取出某一段子字串。在
前面的例子中，[0:5] 代表的就是你想取得 status_texts 這個列表的前五
項（對應的索引值為 0 到 4）。關於 Python 提取片段（slicing）更多詳細
的說明，請參見附錄 C。

這個範例的輸出如下：它會顯示五則推文的文字內容、螢幕名稱和主題標籤，你可以藉
此方式約略瞭解資料的內容：

```
[
 "\u201c@KathleenMariee_: #MentionSomeOneImportantForYou @AhhlicksCruise...,
 "
 "RT @hassanmusician: #MentionSomeoneImportantForYou God.",
 "#MentionSomeoneImportantForYou @Louis_Tomlinson",
 "#MentionSomeoneImportantForYou @Delta_Universe"
]
[
 "KathleenMariee_",
 "AhhlicksCruise",
 "itsravennn_cx",
 "kandykisses_13",
 "BMOLOGY"
]
[
 "MentionSomeOneImportantForYou",
 "MentionSomeoneImportantForYou",
 "MentionSomeoneImportantForYou",
```

```
  "MentionSomeoneImportantForYou",
  "MentionSomeoneImportantForYou"
]
[
  "\u201c@KathleenMariee_:",
  "#MentionSomeOneImportantForYou",
  "@AhhlicksCruise",
  ",",
  "@itsravennn_cx"
]
```

這些推文的主題標籤全都是 # MentionSomeoneImportantForYou，正如我們的預期。這些輸出結果也出現了一些相當常見、值得進一步調查的螢幕名稱。

1.4.2 針對推文與實體進行頻率分析

實際上所有的分析方法，某種程度都可歸結成「計算數量」這樣的簡單工作‧，而我們在本書所做的大部分工作，都是針對資料進行一些操作，以便能夠以有意義的方式計算其數量，再做出進一步的操作。

如果從經驗的角度來看，我們每次一開始總要先計算數量，因此我們一開始往往會先進行各種統計篩選、或是嘗試在雜亂的資料中找出可能很微弱的訊號。剛才我們只提取出列表的前 5 個項目，藉以約略瞭解資料的內容，現在我們打算再透過頻率分佈的計算，查看各列表中出現頻率排名前 10 的項目，進一步瞭解資料的內容。

Python 從 2.4 版本之後，就多了一個 collections（*http://bit.ly/2nIrA6n*）模組可供運用；這個模組提供了一個計數器，讓頻率分佈的計算變得相當簡單。範例 1-7 示範的就是如何使用 Counter 計數器，按照出現次數排列計算出一個單詞列表，以做為頻率分佈的結果。我們之所以要挖掘 Twitter 資料，其中比較有說服力的一個理由，就是想要回答「大家現在都在聊些什麼」這個問題。如果想回答這個問題，其中一種最簡單的技術就是基本頻率分析（也就是這裡所採用的做法）。

範例 *1-7*：根據推文中的單詞，建立一個基本的頻率分佈

```
from collections import Counter

for item in [words, screen_names, hashtags]:
    c = Counter(item)
    print(c.most_common()[:10]) # 前 10 個
    print()
```

以下就是推文頻率分析的一些結果範例：

```
[(u'#MentionSomeoneImportantForYou', 92), (u'RT', 34), (u'my', 10),
 (u',', 6), (u'@justinbieber', 6), (u'<3', 6), (u'My', 5), (u'and', 4),
 (u'I', 4), (u'te', 3)]

[(u'justinbieber', 6), (u'Kid_Charliej', 2), (u'Cavillafuerte', 2),
 (u'touchmestyles_', 1), (u'aliceorr96', 1), (u'gymleeam', 1), (u'fienas', 1),
 (u'nayely_1D', 1), (u'angelchute', 1)]

[(u'MentionSomeoneImportantForYou', 94), (u'mentionsomeoneimportantforyou', 3),
 (u'Love', 1), (u'MentionSomeOneImportantForYou', 1),
 (u'MyHeart', 1),  (u'bebesito', 1)]
```

頻率分佈的結果是一整組的鍵／值對，分別對應各個項目及其出現的頻率，因此我們可以用表格的形式輕鬆查看結果。你也可以在 terminal 終端輸入 **pip install prettytable** 來安裝一個名為 prettytable 的套件；這個套件提供了一種方便的方式，可輸出固定寬度的表格形式，這樣的格式在進行複製與貼上時特別好用。

範例 1-8 顯示的就是如何使用這個模組來呈現之前的結果。

範例 *1-8*：運用 *prettytable* 以漂亮的表格形式顯示 *tuple* 元組資料

```
from prettytable import PrettyTable

for label, data in (('Word', words),
                    ('Screen Name', screen_names),
                    ('Hashtag', hashtags)):
    pt = PrettyTable(field_names=[label, 'Count'])
    c = Counter(data)
    [ pt.add_row(kv) for kv in c.most_common()[:10] ]
    pt.align[label], pt.align['Count'] = 'l', 'r' # 設定各欄位對齊的方式
    print(pt)
```

範例 1-8 的結果轉換成一系列易於查看、格式良好的文字表格結果如下：

```
+---------------------------------+-------+
| Word                            | Count |
+---------------------------------+-------+
| #MentionSomeoneImportantForYou  |    92 |
| RT                              |    34 |
| my                              |    10 |
| ,                               |     6 |
| @justinbieber                   |     6 |
| &lt;3                           |     6 |
```

```
| My                          |     5 |
| and                         |     4 |
| I                           |     4 |
| te                          |     3 |
+-----------------------------+-------+

+-----------------+-------+
| Screen Name     | Count |
+-----------------+-------+
| justinbieber    |     6 |
| Kid_Charliej    |     2 |
| Cavillafuerte   |     2 |
| touchmestyles_  |     1 |
| aliceorr96      |     1 |
| gymleeam        |     1 |
| fienas          |     1 |
| nayely_1D       |     1 |
| angelchute      |     1 |
+-----------------+-------+

+------------------------------+-------+
| Hashtag                      | Count |
+------------------------------+-------+
| MentionSomeoneImportantForYou |    94 |
| mentionsomeoneimportantforyou |     3 |
| NoHomo                       |     1 |
| Love                         |     1 |
| MentionSomeOneImportantForYou |     1 |
| MyHeart                      |     1 |
| bebesito                     |     1 |
+------------------------------+-------+
```

只要快速瀏覽一下結果,就可以發現至少有一件頗令人驚訝的事情:小賈斯汀(Justin Bieber)在這個小量樣本資料的實體列表中名列前茅;他在青少年的 Twitter 之間很受歡迎,因此他確實很有可能在許多人心目中,對應到「最重要的人」這個主題標籤;不過這裡的結果,並不足以成為定論。<3 的出現也很有趣,因為它是 <3 的轉義形式,代表的是心的形狀(旋轉 90 度,就像 :) 笑臉或其他表情符號一樣),而且它是「loves(愛)」的常用縮寫方式。雖然 <3 這樣的值一開始看起來好像是沒用的東西或雜訊,但如果考慮到這個查詢本身所隱含的性質,會看到這樣的值就不是很奇怪了。

雖然頻率大於 2 以上的東西應該都蠻有趣,但其中有些比較特別的東西,會以不同的方式顯露出來。舉例來說,「RT」這個字眼經常出現,就表示其中肯定存在大量轉推(我們會在「1.4.4 檢查一下轉推的模式」進一步研究此現象)。最後,正如我們的預期,

#MentionSomeoneImportantForYou 這個主題標籤（以及好幾個只有大小寫不同的相同文字）在主題標籤中佔有絕對的優勢；我們在處理資料時有個常見的做法，就是在製作表格化頻率資料時，會先把每個單詞、螢幕名稱和主題標籤全都化為小寫，因為同一個單詞在不同推文中，難免會有大小寫不同的變化。

1.4.3　計算推文的詞彙多樣性

有一種稍微高級的衡量方式，只牽涉到簡單的頻率計算，而且可套用到未結構化的文字，這種衡量方式就叫做「詞彙多樣性」（*lexical diversity*）。從數學上來說，它就是一段文字中「唯一而不重複單詞的數量」，除以這段文字中「單詞的總數量」，這兩個數字本身都是非常基本而重要的衡量值。在人際溝通領域中，詞彙多樣性是個很有趣的概念，因為它針對個人或團體詞彙的多樣性，提供了一種定量的衡量方式。舉例來說，假設你聽到某人總是反覆使用「某個東西」（stuff）這樣的字眼，就表示他是運用一種比較廣泛而概括的方式來進行陳述，而不是以具體的例子詳細而清楚地強調重點。如果另一個人很少用「某個東西」這個字眼來進行概括性陳述，而是透過具體的例子來強調要點，我們就可以拿這兩個人來進行比較。反覆說「某個東西」的人，他的詞彙多樣性就會比較低，而你很有可能可以感受到，詞彙多樣性比較高的人對於主題的理解程度，好像也會比較高一點。

這個道理也可以應用到推文（或網路上類似的溝通文字）；我們可以把詞彙多樣性當成一個原始的統計數字，用來做為許多問題的答案，例如某個人或某個團體所討論的主題範圍有多寬或多窄。另外，具有概括性的整體性評估雖然很有趣，但如果可以把資料細分成特定時間段來進行分析，或許也可以產生更多深入的見解，就像遇到理念不同的幾群人或想法不同的幾個人一樣的效果。舉例來說，如果想比較可口可樂（*http://bit.ly/1a1l5xR*）與百事可樂（*http://bit.ly/1a1l7pt*）這兩家公司在 Twitter 上進行社群媒體行銷活動的效果，只要比較這兩家公司的詞彙多樣性是否存在顯著的差異，以此做為探索的切入點，應該就會得到很有趣的結果。

瞭解如何運用詞彙多樣性這樣的統計數字，來分析推文之類的文字內容之後，接著我們就可以如範例 1-9 所示，分別針對推文的文字內容、螢幕名稱和主題標籤，計算一下相應的詞彙多樣性。

範例 1-9：計算出推文相應的詞彙多樣性

```python
# 用來計算詞彙多樣性的函式
def lexical_diversity(tokens):
    return len(set(tokens))/len(tokens)

# 用來計算每則推文平均單詞數量的一個函式
def average_words(statuses):
    total_words = sum([ len(s.split()) for s in statuses ])
    return total_words/len(statuses)

print(lexical_diversity(words))
print(lexical_diversity(screen_names))
print(lexical_diversity(hashtags))
print(average_words(status_texts))
```

 在 Python 3.0 之前，除法運算符號（/）會自動套用 floor 函數並送回一個整數值（除非參與計算的其中一個數字是浮點數）。如果我們使用的是 Python 2.x，就必須先把分子或分母乘以 1.0，這樣才能避免掉這個自動取整數的錯誤。

範例 1-9 的結果如下：

```
0.67610619469
0.955414012739
0.0686274509804
5.76530612245
```

這個結果有好幾個值得思考的觀察點：

- 這些推文的文字內容，其詞彙多樣性約為 0.67。這個數字其中一種解釋方式就是，每三個單詞大約有兩個是唯一而不重複的；或者你也可以說，每一則推文大約都有 67% 唯一而不重複的訊息。假設每則推文的平均單詞數量約為 6，那麼每則推文就有大約 4 個唯一而不重複的單詞。這樣的結果與我們的直覺是一致的，因為 #MentionSomeoneImportantForYou 這個主題標籤的性質，本來就是希望得到一個只包含幾個單詞的回應。不管怎麼說，以一般人類溝通的文字來說，詞彙多樣性 0.67 這個值算是偏高，不過考慮到資料本身的性質，這看起來似乎又是合理的結果。

- 螢幕名稱的詞彙多樣性更高，其值為 0.95，這也就表示每出現 20 個螢幕名稱，大約就有 19 個是唯一而不重複的。如果考慮到這個問題的答案，應該有很多都是螢幕名稱，而且以這個主題標籤來說，大多數人應該都不會提供相同的答案，因此這樣的結果應該也算是很合理才對。

- 主題標籤的詞彙多樣性非常低，其值大約為 0.068，這也就表示除了 #MentionSomeoneImportantForYou 這個主題標籤以外，幾乎沒有其他值會在結果中多次出現。同樣的道理，由於大多數回應都很簡短，而且既然回應的是「提及某個對你而言很重要的人」，在回答時使用同樣的主題標籤應該也不奇怪，所以這也算是相當合理的結果。

- 每則推文的平均單詞數量非常少，其數值還不到 6；若考慮到主題標籤本身的性質，這個數字應該也是合理的，因為這個主題標籤本身就是想要徵求只包含幾個單詞的簡短回應。

如果可以放大檢視其中某些資料，查看是否存在某些常見的回應，或是根據一些定性分析得出其他的見解，應該也會很有趣。由於每則推文的平均單詞數量低到只有 6 左右的程度，因此使用者不太需要為了遵守文字數量限制，而去使用任何縮寫詞，所以資料的雜訊量應該非常低才對；如果再進行其他額外的頻率分析，也有可能還會發現一些令人著迷的結果。

1.4.4 檢視一下轉推的模式

雖然標準使用者界面和許多 Twitter 客戶端程式很早就開始採用原生的 Retweet API 來計算 retweet_count 或 tweeted_status 這類的狀態值，但有些 Twitter 使用者還是比較喜歡用留言（comment）的方式來進行轉推（*http://bit.ly/1a1l7FZ*），這種做法在過程中會牽涉到文字的複製和貼上，而且要在前面加上「RT *@username*」，或是在後面加上「/via *@username*」，以標示出推文的原始出處。

 在挖掘 Twitter 資料時，除了要考慮推文的元資料之外，恐怕還要分析推文中某些特定的字元串（例如「RT *@username*」或「/via *@username*」這類的慣例做法），才能夠最大程度提高分析的效果。為了「引用」推文，我們可以使用 Twitter 原生的 Retweet API 來進行轉推，也可以採用「標註原始出處」這種慣例做法；關於這兩種做法更詳細的討論，請參見「9.14 找出已進行轉推的使用者」。

現在我們可以再進一步分析，判斷某則推文是否存在大量的「多次」轉推，還是只有大量的「一次性」轉推。我們若想找出最受歡迎的轉推，最簡單的方法就是以迭代的方式檢查每一則最新推文，如果最新推文是轉推的話，就把轉推次數、原始推文作者和轉推文字保存起來。範例 1-10 示範的就是如何利用解析式列表把這些值擷取出來，並依照轉推次數進行排序，以顯示出排名前幾個的結果。

範例 1-10：找出最受歡迎的轉推

```python
retweets = [

            # 用一個 tuple 元組把這三個值保存起來 ...
            (status['retweet_count'],
             status['retweeted_status']['user']['screen_name'],
             status['text'])

            # ... 針對每一則推文 (status) ...
            for status in statuses

            # ... 只要滿足此條件
                if 'retweeted_status' in status.keys()
            ]

# 從排序過的結果中取出其中前五個，然後把 tuple 元組中的每個項目顯示出來

pt = PrettyTable(field_names=['Count', 'Screen Name', 'Text'])
[ pt.add_row(row) for row in sorted(retweets, reverse=True)[:5] ]
pt.max_width['Text'] = 50
pt.align= 'l'
print(pt)
```

範例 1-10 所得到的結果非常有趣：

```
+-------+---------------+----------------------------------------------------+
| Count | Screen Name   | Text                                               |
+-------+---------------+----------------------------------------------------+
| 23    | hassanmusician | RT @hassanmusician: #MentionSomeoneImportantForYou |
|       |               | God.                                               |
| 21    | HSweethearts  | RT @HSweethearts: #MentionSomeoneImportantForYou   |
|       |               | my high school sweetheart ❤                        |
| 15    | LosAlejandro_ | RT @LosAlejandro_: ¿Nadie te menciono en           |
|       |               | "#MentionSomeoneImportantForYou"? JAJAJAJAJAJAJA   |
|       |               | JAJAJAJAJAJAJAJAJAJAJAJAJAJAJAJAJAJAJAJA Ven, ...  |
| 9     | SCOTTSUMME    | RT @SCOTTSUMME: #MentionSomeoneImportantForYou My  |
|       |               | Mum. Shes loving, caring, strong, all in one. I    |
|       |               | love her so much ❤❤❤❤                              |
| 7     | degrassihaha  | RT @degrassihaha: #MentionSomeoneImportantForYou I |
```

```
|       |                  | can't put every Degrassi cast member, crew member, |
|       |                  | and writer in just one tweet....                   |
+-------+------------------+----------------------------------------------------+
```

「God」（上帝）高居榜首，緊追其後的是「my high school sweetheart」（我的高中戀人），而排名第四位的則是「My Mum」（我媽）。列表中前五名都沒有對應到 Twitter 使用者帳號；如果根據先前的分析，我們可能會覺得有點奇怪（原本以為會有小賈斯丁 @justinbieber）。再繼續往下檢查這個列表比較後面的結果，就可以看到確實出現某些特定的「使用者提及」，但由於這個查詢結果所抽取的樣本數量非常少，因此並沒有浮現出什麼特定的流行趨勢。如果可以對數量更多的樣本進行搜尋，或許就會出現更多頻率比較高的「使用者提及」，這樣再做進一步分析就會很有趣。各種深入分析的做法，充滿了無限的可能性；希望你現在也開始感到有點渴望，忍不住想要自己動手進行一些自定義查詢。

 本章最後面還有一些建議的練習。另外也請各位務必參閱一下第九章的內容，看看能不能把它做為靈感的來源：其中包括了超過二十幾種不同的做法，全都是以問答的方式來呈現。

在繼續往下閱讀之前，有個需要特別指出的微妙之處是，被轉推的原始推文很有可能並不存在於我們的搜尋結果中（尤其是本節所觀察的轉推頻率相對比較低的情況）。舉例來說，結果範例中最受歡迎的轉推，是來自螢幕名稱為 @hassanmusician 的使用者，他的推文被轉推了 23 次。但如果仔細查看資料，就會發現我們的搜尋結果中只收集到 23 次轉推其中的 1 次而已。原始推文和其他 22 次轉推都沒有出現在我們的資料中。這倒沒有什麼特別的問題，只不過我們原本以為能查到其他 22 個轉發者是誰，但其實是查不到的。

「對你而言最重要的人」這類問題的答案其實很有價值，因為它可以讓我們得到某些概念，例如本例中的「上帝」，或許就可以讓我們發現一大群顯然具有相同情感或共同興趣的使用者。如前所述，如果想針對人們與他們感興趣的對象進行模型化，「興趣圖譜」（interest graph）就是一種很方便的做法；這是一種很重要的資料結構，我們在第八章所介紹的分析方法，就可以支援這樣的資料結構。如果我們先針對這些使用者，試著做出具有解釋性的推測，或許會猜測他們是在精神層次或宗教方面的人士；只要再進一步分析他們所發出的推文，或許就可以證實此一推論。範例 1-11 顯示的就是如何藉由 GET statuses/retweets/:id API（*http://bit.ly/2BHBEaq*）找出這些使用者的做法。

範例 1-11：找出已轉推某推文的使用者

```
# 我們可以根據推文的 retweeted_status 節點，取得最原始推文的 ID 編號
# 然後就可以把它放進這裡的參數中，
# 替換掉下面的 id 數字

_retweets = twitter_api.statuses.retweets(id=3171273049981667841)
print([r['user']['screen_name'] for r in _retweets])
```

至於如何進一步分析這些已轉推某推文的使用者，看看他們是否具有任何精神層次或特定宗教上的聯繫關係，我們姑且把這個問題獨立出來，留給各位做為練習。

1.4.5 以直方圖呈現頻率資料

Jupyter Notebook 有個不錯的功能，就是可以輕易放入一些高品質、可自定義的資料圖，以做為互動過程的一部分。具體來說，Jupyter Notebook 可以使用 matplotlib（*http://bit.ly/1a1l7Wv*）套件和其他科學計算工具，這些工具的功能非常強大，只要瞭解基本的工作流程，就可以毫不費力生成複雜的圖形。

為了說明如何運用 matplotlib 的繪圖能力，我們就來繪製一些資料。這裡先用一張簡單的圖來做為暖身，這張圖會把 words 這個變數的結果顯示出來，其中這個 words 是在範例 1-9 所定義的一個變數。透過 Counter 的協助，我們很容易就可以生成一個排序過的 tuple 元組列表，其中每個元組都是（單詞, 頻率）這樣的形式；x 軸的值對應的是元組的索引值，y 軸的值則對應元組中相應單詞的頻率。雖然 x 軸的索引值都有對應的單詞，但把每個單詞直接繪製在 x 軸上，一般來說是不切實際的做法。圖 1-4 顯示的是我們先前在範例 1-8 用表格呈現的同一個 words 變數資料相應的圖形。圖中 y 軸的值對應的是單詞出現的次數。雖然圖中並未顯示每個單詞相應的文字，但這裡已經先對 x 軸的值進行過排序，如此一來單詞頻率之間的關係就更加明顯了。圖中的兩個軸都已被調整為對數刻度，讓顯示的曲線產生「壓縮」的效果。各位只要使用範例 1-12 的程式碼，就可以在 Jupyter Notebook 直接生成這張圖。

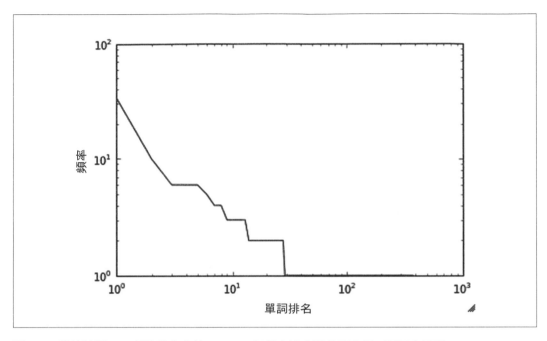

圖 1-4：根據範例 1-8 所計算出來的 words，把其中排序過的頻率用一張圖來呈現

範例 *1-12*：畫出單詞的頻率

```
import matplotlib.pyplot as plt
%matplotlib inline

word_counts = sorted(Counter(words).values(), reverse=True)

plt.loglog(word_counts)
plt.ylabel("Freq")
plt.xlabel("Word Rank")
```

2014 年之後，就不建議在啟動 IPython / Jupyter Notebook 時使用 --pylab 參數了。費爾南多·佩雷斯（Fernando Pérez）在同年啟動了 Jupyter 專案。為了讓 Jupyter Notebook 能直接繪製出圖形，我們可以在程式碼單元內用一種神奇的做法（*http://bit.ly/2nrbbkQ*）把 %matplotlib 包含進來：

```
%matplotlib inline
```

這種頻率值的圖形既直觀又方便，但如果可以把頻率切分成好幾組，再把每一組頻率範圍的資料值合併起來，應該也很有用。舉例來說，有多少個單詞的頻率落在 1 到 5 之間、5 到 10 之間、10 到 15 之間 ... ？（其餘依此類推）「直方圖」（histogram）（*http://bit.ly/1a1l6Sk*）的設計就是為了這個目的；它提供了一種很方便的視覺化呈現方式，可以用相鄰的矩形來呈現各組的頻率，其中每個矩形的面積，就相當於落在特定頻率範圍內的資料值數量。圖 1-5 和圖 1-6 所顯示的直方圖，分別是根據範例 1-8 和範例 1-10 所生成的表格資料。雖然這些直方圖並沒有 x 軸標籤，告訴我們哪些單詞對應哪些頻率，但這也不是這些直方圖真正的用途。直方圖主要的目的是讓我們深入了解相應的頻率分佈，其中 x 軸對應的是落在該頻率範圍內的單詞，而 y 軸則是出現在該範圍內所有單詞的總頻率。

如果想要解釋圖 1-5，可以先回頭查看一下相應的表格資料，就會發現有大量出現頻率較低的單詞、螢幕名稱、主題標籤，雖然在文字中只出現少數幾次而已，但如果我們把這些頻率較低的單詞加總起來，合併到「頻率落在 1 到 10 之間的所有單詞」這個範圍內，就可以看到這些低頻率單詞的總數，在文字中佔了絕大部分的比例。更具體來說，我們可以看到最大的矩形代表的是頻率在 10 次以下的單詞，其面積幾乎佔了所有頻率的面積總和，另外只有幾個單詞具有比較高的頻率：根據我們的表格資料，「# MentionSomeoneImportantForYou」和「RT」相應的頻率分別為 34 和 92。

同樣的，如果想要解釋圖 1-6，我們可以看到其中有幾個轉推的頻率特別高，但其他大部分都只轉推了一次，在數量上卻佔了轉推量的絕大部分，那就是直方圖左側最大的那個矩形。

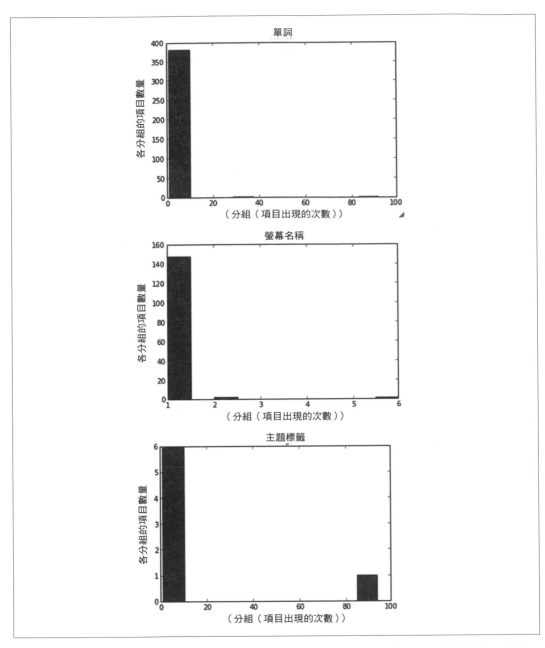

圖 1-5：各單詞、螢幕名稱和主題標籤相應的表格化頻率資料直方圖，其中每個圖形對應一種特定
類型的資料，而且都是按照頻率進行分組

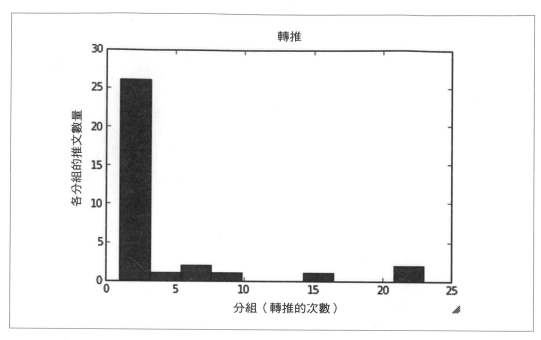

圖 1-6：轉推頻率直方圖

在 Jupyter Notebook 中直接生成這些直方圖的程式碼，可參見範例 1-13 和範例 1-14。花點時間探索一下 matplotlib 和其他科學計算工具的功能，絕對是值得的投資。

 安裝 matplotlib 之類的科學計算工具，過程可能會令人感到沮喪，因為這些工具的依賴關係中，有某些動態載入的函式庫，而且其中所牽涉到的痛苦過程，很可能隨著版本和作業系統而有所不同。如果你尚未安裝過這些工具，強烈建議你好好運用本書在虛擬機方面的相關經驗，如附錄 A 所述。

範例 1-13：繪製出單詞、螢幕名稱與主題標籤相應的直方圖

```
for label, data in (('Words', words),
                    ('Screen Names', screen_names),
                    ('Hashtags', hashtags)):
```

```
# 針對每一組資料，建立頻率對應關係
# 然後把這些數字畫出來
c = Counter(data)
plt.hist(c.values())

# 加上一個標題，以及一個 y 軸標籤 ...
plt.title(label)
plt.ylabel("Number of items in bin")
plt.xlabel("Bins (number of times an item appeared)")

# ... 然後把新的圖形顯示出來
plt.figure()
```

範例 *1-14*：繪製出轉推數量相應的直方圖

```
# 在拆分 tuple 元組內的數值時，使用底線符號
# 是一種忽略相應元素的一種習慣做法

counts = [count for count, _, _ in retweets]

plt.hist(counts)
plt.title("Retweets")
plt.xlabel('Bins (number of times retweeted)')
plt.ylabel('Number of tweets in bin')

print(counts)
```

1.5 結語

本章介紹的是 Twitter 這個成功的技術平台，現在它不但蓬勃發展，而且還成為「風靡一時」的網站，因為它滿足了人類的一些基本需求（包括溝通與好奇心），而且在混亂而快速動態變化的網路中，它還會自動浮現出一些自我組織的行為。本章的範例程式碼可以讓你直接開始使用 Twitter 的 API，而且我們也透過 Python 進行說明，以互動方式探索分析 Twitter 資料是多麼容易而有趣，同時還提供了一些可用來探索推文的初始範本。本章一開始先學習如何建立已認證連結，然後透過一連串範例，說明如何找出特定地區的流行趨勢熱門話題、如何找出其中可能比較有趣的推文，以及如何根據頻率分析和一些簡單的統計數字，透過基本而有效的一些分析技巧來分析這些推文。有時即便只是隨機出現的流行趨勢熱門話題，只要進行一些額外的分析，還是有可能帶領我們走上一條值得一遊的道路。

第九章提到許多 Twitter 相關的做法，其中所涵蓋的主題相當廣泛，包括推文的收集與分析、如何有效使用封存的推文，以及如何分析跟隨者，以獲得更深入的見解。

如果從分析的角度來看，本章主要的重點之一就是，如果想進行有意義的定量分析，第一步往往就是「計算數量」。雖然基本的頻率分析很簡單，但它絕對是你口袋中的一個強大工具，千萬不要因為很簡單而忽視它；此外，有許多其他的高級統計概念，都跟它很有關係。另一方面來說，正因為頻率分析和詞彙多樣性這類的衡量方式如此明顯而簡單，所以更應該經常、儘早採用這些做法。一些最簡單的技術所得到的結果，經常可以與複雜分析所得到的結果相媲美。如果想針對 Twitter 世界裡的資料，回答「大家現在都在聊些什麼？」這樣的問題，這些簡單的技巧通常可以讓你很快得到一定程度的概念。這正是我們每個人都想知道的，不是嗎？

本章與其他各章的程式碼都以方便的 Jupyter Notebook 格式存放在 GitHub（*http://bit.ly/Mining-the-Social-Web-3E*），強烈建議你自己抓下來玩玩看。

1.6 推薦練習

- 把 API 參考索引（*http://bit.ly/2Nb9CJS*）加入書籤，然後花點時間查看一下其中的內容。特別提一下，請多花點時間瀏覽有關 REST API（*http://bit.ly/2nTNndF*）和 API 物件（*http://bit.ly/2oL2EdC*）的相關訊息。

- 如果你還沒用過任何 Python 解譯器，建議使用 IPython（*http://bit.ly/1a1laRY*）和 Jupyter Notebook（*http://bit.ly/2omIqdG*）會輕鬆很多，因為它們完全可做為傳統 Python 解譯器更高效率的替代品。在挖掘社群網站的過程中，它所為你節省下來的時間與提高的生產力，肯定會由此開始逐漸累積。

- 如果你有一個推文數量不多的 Twitter 帳號，請到你的帳號設定（*http://bit.ly/1a1lb8D*）中提出請求，把你的歷史推文封存起來再進行分析。匯出帳號資料之後，就可以得到一些按時間段切分、以 JSON 格式保存的檔案。更多相關的詳細訊息，請參見所下載封存檔案內的 README.txt 檔案。在你的推文中，最常見的字眼是什麼呢？你最常轉推誰的推文？你有多少推文被轉推呢（為什麼會這樣）？

- 花點時間運用 Twurl（*http://bit.ly/2NlQlte*）這個指令行工具，探索一下 Twitter 的 REST API。雖然本章選擇透過程式碼的方式運用 twitter 這個 Python 套件，但直接在控制台（console）下指令的做法，對於 API 的探索、參數效果測試等，都會很有用處。

- 完成以下幾個練習：針對那些把「上帝」視為最重要的人，判斷他們是否屬於某些精神層面或宗教方面的人士，或者按照本章的流程找出其他熱門話題，或是根據你自己的選擇隨意進行搜尋查詢。探索一下高級搜尋功能（*http://bit.ly/2xlEHzB*），以進行更精確的查詢。

- 探索一下 Yahoo! GeoPlanet 的 Where On Earth ID API（*http://bit.ly/2MsvwCQ*），比對一下不同地點的流行趨勢。

- 進一步仔細研究 matplotlib（*http://bit.ly/1al17Wv*）並學習如何使用 Jupyter Notebook 創建出漂亮的 2D 和 3D 資料圖（*http://bit.ly/1allccP*）。

- 探索並應用第九章的一些練習。

1.7 線上資源

本章以下的幾個連結列表，可能對你有點用處：

- 使用 Jupyter Notebook 繪製出 2D 和 3D 資料的精美圖形（*http://bit.ly/1allccP*）

- IPython 的「神奇功能」（*http://bit.ly/2nII3ce*）

- json.org（*http://bit.ly/1all2lJ*）

- Python 解析式列表（*http://bit.ly/2otMTZc*）

- 官方 Python 教程（*http://bit.ly/2oLozBz*）

- OAuth（*http://bit.ly/1a1kZWN*）

- Twitter API 文件（*http://bit.ly/1a1kSKQ*）

- Twitter API v1.1 的速度限制（*http://bit.ly/2MsLpcH*）

- Twitter 開發者協議與相關政策（*http://bit.ly/2MSrryS*）

- Twitter 的 OAuth 文件（*http://bit.ly/2NawA3v*）

- Twitter Search API 運算符號（*http://bit.ly/2xkjW7D*）

- Twitter Streaming API（*http://bit.ly/2Qzcdvd*）

- Twitter 服務條款（*http://bit.ly/1a1kWKB*）

- Twurl（*http://bit.ly/1a1kZq1*）

- Yahoo! GeoPlanet 的 Where On Earth ID（*http://bit.ly/2NHdAJB*）

## 第二章

挖掘 Facebook：
分析粉絲專頁、檢視朋友關係

本章打算透過 Graph API 進入 Facebook 平台，並探索其中巨大的可能性。Facebook 可說是社群網站的心臟，而且某種程度來說，也算是一個集所有功能於一身的奇蹟，因為它擁有 20 億使用者，其中竟有一半以上[1]一直都處於活躍狀態，也就是每天都在 Facebook 更新動態、發佈照片、交換訊息、即時聊天、在實際地點打卡、玩遊戲、購物，或是進行任何你想像得到幾乎所有的事情。從挖掘社群網站的角度來看，保存在 Facebook 中大量關於個人、團體和產品的資料，的確讓人感到激動不已，因為 Facebook 乾淨俐落的 API 提供了令人難以置信的機會，可以把這些資料合成各種有用的訊息（這是世界上最珍貴的商品），並可從中收集各種有價值的深入見解。另一方面，這種強大的功能同時也伴隨著巨大的責任，因此 Facebook 運用了全世界有史以來最複雜的線上隱私控制做法（*http://on.fb.me/1a1llg9*），以協助保護使用者避免遭受到攻擊。

---

[1] 根據網際網路用量統計（Internet usage statistics）顯示，2017 年全球人口約為 75 億，網際網路使用者的估計數量則接近 39 億。

值得注意的是，Facebook 雖然自稱為「社群圖譜」（social graph），但它同時也一直在穩步轉變成為很有價值的「興趣圖譜」（interest graph），因為它透過 Facebook 頁面以及對事物做出反應的能力（例如按「讚」），保存了人們與自己感興趣的事物之間的關係。基於這個理由，因此你可能會越來越常聽到它被稱為「社群興趣圖譜」（social interest graph）。在大多數情況下，你可以假設興趣圖譜是以隱性的方式存在，而且可以從大多數社群資料來源中被引導出來。舉例來說，第一章曾提到 Twitter 實際上是一個興趣圖譜，因為它可以用非對稱的方式進行「跟隨」（或者換個說法，「對 ...... 感興趣」），藉此表達出人與其他人地事物之間的關係。把 Facebook 視為興趣圖譜的概念會貫穿本章，而且隨後到了第八章，我們還會再回到這個「從社群資料中明確引導出興趣圖譜」的想法。

本章的介紹是假設你擁有一個使用中的 Facebook 帳號，在隨後存取 Facebook API 時就會用到這個帳號（*http://on.fb.me/1a1lkcd*）。2015 年時，Facebook 對 API（*http://tcrn.ch/2zFetfo*）進行了更改，限制了第三方可以使用的一些資料類型。舉例來說，現在你已經無法再透過 API 存取到朋友的最新動態（status updates）或興趣了。這是因為考慮到隱私問題而做出的改變。由於這些變動，因此本章將重點介紹如何使用 Facebook API，針對公開頁面（例如產品公司或名人所創建的頁面）衡量使用者的參與度。雖然這些資料的權限管制越來越嚴格，但你還是可以向 Facebook 開發者平台提出請求，只要獲得批准就可以存取其中的某些功能。

 請務必從 GitHub 取得本章（及其他各章）的最新程式碼 *http://bit.ly/Mining-the-Social-Web-3E*。另外也請充分利用本書在虛擬機方面的經驗（參見附錄 A），以最大程度享用本書的範例程式碼。

2.1 本章內容

由於這是本書第二章，因此介紹的概念會比第一章的內容來得複雜一些，但對於大部分讀者來說，應該還是很容易理解的。你在本章會學習到以下這些內容：

- Facebook 的 Graph API，以及如何發送 API 請求
- 開放圖譜協定（Open Graph portocol）及其與 Facebook 社群圖譜的關係

- 以程式碼的方式存取公開網頁（例如一些品牌和名人的頁面）的動態訊息（feeds）

- 提取出幾個社群相關的關鍵數據（例如「讚」、留言與分享的數量），藉此衡量使用者的參與度

- 使用 pandas DataFrames 來處理資料，然後再以視覺化方式呈現結果

2.2 探索 Facebook 的 Graph API

從深度與廣度來說，Facebook 平台絕對是個成熟、穩固且文件充分的一個網路門戶大站（gateway），它可以帶領我們通往有史以來最全面、組織最完整的訊息資料庫。其廣泛之處在於其使用者群，大約佔了全球人口的四分之一，而且針對任何特定的使用者，所瞭解的訊息量也很深入。Twitter 的特點是「非對稱的」關係模型，其模型是開放的，而且是以「無需特定許可，即可跟隨其他使用者」為前提；Facebook 的關係模型則是「對稱的」，使用者之間必須雙方同意，才能看到彼此的互動情況與活動。

此外，Twitter 除了使用者之間的私人訊息以外，幾乎所有互動都是公開的推文，但 Facebook 可以進行更細緻的隱私控制，可以組織朋友關係並用列表來進行維護，而且可以針對任何特定活動，為朋友提供不同等級的可見度。舉例來說，你可以選擇只與特定列表裡的朋友（而不是整個社群網路）分享連結或照片。

身為一個社群網站挖掘者，你要從 Facebook 提取資料的唯一方法，就是註冊一個應用程式，然後用這個應用程式做為 Facebook 開發者平台的一個入口點。此外，應用程式唯一可取得的資料，就是使用者明確授權可存取的任何資料。舉例來說，當你在編寫 Facebook 應用程式時，你就是登入該應用程式的使用者，而這個應用程式此時就可以存取到所有你已經明確獲得授權可存取的任何資料。從這個角度來看，做為 Facebook 使用者的你，也可以把你的應用程式想像成是你的某個 Facebook 朋友，而你完全可以控制該應用程式能夠存取到什麼樣的內容，也可以隨時撤銷存取權限。Facebook 平台政策（Facebook Platform Policy；*http://bit.ly/1a1lm3C*）是所有 Facebook 開發者都必須閱讀的文件，因為它針對所有 Facebook 使用者，提供了全面性的權利義務相關說明，並為 Facebook 開發者提供了相關的法律精神和法律條文。如果你還沒看過的話，值得花點時間重新檢視一下 Facebook 的開發者政策，並把 Facebook Developers 主頁（*http://bit.ly/1a1lm3Q*）加入書籤，因為這是進入 Facebook 平台及其相關文件的重要入口點。另外請記住，API 隨時都有可能發生變化。基於安全性和隱私的考量，你在嘗試使用

Facebook 平台時，可以使用的權限一定會受到某些限制。如果想要存取某些功能和 API 端點（endpoints），你可能都必須提交你的應用程式（*http://bit.ly/2vDb2B1*）以供審核並獲得批准。不過只要你的應用程式遵守服務條款（*http://on.fb.me/1a11MXM*），應該就沒問題了。

 如果你只是以開發者身份挖掘自己帳號裡的資料，應該不會有什麼問題，你完全可以讓應用程式自由存取自己帳號裡的所有資料。不過請注意，如果想開發出一個成功的「託管」（*hosted*）應用程式，應用程式就應該只針對完成任務所需的最小資料量提出請求，因為使用者很有可能並不信任你的應用程式，去做出一些超出授權所允許的動作（而且這樣才是正確的）。

雖然我們會在本章稍後透過程式碼存取 Facebook 平台，但 Facebook 其實提供了許多有用的開發者工具（*http://bit.ly/1a11nVf*），其中包括 Graph API Explorer 應用程式（*http://bit.ly/2jd5Xdq*），我們會先使用這個應用程式（*http://bit.ly/2jd5Xdq*）來初步熟悉一下社群圖譜。這個應用程式針對社群圖譜提供了一種直觀、便捷的查詢方式，而且你如果對社群圖譜的運作方式感到滿意，就可以把相關查詢直接轉換成 Python 程式碼以達到自動化的效果，進一步處理也會變得很自然而容易。雖然我們在討論過程中就會運用到 Graph API，不過一開始先看一下 Graph API 總覽（Graph API Overview；*http://bit.ly/1a11obU*）這份寫得很好的文件，先建立一個全面性的認識，對你應該很有幫助才對。

 請注意，目前 Facebook 已終止對 Facebook 查詢語言（FQL，Facebook Query Language；*http://bit.ly/1a11mRd*）的支援。從 2016 年 8 月 8 日開始，FQL 已無法再進行查詢了。開發者必須改用 Graph API。如果你之前曾用 FQL 開發過應用程式，Facebook 也提供了一個 API 升級工具（*http://bit.ly/2MGU7Z9*），可用來更新你的應用程式。

2.2.1 瞭解 Graph API

顧名思義，Facebook 的社群圖譜是一個龐大的 graph 圖（*http://bit.ly/1a1loIX*）資料結構，可用來表示社群之間的互動，它是由許多節點（node）及節點之間的連結（connection）所組成。Graph API 提供了各種與社群圖譜進行互動的主要方法，如果想要搞懂這個 API，最好的方式就是花點時間玩一玩 Graph API Explorer（*http://bit.ly/2jd5Xdq*）。

很重要一定要注意的是，Graph API Explorer 並不是什麼特殊的工具。除了可以預先填入你的 access token 進行除錯工作之外，它本身也是一個普通的 Facebook 應用程式，而它所使用的開發者 API，也與任何其他開發者的應用程式完全相同。實際上，如果你已經擁有某個特定的 OAuth token，可對應到正在開發的應用程式其中某一組特定的授權，而在探索開發或除錯的過程中，如果你想執行某些查詢，這時使用 Graph API Explorer 就很方便。稍後我們透過程式碼存取 Graph API 時，還會再提一下這個基本概念。圖 2-1 到圖 2-3 顯示的是 Graph API 查詢的一系列動作，其中包括點擊加號（+）、添加連結和欄位，最後取得查詢結果。這幾個圖中有一些地方要注意一下：

Access token

> 出現在應用程式中的那個 access token（*http://bit.ly/1a1kZWN*），其實是禮貌上做為一個登入使用者應該要自行提供的 OAuth token；你的應用程式如果要存取相關資料，也會用到同一個 OAuth token。我們在本章會持續使用這個 access token，不過你可以先看一下附錄 B，瞭解關於 OAuth 的簡要概述，其中包括如何在 Facebook 實作出 OAuth 流程以取得 access token 的詳細訊息。如第一章所述，如果這是你第一次接觸 OAuth，此時只要知道這個協定代表的是開放授權的社群網站標準也就足夠了。簡而言之，OAuth 就是可以讓使用者授權給第三方應用程式存取其帳號資料，但不必把密碼之類的敏感訊息分享出去的一種做法。

 如果你所要建立的應用程式，必須能夠讓任何使用者授權存取他自己帳號裡的資料，請先參見附錄 B，瞭解一下關於 OAuth 2.0 實作流程的詳細訊息。

節點 *ID*

這裡的查詢基礎是一個 ID 編號為「644382747」的節點，對應的是一個名為「Matthew A. Russell」的人，這個人就是 Graph Explorer 預先載入的當前登入使用者。每個節點都有「id」和「name」的欄位，其中各有相應的值。這個查詢的基礎很容易就可以換成其他任何節點；事實上我們稍後就可以看到，在 graph 圖中以「移動」或遍歷的方式查詢其他節點（可能是人，也可能是書、電視節目之類的事物）是很自然的行為。

連結限定條件

你可以用「朋友」連結來修改原始查詢，如圖 2-2 所示，只要點擊 + 號，然後在跳出來的「connections」選單中選擇「friends」即可。出現在控制台中的「friends（朋友）」連結，代表的是一些連結到原始查詢節點的其他節點。此時你只要點擊這些節點其中任何一個藍色的「id」欄位，就會改以該節點做為基礎，啟動新的查詢。如果用網路科學的術語來說，你現在擁有了一個所謂的「**自我圖**」（*ego graph*），因為你現在有了一個可做為焦點或邏輯中心的主角（actor，也就是 ego 自我），而且與周圍的其他節點相連。如果把自我圖畫成圖形，看起來就像是腳踏車輪的中心輪軸（hub），以及很多輻射出去的輻條（splkes）。

「讚」限定條件

你也可以對原始查詢做出進一步修改，把你每個朋友的「讚」連結加進來，如圖 2-3 所示。不過，其中有些資料如今已受到更嚴格的限制，比如應用程式現在已經無法存取到朋友所點的「讚」了。Facebook 已針對 API 做了一些調整，進一步限制了應用程式可存取的訊息種類。

除錯

如果你根據 access token 相應授權進行查詢，卻發現送回來的資料和你想的不一樣，在問題排除的過程中，「Debug（除錯）」按鈕就很有用。

JSON 回應格式

Graph API 查詢的結果會以一種很便於使用的 JSON 格式送回來，這種格式可以讓你更輕鬆進行後續處理。

圖 2-1：運用 Graph API Explorer 應用程式，查詢社群圖譜中的節點

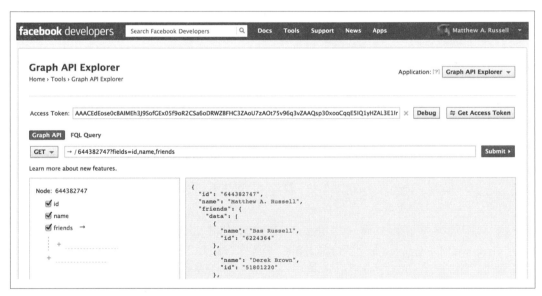

圖 2-2：運用 Graph API Explorer 應用程式，逐步建立節點與朋友連結的查詢。別忘了有些特定的
資料可能需要先取得權限才能進行存取，而沙盒化的應用程式通常只能存取到非常有限的
資料。這幾年 Facebook 針對資料政策，進行了許多調整。

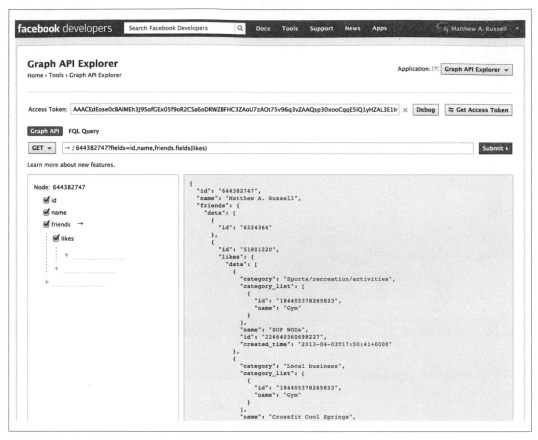

圖 2-3：運用 Graph API Explorer 應用程式，逐步建立朋友興趣相關查詢：針對節點、與朋友的連結，以及朋友點的「讚」進行查詢。這裡的例子只能做為說明之用；Facebook 資料政策一直在改變，未來只會越來越嚴格、越來越注重使用者的隱私。

雖然本章稍後會透過程式碼運用 Python 套件來探索 Graph API，不過你也可以直接模仿 Graph API Explorer 裡所看到的請求，透過 HTTP 進行 Graph API 查詢。舉例來說，範例 2-1 就使用了 requests 套件（*http://bit.ly/1a1lrEt*；而不是採用 Python 標準函式庫中類似 urllib 那種用起來沒那麼方便的套件）來簡化 HTTP 發送請求的過程，以提取出朋友以及他們點讚的對象。你只要輸入 **pip install requests** 指令，就可以把這個套件安裝起來。查詢結果會隨著 fields 參數中的值而有所不同，不過會與我們在 Graph API Explorer 中以互動方式建立的查詢結果完全相同。特別令人感興趣的是其中的 likes.limit(10){about}，這樣的語法使用了 Graph API 其中一種稱為欄位擴展（field expansion；*http://bit.ly/1a1lsIE*）的特性，可以讓你在單一次的 API 調用中，進行巢狀式的 graph 查詢。

範例 *2-1*：透過 *HTTP* 發出 *Graph API* 請求

```python
import requests # pip install requests
import json

base_url = 'https://graph.facebook.com/me'

# 指定所要檢索的欄位
fields = 'id,name,likes.limit(10){about}'

url = '{0}?fields={1}&access_token={2}'.format(base_url, fields, ACCESS_TOKEN)

# 這個 API 是以 HTTP 為基礎，因此也可以在瀏覽器中發出請求。
# 也可以使用 curl 這類的指令行公用程式，或是採用
# 任何程式設計語言對 URL 發出請求。
# 如果你執行了這段程式碼，只要點擊 notebook 輸出裡的超鏈結，
# 就可以看到相應的內容 ...
print(url)

# 把回應解譯成 JSON，
# 再轉回 Python 資料結構
content = requests.get(url).json()

# 用比較美觀的方式呈現 JSON 資料
print(json.dumps(content, indent=1))
```

只要善用 Facebook 的欄位擴展語法，你就可以在 API 查詢中設定相應的限制（limit）和偏移量（offset）。這個簡單的例子只是用來說明，Facebook 的 API 其實是建立在 HTTP 的基礎之上。下面有兩個針對欄位做出限制和偏移的例子，這些例子正好可以說明欄位選擇器幾種不同的用法：

```python
# 取出 10 個我所點的讚
fields = 'id,name,likes.limit(10)'

# 再取出隨後 10 個我所點的讚
fields = 'id,name,likes.offset(10).limit(10)'
```

Facebook 的 API 會自動把送回來的結果進行分頁（paginates），這也就表示，如果你的查詢有大量的結果，API 並不會立刻把所有結果全都回傳給你。相反的，查詢結果會被切成好幾塊（好幾「頁」），同時提供給你指向下一頁結果的「游標（cursor）」。關於查

詢結果如何進行「分頁」的更多詳細訊息，請參見 pagination documentation（分頁文件；*http://bit.ly/1a1ltMP*）。

2.2.2 瞭解開放圖譜協定（Open Graph Protocol）

除了使用功能強大的 Graph API（可以讓你遍歷社群圖譜、查詢 Facebook 物件）之外，你還應該知道的是，Facebook 早在 2010 年 4 月的 F8 研討會上，就推出了所謂的「開放圖譜協定」（OGP，Open Graph Protocol；*http://bit.ly/1a1lu3m*），引進了社群圖譜的概念。簡而言之，OGP 是一種機制，開發者只要把一些 RDFa 元資料（*http://bit.ly/1a1lujR*）注入頁面，就可以讓任何網頁變成 Facebook 社群圖譜中的物件。如此一來，除了在 Facebook 的「圍牆花園」內可以存取到 Graph API 參考（*http://bit.ly/1a1lvEr*）所描述的幾十種物件（使用者、圖片、影片、打卡、連結、動態訊息等）之外，網路上的網頁也可以「嫁接」到社群圖譜中，以呈現出某些有意義的概念。換句話說，OGP 是「開放」社群圖譜的一種方式，Facebook 的開發者文件就把這些概念稱之為「開放圖譜」（Open Graph）。[2]

運用 OGP 的概念，以有價值的方式把網頁嫁接到社群圖譜中，實際上有無限多種可能的做法，而且你很有可能已經遇過很多這樣的東西，只是沒有意識到而已。以圖 2-4 為例，這是《絕地任務（*The Rock*）》這部電影在 IMDb.com（*http://imdb.com/*）網站上的頁面。在右邊的側邊欄中，你可以看到一個很熟悉的「讚」按鈕，旁邊還有「已經有 19,319 人按讚。成為朋友中第一個按讚的人吧」這樣的訊息。IMDb 如果想把物件連進社群圖譜，只要針對相對應的 URL 網址實現 OGP，就能讓頁面具備這樣的功能。頁面只要帶有正確的 RDFa 元資料，Facebook 就能明確建立連往這些頁面物件的「連結」，然後合併到活動串流（activity streams）以及其他 Facebook 使用者體驗的關鍵元素之中。

過去幾年你或許已經很習慣在各種網頁中看到「讚」按鈕，它其實就是 OGP 的一種實現方式，事實上 Facebook 在開發平台方面可說是取得了相當大的成功，因為可以隨意把網路中的物件包含到社群圖譜中，其意義是非常深遠的，而且後續應該還會帶來潛力十足的重大發展。

2　在本節描述 OGP 的實現過程中，除非特別明確強調，否則 social graph 通常都是用來泛指「社群圖譜」和「開放圖譜」。

圖 2-4：電影《絕地任務（The Rock）》的 IMDB 頁面，實現了 OGP 的概念

早在 2013 年，Facebook 就實作了一個名為 Facebook Graph Search 的語義搜尋引擎。這是一種可以讓使用者直接在搜尋欄中用自然語言進行查詢的做法。舉例來說，你只要在搜尋欄中輸入「住在倫敦而且喜歡貓的朋友」，這樣就可以從住在倫敦的朋友、以及喜歡貓的朋友之中，找出兩群朋友之間的交集。但是這種查詢 Facebook 的新方法，並沒有持續存在很長一段時間。2014 年底，Facebook 就放棄了這種語義搜尋功能，轉而採用以關鍵字為基礎的做法。儘管如此，可以把 Facebook 上的物件連結到其他東西的 graph 圖，目前依然存在。2017 年 11 月，Facebook 推出了一個名為 Facebook Local 的獨立移動應用程式，這個應用程式會以某個實際地點為中心，把圍繞該地點的事件連結起來，並使它產生社群化的效果。舉例來說，這個應用程式會告訴你，哪些餐廳在你 Facebook 的朋友之間最受歡迎。此應用程式之所以擁有這樣的能力，其背後的技術幾乎可以肯定就是 Facebook 的社群圖譜。

在往下進行 Graph API 查詢之前，我們先簡單看一下實作 OGP 的要點。OGP 文件中的標準範例，示範了如何使用如下的命名空間，把《絕地任務》的 IMDb 頁面轉換成 XHTML 文件，使它成為 OGP 開放圖譜協定中的一個物件：

```
<html xmlns:og="http://ogp.me/ns#">
<head>
<title>The Rock (1996)</title>
<meta property="og:title" content="The Rock" />
<meta property="og:type" content="movie" />
```

```
<meta property="og:url" content="http://www.imdb.com/title/tt0117500/" />
<meta property="og:image" content="http://ia.media-imdb.com/images/rock.jpg" />
...
</head>
...
</html>
```

這些元資料一旦被大規模實現，就會具有極大的潛力，因為這樣就可以讓 URI（例如 *http://www.imdb.com/title/tt0117500*）以一種機器可讀的明確方式，呈現出任何網頁所代表的東西（有可能是個人、公司、產品等等），進一步擴展語義網路（semantic web）的發展。如此一來，除了可以給《絕地任務》點「讚」之外，使用者還可以透過自定義的動作，以其他方式與此物件進行互動。舉例來說，由於《絕地任務》（*http://bit. ly/2Qx0Kfo*）是一部電影，因此使用者或許可以指出自己已經看過這部電影了。OGP 可以讓使用者和物件之間，存在廣泛而具有彈性的一組動作，以做為社群圖譜的一部分。

 如果你還沒看過 *http://www.imdb.com/title/tt0117500* 的 HTML 原始碼，建議可以稍微看一下，並親自感受現實世界中的 RDFa 究竟是什麼模樣。

從本質上來說，查詢 Graph API 對於 Open Graph 物件來說非常簡單：只要把網頁 URL 或物件 ID 附加到 *http(s)://graph.facebook.com/* 的後面，就可以取得該物件的詳細訊息。舉例來說，只要在你的瀏覽器中輸入 *http://graph.facebook.com/http://www.imdb. com/title/tt0117500* 這個 URL，就會得到以下的回應[譯註]）：

```
{
    "share": {
        "comment_count": 0,
        "share_count": 1779
    },
    "og_object": {
        "id": "10150461355237868",
        "description": "Directed by Michael Bay.  With Sean Connery, ...",
        "title": "The Rock (1996)",
        "type": "video.movie",
        "updated_time": "2018-09-18T08:39:39+0000"
    },
    "metadata": {
        "fields": [
```

譯註　現在好像已經沒有那麼詳細的資訊了⋯。

```
    {
        "name": "id",
        "description": "The URL being queried",
        "type": "string"
    },
    {
        "name": "app_links",
        "description": "AppLinks data associated with the URL",
        "type": "applinks"
    },
    {
        "name": "development_instant_article",
        "description": "Instant Article object for the URL, in developmen...
        "type": "instantarticle"
    },
    {
        "name": "instant_article",
        "description": "Instant Article object for the URL",
        "type": "instantarticle"
    },
    {
        "name": "og_object",
        "description": "Open Graph Object for the URL",
        "type": "opengraphobject:generic"
    },
    {
        "name": "ownership_permissions",
        "description": "Permissions based on ownership of the URL",
        "type": "urlownershippermissions"
    }
    ],
    "type": "url"
},
"id": "http://www.imdb.com/title/tt0117500"
}
```

如果查看一下 *http://www.imdb.com/title/tt0117500* 這個 URL 的原始碼,你就會發現回應中的各欄位與頁面中 meta 標籤資料都有相對應,這可不是巧合。只要簡單的查詢,就可以得到豐富的元資料回應,這正是 OGP 設計概念背後所希望達到的效果。我們只要使用 Graph API Explorer,就可以存取到 graph 圖中與物件相關的更多元資料。現在我們就把 380728101301?metadata=1 送進 Graph API Explorer(其中的 380728101301 就是《絕地任務》的 ID 編號),請求一些額外的元資料。這個範例的回應如下:

```
{
  "created_time": "2007-11-18T20:32:10+0000",
  "title": "The Rock (1996)",
  "type": "video.movie",
  "metadata": {
    "fields": [
      {
        "name": "id",
        "description": "The Open Graph object ID",
        "type": "numeric string"
      },
      {
        "name": "admins",
        "description": "A list of admins",
        "type": "list<opengraphobjectprofile>"
      },
      {
        "name": "application",
        "description": "The application that created this object",
        "type": "opengraphobjectprofile"
      },
      {
        "name": "audio",
        "description": "A list of audio URLs",
        "type": "list<opengraphobjectaudio>"
      },
      {
        "name": "context",
        "description": "Context",
        "type": "opengraphcontext"
      },
      {
        "name": "created_time",
        "description": "The time the object was created",
        "type": "datetime"
      },
      {
        "name": "data",
        "description": "Custom properties of the object",
        "type": "opengraphstruct:video.movie"
      },
      {
        "name": "description",
        "description": "A short description of the object",
        "type": "string"
      },
```

```json
{
  "name": "determiner",
  "description": "The word that appears before the object's title",
  "type": "string"
},
{
  "name": "engagement",
  "description": "The social sentence and like count for this object and
  its associated share. This is the same info used for the like button",
  "type": "engagement"
},
{
  "name": "image",
  "description": "A list of image URLs",
  "type": "list<opengraphobjectimagevideo>"
},
{
  "name": "is_scraped",
  "description": "Whether the object has been scraped",
  "type": "bool"
},
{
  "name": "locale",
  "description": "The locale the object is in",
  "type": "opengraphobjectlocale"
},
{
  "name": "location",
  "description": "The location inherited from Place",
  "type": "location"
},
{
  "name": "post_action_id",
  "description": "The action ID that created this object",
  "type": "id"
},
{
  "name": "profile_id",
  "description": "The Facebook ID of a user that can be followed",
  "type": "opengraphobjectprofile"
},
{
  "name": "restrictions",
  "description": "Any restrictions that are placed on this object",
  "type": "opengraphobjectrestrictions"
},
```

```
        {
          "name": "see_also",
          "description": "An array of URLs of related resources",
          "type": "list<string>"
        },
        {
          "name": "site_name",
          "description": "The name of the web site upon which the object resides",
          "type": "string"
        },
        {
          "name": "title",
          "description": "The title of the object as it should appear in the graph",
          "type": "string"
        },
        {
          "name": "type",
          "description": "The type of the object",
          "type": "string"
        },
        {
          "name": "updated_time",
          "description": "The last time the object was updated",
          "type": "datetime"
        },
        {
          "name": "video",
          "description": "A list of video URLs",
          "type": "list<opengraphobjectimagevideo>"
        }
      ],
      "type": "opengraphobject:video.movie",
      "connections": {
        "comments": "https://graph.facebook.com/v3.1/380728101301/comments?access
        _token=EAAYvPRk4YUEBAHvVKqnhZBxMDAwBKEpWrsM6J8ZCxHkLu...&pretty=0",
        "likes": "https://graph.facebook.com/v3.1/380728101301...&pretty=0",
        "picture": "https://graph.facebook.com/v3.1/380728101...&pretty=0",
        "reactions": "https://graph.facebook.com/v3.1/38072810...reactions?
        access_token=EAAYvPRk4YUEBAHvVKqnhZBxMDAwBKEpWrsM6J8ZC...&pretty=0"
      }
    },
    "id": "380728101301"
  }
```

metadata.connections 裡的內容，其實就是指向 graph 圖中其他節點的指針（pointer），你可以順著它一路擷取到其他更有趣的資料，不過你所能找到的內容，很有可能會受到 Facebook 隱私設定的嚴重限制。

 你可以嘗試使用「MiningTheSocialWeb」這個 Facebook ID，用 Graph API Explorer 找出本書官方 Facebook 粉絲專頁（*http://on.fb.me/1a1lAI8*）的詳細訊息。你也可以修改範例 2-1，透過程式碼查詢 *https://graph.facebook.com/MiningTheSocialWeb* 以取得基本的頁面訊息，包括發佈到頁面的一些內容。舉例來說，在 URL 網址後面附加一段帶有限定條件（例如「?fields＝posts」）的查詢字串，就可以取得所發佈內容的列表。

在繼續透過程式碼存取 Graph API 之前，最後一個建議就是，在思考 OGP 的可能性時，請抱持一種具有前瞻性與創造性的態度，而且也請別忘了，它還在不斷發展之中。由於它通常和語義網路、Web 標準脫不了關係，因此「開放」使用（*http://tcrn.ch/1a1lAYF*）已引起一定的疑慮。規範中各式各樣的問題都已經逐一解決（*http://bit.ly/1a1lAbd*），或是正在解決之中。你當然可以說 OGP 本質上就是單一公司的努力成果，不過它使用 meta 元素（*http://bit.ly/1a1lBMa*）的方式，與早期的設想並沒有偏離太多，只是因為社群網路加上它本身所帶來的效果，創造了截然不同的結果。

雖然 OGP（或某種 Graph Search 的後繼者）是否總有一天會主宰整個網路，這個問題仍是個極具爭議的話題，但它的潛力確實是存在的。以目前的趨勢看來，它正朝著成功的正面方向持續發展，只要未來繼續不斷發展和創新，接下來很有可能還會發生許多令人振奮的事情。現在你對於「社群圖譜」應該已經有十分完整的瞭解了，接著我們總算可以回過頭來，深入研究如何存取 Graph API。

2.3 分析社群圖譜連結

Graph API 的官方 Python SDK（*http://bit.ly/2kpej52*）是一個程式碼儲存庫（repository），它是從 Facebook 所維護的程式碼儲存庫分叉（fork）而來，目前可按照 pip 的標準做法，透過 **pip install facebook-sdk** 來進行安裝。這個套件包含了一些很有用又方便的方法，可以讓你透過很多種方式與 Facebook 進行互動。不過你一定要先搞懂 GraphAPI 物件類別（定義於 *facebook.py* 原始碼檔案中）其中幾個很關鍵的 method 方法，才能用 Graph API 來獲取資料；如果你想要的話，也可以透過 HTTP 的方式直接進行請求（參見範例 2-1）。這些關鍵的 method 方法如下：

```
get_object(self, id, **args)
```
   用法範例：get_object("me", metadata=1)

```
get_objects(self, id, **args)
```
   用法範例：get_objects(["me", "some_other_id"], metadata=1)

```
get_connections(self, id, connection_name, **args)
```
   用法範例：get_connections("me", "friends", metadata=1)

```
request(self, path, args=None, post_args=None)
```
   用法範例：request("search", {"q" : "social web", "type" : "page"})

雖然 Facebook 確實針對 API 做出了速度上的限制（*http://bit.ly/2iXSeKs*），
但這些限制全都是以「每一個使用者」做為基準。你的應用程式使用者越
多，你的速度上限就越高。雖然如此，但你還是應該謹慎設計應用程式，
盡可能少使用 API，並妥善處理所有錯誤的情況，這才是推薦的最佳實務
做法。

你最常使用到的（經常也是唯一的）關鍵字參數就是 metadata=1，意思就是除了要取得
物件本身的詳細訊息之外，也要取得與物件相關聯的所有連結。請看一下範例 2-2，其
中使用到 GraphAPI 物件類別，並使用一些 method 方法來查詢你的訊息、與你相關的連
結，或是用一些搜尋詞（例如 *social web*）來查詢相關的訊息。這個範例還引進了一個
名為 pp 的輔助函式，本章後續還會用到這個函式，把結果輸出為比較好看的 JSON 格
式，還可以讓我們少打一些程式碼。

Facebook API 目前已經做了一些改變，如果想讓程式碼從 Facebook 頁
面取得公開內容，現在必須先提交應用程式（*http://bit.ly/2vDb2B1*）以供
審核和批准，才能取得所需要的授權。

範例 2-2：使用 *Python* 查詢 *Graph API*

```python
import facebook # pip install facebook-sdk
import json

# 可以用比較美觀的 JSON 格式列印 Python 物件的輔助函式
def pp(o):
    print(json.dumps(o, indent=1))

# 用你的 access token 建立一個連往 Graph API 的連結
g = facebook.GraphAPI(ACCESS_TOKEN, version='2.7')

# 執行一些範例查詢：

# 取得我的 ID
pp(g.get_object('me'))

# 取得連往此 ID 的連結
# 連結名稱範例：'feed', 'likes', 'groups', 'posts'
pp(g.get_connections(id='me', connection_name='likes'))

# 搜尋某個地點（可能要已認證 app 才能使用）
pp(g.request("search", {'type': 'place', 'center': '40.749444, -73.968056',
                        'fields': 'name, location'}))
```

牽涉到地點的搜尋查詢特別有趣，因為它可以根據所提供的緯經度，從 graph 圖中送回一些在地理上比較接近的相應地點。這個查詢的其中一些結果範例如下：

```json
{
 "data": [
  {
   "name": "United Nations",
   "location": {
    "city": "New York",
    "country": "United States",
    "latitude": 40.748801288774,
    "longitude": -73.968307971954,
    "state": "NY",
    "street": "United Nations Headquarters",
    "zip": "10017"
   },
   "id": "54779960819"
  },
  {
   "name": "United Nations Security Council",
   "location": {
```

```json
        "city": "New York",
        "country": "United States",
        "latitude": 40.749283619093,
        "longitude": -73.968088677538,
        "state": "NY",
        "street": "760 United Nations Plaza",
        "zip": "10017"
      },
      "id": "113874638768433"
    },
    {
      "name": "New-York, Time Square",
      "location": {
        "city": "New York",
        "country": "United States",
        "latitude": 40.7515,
        "longitude": -73.97076,
        "state": "NY"
      },
      "id": "1900405660240200"
    },
    {
      "name": "Penn Station, Manhattan, New York",
      "location": {
        "city": "New York",
        "country": "United States",
        "latitude": 40.7499131,
        "longitude": -73.9719497,
        "state": "NY",
        "zip": "10017"
      },
      "id": "1189802214427559"
    },
    {
      "name": "Central Park Manhatan",
      "location": {
        "city": "New York",
        "country": "United States",
        "latitude": 40.7660016,
        "longitude": -73.9765709,
        "state": "NY",
        "zip": "10021"
      },
      "id": "328974237465693"
    },
    {
```

```
   "name": "Delegates Lounge, United Nations",
   "location": {
    "city": "New York",
    "country": "United States",
    "latitude": 40.749433,
    "longitude": -73.966938,
    "state": "NY",
    "street": "UN Headquarters, 10017",
    "zip": "10017"
   },
   "id": "198970573596872"
  },
...
],
 "paging": {
  "cursors": {
   "after": "MjQZD"
  },
  "next": "https://graph.facebook.com/v2.5/search?access_token=..."
 }
}
```

 如果你使用的是 Graph API Explorer，結果應該是相同的。在開發過程中，你通常可以根據自己的特定目的，同時使用 Graph API Explorer 和 Jupyter Notebook 來進行開發，使用起來應該很方便才對。Graph API Explorer 的好處是，你只要在探索過程中輕鬆點擊 ID 值，就能生成全新的查詢結果。

現在你應該已經有能力輕鬆使用 Graph API Explorer 和 Python 控制台，享用其中所提供的全部功能。不妨走進 facebook 的花園中，把注意力轉向如何分析其中的某些資料。

2.3.1 分析 Facebook 頁面

Facebook 一開始只是個純粹的社群網站，既沒有社群圖譜，也沒有針對企業和其他對象提供什麼特別的服務，不過它很快就適應了市場的需求。如今不管是企業、俱樂部、書籍，還是許多其他類型的非人類實體，紛紛都擁有了頗具粉絲基礎的 Facebook 頁面（*http://on.fb.me/1a1lCzQ*）。Facebook 頁面可說是企業與客戶互動的強大工具，Facebook 竭盡全力讓 Facebook 頁面的管理者可以透過一個小工具（也就是所謂的 Insights 洞察報告（*http://2ox6w7j/*））來瞭解他們的粉絲。

如果你已經是 Facebook 的使用者，極有可能你已經讚了很多自己認同或覺得有趣的 Facebook 頁面，從這一方面來說，Facebook 頁面做為一個平台，可說是大大拓展了社群圖譜的可能性。無論是人類或非人類實體，都可以透過 Facebook 頁面、「讚」按鈕和社群圖譜結構，共同為興趣圖譜平台提供強大的支援，從而帶來了無限的可能性。（關於興趣圖譜為何充滿豐富而有用的可能性，相關討論請參閱「1.2 為何 Twitter 如此風靡？」）。

分析本書的 Facebook 頁面

由於本書有個相應的 Facebook 頁面，而且這個頁面正好會出現在你搜尋「social web（社群網站）」時最前面的位置，因此把它用來做為有益分析的說明起始點，似乎也是很自然的事。[3]

針對本書的 Facebook 頁面（或是針對任何其他 Facebook 頁面），這裡隨意列出了幾個值得考慮的問題：

- 這個頁面有多受歡迎？

- 這個頁面的粉絲參與度有多高？

- 這個頁面的粉絲是否特別喜歡參與，而且特別直言不諱？

- 在頁面中最常討論的主題是什麼？

在挖掘 Facebook 頁面內容時，如果想獲得深入的見解，你可以向 Graph API 詢問任何問題，實際上只有你的想像力是唯一的限制，而上面的這些問題，或許有助於讓你朝正確的方向前進。在後續的討論過程中，我們還會以這些問題為基礎，與其他頁面進行比較。

你或許可以回想一下，我們這趟旅程一開始可能只是因為你在網路上搜尋「social web」，後來因為下面這些搜尋結果，才讓你找到了這本名為《*Mining the Social Web*》的書：

3　在本節的內容中，請別忘了應用程式如果未進行提交並獲得批准，即使是存取公開的內容，Facebook 也會做出許多限制。本節的程式碼及其輸出僅做為說明之用。詳情請查閱開發者文件連結：*https://developers.facebook.com/docs/apps/review*。

```json
{
 "data": [
  {
   "name": "Mining the Social Web",
   "id": "146803958708175"
  },
  {
   "name": "R: Mining spatial, text, web, and social media",
   "id": "321086594970335"
  }
 ],
 "paging": {
  "cursors": {
   "before": "MAZDZD",
   "after": "MQZDZD"
  }
 }
}
```

針對搜尋結果其中的這些項目，我們全都可以把其 ID 做為 graph 圖查詢的基礎，透過 facebook.GraphAPI 實例的 get_object 方法進行查詢。就算你沒有這個使用起來很方便的 ID 編號，也可以改用名稱來發出搜尋請求，再查看相應的結果。只要運用 get_object 方法，就可以取得相當多的訊息，例如 Facebook 頁面所擁有的粉絲數量（如範例 2-3 所示）。

範例 2-3：用 Graph API 查詢「Mining the Social Web」並計算粉絲的數量

```python
# 根據名稱搜尋頁面 ID
pp(g.request("search", {'q': 'Mining the Social Web', 'type': 'page'}))

# 抓出這本書所對應的 ID，然後檢查一下粉絲的數量
mtsw_id = '146803958708175'
pp(g.get_object(id=mtsw_id, fields=['fan_count']))
```

這段程式碼的輸出如下：

```json
{
 "data": [
  {
   "name": "Mining the Social Web",
   "id": "146803958708175"
  },
  {
   "name": "R: Mining spatial, text, web, and social media",
   "id": "321086594970335"
```

```
    }
  ],
  "paging": {
   "cursors": {
    "before": "MAZDZD",
    "after": "MQZDZD"
   }
  }
 }
}
{
 "fan_count": 2563,
 "id": "146803958708175"
}
```

計算一個頁面所擁有的粉絲數量,然後再與相似類別的其他頁面進行比較,這其實就是衡量 Facebook「品牌」實力的一種做法。《*Mining the Social Web*》是一本相當專業的技術書籍,因此與其他 O'Reilly Media 出版且擁有 Facebook 頁面的書籍進行比較,應該是有意義的。

如果要分析受歡迎的程度,就必須先理解所對應的廣泛背景是否具有可比性。實際上可用來進行比較的方法很多,不過這裡有兩個比較引人注目的數據,分別是本書出版社 O'Reilly Media(*http://on.fb.me/1a1lD6F*)所擁有的大約 126,000 個讚,以及「Python 程式語言」(Python programmin Language;*http://on.fb.me/1a1lD6V*)這個頁面所擁有的大約 121,000 個讚(這些數字全都是我在撰寫本文當下的數據)。因此我們可以說,《Mining the Social Web》受歡迎的程度大約是出版社整個粉絲群的 2%,而且也大約是 Python 程式語言粉絲群的 2%。雖然本書探討的是一個比較小眾的話題,但本書受歡迎的程度顯然還有很大的成長空間。

雖然與《*Mining the Social Web*》類似走小眾路線的書籍,可能是更好的比較對象,但如果想要透過 Facebook 頁面資料進行比較,實在很難找到「蘋果對蘋果」這種很恰當的比較對象。舉例來說,你很難在搜尋頁面時,把範圍限制在書籍類,以找出可供比較的書籍;相反的,你必須在搜尋完頁面之後,再按照類別篩選結果,把其中的書籍頁面篩選出來。不過,另外還是有幾個可以考慮的選項。

其中一個選項就是只搜尋類似的 O'Reilly 書名(title)。舉例來說,在我撰寫本書第二版時,如果用 Graph API 查詢《*Programming Collective Intelligence*》(這是另一本由 O'Reilly 出版、類別相似、小眾取向的書籍,簡體中文版譯為《集體智慧編程》),就可以從搜尋結果中發現一個累積了 925 個讚的社群頁面。

可以考慮的另一個選項，則是利用 Facebook 的 OGP 概念進行比較。舉例來說，O'Reilly 的線上目錄已經在他們所有的書籍頁面中實作了 OGP，而且《*Mining the Social Web*》（第二版；*http://oreil.ly/1cMLoug*）和《*Programming Collective Intelligence*》（*http://oreil.ly/1a1lGzw*）這兩本書的頁面中都有「讚」的按鈕。我們只需要利用瀏覽器查詢以下的 URL 網址，即可輕鬆向 Graph API 發出請求，進一步查看所取得的資料：

用 *Graph API* 查詢「*Mining the Social Web*」

  https://graph.facebook.com/http://shop.oreilly.com/product/0636920030195.do

用 *Graph API* 查詢「*Programming Collective Intelligence*」

  https://graph.facebook.com/http://shop.oreilly.com/product/9780596529321.do

如果利用 Python 程式碼進行查詢，這些 URL 就是我們所要查詢的物件（就像我們之前查詢《絕地任務》（*The Rock*）IMDb 頁面的 URL 一樣），相應的程式碼可參見範例 2-4。

範例 *2-4*：根據 *URL* 查詢 *Graph API* 以取得 *Open Graph* 物件

```
# 《Mining the Social Web》相應的連結
pp(g.get_object('http://shop.oreilly.com/product/0636920030195.do'))

# 《Programming Collective Intelligence》相應的連結
pp(g.get_object('http://shop.oreilly.com/product/9780596529321.do'))
```

其中有點微妙但非常重要、需要特別留意的是，雖然《*Mining the Social Web*》不管是在「O'Reilly 的目錄頁面」，還是在「Facebook 的粉絲專頁」，邏輯上代表的都是同一本書，但這兩個節點（以及相應的元資料，例如讚的次數）則是完全獨立的。只不過在現實世界中，這兩個獨立的頁面剛好都代表了相同的概念。

有一種完全獨立的分析方式，稱為「實體解析」（entity resolution，也叫做「實體歧義消除」（*entity disambiguation*），端看你如何看待此問題），它是一種程序，可以把事物的提及（mentions）匯整成一個單一的「柏拉圖概念」（*Platonic concept*）。以這裡的例子為例，在實體解析的過程中，可能會觀察到「開放圖譜」實際上有多個節點參照到同一個《*Mining the Social Web*》所對應的「柏拉圖概念」，於是就可以在這些節點之間建立一些連結，用來說明這些節點在現實世界中其實是同一個實體。實體解析是一個相當令人興奮的研究領域；隨著未來的發展，實體解析應該會持續對我們運用資料的方式產生深遠的影響。

圖 2-5 顯示的是在 Jupyter Notebook 中探索 Graph API 的例子。

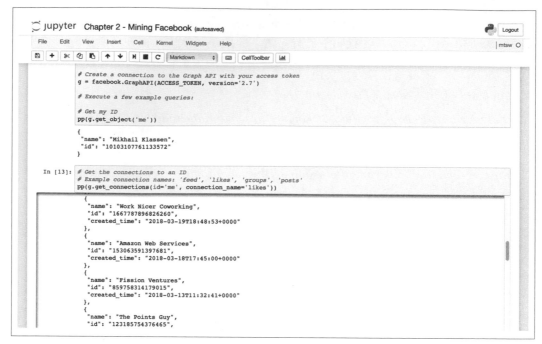

圖 2-5：在互動式的程式設計環境（如 Jupyter Notebook）幫助下，探索 Graph API 變得輕而易舉

雖然你通常無法進行真正公平的一對一比較，進而在挖掘資料時提出具有權威性的結果，但這裡要學的東西還是很多。當你遇到沒遇過的問題時，若能有足夠多的資料可以先探索一下，累積一些資料相關的強烈直覺，往往就可以得到一些相當深入的見解。

與粉絲互動、衡量社群媒體的品牌實力

有些名人自己在社群媒體上就非常活躍，而有些名人則會把與網路群眾互動的任務，交給社群媒體行銷或公共關係的專業團隊。無論你是藝人明星還是 YouTube 網紅，甚至你只是因為個人理由而去經營 Facebook 頁面，無論如何 Facebook 頁面都是與粉絲互動的好地方。

本節打算探索三個非常受歡迎的音樂藝人，挖掘他們的 Facebook 頁面，進一步瞭解他們的 Facebook 粉絲，看看他們對藝人們在自己頁面上所發佈的內容會有什麼樣的反應。你應該可以理解，這些藝人（以及他們的經紀人）為什麼會關心這類的訊息。保持與粉絲間的互動與聯繫，對於成功推出產品、銷售活動門票或動員粉絲，可說是至關重要。

與粉絲進行有效互動真的非常重要，如果你沒做好這件事，可能就會失去一些最忠實的支持者。基於這個理由，藝人們或公關人員應該都很希望能獲得一些資訊，尤其是他們的粉絲在 Facebook 上參與程度相關的確切數字。這就是本節所要談的內容。

我們所要比較的幾個藝人，分別是泰勒絲（Taylor Swift）、德瑞克（Drake）與碧昂絲（Beyoncé）。這些藝人都非常有天份、才華洋溢，而且他們都擁有許多人關注的 Facebook 頁面。

你可以用我們之前介紹過的搜尋工具，找出每個藝人的頁面 ID。當然，這裡的範例雖然使用的是 Facebook 頁面的資料，但其中的概念是比較通用的。你也可以嘗試從其他平台（例如 Twitter）找出類似的統計資料。只要編寫一些程式碼，到一些新聞入口網站中擷取資料，就可以找出你想關注的名人或品牌相關的訊息。如果你曾經使用過「Google 快訊」（Google Alerts），應該就很容易理解這裡的概念。

在範例 2-5 中，我們是透過頁面 ID 來區分每個藝人，然後如範例 2-3 所示，只要搜尋一下就能找到每個藝人相應的資料。接著我們會定義一個輔助函式，取得頁面粉絲的數量（一個整數值）。我們會把這些數字保存到三個不同的變數之中，然後再列印出結果。

在撰寫本文時，如果要從 Facebook 取得公開頁面的內容，必須先透過開發者平台，把開發者的應用程式提交進行審核（*http://bit.ly/2vDb2B1*），才能獲得批准。這是 Facebook 為了讓平台更加安全、同時防止濫用的情況，所做出的努力與回應。

範例 2-5：計算頁面的粉絲總數量

```
# 開發者的 app 應用程式必須提交審核並獲得批准，以下程式碼才能正常運作。
# 詳情請參見 https://developers.facebook.com/docs/apps/review。

# 先取得三位藝人的頁面 ID
taylor_swift_id = '19614945368'
drake_id = '83711079303'
beyonce_id = '28940545600'

# 建立一個輔助函式，用來取得粉絲的總數量
# （也就是對頁面點「讚」的人數）
def get_total_fans(page_id):
    return int(g.get_object(id=page_id, fields=['fan_count'])['fan_count'])

tswift_fans = get_total_fans(taylor_swift_id)
drake_fans = get_total_fans(drake_id)
beyonce_fans = get_total_fans(beyonce_id)

print('Taylor Swift: {0} fans on Facebook'.format(tswift_fans))
print('Drake:        {0} fans on Facebook'.format(drake_fans))
print('Beyoncé:      {0} fans on Facebook'.format(beyonce_fans))
```

執行這段程式碼之後，應該就會得到類似下面這樣的結果：

```
Taylor Swift: 73896104 fans on Facebook
Drake:        35821534 fans on Facebook
Beyoncé:      63974894 fans on Facebook
```

如果要衡量頁面受歡迎的程度，Facebook 上的粉絲總數就是最簡單、最基本的方式。不過我們並不知道這些粉絲的活躍程度、對某則貼文做出反應的可能性，以及他們是否會透過留言或分享的方式進行互動。粉絲與貼文互動的不同方式，對於頁面擁有者來說非常重要，因為每一個粉絲在 Facebook 可能都有很多朋友，而 Facebook 的動態消息演算法（news feed algorithm）通常會把某人所進行的活動，展現給另一個朋友看到。這也就表示，比較活躍的支持者一定會讓更多人看到貼文，從而帶來更強大的宣傳效果，吸引到更多的注意力、更多的支持者、更多的點擊、更多的銷售，或是更多你想要提升的各種效果。

如果要衡量互動參與度（engagement），就必須先取得頁面的動態訊息（feed）。我們可以利用頁面 ID，並指定 'posts'（表示要取得貼文），連結到 Graph API。每一則貼文都會以 JSON 物件的形式被送回來，其中帶有大量豐富的元資料。Python 可以把 JSON 輕鬆轉換成具有鍵值和相應值的 dict 字典。

在範例 2-6 中，我們先定義一個函式，這個函式會取得頁面的動態訊息（feed），然後把所有動態訊息裡的資料存放到一個 list 列表中，最後根據指定數量送回相應的貼文。由於 API 會自動針對查詢結果進行分頁，因此這個函式會持續進入下一頁取得貼文，直到貼文數量達到指定數量為止，然後再送回指定數量的貼文。根據頁面動態訊息構建出貼文資料列表之後，接下來我們希望可以從這些貼文中提取出一些有用的資訊。我們可能對貼文的內容（例如給粉絲的訊息）也有點興趣，因此下一個輔助函式會提取並送回貼文的訊息內容。

範例 2-6：取得頁面的動態訊息

```python
# 建立一個輔助函式，從給定頁面中取得官方動態訊息
def retrieve_page_feed(page_id, n_posts):
    """Retrieve the first n_posts from a page's feed in reverse
    chronological order."""
    feed = g.get_connections(page_id, 'posts')
    posts = []
    posts.extend(feed['data'])

    while len(posts) < n_posts:
        try:
            feed = requests.get(feed['paging']['next']).json()
            posts.extend(feed['data'])
        except KeyError:
            # 如果已經沒有貼文，就可以直接跳出迴圈
            print('Reached end of feed.')
            break

    if len(posts) > n_posts:
        posts = posts[:n_posts]

    print('{} items retrieved from feed'.format(len(posts)))
    return posts


# 建立一個輔助函式，送回貼文的訊息內容
def get_post_message(post):
    try:
        message = post['story']
    except KeyError:
        # 帖文內容有可能不是放在 'story'，而是放在 'message' 的欄位中
        pass
    try:
        message = post['message']
    except KeyError:
        # 兩個欄位都沒有
```

```
        message = ''
    return message.replace('\n', ' ')

# 從 feed 動態訊息中取得最新的 5 個項目
for artist in [taylor_swift_id, drake_id, beyonce_id]:
    print()
    feed = retrieve_page_feed(artist, 5)
    for i, post in enumerate(feed):
        message = get_post_message(post)[:50]
        print('{0} - {1}...'.format(i+1, message))
```

在最後一段程式碼中，我們用迴圈一一檢視範例中的三位藝人，並在他們的動態訊息中取出最新的 5 篇貼文，然後把每篇帖文的前 50 個字元列印到螢幕上。輸出結果如下：

```
5 items retrieved from feed
1 - Check out a key moment in Taylor writing "This Is ...
2 - ...
3 - ...
4 - The Swift Life is available for free worldwide in ...
5 - #TheSwiftLife App is available NOW for free in the...

5 items retrieved from feed
1 - ...
2 - http://www.hollywoodreporter.com/features/drakes-h...
3 - ...
4 - Tickets On Sale Friday, September 15....
5 - https://www.youcaring.com/jjwatt...

5 items retrieved from feed
1 - ...
2 - ...
3 - ...
4 - New Shop Beyoncé 2017 Holiday Capsule: shop.beyonc...
5 - Happy Thiccsgiving. www.beyonce.com...
```

只標有省略號（...）的項目，代表其中並沒有任何文字（還記得嗎？ Facebook 也允許你把影片和照片發佈到個人動態中）。

Facebook 可以讓使用者以多種不同的方式，與貼文進行互動。「讚」按鈕在 2009 年首次出現，之後對所有社群媒體都造成了革命性的影響。由於廣告商會使用 Facebook 和許多其他社群媒體平台，因此「讚」或其他類似的按鈕等於是發出了強烈的訊號，表示某個訊息正與他們所預期的受眾產生共鳴。而且它無疑也帶來一些意想不到的效應，許多人越來越傾向於調整他們所發佈的內容，以設法獲得最多的「讚」。

2016 年，Facebook 擴展了回應的可能性，增加了「大心」、「哈」、「哇」、「嗚」、「怒」等回應方式。從 2017 年 5 月開始，使用者也可以對留言做出類似的回應。

使用者不但可以做出各種帶有情感性的回應，還可以透過留言或分享來與貼文進行互動。這些不同的動作，全都會增加原始貼文在其他使用者動態消息中出現的可能性。我們希望能夠擁有一些工具，可用來衡量有多少使用者正在使用某種方式回應頁面中的貼文。為了簡單起見，我們姑且把焦點侷限在「讚」按鈕；各位只要稍微修改程式碼，就可以對其他回應方式做出更精細的探索了。

貼文的回應數量大體上與貼文的觀眾人數成正比。一個頁面所擁有的粉絲數量，可算是對貼文讀者人數的一種粗略衡量，不過實際上並非所有粉絲都會查看每則貼文。誰能看到什麼內容，是由 Facebook 專有的動態消息演算法所決定，貼文作者也可以向 Facebook 支付廣告費，來「提高」貼文的可見度。

為了避免爭議，我們假設在這個範例中，每個藝人的所有粉絲總是能看到每一則貼文。我們想衡量藝人的粉絲群，其中會透過讚、留言或分享貼文的方式，與貼文進行互動的比率。這樣我們就可以有更好的依據，比較每位藝人的粉絲群：究竟是誰擁有最活躍的粉絲？誰的粉絲最喜歡分享？

如果你是其中一位藝人的公關人員，希望盡可能提高每則貼文的參與度，你可能就會想知道哪些貼文的效果最好。相較於照片或文字，你客戶的粉絲們是不是對影片有更多的回應？粉絲們是否會在每週的某一天，或是每天的某些時候更加活躍？後面這個關於貼文時間的問題，對於 Facebook 而言並沒有太大影響，因為實際上是動態消息演算法在控制誰看到了什麼東西，不過你或許還是想要研究一下。

在範例 2-7 中，我們把好幾個不同的部分組合了起來。輔助函式 measure_response 可用來計算每則貼文相應的讚、分享和留言的數量。另一個名為 measure_engagement 的輔助函式則會把這些數字與頁面的粉絲總數量進行比較。

範例 2-7：衡量參與度

```python
# 透過推文的讚、分享、留言，來衡量回應的狀況
def measure_response(post_id):
    """ 針對給定的貼文，送回「讚」、分享、留言的數量
    做為使用者參與程度的一種衡量方式 """
    likes = g.get_object(id=post_id,
                         fields=['likes.limit(0).summary(true)'])\
                        ['likes']['summary']['total_count']
    shares = g.get_object(id=post_id,
```

```
                    fields=['shares.limit(0).summary(true)'])\
                    ['shares']['count']
    comments = g.get_object(id=post_id,
                    fields=['comments.limit(0).summary(true)'])\
                    ['comments']['summary']['total_count']
    return likes, shares, comments


# 衡量一個頁面的所有粉絲，其中參與某則貼文的比例
def measure_engagement(post_id, total_fans):
    """ 針對給定的貼文，送回「讚」、分享、留言的數量，做為使用者參與程度的一種衡量方式 """
    likes = g.get_object(id=post_id,
                    fields=['likes.limit(0).summary(true)'])\
                    ['likes']['summary']['total_count']
    shares = g.get_object(id=post_id,
                    fields=['shares.limit(0).summary(true)'])\
                    ['shares']['count']
    comments = g.get_object(id=post_id,
                    fields=['comments.limit(0).summary(true)'])\
                    ['comments']['summary']['total_count']
    likes_pct = likes / total_fans * 100.0
    shares_pct = shares / total_fans * 100.0
    comments_pct = comments / total_fans * 100.0
    return likes_pct, shares_pct, comments_pct


# 從藝人頁面的動態訊息中，取得最新的 5 篇貼文，
# 並列印出各種回應的數量，以及參與的程度
artist_dict = {'Taylor Swift': taylor_swift_id,
               'Drake': drake_id,
               'Beyoncé': beyonce_id}
for name, page_id in artist_dict.items():
    print()
    print(name)
    print('------------')
    feed = retrieve_page_feed(page_id, 5)
    total_fans = get_total_fans(page_id)

    for i, post in enumerate(feed):
        message = get_post_message(post)[:30]
        post_id = post['id']
        likes, shares, comments = measure_response(post_id)
        likes_pct, shares_pct, comments_pct = measure_engagement(post_id, total_fans)
        print('{0} - {1}...'.format(i+1, message))
        print('    Likes {0} ({1:7.5f}%)'.format(likes, likes_pct))
        print('    Shares {0} ({1:7.5f}%)'.format(shares, shares_pct))
        print('    Comments {0} ({1:7.5f}%)'.format(comments, comments_pct))
```

用迴圈逐一檢視範例中的三位藝人，並評估粉絲們的參與程度，所得到的結果如下：

```
Taylor Swift
------------
5 items retrieved from feed
1 - Check out a key moment in Tayl...
    Likes 33134 (0.04486%)
    Shares 1993 (0.00270%)
    Comments 1373 (0.00186%)
2 - ...
    Likes 8282 (0.01121%)
    Shares 19 (0.00003%)
    Comments 353 (0.00048%)
3 - ...
    Likes 11083 (0.01500%)
    Shares 8 (0.00001%)
    Comments 383 (0.00052%)
4 - The Swift Life is available fo...
    Likes 39237 (0.05312%)
    Shares 926 (0.00125%)
    Comments 1012 (0.00137%)
5 - #TheSwiftLife App is available...
    Likes 60721 (0.08221%)
    Shares 1895 (0.00257%)
    Comments 2105 (0.00285%)

Drake
------------
5 items retrieved from feed
1 - ...
    Likes 23938 (0.06685%)
    Shares 2907 (0.00812%)
    Comments 3785 (0.01057%)
2 - http://www.hollywoodreporter.c...
    Likes 4474 (0.01250%)
    Shares 166 (0.00046%)
    Comments 310 (0.00087%)
3 - ...
    Likes 44887 (0.12536%)
    Shares 8 (0.00002%)
    Comments 1895 (0.00529%)
4 - Tickets On Sale Friday, Septem...
    Likes 19003 (0.05307%)
    Shares 1343 (0.00375%)
    Comments 6459 (0.01804%)
5 - https://www.youcaring.com/jjwa...
```

```
    Likes 17109 (0.04778%)
    Shares 1777 (0.00496%)
    Comments 859 (0.00240%)

Beyoncé
------------
5 items retrieved from feed
1 - ...
    Likes 8328 (0.01303%)
    Shares 134 (0.00021%)
    Comments 296 (0.00046%)
2 - ...
    Likes 18545 (0.02901%)
    Shares 250 (0.00039%)
    Comments 819 (0.00128%)
3 - ...
    Likes 21589 (0.03377%)
    Shares 460 (0.00072%)
    Comments 453 (0.00071%)
4 - New Shop Beyoncé 2017 Holiday ...
    Likes 10717 (0.01676%)
    Shares 246 (0.00038%)
    Comments 376 (0.00059%)
5 - Happy Thiccsgiving. www.beyonc...
    Likes 25497 (0.03988%)
    Shares 653 (0.00102%)
    Comments 610 (0.00095%)
```

看來粉絲只有 0.04％ 的比例會對貼文點讚，這個數字看起來似乎很少，不過請別忘了大多數人都不會以任何方式，對他們所看到的大多數貼文做出回應。況且你如果擁有數以千萬計的粉絲，哪怕只是動員了其中一小部分，都有可能產生很大的影響。

2.3.2 運用 pandas 來處理資料

Python 的 pandas 函式庫已成為每個資料科學家必不可少的工具，我們也會在本書各處不斷使用到它。它提供了各種可用來保存表格資料的高效能資料結構，以及用 Python 編寫的強大資料分析工具，其中有一些計算量最大的部分，則是用 C 或 Cython 進行了最佳化。這個專案是由 Wes McKinney 於 2008 年啟動，當初主要是為了分析財務資料。

pandas 提供了一些全新的資料結構，其中最重要的就是 DataFrame，它從本質上來說，與資料庫（database）或資料表（table）相當類似。它具有一些帶有標籤的欄位（columns），而且還有一個索引（index）。它可以用很優雅的方式處理一些漏掉的資料，也支援時間序列資料和時間索引，還可以輕鬆合併、分割資料，並且具有許多方便的工具可用來讀寫資料。

如果想要了解更多訊息，請查看 pandas 的 GitHub 儲存庫（*http://bit.ly/2C2k4gt*）和官方文件（*http://bit.ly/2BRE3vC*）。如果想要快速入門，請參閱「10 分鐘學會 pandas」（*http://bit.ly/2Dyd20w*）這個教程。

利用 Matplotlib，以視覺化方式呈現觀眾的參與度

現在我們已經有了衡量 Facebook 頁面貼文參與度的工具，但我們希望可以輕鬆針對不同頁面進行比較（你也許並不是想要觀察藝人，而是想要查看公司頁面與那些粉絲之間互動的表現，而且希望能與同行間的競爭對手進行比較）。

我們需要一種能把多個來源的資料輕鬆整合到單一表格的方法，好讓我們可以輕鬆進行操作，並根據資料快速製作出一些圖表。這就是 Python 的 pandas 函式庫真正能夠發揮作用之處。pandas 是一個函式庫，提供了一整組功能強大的資料結構與分析工具，讓你身為資料科學家或分析人員的生活輕鬆了不少。

在下面的範例中，我們會把本章做為範例的三位藝人頁面資料整合一下，並且把這些資料存入 pandas 的 DataFrame，這是函式庫所提供的一種表格資料結構。

pandas 的安裝很簡單，只要在指令行中輸入 **pip install -U pandas** 即可。-U 這個參數可確保你安裝的是最新的版本。

我們可以從範例 2-8 開始，定義一個包含許多欄位（column）、可保存資料的空 DataFrame。

範例 *2-8：定義一個空的 pandas DataFrame*

```
import pandas as pd  # pip install pandas

# 建立一個 pandas DataFrame，
# 用來保存藝人頁面中的動態訊息
columns = ['Name',
           'Total Fans',
           'Post Number',
           'Post Date',
```

```
                'Headline',
                'Likes',
                'Shares',
                'Comments',
                'Rel. Likes',
                'Rel. Shares',
                'Rel. Comments']
musicians = pd.DataFrame(columns=columns)
```

我們在這裡把所有感興趣的欄位（columns）全都列了出來。當我們用迴圈處理每個藝人動態訊息中的貼文時，我們會取得每則貼文的讚、分享和留言的數量，以及每個相對的參與度衡量值（也就是該藝人所有粉絲中做出各種回應的人所佔的比例）。範例 2-9顯示的就是相應的做法。

範例 2-9：把資料存入一個 *pandas DataFrame*

```
# 建立一個 DataFrame，然後針對每一位藝人，
# 把最新的 10 則貼文及相應的回應衡量值添加進去
for page_id in [taylor_swift_id, drake_id, beyonce_id]:
    name = g.get_object(id=page_id)['name']
    fans = get_total_fans(page_id)
    feed = retrieve_page_feed(page_id, 10)
    for i, post in enumerate(feed):
        likes, shares, comments = measure_response(post['id'])
        likes_pct, shares_pct, comments_pct = measure_engagement(post['id'], fans)
        musicians = musicians.append({'Name': name,
                                      'Total Fans': fans,
                                      'Post Number': i+1,
                                      'Post Date': post['created_time'],
                                      'Headline': get_post_message(post),
                                      'Likes': likes,
                                      'Shares': shares,
                                      'Comments': comments,
                                      'Rel. Likes': likes_pct,
                                      'Rel. Shares': shares_pct,
                                      'Rel. Comments': comments_pct,
                                     }, ignore_index=True)
# 修正其中某幾欄的資料型別
for col in ['Post Number', 'Total Fans', 'Likes', 'Shares', 'Comments']:
    musicians[col] = musicians[col].astype(int)
```

我們根據頁面 ID，用迴圈檢視每個藝人的頁面，取得藝人的姓名、粉絲數量，並從頁面動態訊息中取出最新的 10 篇貼文。然後再用一個內部的 for 迴圈逐一檢視這 10 篇貼文，並計算讚、分享和留言的總數量，然後再計算出這些數字佔所有粉絲總數量的百分比。這些訊息全都寫在 DataFrame 的一行（row）之中。只要把 ignore_index 關鍵字設為 True，我們就可以讓每一行不帶有預先決定的索引，而 pandas 則會採用枚舉（enumerate）的方式，處理所添加的每一行資料。

這個範例的最後一個迴圈，修改了其中幾個欄位資料的型別，好讓 pandas 知道這些數值資料全都是整數，而不是浮點數或其他的格式。

執行這段程式碼可能需要一些時間，因為資料是透過 API 從 Facebook 整合過來的，不過最後我們應該會得到一個很不錯的表格。pandas DataFrame 定義了一個很方便的 method 方法 .head()，可以讓你預覽一下表格的前五行（請參見圖 2-6）。我們強烈建議你可以在 Jupyter Notebook（*http://bit.ly/2omIqdG*）中，執行各種探索性質的資料分析工作（例如在本書隨附的 GitHub 儲存庫（*http://bit.ly/Mining-the-Social-Web-3E*）中所提供的那些程式碼）。

	藝人名	粉絲 總人數	貼文 編號	貼文日期	貼文標題	點讚 數量	分享 數量	留言 數量	相對點 讚比例	相對分 享比例	相對留 言比例
0	泰勒絲	73862332	1	2017-12- 19T17:07:33+0000	Check out a key moment in Taylor writing "This...	33134	1994	1373	0.044859	0.002700	0.001859
1	泰勒絲	73862332	2	2017-12- 17T16:42:38+0000		8282	19	353	0.011213	0.000026	0.000478
2	泰勒絲	73862332	3	2017-12- 17T03:51:04+0000		11083	8	383	0.015004	0.000011	0.000519
3	泰勒絲	73862332	4	2017-12- 16T20:19:52+0000	The Swift Life is available for free worldwide...	39237	925	1012	0.053122	0.001252	0.001370
4	泰勒絲	73862332	5	2017-12- 15T13:18:45+0000	#TheSwiftLife App is available NOW for free in...	60721	1895	2105	0.082210	0.002566	0.002850

圖 2-6：「musicians」這個 pandas DataFrame 的前五行資料

pandas DataFrames 也定義了一些繪圖函式，這些函式可以讓你快速完成視覺化呈現資料的工作。這些函式會在後端調用 matplotlib，因此請務必確定已安裝該函式庫。

從範例 2-10 可以看到，pandas 具有一種很不錯的索引功能。我們使用的是 musicians 這個 DataFrame，然後把 Name 這個欄位的值為 Drake 的幾行資料，用索引的方式取出來。這樣我們就可以只針對「Drake」（德瑞克）相關的資料（而不必針對「泰勒絲」或「碧昂絲」相應的那幾行資料）做出進一步的操作。

範例 2-10：根據 pandas DataFrame 繪製出一個長條圖

```
import matplotlib # pip install matplotlib

musicians[musicians['Name'] == 'Drake'].plot(x='Post Number', y='Likes', kind='bar')
musicians[musicians['Name'] == 'Drake'].plot(x='Post Number', y='Shares', kind='bar')
musicians[musicians['Name'] == 'Drake'].plot(x='Post Number',
                                              y='Comments', kind='bar')
```

這段程式碼針對「德瑞克」的 Facebook 頁面其中最新的 10 則貼文被點讚的數量，生成了一個相應的長條圖（請參見圖 2-7）。

我們在圖 2-7 馬上就可以看出第 8 則貼文的表現特別出色，這可能就是我們很感興趣的訊息。在圖 2-8 中，我們同樣也可以輕鬆看出給各個貼文點讚的人數，在粉絲總數量中所佔的比例。

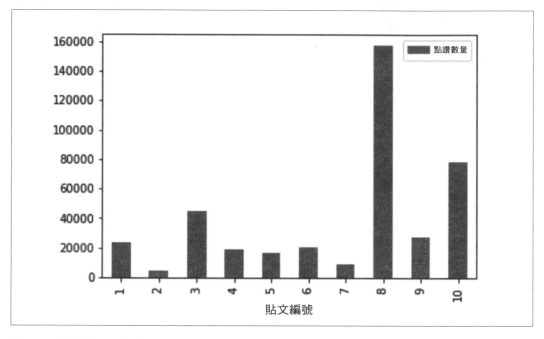

圖 2-7：最新的 10 則貼文被點讚的數量長條圖

其中第 8 則貼文與 0.4% 的粉絲進行了互動，這可能已經算是相對比較大的一個比例值了。

現在假設你要針對這三個藝人進行比較。目前 DataFrame 的索引值只是一個無聊的行號，但是我們可以把它改成更有意義的東西，這樣就可以有助於我們更容易操作資料—— 我們可以透過設置「多索引」（*multi-index*）的方式，稍微修改一下 DataFrame。

多索引（multi-index）指的就是一種具有層次的索引方式。以我們的例子來說，最上層的索引就是藝人的名字：泰勒絲（Taylor Swift）、德瑞克（Drake）或碧昂絲（Beyoncé）。往下一層則是代表貼文的編號（1 到 10）。只要同時指定藝人和貼文編號，就可以指出 DataFrame 其中唯一的一行資料。

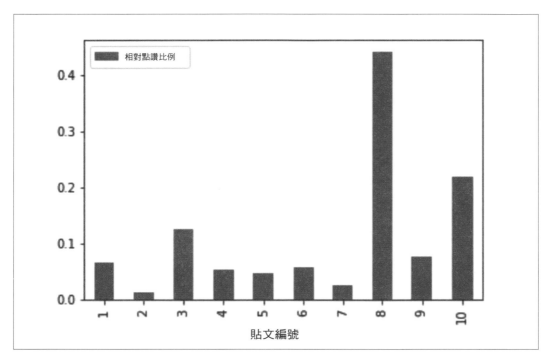

圖 2-8：最新的 10 則貼文被點讚的次數，除以頁面粉絲總數量的相應長條圖

設置多索引的做法，可透過範例 2-11 的程式碼來實現。

範例 *2-11*：在 *DataFrame* 中設置多索引

```
# 把索引重新設定為「多索引」
musicians = musicians.set_index(['Name','Post Number'])
```

一旦設置了多索引，我們就可以使用 unstack 方法，對資料執行強大的樞紐分析（pivoting）操作，如範例 2-12 所示。圖 2-9 顯示的是我們套用 unstack 操作之後所得到的 DataFrame 前幾行的結果。

範例 *2-12*：使用 *unstack* 方法對 *DataFrame* 進行樞紐分析

```
# unstack 可透過索引標籤進行樞紐分析
# 並且讓你依照藝人進行分組，取得相應的資料欄位
musicians.unstack(level=0)['Likes']
```

藝人名	碧昂絲	德瑞克	泰勒絲
貼文編號			
1	8328	23938	33134
2	18545	4474	8282
3	21589	44887	11083
4	10717	19003	39237
5	25497	17109	60721
6	17744	20328	41359
7	8934	9178	54012
8	10605	157515	29189
9	72254	27186	38439
10	10889	78674	33159

圖 2-9：範例 2-12 所得出的 DataFrame

當然，如果能以視覺化方式呈現，應該更容易理解這類的訊息，所以我們使用預設的繪圖操作（如範例 2-13 所示），生成了另一個長條圖。

範例 2-13：針對每個藝人最新的 10 則貼文被點讚的總數量，生成相應的長條圖

```
# 針對每位藝人最新 10 則 Facebook 貼文的回應，畫出可用來進行比較的長條圖
plot = musicians.unstack(level=0)['Likes'].plot(kind='bar', subplots=False,
                                                figsize=(10,5), width=0.8)
plot.set_xlabel('10 Latest Posts')
plot.set_ylabel('Number of Likes Received')
```

這樣就可以得到圖 2-10 所顯示的圖形。

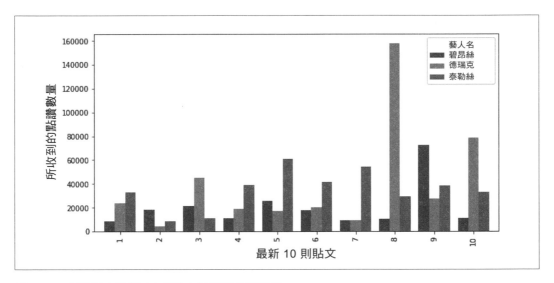

圖 2-10：每位藝人最新 10 則貼文被點讚的總數量

如果要比較多組不同的資料，這就是一種非常方便的做法。接下來，由於每位藝人的粉絲數量多寡不同，因此我們根據每個藝人的粉絲總數量，針對各別數量值進行歸一化（normalize）計算，如範例 2-14 所示。

範例 2-14：每位藝人每則貼文被點讚的相對比例長條圖

```
# 針對每位藝人的粉絲在最新 10 則貼文中所表現出來的參與程度，畫出各自相應的長條圖
plot = musicians.unstack(level=0)['Rel. Likes'].plot(kind='bar', subplots=False,
                                                     figsize=(10,5), width=0.8)
plot.set_xlabel('10 Latest Posts')
plot.set_ylabel('Likes / Total Fans (%)')
```

最後所得到的長條圖，就顯示在圖 2-11。

我們可以注意到，雖然與碧昂絲或泰勒絲相較之下，德瑞克在 Facebook 上的粉絲數量少得多，但在他的 Facebook 頁面中許多的貼文，都會吸引到比較高比例的粉絲。雖然這樣還不足以做出定論，不過這有可能表示，德瑞克的粉絲人數雖然比較少，但他們在 Facebook 似乎顯得比較熱情、更加活躍。另一方面這也有可能表示，德瑞克（或他的社群媒體經理）非常擅長在 Facebook 發佈高度吸引人的內容。

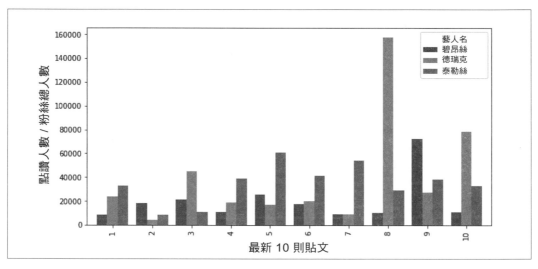

圖 2-11：每位藝人最新 10 則貼文被點讚的相對比例

如果要進行更深入的分析，可能還要考慮每則貼文的內容、內容類型（文字、圖片或影片）、留言所使用的語言，以及所收到的其他回應（除了讚之外）。

計算平均參與度

多索引 DataFrames 另一個有用的功能，就是可以根據索引計算統計值。我們已經分別研究過三位藝人最新 10 則貼文的表現。接著可以使用範例 2-15 的程式碼，計算出每位藝人所收到的讚、分享或留言的平均相對數量。

範例 *2-15*：計算最新 *10* 則貼文的平均參與度

```
print('Average Likes / Total Fans')
print(musicians.unstack(level=0)['Rel. Likes'].mean())

print('\nAverage Shares / Total Fans')
print(musicians.unstack(level=0)['Rel. Shares'].mean())

print('\nAverage Comments / Total Fans')
print(musicians.unstack(level=0)['Rel. Comments'].mean())
```

我們再次使用 unstack 方法來操作表格資料，這樣就可以用藝人的名字做為索引，把每一個原始欄位（「讚」、「分享」、「留言」等）相應的資料提取出來。如此一來，DataFrame 內就只會剩下某位藝人的貼文，而且是按照貼文的編號順序排列。

範例 2-15 顯示的就是如何挑選出有興趣的欄位（例如「Rel. Likes」），然後再計算出欄位平均值的做法。

範例 2-15 的輸出如下：

```
Average Likes / Total Fans
Name
Beyoncé          0.032084
Drake            0.112352
Taylor Swift     0.047198
dtype: float64

Average Shares / Total Fans
Name
Beyoncé          0.000945
Drake            0.017613
Taylor Swift     0.001962
dtype: float64

Average Comments / Total Fans
Name
```

```
Beyoncé        0.001024
Drake          0.016322
Taylor Swift   0.002238
dtype: float64
```

2.4 結語

本章的目的是教你認識 Graph API，瞭解如何讓任何網頁透過 OGP（開放圖譜協定）與 Facebook 的社群圖譜建立連結，以及如何透過程式碼查詢社群圖譜，以便能夠更深入了解 Facebook 頁面和你自己的社群網路。你只要好好研究過本章中的範例，未來如果必須針對特定問題探究社群圖譜，從中找出可能有價值的答案，這對你來說應該就不會有什麼問題了。請記住，你只需要一個很好的起點，就可以探索像 Facebook 社群圖譜這樣龐大而有趣的資料集。當你獲得最初的查詢結果，想要從中探尋答案時，只要依循自然的探索過程，逐步完善你對資料的理解，很有可能就會越來越接近你所要的答案。

在 Facebook 挖掘資料，處處充滿無限的可能性，但請務必尊重隱私，盡你所能遵守 Facebook 的服務條款（*http://on.fb.me/1a11MXM*）。與 Twitter 或其他本質上更開放的資料來源不同的是，Facebook 裡的資料很有可能非常敏感，尤其在分析自己的社群網路時更是如此。希望本章已經說得足夠清楚，社群資料確實可以實現許多令人興奮的可能性，而且蘊藏在 Facebook 的資料更具有極大的價值。

本章與其他各章的程式碼都以方便的 Jupyter Notebook 格式存放在 GitHub（*http://bit.ly/1a1kNqy*），強烈建議你自己抓下來玩玩看。

2.5 推薦練習

- 從粉絲專頁取出你在 Facebook 感興趣的資料，並嘗試針對整串留言進行自然語言分析，以獲得更深入的見解。最常見的討論主題是什麼呢？你能否分辨出粉絲對於某件事特別感到高興或不高興呢？

- 選擇兩個性質相似的不同粉絲專頁，然後進行一些比對。舉例來說，你能否在「奇波雷墨西哥燒烤」（Chipotle Mexican Grill）和「塔可鐘」（Taco Bell）的粉絲之間，找出哪些相似與不同之處？你能找出什麼令人驚訝的東西嗎？

- 挑選一個在社群媒體上非常活躍的名人或品牌。下載他們大量的公開貼文，並查看粉絲與這些內容互動的程度。有沒有呈現出什麼特定的模式呢？哪些貼文在讚、留言或分享方面，確實有很好的表現？表現最好的那些貼文具有什麼共通點？那些互動情況比較差的貼文，又存在什麼樣的問題呢？

- Graph API 可用的 Facebook 物件數量真的非常多。你能否查看一下照片（photo）或打卡（check-in）物件，看看能否找出與網路某人有關而且更深入的訊息？舉例來說，你能否找出誰張貼了最多的圖片，或是根據整串留言分辨出某些人的企圖？你的朋友最常在哪裡打卡？

- 使用直方圖（參見「1.4.5 以直方圖呈現頻率資料」的做法）針對 Facebook 頁面資料做出進一步的切分。例如可以針對一天之內各個時段的貼文數量，建立一個相應的直方圖。貼文在白天和晚上各個時段都會出現嗎？每天是不是都有某個時段貼文特別多？

- 除此之外，也可以嘗試觀察貼文發佈的時段，是否與貼文所獲得的點讚次數有一定的關係。社群媒體行銷人員非常在意如何最大化貼文的影響力，而貼文的時間點似乎起著相當重要的作用，不過因為有 Facebook 的動態消息演算法，因此你的讀者究竟何時會看到你的貼文，實在也很難說。

2.6 線上資源

本章以下的幾個連結列表，可能對你有點用處：

- Facebook 開發者（*http://bit.ly/1a1lm3Q*）

- Facebook 開發者分頁（pagination）相關文件（*http://bit.ly/1a1ltMP*）

- Facebook 平台政策（*http://bit.ly/1a1lm3C*）

- Graph API Explorer（*http://bit.ly/2jd5Xdq*）

- Graph API 總覽（*http://bit.ly/1a1lobU*）

- Graph API 參考（*http://bit.ly/1a1lvEr*）

- HTML meta 元素（*http://bit.ly/1a1lBMa*）

- OAuth（*http://bit.ly/1a1kZWN*）

- OGP 開放圖譜協定（*http://bit.ly/1a1lu3m*）

- Python requests 函式庫（*http://bit.ly/1a1lrEt*）

- RDFa（*http://bit.ly/1a1lujR*）

## 第三章

挖掘 Instagram：
電腦視覺、神經網路、
物體識別與臉部偵測

在前面的章節中，我們著重於分析社群網路所取得的文字型資料、分析網路本身的結構，以及你在平台上所發佈的內容與人們產生互動的強烈程度。Instagram 做為一個社群網路，它主要是用來分享圖片和影片的一種應用。它是在 2010 年推出，很快就變得非常受歡迎。如果想編輯照片或套用各種濾鏡效果（filter），在這裡就會變得非常容易。由於它原本就是針對智慧型手機而設計，因此它目前已成為與世界分享照片的一種簡便方法。

Instagram 在推出後不到兩年就被 Facebook 收購，截至 2018 年 6 月為止，其使用者已經十分驚人地達到了每個月 10 億人次，使它成為了全球最受歡迎的社群網路之一。

隨著社群網路的擴展，各大技術公司也在尋求各種新方法，希望可以從那些存放在平台上的資料，提取出有用的價值。舉例來說，像 Facebook 和 Google 這樣的公司，一直都在積極招聘「機器學習」（教電腦識別出資料裡的特定模式）這個領域具有專業知識的人員，以進行更廣泛的應用。

機器學習（machine learning）有無數的應用：它可以預測出你喜歡觀看的內容、你最有可能點擊的廣告、或是以最佳方式自動更正你打錯的單詞。就跟大多數的事物一樣，機器學習也有可能被濫用，因此很重要的是必須留意其應用的方式，並倡導大家遵守資料相關的道德規範。

近年來有一項令人興奮的技術突破，大大改進了電腦視覺演算法。這些最新的演算法可以運用訓練過的深度神經網路（deep neural network），識別出圖片中的物體，這項能力與自動駕駛汽車這類的應用有著巨大的關聯。人工神經網路是一種受到生物學啟發的機器學習演算法，它必須先用許多範例進行訓練，但訓練之後就可以識別出各種不同類型的資料（包括圖片資料）其中所隱含的各種特定模式。

由於 Instagram 是一個很注重照片分享的社群網路，因此要挖掘此類資料的最佳做法之一，就是套用這類的神經網路。通常你要回答的第一個問題是：「這是一張什麼的照片？」照片裡頭有山脈嗎？有湖泊嗎？有人嗎？有汽車嗎？有動物嗎？這類型的演算法也可以用來過濾掉網路上一些非法或成人才能觀看的內容，讓家長們不至於淹沒在大量資料中，不知道該怎麼辦才好。

我們會在本章介紹神經網路的工作原理。我們也會建立一個簡單的神經網路，用來識別一些手寫的數字。Python 靠著一些強大的機器學習函式庫，讓整個過程變得相當簡單。然後我們會使用 Google 的 Vision API 進行一些比較繁重的工作：把 Instagram 最新動態（feed）照片中的物體和臉部識別出來。由於我們只會構建一個小型的測試應用程式，用來存取 Instagram 的 API，而且你只能使用自己最新動態裡的照片，因此如果想要執行這裡的程式碼範例，你就必須擁有一個 Instagram 帳號，並且在平台上至少貼過幾張照片。

 請務必從 GitHub（*http://bit.ly/Mining-the-Social-Web-3E*）取得本章（及其他各章）的最新程式碼。另外也請充分利用本書在虛擬機方面的經驗（參見附錄 A），以最大程度享用本書的範例程式碼。

3.1 本章內容

本章打算介紹「機器學習」的概念；由於它在人工智慧（artificial intelligence）的應用，近來引起相當多的注意。數以千計的新創公司，紛紛把機器學習套用到各式各樣的問題之中。我們打算在本章研究如何善用 instagram 這個以圖片為中心的社群媒體平台，把相關技術應用到所取得的圖片資料中。具體來說，你會學習到以下這些內容：

- Instagram 的 API，以及如何發出 API 請求

- 如何透過 Instagram 的 API 取得資料

- 神經網路背後的基本構想

- 如何使用神經網路「觀察」圖片，並識別出圖片中的各種物體

- 如何套用功能強大的預訓練神經網路，以識別出 Instagram 最新動態貼文裡的各種物體與臉孔

3.2 探索 Instagram API

如果想要存取 Instagram API，就必須先建立一個應用程式並進行註冊。這些工作只要在 Instagram 開發者平台（*http://bit.ly/1rbjGmz*）就可以輕鬆完成。你可以註冊一個新的客戶端程式，並提供名稱與說明（例如「我的測試應用程式」），然後設置一個連往某網站（例如 www.google.com）的重定向 URL。設置重定向 URL 的理由，稍後很快就會進行說明。

你所建立的客戶端程式會處於「沙盒模式」（*http://bit.ly/2Ia88Nr*），在這樣的模式下，其功能會受到一些限制。沙盒模式下的應用程式最多只能容納 10 個使用者，而且每個使用者只能存取 20 個最新發佈的媒體。而且，API 也會受到更嚴格的速度限制。這些限制的目的，主要是為了讓你在提交應用程式進行審核之前，可以先進行一些測試。Instagram 工作人員收到提交的請求之後，就會審核你的應用程式。如果是在允許的使用範圍，應用程式就會被批准，限制也會隨之取消。由於我們的重點主要是學習 API，因此所有範例全都假設應用程式處於沙盒模式。本章設計的目的主要是為你提供工具，讓你可以繼續自主學習，並構建出更複雜的應用程式。

在撰寫本章的 2018 年初，許多社群媒體平台正受到越來越多公眾的監督，希望可以瞭解這些平台如何處理其資料，以及第三方應用程式可以存取使用者資料的程度。雖然發佈到 Instagram 的許多資料都是公開的，但 Instagram 正在限縮其 API 存取的權限，因此將來有些功能可能會無法使用。請務必參考開發者文件（*http://bit.ly/2Ibb4JL*）以取得最新的相關訊息。

3.2.1 發送 Instagram API 請求

圖 3-1 顯示的是我們新建立的客戶端程式，以沙盒模式呈現出來的樣子。現在你已建立自己的應用程式，差不多可以開始準備發送 API 請求了。在開發者平台的 Manage Clients（管理客戶端程式；*http://bit.ly/2IayH4Z*）頁面上，只要點擊按鈕就可以管理你新建立的應用程式，然後你可以找到 client ID 和 client secret，再把它們複製到 Instagram API Authenticating（身份驗證）的變數宣告之中。另外，請把已註冊的客戶端程式其中所宣告的網站 URL 複製起來，再貼到範例 3-1 的 REDIRECT_URI 變數宣告之中。

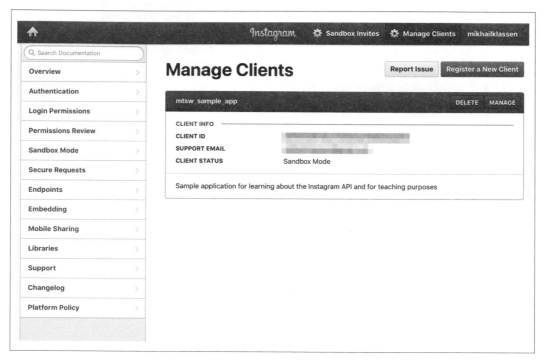

圖 3-1：Instagram 開發者平台上的客戶端程式管理頁面，顯示我們的應用程式正處於沙盒模式（Sandbox Mode）

範例 *3-1*：*Instagram API 的身份認證*

```
# 填入你的 client ID、client secret，以及重定向 URL

CLIENT_ID = ''
CLIENT_SECRET = ''

REDIRECT_URI = ''

base_url = 'https://api.instagram.com/oauth/authorize/'

url='{}?client_id={}&redirect_uri={}&response_type=code&scope=public_content'\
    .format(base_url, CLIENT_ID, REDIRECT_URI)

print('Click the following URL, \
which will take you to the REDIRECT_URI \
you set in creating the APP.')
print('You may need to log into Instagram.')
print()
print(url)
```

只要執行這段程式碼，就會得到類似以下的輸出，不過你所生成的 URL 其中 client_id
和 redirect_uri 這兩個參數，應該都是唯一而不重複的值：

```
Click the following URL, which will take you to the REDIRECT_URI you set in
    creating the APP.
You may need to log into Instagram.

https://api.instagram.com/oauth/authorize/?client_id=...&redirect_uri=...
    &response_type=code&scope=public_content
```

輸出的結果包含了一個 URL，你可以把它複製並貼到瀏覽器的網址列。這個連結會把
你重定向到 Instagram 的帳號登入畫面，登入之後再重定向到你之前註冊客戶端程式時
所宣告的網站 URL。這個 URL 後面會被加上一串特殊的參數，其格式為 *?code=...*。
只要複製這段 code 的值，然後貼到範例 3-2 中，就可以完成身份驗證程序，開始對
Instagram API 進行存取操作。

範例 *3-2*：取得 *access token*

```
import requests # pip install requests

CODE = ''

payload = dict(client_id=CLIENT_ID,
               client_secret=CLIENT_SECRET,
               grant_type='authorization_code',
               redirect_uri=REDIRECT_URI,
               code=CODE)

response = requests.post(
    'https://api.instagram.com/oauth/access_token',
    data = payload)

ACCESS_TOKEN = response.json()['access_token']
```

只要執行範例 3-2 這段程式碼，就會把特殊的 access token 儲存到 ACCESS_TOKEN 變數之中，隨後每次發送 API 請求時，都會使用到這個 access token。

最後可以測試一下應用程式，看看能否取得自己 Instagram 個人檔案的元資料。只要執行範例 3-3 的程式碼，應該就會取得一個 JSON 結構的回應，其中包含你的使用者名稱、個人檔案圖片位置、你的個人簡介，以及你的貼文數量、你所追蹤的人數，以及你所擁有的追蹤者數量等相關訊息。譯註

範例 *3-3*：使用範例 *3-2* 所取得的 *access token*，確認能否在平台中進行存取

```
url = 'https://api.instagram.com/v1/users/self/?access_token='
response = requests.get(url+ACCESS_TOKEN)
print(response.text)
```

回應的內容看起來應該就像下面這樣：

```
{"data": {"id": "...", "username": "mikhailklassen", "profile_picture":
"https://scontent.cdninstagram.com/vp/bf2fed5bbce922f586e55db2944fdc9c/5B908514
/t51.2885-19/s150x150/22071355_923830121108291_7212344241492590592_n.jpg",
"full_name": "Mikhail Klassen", "bio": "Ex-astrophysicist, entrepreneur, traveler,
wine \u0026 spirits geek.\nPhotography: #travel #architecture #art #urban
```

譯註　follow 在 Instagram 的官方翻譯為「追蹤」，在 Twitter 則翻譯為「跟隨」。

#outdoors #wine #spirits", "website": "http://www.mikhailklassen.com/",
"is_business": false, "counts": {"media": 162, "follows": 450, "followed_by":
237}}, "meta": {"code": 200}}

3.2.2 取得自己的 Instagram 最新動態

與本書其他章節不同的是，這裡並沒有使用專用 Python 函式庫來存取 Instagram 最新動
態。在撰寫本文時，Instagram 的 API 還在持續不斷變化，而且 Instagram 正在推出最新
的 Graph API（*http://bit.ly/2jTGHce*），這很有可能是從母公司 Facebook 自己的 Graph
API 相關技術中大量移轉過來的（請參見第二章）。官方的 Python Instagram 函式庫目
前已被封存。

我們所採用的替代做法，就是直接使用 Python 的 requests（*http://bit.ly/1a1lrEt*）函式
庫。它是 Python 的核心函式庫之一，而且因為 Instagram 有提供 RESTful API（*http://
bit.ly/2rC8oJW*），因此我們可以使用 Python 這個核心函式庫，透過 HTTP 發送 API 請
求。這樣做還有另一個好處，因為這樣我們所編寫的程式碼就會非常透明，沒有什麼東
西隱藏在巧妙的包裝函式之中，所以各位可以清楚看到引擎蓋下真實的情況。而且如你
所見，存取 Instagram API 並不需要太多的程式碼。

在範例 3-4 中，你可以運用 request.get() 方法，只靠一行 Python 程式碼就可以觸及
API 端點，取得你自己的最新動態，而且身份認證採用的還是你之前所建立的 access
token。這個範例的其他部分，主要是用來顯示圖片動態的一個函式。這個範例本身的設
計就是為了要在 Jupyter Notebook 內執行，其中還使用了 IPython widgets 來顯示圖片。

範例 3-4：顯示 *Instagram* 最新動態裡的圖片與圖片說明

```python
from IPython.display import display, Image
url = 'https://api.instagram.com/v1/users/self/media/recent/?access_token='
response = requests.get(url+ACCESS_TOKEN)
recent_posts = response.json()

def display_image_feed(feed, include_captions=True):
    for post in feed['data']:
        display(Image(url=post['images']['low_resolution']['url']))
        print(post['images']['standard_resolution']['url'])
        if include_captions: print(post['caption']['text'])
        print()

display_image_feed(recent_posts, include_captions=True)
```

從 Instagram API 所取得的 JSON 回應，本身並不會包含圖片資料，而是指向該圖片的連結網址。基於效能的考量，Facebook 與 Instagram 都會把真正的內容放在資料中心的「傳遞網路」（delivery network；*http://bit.ly/2Gb0DzH*）以提供服務，這些資料中心分佈在全球各地，可確保資料具有快速傳遞的效果。

執行範例 3-4 的程式碼所得到的輸出，看起來就如圖 3-2 所示；它會先顯示一個圖片，接著則是相應的公開 URL 網址，以及相應的圖片說明。

```
https://scontent.cdninstagram.com/vp/d865700e4eb05f30ad74e5f38e574a81/5B94F2E2/t51.2885-15/s640x640/sh0.08/e35/
30855391_1542497469196486_3914453959741276160_n.jpg
The Boston Public Library on what felt like the first real day of Spring. #bpl #boston #copleysquare #library
```
（波斯頓公共圖書館，感覺像是春天剛來的第一天。）

```
https://scontent.cdninstagram.com/vp/3cd8f6420345043fcc9b2d6f767afd7d/5B7C3E0C/t51.2885-15/s640x640/sh0.08/e35/
30078582_1348310691937848_7383458251121098752_n.jpg
On top of Montreal: the view from the terasse at the Place Ville-Marie restaurant Les Enfants Terribles. #MTL #
PVM #Montreal #MountRoyal #travel
```
（蒙特婁的頂端：Les Enfants Terribles 大樓 Place Ville-Marie 餐廳露台的景色）

圖 3-2：範例 3-4 的輸出範例，顯示的是從 Instragram 最新動態所取得的最新兩則貼文，其中包括圖片的公開 URL 網址，以及相應的圖片說明

3.2.3 根據主題標籤取得媒體

在先前的程式碼範例中，我們使用了 requests 函式庫，透過 URL 的形式（例如 *https://api.instagram.com/v1/users/self/media/recent/?access_token=...*）與 API 端點取得了聯繫。

這個 URL 的結構會告訴 Instagram API 應該送回哪些資料，而且也會提供身份驗證所需的 access token。實際上開發者文件針對所有不同的 API 端點（*http://bit.ly/2I9iAEF*），以及所有你可以取得的訊息種類，做出了相當完整的說明。

範例 3-4 最多只能從你的 Instagram 最新動態中取得 20 則最新貼文（這是沙盒模式下應用程式所允許的最大貼文數量）。如果想讓挖掘到的資料更精準一點，我們也許可以善用 Instagram 裡到處都有的（使用者所提交的）主題標籤（hashtag），先對最新動態進行一下篩選。

主題標籤的使用始於 2007 年左右，是 Twitter 用來對推文進行分組的一種方式；2009 年時，它被加上了超連結，可用來找出包含相同主題標籤的結果。它也可以用來衡量流行趨勢熱門話題，而且已被證明可具備非常多的用途。主題標籤是使用者自行添加元資料的一種方式，這樣一來他們就可以針對平台上所出現的特定對話做出貢獻，並吸引到更廣泛的觀眾。

Instagram 也在它的平台採用了主題標籤的概念，而且只要貼文使用了主題標籤，人們在搜尋特定標籤時，就可以看到這則貼文。

如果想用主題標籤來搜尋 Instagram，我們會使用稍微不同的 API 端點，並且把主題標籤插入到 URL 的結構中，如範例 3-5 所示。

範例 3-5：根據主題標籤，對媒體進行搜尋

```
hashtag = 'travel'
response = requests.get('https://api.instagram.com/v1/tags/'
                        +hashtag+'/media/recent?access_token='
                        +ACCESS_TOKEN)

display_image_feed(response.json(), include_captions=True)
```

在這個範例中，我們搜尋了 #travel（旅行）這個很流行的主題標籤，並使用了範例 3-4 所定義的 display_image_feed 函式。這類查詢的輸出看起來與圖 3-2 很類似，不過由於經過篩選，因此只會顯示包含 #travel 主題標籤的貼文。還記得嗎，沙盒模式的應用程式只能送回你自己個人動態裡的資料，而且只能取得最新的 20 則貼文。

3.3 剖析 Instagram 貼文

Instagram API 的回應格式，就是我們之前看過的 JSON 結構。這是透過 API 來傳輸人類可讀結構化資料的一種方式，其中有許多成對的屬性與相應值，整合成一種具有層次的結構。在 Instagram 的開發者文件（*http://bit.ly/2I9iAEF*）內，就包含了這類資料結構的最新規範，不過我們在這裡還是先做個快速的瀏覽。

只要使用 Python 的 json 函式庫，就可以把 API 回應的內容，用 dumps 的方法送到螢幕上進行檢查。範例 3-6 顯示的就是實現此做法的相應程式碼。

範例 3-6：運用 *Python* 的 *json* 函式庫，把 *API* 的回應列印出來，以進行更仔細的觀察

```python
import json

uri = ('https://api.instagram.com/v1/users/self/media/recent/?access_token='
    response = requests.get(uri+ACCESS TOKEN)

print(json.dumps(recent_posts, indent=1))
```

下面就是一些輸出的範例：

```json
{
 "pagination": {},
 "data": [
  {
   "id": "1762766336475047742_1170752127",
   "user": {
    "id": "1170752127",
    "full_name": "Mikhail Klassen",
    "profile_picture": "https://...",
    "username": "mikhailklassen"
   },
   "images": {
    "thumbnail": {
     "width": 150,
     "height": 150,
     "url": "https://...jpg"
    },
    "low_resolution": {
     "width": 320,
     "height": 320,
     "url": "https://...jpg"
```

```
        },
        "standard_resolution": {
         "width": 640,
         "height": 640,
         "url": "https://...jpg"
        }
      },
      "created_time": "1524358144",
      "caption": {
        "id": "17912334256150534",
        "text": "The Boston Public Library...#bpl #boston #copleysquare #library",
        "created_time": "1524358144",
        "from": {
         "id": "1170752127",
         "full_name": "Mikhail Klassen",
         "profile_picture": "https://...jpg",
         "username": "mikhailklassen"
        }
      },
      "user_has_liked": false,
      "likes": {
        "count": 15
      },
      "tags": [
        "bpl",
        "copleysquare",
        "library",
        "boston"
      ],
      "filter": "Reyes",
      "comments": {
        "count": 1
      },
      "type": "image",
      "link": "https://www.instagram.com/p/Bh2mqS7nKc-/",
      "location": {
        "latitude": 42.35,
        "longitude": -71.076,
        "name": "Copley Square",
        "id": 269985898
      },
      "attribution": null,
      "users_in_photo": []
    },
    {
```

```
      ...
    }
  ],
  "meta": {
    "code": 200
  }
}
```

你可能有注意到，這種具有層次的結構看起來很像 Python 的 dict 字典；事實上，這兩者確實可以互換使用。

整個回應（有點像是裝著所有資料的「信封」）其中最頂層的屬性，分別是 meta（元資料）、data（資料）與 pagination（分頁），其中 meta 包含的是回應本身的相關訊息。如果一切順利的話，你在 meta 中只會看到 code 這個鍵值，其值為 200（「OK」的意思）。但如果出現問題（比如你提交了錯誤的 access token），就會出現異常，並附帶相關的錯誤訊息。

data 這個鍵值包含的是回應的真正內容。相應的值應該也是採用 JSON 的格式，如前面的輸出範例所示。範例 3-6 所送回來的資料，其中包含發佈此媒體貼文的使用者相關訊息（包括使用者名稱、全名、ID 和個人圖片），還有相應各種不同解析度的圖片（其實是指向相應圖片位置的 URL），以及貼文本身的相關訊息（例如貼文的創建時間、圖片說明、所包含的主題標籤、所套用的篩選器、被點「喜愛」的次數^{譯註}，以及相應的地理位置）。

在我們的例子中，沙盒化應用程式送回 20 張圖片，而且所有相關訊息全都包含在 data 的各個相應鍵／值對之中。如果我們不用 Instagram 的沙盒，而是直接執行認證過的應用程式，相應的查詢很有可能會送回超過 20 則以上的結果。有時你可能並不希望 Instagram API 一次就送回所有的訊息，而這就是開發者實作出「分頁」功能的理由。

「分頁」（pagination；*http://bit.ly/2Kio0K6*）的意思就是把資料切分成可進行管理的好幾塊資料。在 API 的回應中，包含了一個叫做 pagination（分頁）的鍵值。這個屬性所對應的值，就是指向資料下一「分頁」的 URL。只要透過這個 URL，就可以取得下一分頁的回應資料，而且其中還是會有另一個指向下一分頁的 pagination 相應值，後續情況依此類推。

譯註　like 在 Instagram 的官方翻譯為「喜愛」，但在 facebook 則是「讚」的意思。

API 回應的 data 屬性其中 images（圖片）的 URL，可以讓我們取得圖片，並對圖片套用各種資料分析技術。Instagram 本身是一個鼓勵大家分享媒體的平台，就像 Twitter 一樣。雖然你也可以建立私人帳號，讓你的貼文只給你批准過的人看到，但 Instagram 絕大多數帳號都是公開的，這也就表示許多圖片都是公開的（你可能早就知道了）。

3.4 人工神經網路速成班

圖片分析的歷史已經很悠久了，但教電腦看圖片（*http://bit.ly/2IygU79*）並識別出圖片中的東西（例如狗或汽車），則是一項比較新的技術成就。

想像一下，假設你必須向機器人描述狗的樣子。你可能會說，這種動物有四條腿、尖尖的耳朵、兩隻眼睛、蠻大的牙齒等等。機器人會很忠實套用這些規則，不過它還是會送回成千上萬錯誤的結果 —— 很多其他動物都有四條腿、尖尖的耳朵等特徵。機器人也有可能無法正確偵測出一些真正的狗，因為有些狗的耳朵並不是尖尖的，而是下垂的。

或許有一種方式，可以讓機器人像人類一樣，用我們認識狗的相同方式（也就是說，先看過很多狗的例子）來學習狗的概念；我們最早從嬰兒時期開始，父母很可能就會指著一條狗說：那是「狗」哦。

嬰兒的大腦內部是一個不斷發展、不斷進化的生物神經元（biological neurons）網路（*http://bit.ly/2KWaOvR*），它會「形成」或「切斷」各種不同的連結。來自環境的各種回饋，有可能會強化某些關鍵連結，同時讓另一些連結逐漸萎縮。舉例來說，在與狗接觸足夠多的情況下，即使我們很難用語言表達，但我們還是對狗有一個非常清晰的概念。

人工神經網路（*http://bit.ly/2IcVrkK*）的概念，主要是觀察許多生物的神經系統之後，受到其中生物神經網路的啟發。神經網路可以理解為具有「輸入」和「輸出」的訊息處理系統。人工神經網路通常是由許多「層」（*layers*）的「神經元」（*neurons*）所組成，如圖 3-3 所示。每個神經元都是用「激活函數」（*activation function*）來加以定義，這個「函數」可接受多個輸入，其中每個輸入會根據某個權重值（weight）進行加權之後再映射到輸出，最後的結果通常是一個介於 0 到 1 之間的數值。

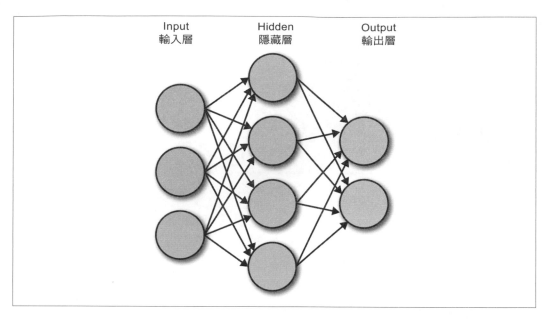

圖 3-3：人工神經網路的圖片表達方式，其中包含三個神經元的輸入層、四個神經元的隱藏層，以及兩個神經元的輸出層（圖片是由 Glosser.ca 所提供，CC BY-SA 3.0，取自 Wikimedia Commons）

每一層的輸出，都會變成下一層的輸入。神經網路一定有一個「**輸入層**」（*input layer*），其中每個神經元都對應到我們感興趣的某個「特徵」（feature）。比如說，有可能是圖片中的像素值。

「**輸出層**」（*output layer*）通常是由幾個代表不同類別的神經元所組成。如果想要判斷照片裡有沒有貓，你可以建立一個具有兩個輸出神經元的網路。它其實就是一種二元分類器。你也可以使用很多個輸出神經元，其中每個輸出神經元，代表一種可能出現在圖片中的不同物體。

大多數神經網路的輸入層與輸出層之間，還會有一層或多層的「**隱藏層**」（*hidden layer*）。這些隱藏層的存在，會讓我們更不容易理解網路內部的工作原理，但如果想偵測出有可能出現在圖片中各種複雜而非線性的特定模式，這些隱藏層就顯得特別重要。

我們必須先對神經網路進行「訓練」，才能讓它產生出合理的準確度。所謂的訓練，就是把各種輸入丟進網路，然後把預測的輸出與真實的輸出進行比較的過程。預測輸出和真實輸出之間的差異，就是我們要進行最小化的「誤差」（error），或者也可稱之為「損失」（loss；*http://bit.ly/2KdyVoo*）。接著只要使用一種稱為「反向傳播」（backpropagation；*http://bit.ly/2jRgYRB*）的演算法，這些誤差就會被用來修正（update）整個網路中每個神經元的權重值。經過連續好幾次的迭代之後，網路的總體誤差就會逐漸遞減，進而逐漸提高其準確度。

關於神經網路其中的細微之處，當然比這裡所介紹的內容多得多，但如果你想更深入研究的話，其實有很多線上資源可供運用。

3.4.1 訓練神經網路「看」圖片

人工神經網路最早的實際應用之一，就是用來讀取美國郵政系統中的郵遞區號。由於每封信都需要進行有效分類才能進一步遞送，因此先讀取出郵遞區號是很有必要的。這些郵遞區號的數字，通常都是用手寫的。美國的郵遞區號，一般是由五位數或九位數的郵遞區號（*http://bit.ly/2IuPpvt*）來表示。前五個數字可對應到某個地理區域，而可有可無的另外四個數字，則對應到某個特定的遞送路線。

美國郵局會使用光學字元辨識（OCR，Optical Character Recognition；*http://bit.ly/2IjnqLX*）技術來快速讀取郵遞區號，以進行郵件的分類。有很多種電腦視覺做法，可以把手寫數字圖片轉換成電腦字元。碰巧的是，人工神經網路特別適合這類的任務。

事實上，機器學習和神經網路的學生，通常要學習解決的第一個問題，就是這個識別手寫數字的問題。有一個叫做 MNIST 資料庫（*http://bit.ly/2IaAxmC*）的研究資料集，可用來協助人們針對不同神經網路進行研究，並做為各種電腦視覺演算法的比較基準。資料庫其中的一些圖片樣本，如圖 3-4 所示。

圖 3-4：MNIST 資料集其中的一些圖片樣本（圖片是由 Josef Steppan（*https://bit.ly/2oblf3f*）所提供，CC BY-SA 4.0（*https://bit.ly/1upaQv7*），取自 Wikimedia Commons）

MNIST 資料庫包含 60,000 張訓練圖片和 10,000 張測試圖片。另外資料庫還有擴展的版本，稱為 EMNIST（*http://bit.ly/2rAZrS4*），其中包含了更多的圖片，進一步把手寫字母也加到資料庫之中。

MNIST 資料庫裡的每張圖片都是由 28×28 的灰階像素所組成。這些像素的值（通常已歸一化成 0 到 1 之間的值）全都會被送進演算法，而演算法的輸出則是一個介於 0 到 9 之間的單一數字。

在神經網路的「眼中」，圖片究竟是什麼東西？如果每個像素都有一個輸入神經元，神經網路就需要 784 個輸入神經元（28×28）。每張圖片都只有可能代表 10 個數字其中的一個，因此輸出層會有 10 個神經元，其中每個神經元的輸出值，就是圖片被預測為相應數字的可能性。預測可能性最高的相應數字，就會被視為神經網路的最佳推測。

在輸入層與輸出層之間，我們可以設置一些「隱藏」層。所有這些神經元都與其他神經元一樣，只會把前一層的輸出當成輸入。

事情到這裡很快就會變得很有技術性，而我們接下來的工作，就是開始把圖片資料套用到神經網路之中。如果你對這個主題很感興趣，建議你可以找些書來讀，例如 AurélienGéron 的《精通機器學習｜使用 Scikit-Learn、Keras 與 TensorFlow》（O'Reilly

出版；*https://oreil.ly/2KVa4XS*），或是 Michael Nielsen 的線上書籍《Neural Networks and Deep Learning》（神經網路與深度學習；*http://bit.ly/2IjE1Pm*）第 1 章的內容。

3.4.2 辨識手寫數字

在範例 3-7 中，我們用 Python 的 scikit-learn 函式庫構建了自己的多層神經網路（*http://bit.ly/2Ie80ME*），以針對手寫數字進行分類。只要使用一個輔助函式，就可以快速載入手寫數字資料。這些資料的解析度低於 MNIST 資料庫，其中的數字都只有 8×8 像素。在 scikit-learn 的數字資料庫中，總共有 1,797 張圖片。

 在指令行輸入 pip install scikit-learn 就可以安裝 scikit-learn，然後再輸入 pip install scipy 來安裝 scipy（相依的函式庫）。

範例 *3-7*：使用 *scikit-learn* 的多層感知分類器（*MLP classifier*）辨識手寫數字

```
# 用以下指令安裝 scikit-learn 與 scipy（相依函式庫）:
# pip install scikit-learn
# pip install scipy
from sklearn import datasets, metrics
from sklearn.neural_network import MLPClassifier
from sklearn.model_selection import train_test_split

digits = datasets.load_digits()

# 重新調整資料的數值範圍，並拆分成「訓練組」與「測試組」兩組資料
X, y = digits.data / 255., digits.target
X_train, X_test, y_train, y_test = train_test_split(X, y, test_size=0.25,
                                                    random_state=42)


mlp = MLPClassifier(hidden_layer_sizes=(100,), max_iter=100, alpha=1e-4,
                    solver='adam', verbose=10, tol=1e-4, random_state=1,
                    learning_rate_init=.1)

mlp.fit(X_train, y_train)
print()
print("Training set score: {0}".format(mlp.score(X_train, y_train)))
print("Test set score: {0}".format(mlp.score(X_test, y_test)))
```

這段程式碼的輸出範例如下：

```
Iteration 1, loss = 2.08212650
Iteration 2, loss = 1.03684958
Iteration 3, loss = 0.46502758
Iteration 4, loss = 0.29285682
Iteration 5, loss = 0.22862621
Iteration 6, loss = 0.18877491
Iteration 7, loss = 0.15163667
Iteration 8, loss = 0.13317189
Iteration 9, loss = 0.11696284
Iteration 10, loss = 0.09268670
Iteration 11, loss = 0.08840361
Iteration 12, loss = 0.08064708
Iteration 13, loss = 0.06800582
Iteration 14, loss = 0.06649765
Iteration 15, loss = 0.05651331
Iteration 16, loss = 0.05649585
Iteration 17, loss = 0.06339016
Iteration 18, loss = 0.06884457
Training loss did not improve more than tol=0.000100 for two consecutive epochs.
Stopping.

Training set score: 0.9806978470675576
Test set score: 0.9577777777777777
```

在範例 3-7 中要特別注意一件事，就是必須先用 train_test_split 方法，把資料分成「訓練組」（training set）和「測試組」（test set）。這個函式會把資料隨機分成兩組，其中一組用於訓練，另一組則用於模型測試，其中測試組資料的大小可自行指定。在我們的範例中，測試組的大小設定為 0.25，也就是把四分之一的資料留給測試之用。

在開始進行任何機器學習任務之前先保留一些資料，以便隨後用來評估機器學習演算法的表現，這可說是一種非常重要的做法。這麼做的目的，主要是為了避免過度套入（overfitting；*https://bit.ly/2mRDi0l*）的情況。演算法在訓練過程中絕對看不到測試資料，因此在訓練完成之後，再把測試資料丟進演算法，這樣計算出來的準確度數值，就可以更客觀評估出模型的表現。

從程式碼的輸出結果中我們可以看到，測試組資料的準確度幾乎達到了 96%，換句話說，我們的錯誤率大約就是 4%。這個結果其實還算不錯！不過，最佳演算法（*http://bit.ly/2G8eSpa*）針對 MNIST 資料庫使用了一種被稱為卷積神經網路（*http://bit.ly/2rDgnHD*）的深度學習演算法，最終甚至可以達到大約只有 0.2% 的錯誤率。

你有沒有注意到訓練組資料的分數，高於測試組資料的分數？我們的訓練組資料準確度超過 98％。機器學習模型在訓練組資料上的表現，通常會比測試組資料更好。這是因為模型學習的是如何辨識「訓練組」資料中的數字。我們的模型從沒看過「測試組」資料中的任何圖片。如果模型在訓練組資料表現非常好，但在測試組資料的表現卻很差，那就是所謂「過度套入」（overfit）的情況。

對於神經網路最常見的一種批評（*http://bit.ly/2jSTlbr*）就是，它其實是一種「黑盒子」演算法。我們只是把訓練組資料送進網路，用來最佳化權重的值，然後就把測試組資料丟進模型中執行。如果測試組資料的結果看起來不錯，就不管三七二十一繼續前進，而不去懷疑演算法究竟是如何得出結論的。

如果你的演算法只是用來讀取郵遞區號，這倒也沒什麼大不了，但如果用來做出高風險的決策，對於模型的理解就會變得很重要。你可以想像一下，如果神經網路被用來判斷如何在股票市場進行交易，或是判斷誰有資格獲得銀行貸款，或是應該向客戶收取多少保費，這些情況可就不能不謹慎一點了。

因此，為了一探演算法究竟在「思考」些什麼，我們就嘗試以視覺化的方式，把隱藏層中每個神經元相應的權重矩陣呈現出來看看。為了達到此目的，我們就來執行一下範例 3-8 的程式碼。這段程式碼的設計，原本就是要在 Jupyter Notebook 環境中執行，而且會使用到 matplotlib；matplotlib 是一個用來以視覺化方式呈現資料的 Python 函式庫，只要在指令行輸入 pip install matplotlib 就可以把它安裝起來了。Jupyter 有個「神奇的」指令 % matplotlib inline，它會告訴 Jupyter 你想在程式碼單元中顯示圖片。

範例 3-8：以視覺化方式呈現神經網路的隱藏層

```
# pip install matplotlib
import matplotlib.pyplot as plt

# 如果是使用 Jupyter Notebook，就直接進行資料視覺化呈現
%matplotlib inline

fig, axes = plt.subplots(10,10)
fig.set_figwidth(20)
fig.set_figheight(20)

for coef, ax in zip(mlp.coefs_[0].T, axes.ravel()):
    ax.matshow(coef.reshape(8, 8), cmap=plt.cm.gray, interpolation='bicubic')
    ax.set_xticks(())
    ax.set_yticks(())

plt.show()
```

我們的隱藏層內含 100 個神經元，負責在各方面協助網路判斷圖片代表的是哪一個數字。輸入層有 64 個神經元（因為我們的數字圖片是 8×8 像素），因此隱藏層裡的 100 個神經元，每一個神經元都會接收到 64 個輸入。在：範例 3-8 的程式碼中，我們會把這 64 個值重新調整成 8×8 矩陣，並畫出相應的灰階圖片，如圖 3-5 所示。神經網路隱藏層中 100 個神經元的圖片，在這裡是以 10×10 的網格形式來呈現。

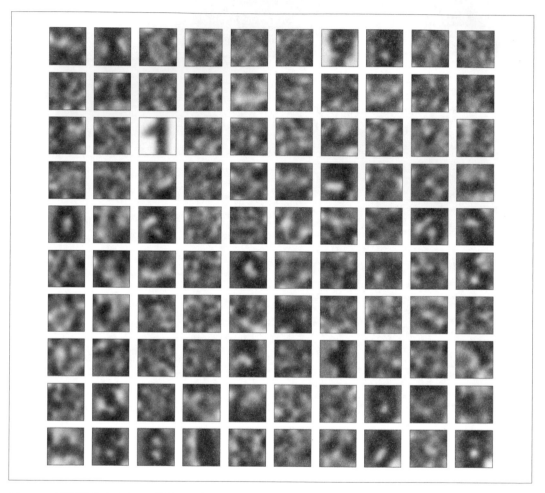

圖 3-5：以視覺化方式呈現隱藏層中每個神經元的權重矩陣

雖然圖 3-5 其中大多數的圖片看起來並不太像數字,但其中某些圖片確實看起來蠻像個數字,由此你可以感覺到,網路正在思考如何考慮不同的形狀、如何加權不同的像素值,藉以判斷出圖片代表的是哪一個數字。

最後,我們在範例 3-9 展示的是如何使用訓練過的神經網路,識別出測試資料集裡的數字。這裡必須用到 numpy 函式庫,而這個函式庫可以透過 **pip install numpy** 指令來進行安裝。

範例 3-9:運用訓練過的神經網路,對測試組資料的圖片進行分類

```
import numpy as np # pip install numpy
predicted = mlp.predict(X_test)

for i in range(5):
    image = np.reshape(X_test[i], (8,8))
    plt.imshow(image, cmap=plt.cm.gray_r, interpolation='nearest')
    plt.axis('off')
    plt.show()
    print('Ground Truth: {0}'.format(y_test[i]))
    print('Predicted: {0}'.format(predicted[i]))
```

執行範例 3-9 所得到的一些輸出範例,如圖 3-6 所示。每個圖片下方都有顯示手寫圖片對應的正確數字標籤,以及神經網路分類器所預測的數字結果。我們可以看到,這個神經網路確實可以對圖片進行準確的分類。

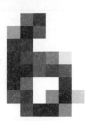

正確的數字：6
預測的數字：6

正確的數字：9
預測的數字：9

正確的數字：3
預測的數字：3

正確的數字：7
預測的數字：7

圖 3-6：範例 3-9 的輸出結果，其中顯示了好幾張測試組資料的手寫數字圖片，以及對應的正確數字，還有根據訓練過的神經網路所預測的結果

3.4.3 使用預訓練神經網路，對照片進行物體識別

各種神經網路（尤其是具有非常多複雜隱藏層的「深度學習」系統）正在改變整個產業。如今一般人所認為的「人工智慧」，通常大多（不過並不侷限於）被用來指那些深度學習系統的各種應用方式，包括機器翻譯、電腦視覺、自然語言理解、自然語言生成等等。

如果你想進一步瞭解人工神經網路的工作原理，Michael Nielsen 的書《Neural Networks and Deep Learning》（神經網路和深度學習；*http://bit.ly/2IzOycW*）是一個很好的資源，這本書從線上就可以取得。另外也可以參閱「Machine Learning for Artists」（針對藝術家的機器學習；*http://bit.ly/2rChK9i*）其中的內容，尤其是標題為「Looking Inside Neural Networks」（深入神經網路；*http://bit.ly/2Kimo3c*）的章節。

想要建立、訓練一個可用於物體識別的人工神經網路，並不是件容易的事。首先必須選擇正確的神經網路架構，然後必須整理出大量預先標記好的圖片來訓練網路，再挑選出正確的超參數，最後還要讓網路訓練足夠長的時間，才能提供準確的結果。幸運的是，已經有人完成這項工作，而且這項技術已被妥善包裝起來，現在任何人都可以使用到這些最先進的電腦視覺 API 了。

我們會使用的是 Google Cloud Vision API，這個工具可以讓開發者使用 Google 強大的預訓練神經網路，來分析各式各樣的圖片。它可以偵測出圖片中的各種物體、偵測出臉部、提取出文字、標註出明顯的內容，還有一些其他的功能。

各位可以到 Cloud Vision API（*http://bit.ly/2IEmOny*）頁面，然後向下滾動到「Try the API（嘗試 API）」。如果你還沒有帳號，則需要在 Google Cloud Platform 上進行註冊。在撰寫本文的當下，Google 提供了一個免費套餐（*http://bit.ly/2wCXKbC*），在 12 個月內有 $ 300 美元的免費額度可供運用。註冊時你還是必須填寫信用卡訊息，不過只是做為識別之用。如果你沒有信用卡，填寫銀行帳號也可以。

接下來，你必須在 Google Cloud Platform 建立一個專案（create a project；*http://bit.ly/2rE0Zul*）。你可以把這些專案想像成你在 Instagram 開發者平台上所建立的客戶端程式。

只要進入「Cloud Resource Manager」（雲端資源管理器；*http://bit.ly/2wyV5zD*）頁面，就可以建立專案。請馬上就去建立一個，然後幫它取個你自己喜歡的名字（例如「MTSW」）。接著把它連結（Attach）到你的「帳單帳號」（*billing account*）。就算你並沒有使用 Google 的免費套餐，前 1000 次的 Cloud Vision API 調用也是免費的。

一旦建立好你的專案之後，就可以造訪 API Dashboard（API 資訊監控頁面；*http://bit. ly/2rARWdU*）。它的外觀看起來很類似圖 3-7。

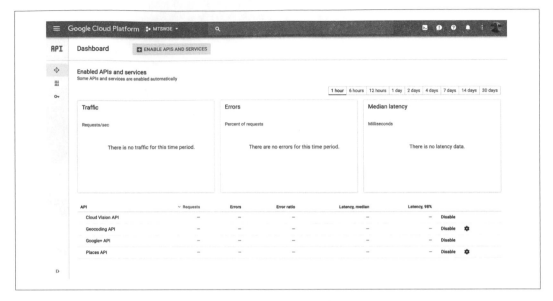

圖 3-7：Google 雲端平台 API Dashboard（資訊監控頁面）

你必須先啟用 Cloud Vision API，因此請點擊「Enable APIs and Services」（啟用 API 和服務），然後搜尋一下「Vision API」。請針對你的專案，啟用這個 API。

最後一步就是取得你的 API key。從 API Dashboard（API 資訊監控頁面）中，就可以進入 Credentials page（憑證頁面；*http://bit.ly/2I9JT1H*）。這裡應該可以在導航列中看到相應的連結。接著從那裡點擊「Create credentials」（建立憑證），並選擇「API key」。

恭喜！現在你已經擁有 Google Cloud Vision API 存取所需的所有東西了。雖然這些步驟看起來有點多，但 Google 必須保護其平台，而且為了讓他們的技術可以被公平使用，這些步驟是不可或缺的。

把你剛剛建立的 API key 複製起來，然後貼到範例 3-10 的相應程式碼，儲存在 `GOOGLE_API_KEY` 這個變數之中。Google Cloud Platform 也有相應的 Python 函式庫，讓使用者可以用程式碼存取該平台。只要輸入 `pip install google-api-python-client` 就可以進行安裝。我們也會用到 Python 的 Pillow 函式庫，來進行一些圖片處理。只要輸入 `pip install Pillow` 就可以把 Pillow 安裝起來了。

範例 3-10：善用 *Google Cloud Vision API*，對圖片執行標籤偵測

```python
import base64
import urllib
import io
import os
import PIL # pip install Pillow
from IPython.display import display, Image

GOOGLE_API_KEY = ''

# pip install google-api-python-client
from googleapiclient.discovery import build
service = build('vision', 'v1', developerKey=GOOGLE_API_KEY)


cat = 'resources/ch05-instagram/cat.jpg'


def label_image(path=None, URL=None, max_results=5):
    ''' 讀取圖片檔案（有可能在本機，也可能在網路上），然後把圖片資料
    送到 Google 的 Cloud Vision API 標註標籤。用 URL 這個關鍵字參數就可以把網路
    圖片的 URL 送進來。要不然的話，也可以用 path 把本機的圖片檔案送進來。
    用 max_results 這個關鍵字參數就可以控制要從 Cloud Vision API 送回來的標籤數量。
    '''
    if URL is not None:
        image_content = base64.b64encode(urllib.request.urlopen(URL).read())
    else:
        image_content = base64.b64encode(open(path, 'rb').read())
    service_request = service.images().annotate(body={
        'requests': [{
            'image': {
                'content': image_content.decode('UTF-8')
            },
            'features': [{
                'type': 'LABEL_DETECTION',
                'maxResults': max_results
            }]
        }]
    })
    labels = service_request.execute()['responses'][0]['labelAnnotations']
    if URL is not None:
        display(Image(url=URL))
    else:
        display(Image(path))
    for label in labels:
```

```
    print ('[{0:3.0f}%]: {1}'.format(label['score']*100, label['description']))

    return

# 最後針對貓咪的圖片，調用圖片標籤相關函式
label_image(cat)
```

與 Vision API 之間互動的方式可能有點棘手，因此範例 3-10 的程式碼把物體偵測與標記圖片所需的全部工具全都納入，其中圖片有可能儲存在本地的硬碟中，也有可能透過網路進行存取。

只要執行範例 3-10 的程式碼，就會開啟一個圖片檔案，這是一張貓咪的照片（請參見圖 3-8）。讀取了圖片檔案之後，圖片資料就會透過 API 傳遞給 Google。在 service_request 這個變數中，我們載入了一個「執行圖片標記」的請求。

圖 3-8：雪地上的貓咪照片（Von.grzanka（*https://bit.ly/2obUbly*）所提供的圖片，CC BY-SA 3.0（*https://bit.ly/1pawxfE*）或 GFDL（*http://2wlkjool*），取自 *Wikimedia Commons*）

下面是程式碼的執行結果：

```
[ 99%]: cat
[ 94%]: fauna
[ 93%]: mammal
[ 91%]: small to medium sized cats
[ 90%]: whiskers
```

Cloud Vision API 針對這張照片送回五個標籤，而且它有 99％ 的把握可以認定這是一隻貓（cat）。其他標籤（「fauna」（動物），「mammal」（哺乳動物）等）其實也是相當準確而恰當的標籤。

你可以使用這段程式碼進行實驗，譬如從你的電腦上傳其他的圖片檔案，然後再觀察一下所送回來的標籤。

3.5 把神經網路套用到 Instagram 貼文

既然你已瞭解神經網路工作原理的基礎知識，而且已經有程式碼可透過 API 存取強大的雲端神經網路，接著我們就把最後一塊拼圖加進來吧。本節的內容涵蓋物體識別和臉部偵測，並以我們的 Instagram 最新動態做為圖片的來源。

3.5.1 標註圖片的內容

最困難的部分已經過去了。現在我們準備從 Instagram 最新動態取出一些圖片，然後送往 Cloud Vision API 進行處理。這些圖片並不在我們的電腦中，而是存放在 Instagram 的伺服器內。不過請不用擔心。label_image 函式可以讓我們直接把 URL 丟進去，就如同範例 3-11 所示。

範例 3-11：針對 Instagram 最新動態裡的圖片，執行物體偵測與圖片標記

```
uri = ('https://api.instagram.com/v1/users/self/media/recent/?access_token='
response = requests.get(uri+ACCESS_TOKEN)
recent_posts = response.json()

for post in recent_posts['data']:
    url = post['images']['low_resolution']['url']
    label_image(URL=url)
```

你可以自己嘗試看看，觀察一下圖片所標記的標籤準確性如何。圖 3-9 顯示的是其中一些輸出範例。

```
[ 92%]: building              （建築物）
[ 75%]: medieval architecture （中世紀建築）
[ 74%]: classical architecture（傳統建築）
[ 71%]: facade                （建築外觀）
[ 61%]: city                  （城市）
```

```
[ 83%]: city      （城市）
[ 81%]: sky       （天空）
[ 69%]: roof      （屋頂）
[ 67%]: building  （建築物）
[ 67%]: panorama  （全景）
```

圖 3-9：作者個人放在 Instagram 最新動態裡的圖片，執行範例 3-11 的程式碼所得到的結果。

3.5.2 偵測出圖片中的人臉

臉部識別系統（*http://bit.ly/2KTvuEy*）真的非常好用。如果你用過現代的數位相機（例如智慧型手機內建的數位相機），你很可能已經用過這樣的功能了。在進行攝影時，它可以用來識別出照片裡的主要對象，並把圖片聚焦在主要的對象上。

如果想要偵測臉部，我們就必須稍微更改一下 API 的服務請求。範例 3-12 所提供的就是修改後的程式碼。

範例 *3-12*：運用 *Google* 的 *Cloud Vision API* 進行臉部偵測的示範程式碼

```python
from PIL import Image as PImage
from PIL import ImageDraw

def detect_faces(path=None, URL=None):
    ''' 讀取圖片檔案（有可能在本機，也可能在網路上），然後把圖片資料
    送到 Google 的 Cloud Vision API 進行臉部偵測。用 URL 這個關鍵字參數就
    可以把網路圖片送進來。要不然的話，也可以用 path 把本機的圖片檔案送進來。
    '''
    if URL is not None:
        image_content = base64.b64encode(urllib.request.urlopen(URL).read())
    else:
        image_content = base64.b64encode(open(path, 'rb').read())
    service_request = service.images().annotate(body={
        'requests': [{
            'image': {
                'content':  image_content.decode('UTF-8')
            },
            'features': [{
                'type': 'FACE_DETECTION',
                'maxResults': 100
            }]
        }]
    })
    try:
        faces = service_request.execute()['responses'][0]['faceAnnotations']
    except:
        # 沒有找到任何人臉 ...
        faces = None
    if URL is not None:
        im = PImage.open(urllib.request.urlopen(URL))
    else:
        im = PImage.open(path)
    draw = ImageDraw.Draw(im)

    if faces:
```

```
    for face in faces:
        box = [(v.get('x', 0.0), v.get('y', 0.0))
        for v in face['fdBoundingPoly']['vertices']]
        draw.line(box + [box[0]], width=5, fill='#ff8888')

display(im)
return
```

你可以透過之前相同的方式，把臉部偵測系統套用到你的 Instagram 最新動態，也可以套用到任何一張單一的圖片。我們在這裡把它套用到 1967 年披頭四（Beatles）的一張照片上。正如你在圖 3-10 所見，這個演算法可以正確識別出全部四個面孔。

圖 3-10： 運用範例 3-12 的臉部偵測程式碼，針對 1967 年披頭四的新聞照片執行臉部偵測的結果（原始圖片是由瑞典 Parlophone Music 所提供，CC BY 3.0（*https://bit.ly/1b8Hyff*），取自 *Wikimedia Commons*）

3.6 結語

Instagram 建立了一個非常受歡迎的平台，可以讓世界各地成千上萬的人用來分享照片。這個平台上的資料類型，與我們在其他章節分析過的資料並不相同。Instagram 的內容主要是由帶有圖片說明的圖片所組成，因此需要一套完全不同的分析工具。

如今已經有一些最先進的工具，可以教會電腦如何查看圖片資料，這些工具是由訓練過的人工神經網路所組成，本身就具有識別事物的能力。所謂的「訓練」，也就是先對神經網路展示好幾千張已經被人類標記過標籤的範例，再調整網路以建立相同的關聯性。

目前這些類型的電腦視覺系統，已內建在各種相機、安全系統、自動駕駛汽車與無數的其他產品之中。我們在本章打開了建立自用電腦視覺系統的大門，並向你展示如何運用一些最強大的視覺 API。

開發這些系統的研究人員，通常必須先聘請一些真人助理來瀏覽大量的圖片資料庫，並以人工方式對每張圖片標記正確的標籤。這是個既費時又昂貴的過程。而 Facebook 和 Instagram 這類的社群平台，大家每天都在上傳無數圖片，而且經常會標註自己想要的標籤，因為人們現在也逐漸意識到這類資訊有多麼好用。Facebook 已經開始使用數十億張已帶有主題標籤的 Instagram 圖片來訓練其人工智慧系統（*http://bit.ly/2IzMPEs*），嘗試以類似人類的方式來觀看各種照片。

協助機器從視覺上瞭解世界，開啟了各種不可思議的可能性。這類研究的最佳成果，就是得到了一些對人類有所幫助的技術，譬如現在已經有自動駕駛汽車，可以在有行人、有騎自行車的人和其他障礙物的情況下安全行駛，或是可以在早期階段準確識別出腫瘤的醫學成像技術。當然，同樣的工具也有可能被用來壓迫人民。如果要倡導如何恰當運用這些技術，第一步終究還是要先瞭解這些技術的工作原理。

本章與其他各章的程式碼都以方便的 Jupyter Notebook 格式存放在 GitHub（*http://bit.ly/Mining-the-Social-Web-3E*），強烈建議你自己抓下來玩玩看。

3.7 推薦練習

- Instagram 會以各種不同的解析度保存上傳的照片，你只要檢查一下 API 送回來的貼文元資料，應該就可以找到相應的 URL。你可以針對同一張圖片，以不同解析度標記圖片標籤或進行臉部偵測，然後比較一下相應的準確度。

- 請試著隨意修改一下我們針對手寫數字辨識所建立的神經網路架構。本章使用的是具有 100 個神經元的單一隱藏層。如果把隱藏層的神經元數量減少到 50、20、10 或 5，測試組資料的準確度會有什麼變化呢？如果改變隱藏層的數量，會怎麼樣呢？請查看一下 scikit-learn 文件其中關於 MLP classifier（MLP 分類器；*http://bit.ly/2jQt90V*）的 內 容。MLP 是 多 層 感 知 器（multilayer perceptron；*http://bit.ly/2Ie80ME*）的縮寫，我們所使用的神經網路架構就屬於這個類型。

- 如果你是透過手機把照片上傳到 Instagram，你的照片很有可能已經與地理座標相關聯。Instagram 在拍攝照片時，會使用手機的 GPS 感測器偵測你的位置（如果你允許應用程式存取位置服務），並在編輯貼文時幫你標註地點或地標。你可以看看能否在貼文的元資料中，找到地理位置相關的訊息。你也可以用迴圈的方式逐一瀏覽最新動態內的貼文，然後再把所有的經緯度列印到螢幕上。

- 到了第四章，你會學習到另一種 Google API，可用來查看地球上任何地點的地理編碼（geocoding）。等你閱讀過那一章之後，請再回來看看這裡的 Instagram 範例，然後嘗試提取出 Instagram 貼文（或圖片說明中提到的物體）相應的元資料其中所包含的地理訊息。你可以嘗試根據這些資料，建立一個 KML 檔案，然後在 Google Earth 中開啟。這是在地圖上以視覺化方式呈現照片所在位置的一種巧妙做法。

- 如果你在發佈照片到 Instagram 時使用了主題標籤，請比較一下你所採用的主題標籤，與 Google Cloud Vision API 針對你的照片所送回來的標籤，兩者之間的相似程度。你能否運用電腦視覺系統（例如 Cloud Vision API），構建出自動化的主題標籤推薦系統？

3.8 線上資源

本章以下的幾個連結列表，可能對你有點用處：

- Instagram 開發者文件（*http://bit.ly/2Ibb4JL*）
- Instagram 應用程式沙盒模式（*http://bit.ly/2Ia88Nr*）
- 表現層狀態轉換（Representational State Transfer；*http://bit.ly/2rC8oJW*）
- Instagram 的 Graph API（*http://bit.ly/2jTGHce*）
- Instagram 的 API 端點（*http://bit.ly/2I9iAEF*）
- 內容傳遞網路（Content delivery network；*http://bit.ly/2Gb0DzH*）
- 生物神經網路（Biological neural network；*http://bit.ly/2KWaOvR*）
- 人工神經網路（Artificial neural network；*http://bit.ly/2IcVrkK*）
- 反向傳播演算法（Backpropagation algorithm；*http://bit.ly/2jRgYRB*）
- 損失函數（Loss function；*http://bit.ly/2KdyVoo*）
- 電腦視覺（Computer vision；*http://bit.ly/2IygU79*）
- 臉部偵測（Face detection；*http://bit.ly/2KTvuEy*）
- 光學字元辨識（Optical character recognition；*http://bit.ly/2IjnqLX*）
- MNIST 資料庫（*http://bit.ly/2IaAxmC*）
- EMNIST（*http://bit.ly/2rAZrS4*）
- 《Hands-On Machine Learning with Scikit-Learn and TensorFlow》（精通機器學習｜使用 Scikit-Learn、Keras 與 TensorFlow；*https://oreil.ly/2KVa4XS*）
- 《Neural Networks and Deep Learning》（神經網路和深度學習），第 1 章（「用神經網路識別手寫數字」；*http://bit.ly/2IzOycW*）
- 多層感知器（MLP；Multilayer perceptron；*http://bit.ly/2Ie80ME*）
- scikit-learn 的 MLP 分類器（*http://bit.ly/2jQt90V*）

- 卷積神經網路（Convolutional neural network；*http://bit.ly/2rDgnHD*）

- 各種最先進的電腦視覺演算法，面對各種分類問題（包括 MNIST）的相應結果（*http://bit.ly/2G8eSpa*）

- 《The Dark Secret at the Heart of AI》（人工智慧核心的黑暗秘密；*http://bit.ly/2jSTlbr*）

- 《Machine Learning for Artists》（針對藝術家的機器學習；*http://bit.ly/2rChK9i*）

- 「Looking inside neural nets」（深入瞭解神經網路；《針對藝術家的機器學習》其中的一個章節；*http://bit.ly/2Kimo3c*）

- Google Vision API（*http://bit.ly/2IEmOny*）

- Google Cloud Platform Console（控制台；*http://bit.ly/2Kin4FM*）

- Google Cloud Platform API Dashboard（資訊監控頁面；*http://bit.ly/2rARWdU*）

## 第四章

挖掘 LinkedIn：
職稱的不同面向、
同事的集群處理

LinkedIn 是一個特別專注於專業與商業關係的社群網站，本章打算介紹如何挖掘 LinkedIn 裡大量的資料，並說明其中所牽涉到的技術和相關考量。雖然 LinkedIn 乍看之下與其他社群網站很類似，但它的 API 資料在本質上是完全不同的。我們可以把 Twitter 比喻成繁忙的公開論壇，就好像是一個城鎮的廣場； Facebook 可比喻成一個非常大的房間，裡頭充斥著朋友和家人，多半談論著各種適合晚餐的話題；而 LinkedIn 則可比喻成需要穿著半正式服裝的私人活動，每個人都盡可能表現出最好的一面，並嘗試傳達出某種可帶入專業市場的特定價值與專業形象。

由於 LinkedIn 所收集的資料具有一定的敏感性，因此它的 API 與本書提過的許多其他 API 有所不同，其中存在著一些細微的差別。加入 LinkedIn 的人並不打算隨心所欲進行社交互動，而是對於它所提供的商業機會感興趣，但這其中必然需要提供一些商業關係、工作經歷之類的敏感訊息。舉例來說，你通常可以存取到「你自己的」LinkedIn 聯絡人（connections）[譯註]、學歷、之前的工作職位等等這類的詳細訊息，但你完全沒有辦

譯註　LinkedIn 官方把 connections 翻譯成「聯絡人」，connect 則翻譯成「建立關係」。

法判斷任兩個人之間是否存在「相互聯繫關係」。之所以缺乏這類的 API 方法，完全是故意的設計。這個 API 本身並不適合用來建立 Facebook 或 Twitter 這類的社群圖譜模型，你只能針對可取得的資料，提出各種不同類型的問題。

本章將會帶領你學習如何使用 LinkedIn API 存取資料，並介紹一些基本的資料挖掘技術，協助你根據相似度對同事進行集群處理（clustering），進而回答以下這類問題：

- 若以「職稱」做為條件，你的哪個聯絡人最符合條件？

- 你的哪個聯絡人曾在你想去的公司工作過？

- 你的聯絡人大多居住在何處？

無論是哪一種情況，運用集群技術來進行分析的模式基本上都是相同的：首先可以從聯絡人的個人檔案（profile）資料中提取出一些特徵，然後定義出一種相似度的衡量方式，用來比較這些個人檔案裡的特徵，接著再使用集群技術，把「足夠相似」的聯絡人合併到同一個集群之中。這樣的做法很適合用於 LinkedIn 資料，而且你也可以把相同的技術，套用到幾乎所有你會遇到的任何其他資料。

 請務必從 GitHub（*http://bit.ly/Mining-the-Social-Web-3E*）取得本章（及其他各章）的最新程式碼。另外也請充分利用本書在虛擬機方面的經驗（參見附錄 A），以最大程度享用本書的範例程式碼。

4.1 本章內容

本章打算介紹一些機器學習的基礎，內容會比前兩章更進階一些。建議你先仔細閱讀前兩章，然後再閱讀此處所提供的內容。你在本章會學習到以下這些內容：

- LinkedIn 的開發者平台，以及如何發送 API 請求

- 三種常見的集群（clustering）演算法；這是一個機器學習的基本概念，幾乎可適用於任何領域各式各樣的問題

- 資料清理與歸一化（normalization）

- 地理編碼（geocoding），這是一種根據地點相關參考文字得出一組座標的做法

- 運用 Google Earth 和「示意地圖」（cartogram），以視覺化方式呈現地理資料

4.2 探索一下 LinkedIn API

你必須擁有一個 LinkedIn 帳號,而且在你的專業人脈[譯註]中,至少必須擁有幾個聯絡人,這樣才能對本章的範例進行有意義的探索。就算沒有 LinkedIn 帳號,你還是可以把學習到的基本集群技術應用到其他領域,但你如果沒有自己的 LinkedIn 資料,就無法跟著本章的範例好好學習了。如果你還沒把 LinkedIn 人脈當成你職業生涯中一項很有價值的投資,現在就可以開始嘗試,發展一下你自己的 LinkedIn 人脈。

雖然本章大多數分析都是針對以逗號分隔的 CSV 檔案(從 LinkedIn 下載的聯絡人檔案,就是採用這種格式),不過本節也會提供 LinkedIn API 的概要介紹,以維持本章與本書其他各章的連貫性。如果你對學習 LinkedIn API 沒什麼興趣,想直接進入分析,可直接跳到「下載 LinkedIn 聯絡人 CSV 檔案」,稍後再回來閱讀關於如何發送 API 請求的詳細訊息。

4.2.1 發送 LinkedIn API 請求

與其他社群網站(如之前討論過的 Twitter 和 Facebook)同樣的是,如果想取得 LinkedIn 的 API 存取權限,第一步就是建立一個應用程式。只要透過「developer portal」(開發者入口;*https://bit.ly/2swubEU*)就可以建立範例應用程式;你必須記下應用程式的 client ID 和 client secret;這就是你的身份認證憑證,如果想透過程式碼存取 API,一定會用到這幾個東西。圖 4-1 說明的就是應用程式建立之後會看到的表單畫面。

取得必要的 OAuth 憑證之後,只要把這些憑證提供給函式庫,接下來若要使用 API 取得你自己的個人資料,在發送 API 請求的過程中,函式庫就會自動處理權限相關的所有細節。如果你並沒有使用本書的虛擬機,則必須輸入 `pip install python3-linkedin` 把相應的模組安裝起來。

如果你所要建立的應用程式,必須能夠讓任何使用者授權存取其帳號裡的資料,請先參見附錄 B,瞭解一下關於 OAuth 2.0 實作流程的詳細訊息。

譯註　network 在 LinkedIn 官方翻譯為「人脈」。

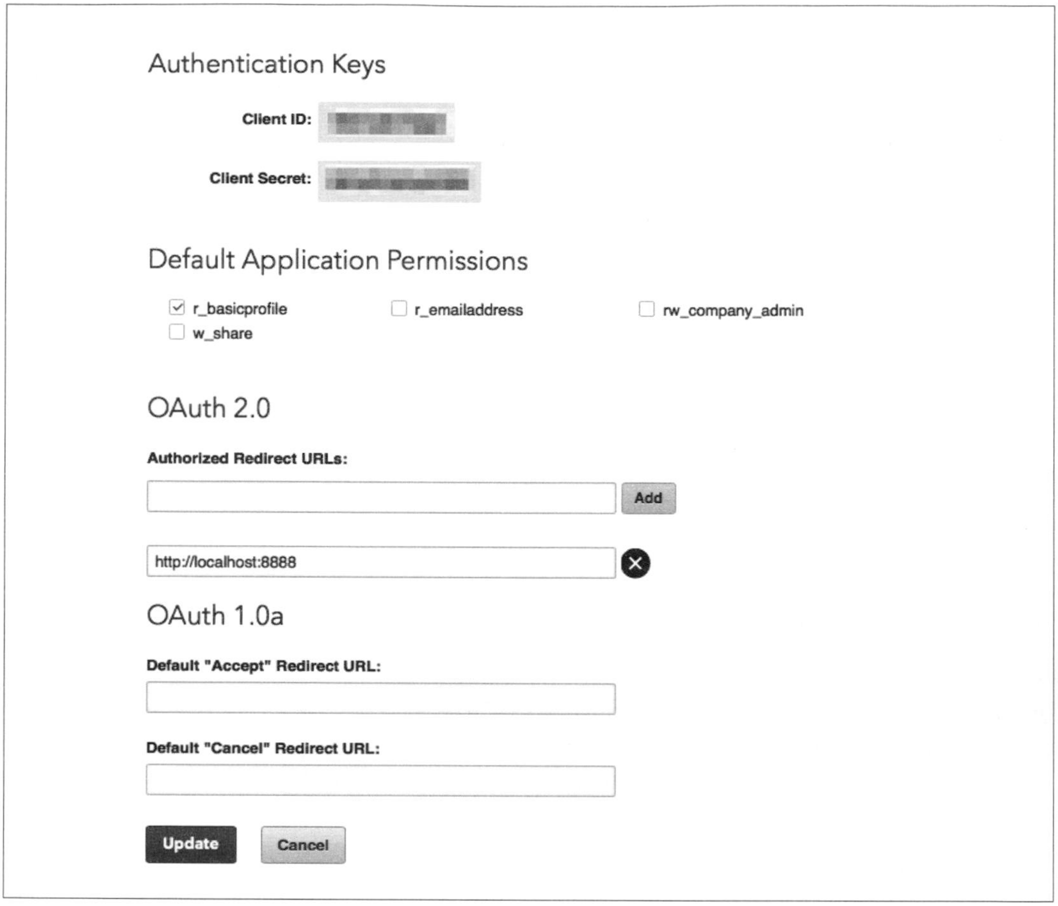

圖 4-1：如果要存取 LinkedIn API，請先建立一個應用程式，並記下 client ID 和 client secret（圖中已進行馬賽克處理），這些訊息可以從「application details」（應用程式詳細訊息）的頁面中取得

範例 4-1 是一個範例腳本，這個腳本會使用你的 LinkedIn 憑證，建立一個可以存取你帳號資料的 LinkedInApplication 物件類別實例。請注意，程式碼最後一行會取得你的基本個人檔案訊息，其中包括你的姓名和頭銜（headline）。在進一步往下閱讀之前，你應該先花點時間瀏覽一下 REST API 文件（*http://linkd.in/1a1lZuj*），瞭解一下開發者有哪些 LinkedIn API 操作可以使用；這個文件針對所有你能做的事情，進行了廣泛而全面的概述。雖然我們會透過 Python 套件來存取 API（其中所牽涉到的 HTTP 請求已進行抽象

化），但核心 API 文件始終是你最權威的參考資料，而且大多數優秀的函式庫也都會模仿其風格。

範例 *4-1*：使用 *LinkedIn OAuth* 憑證來取得 *access token* 並存取你自己的資料

```
from linkedin import linkedin # pip install python3-linkedin

APPLICATON_KEY    = ''
APPLICATON_SECRET = ''

# OAuth 重定向 URL，必須與 app 設定中所指定的 URL 相符
RETURN_URL = 'http://localhost:8888'

authentication = linkedin.LinkedInAuthentication(
                    APPLICATON_KEY,
                    APPLICATON_SECRET,
                    RETURN_URL)

# 在瀏覽器中開啟這個 URL，然後把 'code=' 後面的參數值複製起來
print(authentication.authorization_url)

# 貼到這裡。請注意不要複製到後面 '&state=' 這類的東西
authentication.authorization_code = ''

result = authentication.get_access_token()

print ("Access Token:", result.access_token)
print ("Expires in (seconds):", result.expires_in)

# 把 access token 送進應用程式
app = linkedin.LinkedInApplication(token=result.access_token)

# 取得使用者的個人檔案
app.get_profile(selectors=['id', 'first-name', 'last-name',
                           'location', 'num-connections', 'headline'])
```

簡而言之，LinkedInApplication 這個物件實例其中可調用的方法，與 REST API 可調用的方法其實都是相同的，而且 GitHub 上的 python-linkedin 文件（*http://bit.ly/1a1m2Gk*）也提供了許多查詢範例，可協助你快速入門。其中有兩個特別有趣的 API，分別是 Connections API 和 Search API。你還記得嗎，我們在一開始的介紹中提到過，你無法知道「朋友的朋友」（LinkedIn 的術語為「connections of connections；聯絡人的聯絡人」），但是 Connections API 可送回一個包含你所有聯絡人的列表，這個列表

可做為取得個人檔案資訊的一個起點。Search API 則提供了一種查詢方法，可用來查詢 LinkedIn 中的一些人物、公司或職缺（*jobs*）。

你也可以嘗試使用其他的 API，這些 API 都很值得花點時間熟悉一下。不過要注意一件事，LinkedIn 多年來已對 API 進行了多次變動，而且針對 API 可自由存取的資訊限制越來越嚴格。舉例來說，如果你想用 API 取得你自己所有的聯絡人資料，可能就會收到 403（「禁止訪問」）錯誤。LinkedIn 還是可以讓你用下載封存檔案的方式，取得你自己所有聯絡人的資料，我們稍後就會在「4.2.2 下載 LinkedIn 聯絡人 CSV 檔案」進行相關討論。這個封存檔案裡的資料，與使用者在瀏覽器登入 LinkedIn 網站之後所看到的資料是相同的。

 使用 LinkedIn 的 API 時，請務必留意其速度上的限制；LinkedIn 每天都會在 UTC 午夜進行重設，如果你不夠小心，很有可能只要一個有問題的迴圈，就會讓你在接下來 24 小時內，原本所有的計畫都被打亂。

舉例來說，範例 4-2 顯示的是如何取得你自己個人檔案裡完整的工作經歷。

範例 4-2：顯示你個人檔案中的工作經歷

```
import json

# 詳情請參見 https://developer.linkedin.com/docs/fields/positions
# 可選擇送入其他欄位名稱
# 以取得個人檔案中的其他資訊

# 顯示你自己的職位 ...
my_positions = app.get_profile(selectors=['positions'])
print(json.dumps(my_positions, indent=1))
```

從輸出的範例中可以看到每個職位許多有趣的細節，包括公司名稱、所屬產業、工作摘要說明與到職日期：

```
{
 "positions": {
  "_total": 10,
  "values": [
   {
    "startDate": {
     "year": 2013,
     "month": 2
    },
```

```
    "title": "Chief Technology Officer",
    "company": {
     "industry": "Computer Software",
     "name": "Digital Reasoning Systems"
    },
    "summary": "I lead strategic technology efforts...",
    "isCurrent": true,
    "id": 370675000
   },
   {
    "startDate": {
     "year": 2009,
     "month": 10
    }
    ...
   }
  ]
 }
}
```

可以預期的是，有一些 API 回應並不一定包含你想知道的所有訊息，但也有一些回應可能包含比你所需要更多的訊息。你可以運用欄位選擇器語法（field selector syntax；*http://bit.ly/2E7vahT*）自定義回應的詳細訊息，而不必進行多次 API 調用來拼湊訊息，或是靠自己逐一去除不想保留的訊息。範例 4-3 說明的就是在查詢個人檔案的職位時，如何只索取公司的名稱、所屬產業及相應的 ID 以做為回應。

範例 *4-3*：使用欄位選擇器語法，向 *API* 請求特定的詳細訊息

```
# 關於欄位選擇器語法，詳情請參見 http://bit.ly/2E7vahT

my_positions = app.get_profile(selectors=['positions:(company:(name,industry,id))'])
print json.dumps(my_positions, indent=1)
```

一旦你熟悉了這些基本的 API，也把一些很方便的文件加入了書籤，並且實際進行過一些 API 調用，熟悉了各種基礎知識之後，就可以開始在 LinkedIn 做些有趣的事了。

4.2.2 下載 LinkedIn 聯絡人 CSV 檔案

使用 API 時，你可以透過程式碼存取許多內容，這些內容全都是使用者登入 *http://linkedin.com* 之後，才能在個人檔案中看到的內容；不過，你只要把你的 LinkedIn 聯絡人匯出成 CSV 檔案格式的通訊錄資料，就可以取得本章大部分內容所需的各種職稱相關詳細訊息。如果要匯出這個檔案，請至「LinkedIn Setting & Privacy」（LinkedIn

設定與隱私）頁面中找到「Download your data」（下載你的資料）這個選項，或直接到「Export LinkedIn Connections」（匯出 LinkedIn 聯絡人）對話框（*http://linkd.in/1a1m4ho*），如圖 4-2 所示。

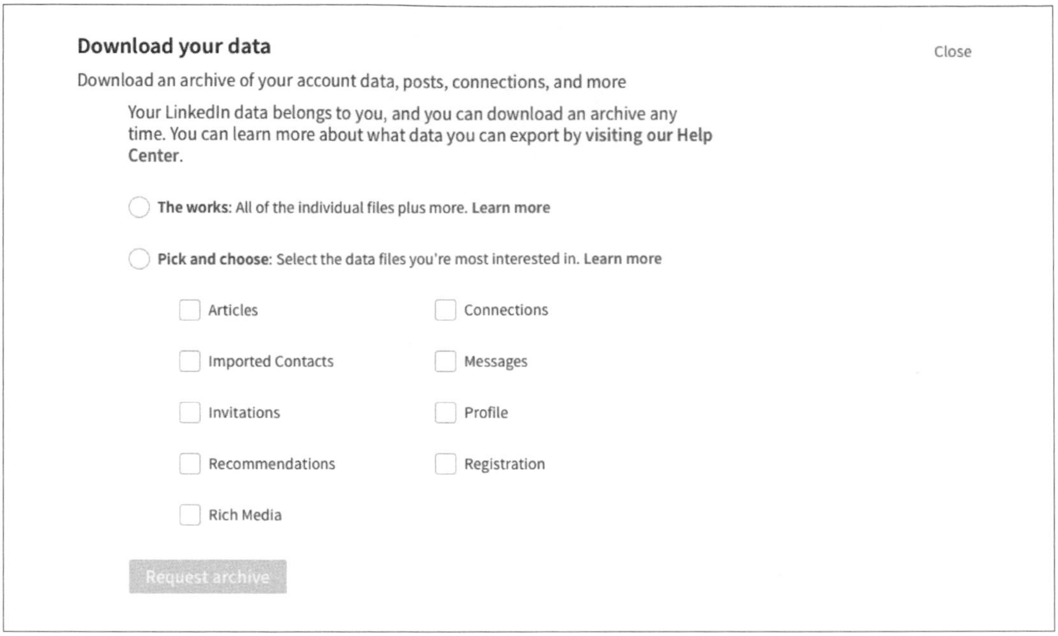

Download your data

Download an archive of your account data, posts, connections, and more

Close

Your LinkedIn data belongs to you, and you can download an archive any time. You can learn more about what data you can export by visiting our Help Center.

○ **The works**: All of the individual files plus more. **Learn more**

○ **Pick and choose**: Select the data files you're most interested in. **Learn more**

☐ Articles   ☐ Connections

☐ Imported Contacts   ☐ Messages

☐ Invitations   ☐ Profile

☐ Recommendations   ☐ Registration

☐ Rich Media

Request archive

圖 4-2：LinkedIn 其中一個鮮為人知的功能，就是可以把所有聯絡人，匯出成方便的 CSV 格式

4.3 資料集群處理速成班

現在你對於如何存取 LinkedIn 的 API 已經有了基本的瞭解，接著我們就要深入更具體的分析方法，進一步討論「**集群**」（*clustering*）的觀念；[1] 這是一種無監督式機器學習的技術，在各種資料探勘相關的工具套件中，都可算是一種主要的工具。集群處理所牽涉到的工作，就是先取得一大堆的東西，然後再根據某種試探性做法（heuristic），把東西分成好幾小堆（collections，或好幾小群，clusters），而所謂的試探性做法，通常就是設計用來針對這一大堆的東西，讓它們彼此間一一進行比較。

---

1 在不涉及技術上細微差別的前提下，通常也可以稱之為「**近似匹配**」（*approximate matching*）、「**模糊匹配**」（*fuzzy matching*）、「**去除重複**」（*deduplication*），或是其他許多的名稱。

集群處理是一種很基本的資料探勘（data mining）技術，為了對它進行適當的介紹，本章會有一些腳註可供參考，也會針對影響問題的某些數學性質進行一些交叉討論。雖然最後你終究還是應該努力理解這些細節，但你一開始並不需要掌握所有要點，就可以成功運用集群技術，而且在初次接觸時，也不應該有太大的壓力才對。如果要消化這裡的一些討論內容，可能需要進行一些思考，尤其是你如果沒有什麼數學背景的話。

舉例來說，如果你的辦公室想要搬家，可能就會發現其中一種很有參考價值的資訊，就是先把 LinkedIn 聯絡人分成好幾個集群，分別歸類到一定數量的地理區域中，這樣一來你就可以更瞭解哪些地方可能會有比較多可運用的經濟機會。稍後我們還會回頭重新討論這個概念，不過現在我們先花點時間，簡要討論一下集群處理相關的一些細微考量。

在 LinkedIn（或其他地方）實現問題的解決方案時，如果需要針對資料進行集群處理，經常會遇到至少兩種主要的操作（在隨後的「集群處理過程中「降維」的重要性」還會討論到第三種常見的操作），這些全都屬於集群分析其中的一部分：

資料歸一化（*Normalization*）

> 即使是一個還不錯的 API，通常也不會正好以你想要的格式把資料提供給你 —— 我們通常還需要花費大量的時間，才能把資料轉換成適合分析的形式。舉例來說，LinkedIn 的每個成員都可以用任何文字來描述其職稱，因此你肯定無法得到具有一致性的「歸一化」（normalized）職稱資料。有些高級主管可能會選擇「首席技術長」（Chief Technology Officer）做為他的職稱，另一位則可能選擇比較模糊的「CTO」，而其他人也有可能選擇其他的說法。我們會重新檢視這個資料歸一化的問題，並實作出一種模式，可以從某些特定面向對 LinkedIn 資料做出一些臨時性的處理。

相似度（*Similarity*）計算

> 假設你已經擁有合理歸一化過的資料，無論是職稱、公司名稱、專業興趣、地理標籤，還是你可以輸入的任何其他欄位文字，接下來的工作通常就是要衡量這些資料之間的相似度，因此你必須定義出某種試探性做法，以便能夠衡量出任意兩個值之間的相似度。有時計算相似度的做法可能非常明顯，但有時也可能非常棘手。

舉例來說，如果要比較兩個人職業生涯的總年數，可能只需要運用一些簡單的加法運算，但如果要以全自動方式廣泛比較各種專業要素（例如「領導才能」），可能就是一個很大的挑戰。

集群處理過程中「降維」的重要性

雖然「資料歸一化」與「相似度計算」是在進行集群處理時會遇到的其中兩種十分重要的工作，不過一旦處理的資料規模變得很大，很快就會出現「降維」（dimensionality reduction）這種第三重要的操作需求。如果要運用某種相似度的衡量標準，對整組資料所有項目進行集群處理，最好的做法就是把每個成員與所有其他成員進行比較。因此，對於一組具有 n 個成員的集合來說，在最糟的情況下，你可能必須在演算法中執行數量級為 n^2 次的相似度計算，因為你必須把 n 個項目其中的每個項目，都與其他 $n-1$ 個項目進行比較。

電腦科學家把這種困境稱之為 n 平方問題，通常會用 $O(n^2)$ 來表示，而在與人進行對話時，你可以說這是一個「大 O 為 n 平方（*BIG-O of n-squared*）」的問題。如果 n 的值很大，$O(n^2)$ 問題就會變得很棘手，而大部分情況下所謂「棘手」的意思，就是必須等待「太長」的時間來計算解答。「太長」有可能是幾分鐘、幾年或幾萬年，端看問題本身的性質與其約束條件而定。

關於降維技術的探討，已超出目前討論的範圍，但我們可以說，典型的降維技術所牽涉到的做法，就是利用某種函數把「足夠相似」的項目分到固定數量的箱子（bin）裡，這樣一來每個箱子裡的項目就可以進行更徹底的比較。降維的工作通常既是一門藝術、也是一門科學，若能成功運用而取得一些競爭上的優勢，有些組織機構甚至會把它視為一種資產或商業機密。

集群技術是各種合法的資料挖掘工具都會包含的一種基本技術，因為不管是什麼公司、什麼產業（從國防情報到銀行詐騙偵測再到美化環境），可能都有大量半標準化的關聯式資料需要進行分析，而在過去幾年中，資料科學家的工作機會大幅增加，更加證明了這一點。

一般常見的情況是，公司建立了一個資料庫來收集某些資訊，但並非每個欄位都正好落在「可用來找出正確答案」的預定義範圍之中。這有可能是因為應用程式的使用者界面邏輯設計不正確，或是因為某些欄位並不適合使用固定的預定值，也有可能是因為考慮到使用者體驗，必須讓使用者輸入任何想要輸入的文字；無論如何，總之結果都是相同的：最後你會得到許多半標準化的資料或「髒記錄」（dirty records）。某些特定欄位可能會有 N 種不同的字串值，但其中有些字串其實指的是相同的概念。這種重複的情況可能有很多種理由，例如拼寫錯誤、採用縮寫或速記、單詞大小寫不同等等。

如前所述，這就是我們在挖掘 LinkedIn 資料時經常會遇到的典型情況：LinkedIn 的成員可以使用任何文字，輸入相關的專業訊息，結果就導致某種程度無可避免的資料重複問題。舉例來說，如果你想檢查一下你的專業人脈，並嘗試判斷你的聯絡人大多在哪些地方工作，可能就必須考慮同一個公司的名稱，有可能存在好幾種常見的不同表達方式。就連最簡單的公司名稱，幾乎都一定會遇到許多常見的不同寫法（例如「Google」就是「Google, Inc.」的縮寫），但這些公司名稱使用慣例的各種簡單變化，在進行資料標準化的相關工作時，還是全都要明確考慮清楚才行。針對公司名稱進行標準化處理時，一開始可以先考慮一下後綴詞（例如 LLC 和 Inc），這應該是很好的起始做法。

4.3.1 資料歸一化以利分析

在進一步認識集群演算法之前，我們先來探討一下 LinkedIn 資料歸一化時可能會遇到的幾種典型情況。我們會在本節實作出一個可用來歸一化公司名稱與職稱的通用模式。我們還會針對 LinkedIn 個人檔案中與地理位置相關的資料有可能出現的歧義，以及地理編碼的問題進行相關討論，以做為更進階的練習。（換句話說，我們會嘗試把 LinkedIn 個人檔案裡的地理相關標籤，例如「Greater Nashville Area」（納什維爾大都會區），轉換成可以繪製到地圖上的座標。）

資料歸一化的主要效果，就是可以讓你計算並分析出資料的重要特徵，以便進一步運用更高級的資料分析技術（例如進行集群處理）。以 LinkedIn 的資料來說，我們可以檢查其中像是公司職稱、地理位置這類的實體資料。

資料歸一化以計算出公司的數量

接下來我們要努力的是，針對你專業人脈其中各個公司的名稱，進行一些標準化處理。我們可以回想一下存取 LinkedIn 資料的兩種主要做法，分別是透過程式碼使用 LinkedIn API 取得相關欄位資料，或是採用另一種比較少人知道的機制，把專業人脈當成通訊錄（address book）資料進行匯出，其中就會包含像是姓名、職稱、公司和聯繫方式等等訊息。

如果你已經擁有一個從 LinkedIn 匯出的聯絡人 CSV 檔案，就可以進行歸一化的處理，然後用直方圖來呈現所選定的實體，如範例 4-4 所示。

正如範例 4-4 程式碼中的註解所示，你必須根據「下載 LinkedIn 聯絡人 CSV 檔案」所提供的指示，匯出這個 LinkedIn 聯絡人 CSV 檔案，然後再複製到程式碼的特定目錄中，並且重新命名這個檔案。

範例 4-4：根據通訊錄裡的資料，針對公司後綴詞進行簡單的歸一化處理

```python
import os
import csv
from collections import Counter
from operator import itemgetter
from prettytable import PrettyTable

# 從 https://www.linkedin.com/psettings/member-data 下載你的 LinkedIn 資料
# 一旦收到請求，LinkedIn 就會針對你的個人檔案資料，準備好一個封存檔案。
# 然後你就可以下載這個檔案。請把這個封存檔案放到
# 像是 resources/ch03-linkedin/ 這樣的一個子目錄中。

CSV_FILE = os.path.join("resources", "ch03-linkedin", 'Connections.csv')

# 用 transforms 定義一組轉換方式，把其中第一個項目
# 轉換成第二個項目。我們在這裡只會處理一些
# 已知的常見縮寫形式，
# 去除掉一些常見的後綴文字。

transforms = [(', Inc.', ''), (', Inc', ''), (', LLC', ''), (', LLP', ''),
              (' LLC', ''), (' Inc.', ''), (' Inc', '')]

companies = [c['Company'].strip() for c in contacts if c['Company'].strip() != '']

for i, _ in enumerate(companies):
    for transform in transforms:
        companies[i] = companies[i].replace(*transform)

pt = PrettyTable(field_names=['Company', 'Freq'])
pt.align = 'l'
c = Counter(companies)

[pt.add_row([company, freq]) for (company, freq) in
   sorted(c.items(), key=itemgetter(1), reverse=True) if freq > 1]

print(pt)
```

下面顯示的就是頻率分析之後的典型結果：

```
+--------------------------------+------+
| Company                        | Freq |
+--------------------------------+------+
| Digital Reasoning Systems      | 31   |
| O'Reilly Media                 | 19   |
| Google                         | 18   |
| Novetta Solutions              | 9    |
| Mozilla Corporation            | 9    |
| Booz Allen Hamilton            | 8    |
| ...                            | ...  |
+--------------------------------+------+
```

 Python 可以讓你透過一種叫做「解除引用」（*dereferencing*）的做法，把 list 列表和 dict 字典參數送進函式中，這種做法有時還蠻方便的，如範例 4-4 所示。舉例來說，如果你把 args 定義為 [1,7] 並把 kw 定義為 {'x':23}，這樣一來在調用 f(*args, **kw) 時，就等同於調用 f(1,7, x = 23)。更多關於 Python 的提示與技巧，請參見附錄 C。

請不要忘了，實際上有可能還需要更複雜的做法，才能處理更複雜的情況，例如隨著時間的推移，公司名稱（例如 O'Reilly Media）有可能還會再出現各種不同的形式。舉例來說，你有可能會看到這個公司的名稱被寫成 O'Reilly&Associates、O'Reilly Media、O'Reilly, Inc. 或 O'Reilly。[2]

資料歸一化以計算出職稱的數量

可以預期的是，在考慮各種不同的職稱時，也會出現與公司名稱相同的歸一化問題，不過職稱的變化性更大，所以一定會更加混亂。表 4-1 列出了一些你在軟體公司可能會遇到的職稱，其中也包括了一些相同職稱不同的說法。在這裡所列出的 10 個不同職稱中，你能否看出其中有幾種不同的角色？

2　如果你覺得這聽起來有點複雜，不妨參考一下 Dun & Bradstree（*http://bit.ly/1a1m4Om*）所做的事 — 它是一個記載公司資訊的「公司名錄」，其任務就是收錄全世界的公司名錄，可以在全球多種語言的情況下識別出相應的公司。

表 4-1：技術產業的職稱範例

職稱
Chief Executive Officer（執行長）
President/CEO（總裁 / CEO）
President & CEO（總裁兼 CEO）
CEO
Developer（開發者）
Software Developer（軟體開發者）
Software Engineer（軟體工程師）
Chief Technical Officer（技術長）
President（總裁）
Senior Software Engineer（資深軟體工程師）

我們當然可以事先定義一個別名或縮寫列表，把 CEO 與執行長視為意義相同的職稱，但如果要針對所有可能的領域，以人工方式定義出這樣的列表（例如軟體工程師就是軟體開發者），實際上很可能並不是一種務實的做法。不過，即使遇到情況最混亂的欄位，要實作出解決方案應該也不會太困難，只要把資料濃縮到專家可以進行審核，然後再把審核結果回饋到程式中，就可以讓專家的判斷方式盡可能融入到程式之中。實際上，這是一般機構組織比較喜歡的做法，因為這樣就可以讓真人介入到判斷的過程，以提升品質控制的效果。

我們曾說過，如果想要善用資料，一開始最明顯的處理方式就是計算相應的數量，而這裡的情況也是一樣的。我們再次運用公司名稱歸一化的相同概念，實作出常用職稱的歸一化模式，然後再針對這些職稱進行基本的頻率分析，以做為集群處理的基礎。假設你已經匯出一定數量的聯絡人，只要實際觀察你所遇到的職稱，就會發現其中細微的差別頗令人驚訝，不過我們會先介紹一些範例程式碼，建立一些特定的模式來歸一化這些資料，再根據出現的頻率依序列出結果。

範例 4-5 會檢查各種不同的職稱，並列印出職稱的出現頻率，以及職稱內個別單詞相應的頻率。

範例 4-5：對常見職稱進行標準化處理，並計算其頻率

```
import os
import csv
from operator import itemgetter
```

```
from collections import Counter
from prettytable import PrettyTable

# 把這裡指向你的 'Connections.csv' 檔案
CSV_FILE = os.path.join('resources', 'ch03-linkedin', 'Connections.csv')

csvReader = csv.DictReader(open(CSV_FILE), delimiter=',', quotechar='"')
contacts = [row for row in csvReader]

transforms = [
    ('Sr.', 'Senior'),
    ('Sr', 'Senior'),
    ('Jr.', 'Junior'),
    ('Jr', 'Junior'),
    ('CEO', 'Chief Executive Officer'),
    ('COO', 'Chief Operating Officer'),
    ('CTO', 'Chief Technology Officer'),
    ('CFO', 'Chief Finance Officer'),
    ('VP', 'Vice President'),
    ]

# 讀取職稱列表,並對多個單詞所組成的職稱進行拆分
# (例如 「President/CEO;總裁 / CEO」 )
# 其他不同的說法也可以進行類似的處理,例如
# 「President & CEO」、「President and CEO」等等

titles = []
for contact in contacts:
    titles.extend([t.strip() for t in contact['Position'].split('/')
                    if contact['Position'].strip() != ''])

# 替換掉已知常見的縮寫形式

for i, _ in enumerate(titles):
    for transform in transforms:
        titles[i] = titles[i].replace(*transform)

# 列印出一個根據頻率排列的職稱表格

pt = PrettyTable(field_names=['Job Title', 'Freq'])
pt.align = 'l'
c = Counter(titles)
[pt.add_row([title, freq])
 for (title, freq) in sorted(c.items(), key=itemgetter(1), reverse=True)
     if freq > 1]
print(pt)
```

```
# 列印出一個根據頻率排列的單詞表格

tokens = []
for title in titles:
    tokens.extend([t.strip(',') for t in title.split()])
pt = PrettyTable(field_names=['Token', 'Freq'])
pt.align = 'l'
c = Counter(tokens)
[pt.add_row([token, freq])
 for (token, freq) in sorted(c.items(), key=itemgetter(1), reverse=True)
     if freq > 1 and len(token) > 2]
print(pt)
```

簡而言之，這段程式碼會讀取 CSV 記錄，然後針對帶有斜線的組合職稱（例如「President / CEO」）進行拆分，並替換掉一些已知的縮寫形式，做出一些歸一化的嘗試。然後它就會顯示出「完整職稱」與「職稱內單詞」的頻率分佈結果。

這裡的做法與之前運用公司名稱進行的練習並沒有什麼不同，但它可以做為一個有用的初始範本，並針對資料的拆分方式提供一些合理的做法。

這個範例的結果如下：

```
+------------------------------------+------+
| Title                              | Freq |
+------------------------------------+------+
| Chief Executive Officer            | 19   |
| Senior Software Engineer           | 17   |
| President                          | 12   |
| Founder                            | 9    |
| ...                                | ...  |
+------------------------------------+------+


+---------------+------+
| Token         | Freq |
+---------------+------+
| Engineer      | 43   |
| Chief         | 43   |
| Senior        | 42   |
| Officer       | 37   |
| ...           | ...  |
+---------------+------+
```

在結果範例中值得注意的是，文字完全相符的最常見職稱是「Chief Executive Officer（執行長）」，緊接其後的是「President（總裁）」和「Founder（創始人）」等等這些高階的職位。由此可知，這個專業人脈本質上與許多企業家和商業領袖有著良好的關係。各種職稱中最常見的單詞就是「engineer」（工程師）和「Chief」（首席）。「Chief」（首席）這個單詞與之前認為此人與各公司高層很有關係的想法是一致的，而「Engineer」（工程師）這個單詞則讓我們對於這個專業人脈的性質，有了一些不同的線索。雖然「Engineer」（工程師）這個單詞並沒有出現在最常見的職稱中，但它確實出現在大量的職稱（例如「Senior Software Engineer」（資深軟體工程師）和「Software Engineer」（軟體工程師）），這些職稱也都出現在職稱列表很靠前面的位置。由此可知，這個人脈在本質上似乎也與技術專業工作者很有關係。

在前面關於職稱或通訊錄資料的分析中可以看到，正是因為有這樣的洞察效果，因此也刺激了「相似度比對」或「集群演算法」的需求。我們在下一節就會進行進一步的探討。

資料歸一化以計算出地點的數量

雖然在 LinkedIn 資料中，確實包含你的聯絡人相應的聯繫方式，但現在你已經無法匯出一般的地理相關訊息了。這也就導致我們遇到一個資料科學中非常普遍的問題，那就是如何處理「漏掉的」訊息。而且，如果地理相關訊息含糊不清，或是具有多種可能的表達方式，又該怎麼辦呢？舉例來說，「New York」（紐約）、「New York City」（紐約市）、「NYC」、「Manhattan」（曼哈頓）和「New York Metropolitan」（紐約都會區）其實都與同一個地理位置相關，但我們必須適當進行歸一化處理，才能正確計算出相應的數量。

如果以一般普遍的概念來看，想要消除地理位置的歧義其實非常困難。紐約市的人口可能還算足夠多，因此你可以合理推測「紐約」指的是紐約市，但如果是像「Smithville」（史密斯維爾）這樣的地名，又該怎麼判斷呢？美國有很多地方都叫做「Smithville」（史密斯維爾），而且大多數的州內都有好幾個，因此還需要更多其他相關的地理資訊，才能做出正確的判斷。在 LinkedIn 中並不會看到類似「Greater Smithville Area」（大史密斯維爾區）這種高度模棱兩可的地點，但它還是可以用來說明如何消除地理位置歧義的普遍問題，看看如何把它解析成一組特定的座標。

相較於一般最普遍的問題形式，針對 LinkedIn 連結地點進行歧義消除（disambiguating）和地理編碼（geocoding）反而比較容易一些，因為大多數專業人員都傾向於指出與他們相關聯的大型都會區，而這些大型都會區的數量相對有限。雖然並非總是如此，但你通常可以做出粗略的假設，把 LinkedIn 個人檔案中所指的地點視為相對知名的地點，而且很有可能是該名稱所代表的「最受歡迎」城市區域。

萬一缺少精確的訊息，是否還可以進行合理的推測呢？現在 LinkedIn 已經不會匯出你聯絡人資料中的地點相關資訊了；這樣一來，究竟有沒有另一種方法，可以推測出你的聯絡人住在哪裡，在什麼地方工作呢？

進一步來看的話，我們可以透過一些聯絡人的關係，進行有根據的推測，例如可以注意他們所服務的公司，然後針對公司地址進行地理查詢。如果公司並未公開列出地址，這個方法可能就會失效。如果聯絡人的雇主在多個城市都設有辦事處，而我們的地理查詢送回錯誤的地址，這個做法就會出現另一種失效的情況。不過我們還是可以把這當做第一種做法，藉此開始瞭解我們的聯絡人相關的地理位置。

你可以透過 `pip install geopy` 安裝一個叫做 geopy 的 Python 套件；它提供了一種通用的機制，只要把地點標籤送進去，就可以取得有可能符合的座標列表。geopy 套件本身其實是好幾個地理編碼 Web 服務提供商（例如 Bing 和 Google）的一個代理程式，使用它的優點在於，它提供了與各種地理編碼服務進行溝通的標準化 API，因此你無需以人工方式製作請求，也不必自行解析各種不同的回應。geopy 的 GitHub 程式碼儲存庫（*http://bit.ly/1a1m7Ka*）是一個很好的起始點，你可以先閱讀一下那裡所提供的文件。

範例 4-6 說明的是如何透過 geopy 來使用 Google Maps geocoding API。如果想要執行這段程式嗎，你就必須先向 Google Developers Console 提出請求，以取得一組 API key（*http://bit.ly/2EGbF15*）。

範例 4-6：使用 *Google Maps API* 對地點進行地理編碼

```
from geopy import geocoders # pip install geopy

GOOGLEMAPS_APP_KEY = '' # 請到 https://console.developers.google.com/ 取得你自己的 KEY
g = geocoders.GoogleV3(GOOGLEMAPS_APP_KEY)

location = g.geocode("O'Reilly Media")
print(location)
print('Lat/Lon: {0}, {1}'.format(location.latitude,
                                 location.longitude))
print('https://www.google.ca/maps/@{0},{1},17z'.format(location.latitude,
                                                        location.longitude))
```

接下來我們會用迴圈遍歷所有聯絡人，並針對 CSV 檔案中的「Company」（公司）欄位，用公司名稱進行地理查詢，如範例 4-7 所示。這段程式碼的結果範例如下，其中可以看到像「Nashville」（納什維爾）這種有可能存在歧義的標籤，被解析成一組可能的座標：

```
[(u'Nashville, TN, United States', (36.16783905029297, -86.77816009521484)),
   (u'Nashville, AR, United States', (33.94792938232422, -93.84703826904297)),
   (u'Nashville, GA, United States', (31.206039428710938, -83.25031280517578)),
   (u'Nashville, IL, United States', (38.34368133544922, -89.38263702392578)),
   (u'Nashville, NC, United States', (35.97433090209961, -77.96495056152344))]
```

範例 4-7：針對公司名稱進行地理編碼

```
import os
import csv
from geopy import geocoders # pip install geopy

GOOGLEMAPS_APP_KEY = '' # 請到 https://console.developers.google.com/ 取得你自己的 KEY
g = geocoders.GoogleV3(GOOGLEMAPS_APP_KEY)

# 把這裡指向你的 'Connections.csv' 檔案
CSV_FILE = os.path.join('resources', 'ch03-linkedin', 'Connections.csv')

csvReader = csv.DictReader(open(CSV_FILE), delimiter=',', quotechar='"')
contacts = [row for row in csvReader]

for i, c in enumerate(contacts):
    progress = '{0:3d} of {1:3d} - '.format(i+1,len(contacts))
    company = c['Company']
    try:
        location = g.geocode(company, exactly_one=True)
    except:
        print('... Failed to get a location for {0}'.format(company))
        location = None

    if location != None:
        c.update([('Location', location)])
        print(progress + company[:50] + ' -- ' + location.address)
    else:
        c.update([('Location', None)])
        print(progress + company[:50] + ' -- ' + 'Unknown Location')
```

執行範例 4-7 所得到的輸出範例如下：

```
40 of 500 - TE Connectivity Ltd. -- 250 Eddie Jones Way, Oceanside, CA...
41 of 500 - Illinois Tool Works -- 1568 Barclay Blvd, Buffalo Grove, IL...
42 of 500 - Hewlett Packard Enterprise -- 15555 Cutten Rd, Houston, TX...
... Failed to get a location for International Business Machines
43 of 500 - International Business Machines -- Unknown Location
44 of 500 - Deere & Co. -- 1 John Deere Pl, Moline, IL 61265, USA
... Failed to get a location for Affiliated Managers Group Inc
45 of 500 - Affiliated Managers Group Inc -- Unknown Location
46 of 500 - Mettler Toledo -- 1900 Polaris Pkwy, Columbus, OH 43240, USA
```

本章稍後會把地理編碼所送回來的地點，做為集群演算法的一部分，這其實也是分析專業人脈的一種好方法。我們先來看看另一種以視覺化方式呈現地理位置很好用的做法，也就是所謂的「示意地圖」（cartogram）。

由於 API 調用的次數很多，範例 4-7 的程式碼執行起來可能需要花費一些時間。所以，現在應該是可以考慮把處理過的資料保存起來的好時機。JSON 是保存這些資料很好用的一種通用格式，而範例 4-8 的程式碼就是相應的做法。

範例 4-8：把處理過的資料保存為 JSON

```
CONNECTIONS_DATA = 'linkedin_connections.json'

# 以迴圈迭代的方式逐一處理每個聯絡人，更新其中的地點資訊，
# 把地址字串保存起來，並加入經緯度資訊
def serialize_contacts(contacts, output_filename):
    for c in contacts:
        location = c['Location']
        if location != None:
            # 序列化（serialization）轉換會把地點轉換成一個字串
            c.update([('Location', location.address)])
            c.update([('Lat', location.latitude)])
            c.update([('Lon', location.longitude)])

    f = open(output_filename, 'w')
    f.write(json.dumps(contacts, indent=1))
    f.close()
    return

serialize_contacts(contacts, CONNECTIONS_DATA)
```

我們在「k 均值集群處理」的章節中，還會再說明如何讀取這裡所保存的資料。

善用「示意地圖」，以視覺化方式呈現地點

示意地圖（cartogram；*http://bit.ly/1a1m5Ss*）是一種以視覺化方式呈現地理位置的做法，它會根據相應的變數，調整地理邊界的縮放尺度。舉例來說，美國地圖可以根據某個變數（例如肥胖率、貧困程度、百萬富翁人數）來縮放每一州的尺寸，讓各州的尺寸變大或變小。所得到的視覺化呈現效果並不一定會呈現出完美接合的地理圖，因為各州採用不同的縮放比例，所以很難再順利拼湊起來。不過如此一來，你對於導致各州縮放的變數，就會有比較總體性的瞭解。

有一種稱為「Dorling 示意地圖」（*http://stanford.io/1a1m5SA*）的變形做法，它會把地圖上各個位置的面積單元改用某種形狀（例如圓形）來作為替換，並根據變數值縮放每個形狀的大小。另外還有一種可用來呈現 Dorling 示意地圖的方式，就是所謂的「以地理位置區分集群的氣泡圖」（geographically clustered bubble chart）。這是一種很棒的視覺化呈現工具，因為它可以讓訊息以 2D 的對應關係呈現在應該出現的位置，而且可以運用形狀的直觀特性（例如面積大小和不同的顏色）呈現出參數的意義，讓你的直覺可以派上用場。

由於 Google Maps 地理編碼服務送回來的結果中，包含了每個城市所在的州，因此我們可以利用這些訊息，針對你的專業人脈構建出一個 Dorling 示意地圖；我們會根據你的聯絡人在各州的數量，來縮放每一州的大小。D3（*http://bit.ly/1a1kGvo*）是一個最先進的視覺化呈現工具套件，其中包括 Dorling 示意地圖大部分的機制，並提供可高度客製化的視覺化擴展做法，如果你想要的話，甚至還可以納入更多其他的變數。D3 本身也包括其他好幾種視覺化呈現方法，可用來傳達各種地理訊息，例如「熱點地圖」（heatmaps）、「符號地圖」（symbol maps）和「分區分級統計圖」（choropleth maps），這些呈現方式很容易就可以套用到各種工作資料中。

如果要以視覺化方式呈現你的聯絡人所在的州，實際上只需要進行一項資料整理工作，那就是從地理編碼器的回應中，解析出相應的州名。Google Maps 地理編碼器會送回結構化的輸出，讓我們可以從每個結果中提取出州名。

範例 4-9 說明的是如何解析地理編碼器的回應，並寫入到一個 JSON 檔案中，再運用 D3 所支援的 Dorling 示意地圖，以視覺化方式呈現檔案所載入的結果。由於我們準備以視覺化方式呈現的資料，全都只侷限在美國各州的範圍內，因此必須先篩選掉其他地區的地點。我們針對這點寫了一個輔助函式 checkIfUSA，只要地點在美國境內，這個函式就會送回 True 的布林值。

範例 4-9：使用正規表達式，從 *Google Maps* 地理編碼結果中解析出州名

```python
def checkIfUSA(loc):
    if loc == None: return False
    for comp in loc.raw['address_components']:
        if 'country' in comp['types']:
            if comp['short_name'] == 'US':
                return True
            else:
                return False


def parseStateFromGoogleMapsLocation(loc):
    try:
        address_components = loc.raw['address_components']
        for comp in address_components:
            if 'administrative_area_level_1' in comp['types']:
                return comp['short_name']
    except:
        return None

results = {}
for c in contacts:
    loc = c['Location']
    if loc == None: continue
    if not checkIfUSA(loc): continue
    state = parseStateFromGoogleMapsLocation(loc)
    if state == None: continue
    results.update({loc.address : state})


print(json.dumps(results, indent=1))
```

結果範例如下，這些結果可用來說明此技術的效用：

```
{
 "1 Amgen Center Dr, Thousand Oaks, CA 91320, USA": "CA",
 "1 Energy Plaza, Jackson, MI 49201, USA": "MI",
 "14460 Qorvo Dr, Farmers Branch, TX 75244, USA": "TX",
 "1915 Rexford Rd, Charlotte, NC 28211, USA": "NC",
 "1549 Ringling Blvd, Sarasota, FL 34236, USA": "FL",
 "539 S Main St, Findlay, OH 45840, USA": "OH",
 "1 Ecolab Place, St Paul, MN 55102, USA": "MN",
 "N Eastman Rd, Kingsport, TN 37664, USA": "TN",
 ...
}
```

只要有能力從 LinkedIn 聯絡人的資料中取出可靠的州名縮寫，你就可以計算出各州出現的頻率，然後只要交給 D3，就可以用 Dorling 示意地圖來進行視覺化呈現了。圖 4-3 顯示的就是某個專業人脈範例相應的視覺化呈現結果。雖然視覺化呈現結果看起來只不過是地圖上幾個精心呈現的圓圈，但哪些圓圈對應哪些州，相對來說應該是很明顯才對（請注意，在許多示意地圖中，阿拉斯加和夏威夷都會顯示在左下角；另外也有很多地圖，會以嵌入的方式來顯示）。只要把滑鼠游標懸停在圓圈上，就會出現提示訊息（預設情況下會顯示州名），而且只要稍微瞭解一下標準的 D3 最佳實務做法，想要實作出其他自定義的效果其實並不困難。我們只要把各州的頻率分佈以序列化的方式轉換成 JSON 的格式，再把這個最終輸出交給 D3 就可以了。

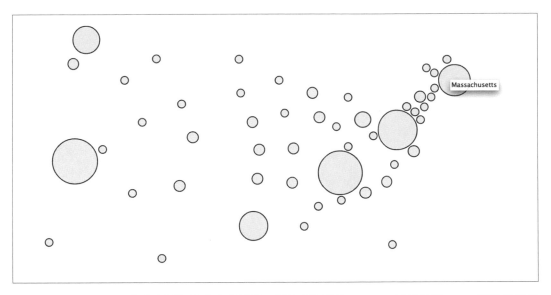

圖 4-3：從 LinkedIn 專業人脈解析出來的地點，轉換成相應的 Dorling 示意地圖 —— 滑鼠游標停在某個圈圈上，就會出現相應州名提示訊息（圖中顯示的是 Massachusetts 麻薩諸塞州）

 為了簡潔起見，本節在根據 LinkedIn 聯絡人資訊建立 Dorling 示意地圖的過程中，省略了其中的一些程式碼，不過在本章相應的 Jupyter Notebook 程式碼範例中，確實包含了完整的做法。

4.3.2 衡量相似度

瞭解歸一化的做法對於資料所產生的一些細微而重要的差別之後，接下來我們就把注意力轉向相似度的計算 —— 這可說是集群處理的主要基礎。針對一組字串（比如在這裡就是「職稱」）進行集群處理時，我們所要做的最重要決定，就是用什麼方式來衡量相似度。字串有非常多可用的相似度衡量方式，究竟該選擇哪一種最適合的方式，很大程度上取決於目標的性質。

雖然這些相似度的定義和計算並不困難，但我還是要藉此機會介紹一下 NLTK（Natural Language Toolkit；自然語言工具套件；*http://bit.ly/1a1mc0m*）這個 Python 工具套件，當你在挖掘社群網站時，一定會很慶幸自己的工具箱裡有這個超強的工具。和其他 Python 套件一樣，你只需要執行 `pip install nltk` 就可以把 NLTK 安裝起來了。

> 根據你實際使用 NLTK 的不同情況，有時你可能會發現，另外還需要下載一些額外的資料集，而這些資料集在預設情況下並未包含在套件之中。如果你並未使用本書所提供的虛擬機，只要執行 `nltk.download()` 這個指令就可以下載 NLTK 所有附帶的資料。你也可以在相應的文件（*http://bit.ly/1a1mcgV*）中，閱讀到更多相關的訊息。

以下就是一些對於職稱比較有幫助，而且在 NLTK 中也有實作的常見相似度衡量方式：

編輯距離（*Edit distance*）

　　編輯距離也稱做 Levenshtein 距離（Levenshtein distance；*http://bit.ly/1JtgTWJ*）；這種簡單的衡量方式，會在一個字串轉換成另一個字串時，計算其中必須進行的插入、刪除、替換次數。舉例來說，把 dad 轉換成 bad 需要進行一次「替換」操作（把第一個 d 替換成 b），因此編輯距離的值就是 1。NLTK 透過 nltk.metrics. distance.edit_distance 函式，提供了編輯距離的實作。

　　兩個字串之間真正的編輯距離，與「計算」編輯距離所需的操作次數，完全是不同的概念；針對長度為 M 和 N 的兩個字串，如果要計算其編輯距離，通常需要進行數量級為 M * N 次的操作。換句話說，計算編輯距離有可能是一項計算量很大的操作，因此在使用之前請先想清楚，盡可能只針對真正有需要的資料，才考慮進行這樣的計算。

n-gram 相似度

n-gram 其實只是用來表達「文字中每一組連續 n 個單詞」的一種簡潔說法，在計算「搭配詞」（collocation）時，可做為一種基礎的資料結構[譯註]。n-gram 相似度有很多種不同的變形做法，不過這裡採用的是最簡單的做法，直接針對字串內出現過的連續兩個單詞，計算出所有可能的 bigram（也就是 2-gram），然後再計算兩個字串之間共同的 bigram 數量，藉此方式對字串之間的相似度進行評分，如範例 4-10 所示。

之後在「5.4.4 分析人類語言中的 bigram」一節中，我們還會針對 *n-gram* 與「搭配詞」進行更多進一步的討論。

範例 4-10：用 *NLTK* 來計算 *bigram*

```
from nltk.util import bigrams

ceo_bigrams = list(bigrams("Chief Executive Officer".split(),
                           pad_left=True, pad_right=True))
cto_bigrams = list(bigrams("Chief Technology Officer".split(),
                           pad_left=True, pad_right=True))

print(ceo_bigrams)
print(cto_bigrams)

print(len(set(ceo_bigrams).intersection(set(cto_bigrams))))
```

下面的範例結果所呈現的是，兩個不同職稱各自的 bigram 集合，以及兩個集合取交集的結果：

```
[(None, 'Chief'), ('Chief', 'Executive'), ('Executive', 'Officer'),
('Officer', None)]
[(None, 'Chief'), ('Chief', 'Technology'), ('Technology', 'Officer'),
('Officer', None)]
2
```

譯註　collocation 指的是多個單詞經常同時出現、一起搭配成一組的「搭配詞」；相對來說，只要是連續接在一起的多個單詞，就算這種組合很少出現或沒有特別的意義，仍舊算是一組 n-gram。

只要故意把 `pad_right` 和 `pad_left` 這兩個參數設定為 True，就可以讓前導詞（leading token）和尾隨詞（trailing token）參與比對。填充（padding）的作用就是可以讓（`None`, `'Chief'`）這樣的 bigram 得以出現在 bigram 的集合中，在比較職稱時這些 bigram 也是很重要的比對元素。NLTK 在其 `nltk.metrics.association` 模組中定義了 `BigramAssociationMeasures` 和 `TrigramAssociationMeasures` 物件類別，分別針對 bigram（2-gram）和 trigram（3-gram）提供了相當全面的評分函式。

Jaccard 距離

如果有兩組資料，分別構成兩個無序的「集合」（*set*），我們通常就可以計算這兩個集合之間的相似度。Jaccard 相似度（Jaccard similarity）的衡量方式，就是用兩個集合的交集除以兩個集合的聯集，來代表這兩個集合的相似度。在數學上，Jaccard 相似度可以寫成：

$$\frac{|Set1 \cap Set2|}{|Set1 \cup Set2|}$$

這其實就是兩個集合之間共同項目的數量（也就是交集的基數），除以兩個集合內所有項目的總數量（聯集的基數）。集合內每個項目都是唯一而不重複的，而這個比率值背後的直覺概念，就是把兩個集合交集的項目數量，除以兩個集合聯集的項目數量，用來做為相似度歸一化分數的一種合理計算方式。通常我們會用 *n*-gram（包括 unigram；也就是 1-gram）來計算 Jaccard 相似度，以衡量兩個字串的相似度。

由於 Jaccard 相似度衡量的是兩個集合的相近程度，因此你只要用 1.0 減去該值，就可以得出這兩個集合的不相似度，也就是所謂的 Jaccard 距離（Jaccard distance）。

NLTK 除了有這些方便的相似度衡量方式，以及其他眾多的公用函式之外，還提供了一個叫做 `nltk.FreqDist` 的物件類別。它可以用來生成頻率分佈，其效果類似我們之前用過的 Python 標準函式庫的 `collections.Counter`。

相似度的計算可說是任何集群演算法非常關鍵的一環，一旦你對於所挖掘的資料有了更好的理解，很容易就可以把各種不同的相似度演算法，套用到資料科學方面的相關工作之中。下一節會建立一段程式碼，用 Jaccard 相似度來對各種職稱進行集群處理。

4.3.3 集群演算法

完成資料歸一化並有了計算相似度的方法之後，現在我們就可以從 LinkedIn 收集一些現實世界中的資料，進行一些有意義的集群處理，以對你專業人脈的動態有更多深入的見解。你想不想誠實查看自己的網路技能，有沒有持續協助你結識「合適的人」？你想不想透過特定的商業諮詢或建議，聯繫到有可能屬於某特定社經圈的人士？你想不想知道有沒有更好的地點可以居住，或是開設遠端辦公室來拓展你的業務？在擁有高品質資料的專業人脈中，肯定會有一些極有價值的東西。本節將透過進一步的思考，嘗試如何把相似的職稱集中起來，藉此說明幾種不同的集群方法。

貪婪集群演算法（Greedy clustering）

由於我們很清楚知道職稱重疊的問題很嚴重，因此我們嘗試讓職稱彼此進行比較，針對各種不同職稱進行集群處理，並採用 Jaccard 距離做為範例 4-5 的一種擴展做法。範例 4-11 會把相似的職稱集中起來，然後把各集群內的聯絡人顯示出來。你可以先瀏覽一下程式碼（尤其是調用 DISTANCE 函式的巢狀迴圈），然後我們再進行相關的討論。

範例 4-11：運用貪婪集群演算法，對職稱進行集群處理

```python
import os
import csv
from nltk.metrics.distance import jaccard_distance

# 這裡請指向你的 'Connections.csv' 檔案
CSV_FILE = os.path.join('resources', 'ch03-linkedin', 'Connections.csv')

# 可以嘗試調整這個距離門檻值，或是嘗試採用不同的距離計算方式
# 以進行各種實驗
DISTANCE_THRESHOLD = 0.6
DISTANCE = jaccard_distance

def cluster_contacts_by_title():

    transforms = [
        ('Sr.', 'Senior'),
        ('Sr', 'Senior'),
        ('Jr.', 'Junior'),
        ('Jr', 'Junior'),
        ('CEO', 'Chief Executive Officer'),
        ('COO', 'Chief Operating Officer'),
        ('CTO', 'Chief Technology Officer'),
```

```
        ('CFO', 'Chief Finance Officer'),
        ('VP', 'Vice President'),
        ]

separators = ['/', ' and ', ' & ', '|', ',']

# 進行歸一化處理，並取代已知的縮寫形式
# 然後建立一個常見職稱列表。

all_titles = []
for i, _ in enumerate(contacts):
    if contacts[i]['Position'] == '':
        contacts[i]['Position'] = ['']
        continue
    titles = [contacts[i]['Position']]
    # 展平 list 列表
    titles = [item for sublist in titles for item in sublist]
    for separator in separators:
        for title in titles:
            if title.find(separator) >= 0:
                titles.remove(title)
                titles.extend([title.strip() for title in
                title.split(separator) if title.strip() != ''])

    for transform in transforms:
        titles = [title.replace(*transform) for title in titles]

    contacts[i]['Position'] = titles
    all_titles.extend(titles)

all_titles = list(set(all_titles))

clusters = {}
for title1 in all_titles:
    clusters[title1] = []
    for title2 in all_titles:
        if title2 in clusters[title1] or title2 in clusters and title1
            in clusters[title2]:
            continue
        distance = DISTANCE(set(title1.split()), set(title2.split()))

        if distance < DISTANCE_THRESHOLD:
            clusters[title1].append(title2)

# 展平集群結果 clusters
```

```
    clusters = [clusters[title] for title in clusters if len(clusters[title]) > 1]

    # 把每個聯絡人放入相應的集群中

    clustered_contacts = {}
    for cluster in clusters:
        clustered_contacts[tuple(cluster)] = []
        for contact in contacts:
            for title in contact['Position']:
                if title in cluster:
                    clustered_contacts[tuple(cluster)].append('{0} {1}.'.format(
                        contact['FirstName'], contact['LastName'][0]))

    return clustered_contacts


clustered_contacts = cluster_contacts_by_title()

for titles in clustered_contacts:
    common_titles_heading = 'Common Titles: ' + ', '.join(titles)

    descriptive_terms = set(titles[0].split())
    for title in titles:
        descriptive_terms.intersection_update(set(title.split()))
    if len(descriptive_terms) == 0: descriptive_terms = ['***No words in common***']
    descriptive_terms_heading = 'Descriptive Terms: '
        + ', '.join(descriptive_terms)
    print(common_titles_heading)
    print('\n'+descriptive_terms_heading)
    print('-' * 70)
    print('\n'.join(clustered_contacts[titles]))
    print()
```

程式碼一開始先用一個「常用連接詞」列表，把其中具有多個職稱的情況拆分開來，然後再針對一些常見的職稱，進行歸一化處理。接著巢狀迴圈會以迭代的方式遍歷所有職稱，並以某個 Jaccard 相似度的值做為門檻值，把所有職稱分配到不同的集群中；其中的 Jaccard 相似度計算方式是用 DISTANCE 來定義，而 DISTANCE 在一開始就被指定為 jaccard_distance 函式；在實驗不同的距離計算方式時，這樣的做法很容易就可以進行替換。這個迴圈就是大多數重要動作發生之所在：每個職稱都會與其他每一個職稱進行比較。

如果根據相似度判斷兩個職稱之間的距離「足夠接近」，我們就會以一種最「貪婪」（greedly）的方式，把這兩個職稱分配在同一組。這裡所謂最「貪婪」的方式，意思就是只要能夠確定某個項目可能屬於某個集群，馬上就把它指定給該集群，而不去進一步考慮有沒有可能存在更適合的集群，即便隨後真的發現更適合的集群，也不再嘗試重新考慮新的安排。雖然這種做法只講求實用性而沒有考慮得很周到，但這種做法還是可以生成非常合理的結果。正確選擇有效的相似度計算方式，顯然對於成功而言至關重要，但有鑑於巢狀迴圈天生的性質，我們調用評分函式的次數越少，程式碼執行的速度就越快（資料量很大的情況下這點尤為重要）。下一節我們還會針對這方面進行更多的討論，但是請注意，我們會運用一些條件邏輯，盡可能避免重複不必要的計算。

程式碼其餘的部分，只是用來查找具有特定職稱的聯絡人，並把這些人放到相應的分組中，不過在進行集群計算時，還是有一些細微而重要的動作：我們通常需要針對每一個集群，指定一個有意義的標籤。實際上實作的方式，就是在每個集群內，針對所有職稱的單詞取其交集，以計算出相應的標籤；這是一種很明顯而常見的想法，似乎也是一種合理的做法。至於你的情況，肯定會隨著所採用的做法而有所不同。

你或許可以期待，這段程式碼所得到的結果應該很有用處，因為它應該會把工作職責中需要承擔共同責任的一些人歸為同一組。如前所述，基於各種理由，無論你是打算舉辦一場「CEO 級別」的活動，還是想要找出最有能夠協助你邁向下一段職業生涯的人，或是考慮到你自己的工作職責與未來的志向，你想知道自己是否「確實」與其他類似專業的人士建立了足夠的聯繫，不管基於什麼理由，這些訊息對你來說確實很有可能是有用的。根據專業人脈範例所得到的簡化結果如下：

```
Common Titles: Sociology Professor, Professor


Descriptive Terms: Professor
-----------------------------------------------------------------
Kurtis R.
Patrick R.
Gerald D.
April P.
...


Common Titles: Petroleum Engineer, Engineer

Descriptive Terms: Engineer
-----------------------------------------------------------------
```

Timothy M.
Eileen V.
Lauren G.
Erin C.
Julianne M.
...

關於執行階段的分析

 本節討論的是關於集群計算相關細節的一些比較進階的討論,各位可視之為選讀的內容,因為或許並非每個人都有興趣。如果你是第一次閱讀本章,先跳過本節也沒關係,第二次閱讀本章時再仔細閱讀即可。

我們之前提到過,範例 4-11 中負責執行 DISTANCE 計算的巢狀迴圈,它的時間複雜度為 $O(n^2)$,也就是「在最糟的情況下」,它會被調用 len(all_titles)*len(all_titles) 次。巢狀迴圈會把每個項目與其他每個項目進行比較,以完成集群處理的工作;對於 n 值非常大的情況來說,這「並不是」一種具有可擴展性(scalable)的做法,但由於你的專業人脈中職稱的數量不太可能非常大,因此應該不會造成什麼執行效能上的限制。這好像並不是什麼大問題(畢竟只是一個巢狀迴圈),但是 $O(n^2)$ 演算法的癥結點在於,處理輸入集合所需要進行的比較次數,會隨著集合內的項目數量,呈現出指數性的成長。舉例來說,如果是一個只有 100 個職稱的小型輸入集合,只需要進行 10,000 次的計分操作;但如果有 10,000 個職稱,就需要進行 100,000,000 次的計分操作。就算你有超強的硬體可以幫你進行數學運算,但相應的數學運算恐怕還是有可能無法順利完成,最終導致程式崩潰的結果。

遇到這種似乎難以擴展的困境時,你最初的反應或許就是盡可能降低 n 的值。不過大多數情況下,隨著你的輸入數量逐漸增加,你就會越來越沒辦法維持在比較小的數字,而你的解決方案也將無法進行擴展,因為你使用的終究還是一個 $O(n^2)$ 的演算法。你真正應該做的,就是設法提出一種數量級為 $O(k*n)$ 的演算法,其中 k 最好遠小於 n,代表可管理的開銷量,其增長速度應該要比 n 的速度慢很多。這樣的想法就跟現實世界中任何其他工程決策一樣,實際上經常需要在效能與品質之間進行取捨,有時候想取得適當的平衡,很可能非常困難。實際上,許多資料探勘公司成功實作出兼具高品質且規模可擴展的資料比對分析方法,這些公司都會把那些特定的方法視為一種資產(商業機密),因為它確實可以帶來很明確的商業優勢。

如果完全無法接受 $O(n^2)$ 的演算法，你可以嘗試的另一種做法就是重寫巢狀迴圈，在負責計分的函式內改用隨機樣本，這樣就可以有效把數量級降為 $O(k*n)$，其中的 k 就是隨機樣本的數量。可以預期的是，如果隨機樣本的數量越接近 n，執行階段的效能表現就會越接近 $O(n^2)$。以下這段針對範例 4-11 所進行的修改，就是採用隨機取樣技術；其中比較關鍵的改動部分，特別以粗體強調顯示。其中最重要的核心要點就是，每次調用外部迴圈時，內部迴圈的執行次數會少很多，而且次數是固定的：

```
... 上同省略 ...

all_titles = list(set(all_titles))
clusters = {}
for title1 in all_titles:
    clusters[title1] = []
    for sample in range(SAMPLE_SIZE):
        title2 = all_titles[random.randint(0, len(all_titles)-1)]
        if title2 in clusters[title1] or clusters.has_key(title2) and title1
            in clusters[title2]:
            continue
        distance = DISTANCE(set(title1.split()), set(title2.split()))
        if distance < DISTANCE_THRESHOLD:
            clusters[title1].append(title2)

... 下同省略 ...
```

你或許還可以考慮另一種做法，就是用隨機抽樣的方式，把資料分到 n 個箱子（bin）中（其中 n 通常是小於或等於集合中項目數量平方根的某個數字），然後在每個單獨的箱子裡進行集群處理，最後再視情況合併輸出。舉例來說，如果你有 100 萬個項目，$O(n^2)$ 演算法就必須進行一兆次的邏輯運算；如果先把這 100 萬個項目拆分到 1,000 個箱子（每個箱子包含 1,000 個項目）並對每個箱子進行集群處理，就只需要十億次的操作。（針對 1,000 個箱子，每個箱子都要進行 1,000 * 1,000 次比較。）十億次依然是個很大的數字，但終究還是比一兆小了三個數量級，這已經算是一個很大的進步了（儘管在某些情況下可能還不夠）。

除了隨機取樣或分箱的做法之外，文獻中還有許多其他的做法，可以更有效降低問題的維度。舉例來說，在理想的情況下，一開始你會逐一比較集合內的每個項目，但為了避免因為 n 值較大而導致 $O(n^2)$ 的問題，最後你可能會透過實驗和特定領域的專業知識，瞭解現實世界中的限制，並獲得更深入的見解，進而改用特定的技術來進行計算。在考慮各種可能性時，請別忘了機器學習領域提供了許多技術，其設計的目的就是希望運用各種機率模型和複雜的取樣技術，來精確解決這類與規模有關的問題。在「k- 均值集群演算法」的章節中，我們會向你介紹一種相當直觀且廣為人知的集群演算法，就叫做 k-均值（k-means）演算法，這是一種可用來針對多維空間進行集群處理的通用型無監督式方法。稍後我們就會使用這個技術，依照地理位置對你的聯絡人進行集群處理。

階層式集群演算法（Hierarchical clustering）

範例 4-11 介紹的是一種直觀的、貪婪取向的集群方法，主要是做為練習的一部分，可用來教你認識問題的不同面向。對於當前的基礎知識有了適當的理解之後，現在總算可以向你介紹另外兩種常見的集群演算法：「階層式集群演算法」和「k- 均值集群演算法」；在你探勘資料的生涯中，經常會遇到這些演算法，而且可以適用於各種不同的情況。

階層式集群演算法表面上很類似我們一直在使用的貪婪演算法，而 k- 均值集群演算法則有根本上的不同。本章主要關注的是 k- 均值演算法，但這裡還是有必要簡要介紹一下這兩種做法背後的理論，因為你很可能會在一些文獻或研究中遇到它。你可以直接安裝 cluster 模組：**pip install cluster**，其中就有這兩種做法的優秀實作成果。

階層式集群演算法是一種確定型（deterministic）的技術，它會針對所有項目之間的距離，進行完整矩陣 [3] 的計算，然後檢查整個矩陣，把滿足最小距離門檻值的項目放入同一個集群中。在矩陣中逐一進行檢查，並把其中項目分到不同集群時，整個過程就會構建出一個「階層式」（hierarchical）的樹狀結構，可用來表示項目之間的相對距離。在某些文獻中，你可能會看到它被稱為「整併」（agglomerative）技術，因為這種技術會以階層的方式，把每個資料項目逐一整併成集群，或是把集群整併成更大的集群，最後所有資料全都會被整併到一個樹狀結構之中。樹狀結構中的樹葉節點（leaf node）代表的是需要進行集群處理的資料項目，而樹狀結構的中間節點則會以階層的方式，把各個資料項目整併到集群之中。

3　一次完整矩陣的計算，其執行時間可用多項式來表達。以整併集群（agglomerative clustering）的操作來說，執行時間通常是 $O(n^3)$。

如果想要瞭解整併（agglomeration）的概念，請先看一下圖 4-4 並觀察一下「Andrew O.」、「Matthias B.」這樣的人，他們都是在樹狀結構中已被分群的葉子節點，而像是「Chief Technology Offecer（技術長）」這樣的節點，則會把葉子節點整併成一個集群。雖然這個樹狀圖的深度只有兩層，但不難想像應該還可以再加上一個額外的整併層，在這一層裡頭，我們可以把主管的概念化為「Chief（首席），Offecer（長官）」這兩個標籤，然後就可以把「技術長」（Chief（首席），Technology（技術），Offecer（長官））和「執行長」（Chief（首席），Executive（執行），Offecer（長官））這兩個節點整併進來了。

「整併」是一種與範例 4-11 的做法類似但基本上不同的技術，之前的做法只會以貪婪的方式對項目進行集群處理，而不會逐步打造出階層式結構。執行階層式集群演算法所耗費的時間可能會比較長，因此你可能需要調整一下你的計分函式和距離門檻值。[4] 通常整併型的集群演算法並不適合大型資料集，因為在執行階段所耗費的時間恐怕有點不切實際。

如果我們用 cluster 套件改寫一下範例 4-11，執行集群處理 DISTANCE 計算的巢狀迴圈就可以替換成以下的程式碼：

```
# ... 上同省略 ...

# 定義計分函式
def score(title1, title2):
    return DISTANCE(set(title1.split()), set(title2.split()))

# 把你的資料和計分函式一起送進去
hc = HierarchicalClustering(all_titles, score)

# 根據距離門檻值，對資料進行集群處理
clusters = hc.getlevel(DISTANCE_THRESHOLD)

# 移除其中只有一個項目的集群
clusters = [c for c in clusters if len(c) > 1]

# ... 下同省略 ...
```

---

4 只要使用動態程式設計（dynamic programming；*http://bit.ly/1a1maFO*）和其他巧妙的簿記（bookkeeping）技術，就可以節省大量的執行時間，而使用一些實作良好的工具套件，其好處之一就是這些巧妙的最佳化做法，往往已經實現在其中了。舉例來說，由於像職稱這類的項目，其兩個項目之間的距離幾乎都是對稱的，因此你應該只需要針對距離矩陣，進行其中一半的計算即可，而不需要對整個矩陣進行完整的計算。因此，雖然整個演算法的時間複雜度仍然是 $O(n^2)$，但實際上只需要執行 $n^2/2$ 個單位，而不是 n^2 個單位的工作。

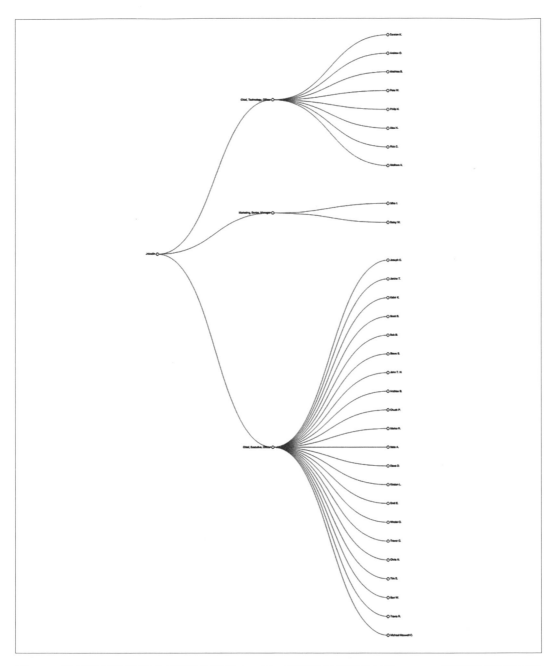

圖 4-4：按照職稱進行集群處理後的聯絡人，以一般樹狀圖呈現的結果 ── 一般樹狀圖通常可呈現出明顯的階層式結構

如果你對階層式集群演算法的其他變形做法感興趣，請務必查看一下 HierarchicalClustering 物件類別的 setLinkageMethod 方法，這個方法可以針對物件類別如何計算集群之間的距離，提供一些具有微妙差異的做法。舉例來說，你可以指定要計算的是任意兩個集群之間的最短距離、最長距離或平均距離，以做為集群之間的距離。根據你的資料分佈的情況，選擇其他不同的連接（linkage）方式，可能也會生成完全不同的結果。

圖 4-4 和圖 4-5 使用 D3（*http://bit.ly/1a1kGvo*；先前介紹過的一種比較先進的視覺化呈現工具套件）把來自專業人脈的資料分別顯示成一般樹狀圖（dendogram）與節點鏈結樹狀圖（node-link tree）。節點鏈結樹狀圖的佈局比較省空間，而且可能是這組特定資料集比較好的選擇，但如果是比較複雜的資料集，希望可以輕鬆找到樹中每一層（對應階層式集群演算法分群之後的每一層）之間的相關性，那麼一般樹狀圖（*http://bit.ly/1a1md4B*）就是個不錯的選擇。如果階層式結構的深度比較深，一般樹狀圖就會有明顯的好處，但由於目前的集群結果只有很少層的深度，因此針對這個特定的資料集，另一種佈局方式具有特殊的優勢，主要是因為看起來比較美觀。正如這些視覺化呈現結果所示，如果你可以透過簡單的圖片來查看你的專業人脈，其中大量的訊息就會變得非常顯而易見。

> 為簡潔起見，本節省略了使用 D3 建立節點鏈結樹和一般樹狀圖的程式碼，但在本章相應的 Jupyter Notebook 程式碼中，則包含了完整的範例內容。

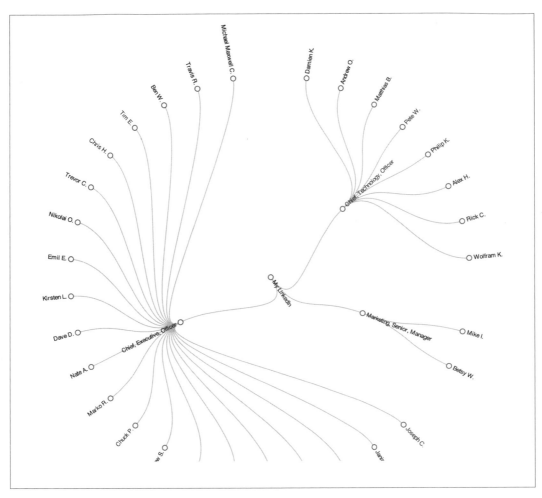

圖 4-5：按照職稱進行集群處理後的聯絡人，以節點鏈結樹狀圖呈現的結果，其中所傳達的訊息與圖 4-4 的一般樹狀圖是相同的。相較於一般樹狀圖，節點鏈結樹狀圖通常可提供比較美觀的佈局。

k- 均值集群演算法（k-means clustering）

階層式集群演算法是一種確定型（deterministic）的技術，它會窮盡所有可能性，而且通常需要數量級 $O(n^3)$ 的昂貴計算成本，不過在執行 k- 均值集群演算法時，數量級通常是 $O(k*n)$。即使是比較大的 k 值，還是可以省下大量的時間。效能上的節省是以犧牲結果的近似程度做為代價，不過它還是有可能得到很好的表現。其背後的構想就是，如果你擁有一個包含 n 個點的多維空間，就可以透過以下的一系列步驟，對這些資料點進行集群處理，把它們切分成 k 群的資料：

1. 在資料空間中隨機選擇 k 個點做為初始值，用來計算 k 個集群：K_1、K_2、...、K_k。

2. 針對每個點找出最接近的 K_n，把 n 個點全都分配到各個集群中 —— 這樣可以有效建立 k 個集群，過程需要進行 $k*n$ 次比較。

3. 針對這 k 個集群，每個集群都要計算出相應的「中心點（centroid）」或均值（*http://bit.ly/1a1mbcW*），然後把 K_i 值重新設定成這個新的均值。（因此，在演算法的每次迭代過程中，你都要計算「k- 均值」。）

4. 重複步驟 2-3，直到每個集群的成員連續兩次迭代都沒有出現變化為止。一般來說，收斂所需的迭代次數相對而言是比較少的。

由於 k- 均值的處理方式並不是一眼就能看得出來，所以我們用圖 4-6 顯示網路上「集群演算法教程」（*http://bit.ly/1a1mbtp*）其中所介紹的範例，呈現出演算法的每一個步驟，這個教程同時也提供了一個互動式的 Java applet 小程序。這裡所使用的樣本參數牽涉到 100 個資料點，其中 k 的參數值為 3，這也就表示演算法最後會生成三個集群。在每個步驟很重要需要特別注意的是正方形的位置，還有隨著演算法的進展，這三個集群分別包含了哪些點。這個演算法只需要九個步驟就完成了。

雖然你可以針對二維或兩千維的點運行 k- 均值演算法，但最常見的範圍通常都在幾十維的數量級，最常見的情況就是二維或三維。如果你正在處理的資料空間維度比較小，k- 均值就可以做為一種很有效的集群技術，因為它執行得非常快，而且有能力生成非常合理的結果。不過，你確實需要先選擇一個合適的 k 值，而這往往並不是很明顯。

接下來將會示範如何應用 k- 均值演算法，針對你的專業人脈進行地理集群處理，並運用 Google Maps（*http://bit.ly/1a1mdRV*）或 Google Earth（*http://bit.ly/1a1meFC*），把輸出結果以視覺化的方式呈現出來。

圖 4-6：*k*- 均值演算法的處理過程，其中 k = 3，而且總共有 100 個點 —— 你可以看到集群在演算
　　　法的前幾個步驟就已經迅速出現，其餘步驟主要影響的是集群邊緣附近的資料點

運用 Google Earth，以視覺化方式呈現地理集群

實際觀察 *k-* 均值演算法的其中一種有效做法，就是用它來對你的 LinkedIn 專業人脈進行集群處理，然後把它繪製在二維空間中。以視覺化方式呈現聯絡人的分佈方式，除了可以獲得比較深入的見解，並留意其中特定的模式或異常的狀況之外，你還可以針對你的聯絡人、各個聯絡人不同的雇主、聯絡人所居住的不同都市區域等等，進一步分析相應的集群結果。這三種不同的集群處理方式，都有可能針對不同目的而產生不同的有用結果。

回想一下，只要透過 LinkedIn API，你就可以取得一些主要大都會區（例如「大納什維爾地區」）的地點訊息，我們可以針對這些地點進行地理編碼取得座標，並以適當的格式（例如 KML（*http://bit.ly/1a1meWb*））發送給 Google Earth 之類的工具進行繪製，而且這些工具都有提供互動式的使用者體驗。

> Google 最新的 Maps Engine 還提供多種上傳資料（*http://bit.ly/1a1mep1*）的方法，以實現視覺化呈現的目的。

為了把 LinkedIn 聯絡人資訊轉換成 KML 這類的格式，你必須做的主要工作包括從每個聯絡人的個人檔案中解析出地理位置，並針對像是 Google Earth 這類的視覺化呈現工具構建出相應的 KML。範例 4-7 示範的就是如何針對個人檔案資料進行地理編碼，並針對如何收集我們所需要的資料，提供了一個可運作的基礎。cluster 套件的 KMeansClustering 物件類別可以為我們計算集群，因此剩下的工作只需要把資料與集群結果匯整到 KML 就可以了；這其實是一個相對比較機械化的工作，可以使用一些 XML 工具來協助完成。

就像範例 4-11 一樣，如果想讓結果以視覺化方式呈現，大部分工作其實都是在操作資料處理樣板（boilerplate）。最有趣的細節就隱藏在 KMeansClustering 的 getclusters 方法之中。這個方法示範了如何依照地點對聯絡人進行集群處理，然後運用集群演算法的結果，計算出各組的中心點。圖 4-7 和圖 4-8 顯示的是範例 4-12 這個程式碼範例執行後的結果。這個範例一開始會先讀取我們在範例 4-8 已保存在 JSON 物件中、進行過地理編碼的聯繫資訊。

範例 4-12：根據你的 *LinkedIn* 專業人脈，針對每個聯絡人相應的地點進行集群處理，進而得出 *KML* 輸出，然後在 *Google Earth* 以視覺化方式呈現結果

```
import simplekml # pip install simplekml
from cluster import KMeansClustering
from cluster.util import centroid

# 從你之前保存的檔案中載入資料
CONNECTIONS_DATA = 'linkedin_connections.json'

# 開啟你所保存的聯絡人資訊，其中有一些額外的個人檔案資訊
# 如果你想從 LinkedIn 再次取得這些資訊，應該也沒問題
connections = json.loads(open(CONNECTIONS_DATA).read())


# 這是一個保存著你所有聯絡人的 KML 物件
kml_all = simplekml.Kml()

for c in connections:
    location = c['Location']
    if location is not None:
        lat, lon = c['Lat'], c['Lon']
        kml_all.newpoint(name='{} {}'.format(c['FirstName'], c['LastName']),
                         coords=[(lon,lat)]) # 保留座標

kml_all.save('resources/ch03-linkedin/viz/connections.kml')


# 現在可以使用 k- 均值演算法，把你的聯絡人分成 K 個集群

K = 10

cl = KMeansClustering([(c['Lat'], c['Lon']) for c in connections
                       if c['Location'] is not None])

# 針對 K 個集群，計算出每個集群的中心點
centroids = [centroid(c) for c in cl.getclusters(K)]

# 這是一個保存著每一個集群相應地點的 KML 物件
kml_clusters = simplekml.Kml()

for i, c in enumerate(centroids):
    kml_clusters.newpoint(name='Cluster {}'.format(i),
                          coords=[(c[1],c[0])]) # 保留座標

kml_clusters.save('resources/ch03-linkedin/viz/kmeans_centroids.kml')
```

圖 4-7：所有聯絡人的所在地點，相應的地理空間視覺化呈現結果

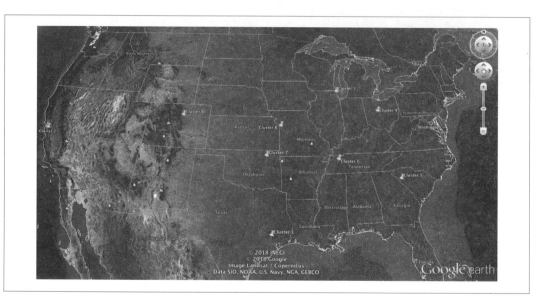

圖 4-8：k- 均值集群演算法所得到的中心位置，相應的地理空間視覺化呈現結果

範例 4-12 的程式碼使用了 Python 的 simplekml 函式庫,這個函式庫簡化了 KML 物件的建立過程。有兩個 KML 檔案會被寫入磁碟,隨後就可以載入到 Google Earth 這類的地理空間應用程式之中。其中第一個檔案包含你所有 LinkedIn 聯絡人的推測地點,地理編碼器可以根據你的聯絡人所宣稱的雇主,來推測出相應的所在地點。

在執行 k- 均值集群演算法之後,接著就把 10 個中心點寫入 KML 檔案。你可以比較一下 Google Earth 中的兩個檔案,看看各個聯絡人相應的位置,與集群中心點的位置呈現出什麼樣的關係。你可能會發現,中心點多半落在主要城市或附近的位置。你也可以嘗試使用不同的 K 值,看看哪一個值最能代表你 LinkedIn 聯絡人的地理分佈情況。

只要透過視覺化方式呈現你的人脈網路,就可以得到一些之前看不出來的深入見解,而且計算專業人脈的地理中心點,也可以帶來一些有趣的可能性。舉例來說,你可能會想要針對一系列的區域性研討會,計算出合適的候選地點。另外,如果你從事的是諮詢業務,經常需要安排繁忙的旅程,或許你可以規劃出幾個好地點,租一間小房子說不定會更方便。或者,也許你想根據你的人脈中每個聯絡人的工作執掌,或是根據他們的職稱與經歷,推測出他們的社經地位,進而從你的人脈中找出你想要找的專業人士。除了可以透過視覺化方式呈現你專業人脈中的地點資料,進而擴展出許多的選擇之外,地理集群結果還可以提供許多其他的可能性,例如供應鏈管理和行商問題(traveling salesman problem,也有人直譯成「旅行推銷員問題」;*http://bit.ly/1a1mhkF*),這類問題都是希望能夠把點對點之間旅行或轉移貨物的費用降至最低。

4.4 結語

本章涵蓋了一些嚴肅的基礎,介紹了集群的基本概念,並示範了如何把集群概念應用到 LinkedIn 專業人脈資料的各種方法。本章的核心內容確實比前幾章更進階,因為這裡開始嘗試解決一些常見的問題,例如雜亂資料的歸一化處理、歸一化資料的相似度計算,以及常見資料探勘技術方法相應的計算效率等等相關的討論。雖然閱讀這麼多艱難的內容,很難一次就完全消化吸收,但你如果覺得有點不知所措,請不要感到氣餒。或許你可以試著多讀幾次,慢慢就能完全吸收本章所介紹的細節。

還需要記住的是,雖然我們通常應該努力理解,挖掘社群網站過程中所採用的技術,以及背後相關的基礎知識,但如果只想運用集群處理相關的技巧,其實並不一定需要深入瞭解背後的理論。其他章節也一樣,你可以很輕易證明我們所介紹的內容,只不過是冰山的一角;實際上針對你的 LinkedIn 資料,還有很多本章並未介紹到的其他有趣操作方式，其中有很多只需要基本的頻率分析，根本用不到集群處理的做法。也就是說，你現在確實已經擁有一套相當強大的工具了。

 本章與其他各章的程式碼都以方便的 Jupyter Notebook 格式存放在 GitHub（*http://bit.ly/Mining-the-Social-Web-3E*），強烈建議你自己抓下來玩玩看。

4.5 推薦練習

- 花點時間探索一下你可以自由運用的各種個人檔案資訊。你可以嘗試把大家的工作地點與上學地點相關聯起來，分析一下大家是否傾向於搬入或搬出某些區域，結果可能會很有趣。

- 你可以嘗試使用 D3 各種不同的視覺化呈現方法（例如分級分區統計圖（choropleth map；*http://bit.ly/1a1mg0a*））來呈現你專業人脈中的資料。

- 閱讀一下相當振奮人心的最新版 geoJSON 規範（*http://bit.ly/1a1mggF*），看看如何生成 geoJSON 資料，進而輕鬆在 GitHub 建立具有互動性的視覺化呈現效果。你可以嘗試把這個技術應用到你的專業人脈，以取代 Google Earth。

- 查看一下 Data Science Toolkit（資料科學工具套件；*http://bit.ly/1a1mgNK*）裡的 geodict（*http://bit.ly/1a1mgxd*）以及其他的一些地理相關公用程式。你能否從任意文章提取出地點資訊，並以有意義的方式進行視覺化呈現，從而無需閱讀所有資料，即可洞悉資料中正在發生的事情？

- 挖掘 Twitter 或 Facebook 的個人檔案（profile），以取得其中的地理資訊，並以有意義的方式進行視覺化呈現。推文和 Facebook 貼文內通常會包含地理編碼，做為其結構化元資料的一部分。

- LinkedIn API 提供了一種方法，可以取得聯絡人的 Twitter handle[譯註]。你的 LinkedIn 聯絡人其中有多少人擁有 Twitter 帳號，與他的專業個人檔案相關聯？他們的帳號活躍程度如何？從潛在的雇主角度來看，他們在網路上表現出來的「Twitter 人格（Twitter personalities）」有多麼「專業」？

譯註　就是出現在 Twitter 網址最後面的使用者名稱。

- 你可以把本章的集群處理技術應用到推文中。如果給你某個使用者的推文，你能否提取出有意義的推文實體、定義出有意義的相似度計算方式，並以有意義的方式對推文進行集群處理？

- 你可以把本章的集群處理技術應用到 Facebook 的「讚」或貼文等等這類的資料中。如果給你某個朋友在 Facebook 中點「讚」的資料，你能否定義出有意義的相似度計算方式，並以有意義的方式對這些「讚」進行集群處理呢？如果你能取得所有朋友點過的所有「讚」，你能否把這些讚（或你的朋友）以有意義的方式分成好幾個集群呢？

4.6　線上資源

本章以下的幾個連結列表，可能對你有點用處：

- 必應（Bing）地圖入口頁（*http://bit.ly/1a1m5lq*）

- 中心點（Centroid；*http://bit.ly/1a1mbcW*）

- D3.js 範例庫（*http://bit.ly/1a1lMal*）

- 資料科學工具套件（*http://bit.ly/1a1mgNK*）

- 一般樹狀圖（Dendrogram；*http://bit.ly/1a1md4B*）

- `geopy` GitHub 程式碼儲存庫（*http://bit.ly/1a1m7Ka*）

- Google Maps API（*http://bit.ly/2GN6QU5*）

- KML（Keyhole Markup Language；鑰匙孔標記語言；*http://bit.ly/1a1meWb*）

- Levenshtein 距離（萊文斯坦距離；*http://bit.ly/2GN6QU5*）

- LinkedIn API 欄位選擇器語法（*http://bit.ly/2E7vahT*）

- LinkedIn 資料匯出（*http://linkd.in/1a1m4ho*）

- LinkedIn REST API 文件（*http://linkd.in/1a1lZuj*）

- 把 GitHub 的 geoJSON 檔案化為地圖（*http://bit.ly/1a1mp3J*）

- `python3-linkedin` PyPi 頁面（*http://bit.ly/2nNViqS*）

- 行商問題（Traveling salesman problem，也譯作「旅行推銷員問題」；*http://bit.ly/1a1mhkF*）

- 集群演算法教程（*http://bit.ly/1a1mbtp*）

## 第五章

挖掘文字檔案：
計算文件相似度、
提取出各種搭配詞

本章打算介紹文字探勘（text mining）[1]的一些基本概念；這裡可說是本書的一個轉折點。本書以 Twitter 資料的基本頻率分析做為開篇，後來又針對 LinkedIn 個人檔案內更複雜的資料進行更進階的集群分析，到了本章則開始針對一般文件中的文字訊息，介紹訊息檢索理論（information retrieval theory）的基礎（例如 TF-IDF、餘弦相似度和搭配詞偵測）。因此，本章的內容又會比前一章更複雜一些，如果各位能先閱讀過之前的章節，應該會有助於本章的理解。

 本書前一版是以目前已停止服務的 Google+ 做為本章的基礎。雖然這裡已不再強調以 Google+ 做為範例的基礎，但所介紹的核心概念幾乎還是與之前相同。為了保持連貫性，本章的範例還是和前一版一樣使用 Tim O'Reilly 的 Google+ 貼文。這些貼文的封存檔案，以及相應的範例程式碼，還是會放在 GitHub 供大家取用。

1　針對「**文字探勘**」（*text mining*）、**非結構化資料分析**（UDA，*unstructured data analytics*）或「**資訊檢索**」（*information retrieval*）等等這些常見的用語，其中所隱含的差異到底有什麼區別，這個問題本書並沒有深入細究，只是很簡單把它們視為本質上相同的東西來看待。

一般來說，我們盡可能不去重新發明輪子，或是從無到有重新打造分析工具，但如果出現非常基礎的概念，尤其是對於理解文字探勘非常重要的議題，我們還是會進行一些「比較深入的研究」。看完第四章之後，你應該就知道 NLTK 自然語言工具套件確實包含非常強大的技術；我們在本章還是會繼續使用其中的許多工具。一開始，它豐富的 API 套件可能會讓人有點不知所措，不過請不要擔心：雖然文字分析是一個極其多樣化而複雜的研究領域，但其中還是有許多強大的基礎概念，不需要你投資太多時間，就可以讓你走得很遠。本章及隨後各章的目的，就是要讓你好好磨練這些基礎概念。（針對 NLTK 的全面性介紹，並不在本書的討論範圍，不過你還是可以到 NLTK 網站（*http:// bit.ly/1a1mtAk*）中查看《Natural Language Processing with Python：Analyzing Text with the Natural Language Toolkit》（Python 自然語言處理：使用 NLTK 自然語言工具套件來分析文字，O'Reilly 出版）的全文內容。）

請務必從 GitHub（*http://bit.ly/Mining-the-Social-Web-3E*）取得本章（及其他各章）的最新程式碼。另外也請充分利用本書在虛擬機方面的經驗（參見附錄 A），以最大程度享用本書的範例程式碼。

5.1 本章內容

本章所使用的小型語料庫（corpus），是由一些類似部落格文章的文字檔案所構成，我們會運用這些資料，開始分析人類語言資料的旅程。你在本章會學習到以下這些內容：

- TF-IDF（術語頻率 - 逆文件頻率），這是一種分析文件內單詞的基本技術

- 如何把 NLTK 應用於理解人類語言的問題

- 如何把餘弦相似度（cosine similarity）應用到「如何用關鍵字查詢文件」這類的常見問題

- 如何偵測出搭配詞（collacation）的特定模式，進而從人類語言資料中提取出有意義的片語

5.2 文字檔案

雖然影音內容現在幾乎無所不在，但文字仍然是整個數位世界中最主要的溝通形式，而且這種情況短期內不太可能改變。甚至只要開發出一些很基本的技巧，從人類語言文字資料中彙整並提取出有意義的統計結果，這樣很可能就足以讓你更從容應付在社群網站甚至職業生涯中所遇到的各種問題。通常你可以假設在社群網站 API 所取得的文字資料，應該都是格式完整的 HTML，其中或許包含一些基本的標記，例如 < br /> 標籤或其他 HTML 實體。以最佳實務做法來說，你通常都需要進行一些額外的清理，整理一下其中的內容。範例 5-1 提供了一個範例，介紹如何利用一個叫做 cleanHtml 的函式，從原本帶有標籤的內容中提取出純文字。它運用了一個叫做 BeautifulSoup 的實用套件來處理 HTML，把 HTML 實體轉換回純文字。如果你還沒用過 BeautifulSoup，等你一旦把它添加到你的工具箱之後，很可能就不會想要再失去它了；即使 HTML 的內容有問題、違反了標準，它還是能以合理的方式處理 HTML，或是讓你得到比較合理的結果（例如取得其中的網路資料）。如果你尚未安裝此套件，只要輸入 **pip install beautifulsoup4** 即可進行安裝。

範例 5-1：*去除 HTML 標籤，並把 HTML 實體轉換成純文字的表達方式，藉此方式清理 HTML 的內容*

```python
from bs4 import BeautifulSoup # pip install beautifulsoup4

def cleanHtml(html):
    if html == "": return ""

    return BeautifulSoup(html, 'html5lib').get_text()

txt = "Don&#39;t forget about HTML entities and <strong>markup</strong> when "+\
    "mining text!<br />"

print(cleanHtml(txt))
```

 別忘了還有 pydoc 可以協助你學習；它可以在 terminal 終端提供一些關於套件、物件類別或 method 方法的相關線索。標準 Python 解譯器的 help 函式也很好用。還記得嗎？如果是在 IPython 的環境中，只要在 method 方法的名稱後面加上一個問號 ?，就可以顯示相應的文件字串（docstring）。

如果 HTML 內容本身沒什麼大問題，經過 cleanHtml 清理過之後，應該就能輸出相對乾淨的文字，接著可以再根據需要進一步精煉內容，以消除其他額外的雜訊。你在本章及後續章節學習過文字探勘的做法之後就會瞭解，減少文字內容中的雜訊，可說是提高準確度的關鍵。下面的文字範例出自提姆·歐萊禮（Tim O'Reilly）[譯註]，這是他在網路上思考隱私問題其中的一些想法。

以下就是其中的一些原始內容：

```
This is the best piece about privacy that I&#39;ve read in a long time!
If it doesn&#39;t change how you think about the privacy issue, I&#39;ll be
surprised.  It opens:<br /><br />&quot;Many governments (including our own,
here in the US) would have its citizens believe that privacy is a switch (that
is, you either reasonably expect it, or you don't). This has been demonstrated
in many legal tests, and abused in many circumstances ranging from spying
on electronic mail, to drones in our airspace monitoring the movements of
private citizens. But privacy doesn't work like a switch - at least it shouldn't
for a country that recognizes that privacy is an inherent right. In fact,
privacy, like other components to security, works in layers...&quot;<br /><br />
Please read!
```

接著是使用 cleanHtml() 函式清理過的內容：

```
This is the best piece about privacy that I've read in a long time!  If it
doesn't change how you think about the privacy issue, I'll be surprised.  It
opens: "Many governments (including our own, here in the US) would have its
citizens believe that privacy is a switch (that is, you either reasonably expect it,
or you don't). This has been demonstrated in many legal tests, and abused
in many circumstances ranging from spying on electronic mail, to drones in our
airspace monitoring the movements of private citizens. But privacy doesn't work like
a switch - at least it shouldn't for a country that recognizes that privacy is an
inherent right. In fact, privacy, like other components to security, works in
layers..." Please read!
```

針對來自各大社群網站 API 或各式各樣語料庫的內容，我們應該要有能力把它清理成乾淨的文字，並對這些文字進行操作，而這些全都是本章隨後討論文字探勘練習的基礎。下一節將介紹一種最經典的做法，透過一些統計數字來瞭解人類的語言資料。

譯註　歐萊禮的創辦人。

5.3 TF-IDF 超酷炫簡介

如果想對文字資料取得最深度的理解，一定要採用嚴格的自然語言處理（NLP；natural language processing）方法，例如分句、分詞、單詞分群（chunking）和實體偵測等等，不過一開始我們打算先介紹一些很有用的訊息檢索（IR；information retrieval）理論基礎。本章後續會介紹一些比較基礎的面向，包括 TF-IDF、餘弦相似度衡量方式，以及搭配詞（collocation）偵測背後的一些理論。第六章會針對 NLP 進行更深入的討論，可做為此處相關討論的延伸內容。

 如果你想更深入研究訊息檢索理論，Christopher Manning、Prabhakar Raghavan 和 Hinrich Schütze 的《*Introduction to Information Retrieval*》（訊息檢索簡介；劍橋大學出版社；*http://stanford.io/1a1mAvP*）在網路上就可以直接看到全文的內容，而且其中所提供的訊息，很可能比你想知道的還要多得多。

訊息檢索是包含許多專業的一個很廣泛的領域。這裡的討論只侷限在 TF-IDF 的範圍，因為 TF-IDF 是從語料庫（資料集合）檢索出相關文件的最基本技術之一。TF-IDF 代表的是「**術語頻率**」（*Term frequency*）與「**逆文件頻率**」（*inverse document frequency*），它會計算出一個歸一化分數，來代表文件中術語的相對重要性，可用於語料庫查詢。

以數學上來說，TF-IDF 就是術語頻率和逆文件頻率的「乘積」：$tf\_idf = tf * idf$，其中 tf 代表的是術語在某個特定文件中的重要性，而 idf 則表示術語在整個語料庫中相對的重要性。把這兩個項相乘所得出的分數，就等於同時考慮了這兩個因素；這個概念目前已經被整合，成為所有主要搜尋引擎其中的一部分了。為了更直觀瞭解 TF-IDF 的工作原理，接著我們就來逐一介紹這個分數相關的所有計算方法。

5.3.1 術語頻率

為了簡化說明，假設你有一個語料庫，其中包含三個範例文件，而且只要使用空格進行切分，就可以簡單切分出其中的每一個術語（term），如範例 5-2 的 Python 程式碼所示。

範例 5-2：本章將會持續使用的範例資料結構

```
corpus = {
 'a' : "Mr. Green killed Colonel Mustard in the study with the candlestick. \
Mr. Green is not a very nice fellow.",
 'b' : "Professor Plum has a green plant in his study.",
 'c' : "Miss Scarlett watered Professor Plum's green plant while he was away \
from his office last week."
}
terms = {
 'a' : [ i.lower() for i in corpus['a'].split() ],
 'b' : [ i.lower() for i in corpus['b'].split() ],
 'c' : [ i.lower() for i in corpus['c'].split() ]
 }
```

術語頻率可以簡單只採用術語在整段文字中出現的次數來表示，但更常見的做法是，可以進一步使用整段文字所有術語的總數量，來對其進行歸一化處理，這樣就可以讓計算出來的術語頻率，考慮到整個文件的總長度。舉例來說，「green」（已經先歸一化成小寫的格式）這個單詞（術語）在語料庫 corpus['a'] 中出現了兩次，而在語料庫 corpus['b'] 中只出現一次；如果出現的頻率是唯一的評分標準，語料庫 corpus['a'] 就會得到比較高的分數。但如果進一步根據文件長度進行歸一化處理，「green」在語料庫 corpus['b'] 的術語頻率分數（1/9）就會略高於語料庫 corpus['a']（2/19），因為語料庫 corpus['b'] 的總長度比語料庫 corpus['a'] 短很多。在進行「Mr. Green」這樣的複合詞查詢時，常用的計分方式就是先針對所查詢的每個單詞，把它在每個文件內相應的術語頻率分數進行加總，然後再根據加總後的術語頻率分數對文件進行排名，最後送回排名後的結果。

我們就來示範一下，在範例語料庫中查詢「Mr. Green」時，術語頻率的計算方式，其中表 5-1 會列出每個文件相應的歸一化分數。

表 5-1：「Mr. Green」術語頻率分數的範例

文件	tf 術語頻率（mr.）	tf 術語頻率（green）	加總和
語料庫 corpus['a']	2/19	2/19	4/19（0.2105）
語料庫 corpus['b']	0	1/9	1/9（0.1111）
語料庫 corpus['c']	0	1/16	1/16（0.0625）

在這個範例中，根據加總後的術語頻率分數，送回來的是語料庫 corpus['a']（這就是我們希望它送回來的結果），因為它是唯一包含「Mr. Green」這組單詞的語料庫。不過，這裡還是浮現出一些問題，因為術語頻率的計分模型顯然是把每個文件視為無序的單詞集合。舉例來說，如果查詢的是「Green Mr.」或「Green Mr. Foo」，都會送回與「Mr. Green」完全相同的分數，即使我們想要找的片語並沒有出現在句子範例中。此外，由於一些接在單詞後面的標點符號都沒有得到正確的處置，而且也沒有考慮單詞前後語境（context）不同的情況，因此我們很容易就可以故意設計出一些例子，讓使用術語頻率進行排名的技術得到相當差的結果。

針對文件進行評分，卻只單獨考慮術語頻率，似乎就是問題的源頭，而且這樣就沒有考慮到一些十分頻繁出現的單詞，也就是所謂的「**停止詞**」（*stopwords*），[2] 這樣的單詞幾乎在每個文件中都很常見。換句話說，這樣會讓所有單詞無論其重要性，全都以相同的方式進行加權。舉例來說，「the green plant（綠色植物）」裡頭就包含了「the」這個停止詞，這個詞會讓術語頻率的整體分數偏向語料庫 corpus['a']，因為「the」和「green」都在該文件中各出現兩次。相對來說，在語料庫 corpus['c'] 中，「green」和「plant」只各出現了一次。

根據 tf 的做法，相應的分數可參見表 5-2，其中語料庫 corpus['a'] 所得到的分數，就會比語料庫 corpus['c'] 來得高，只不過根據你的直覺，你相信合理的查詢結果應該不是這樣才對。（不過還好的是，語料庫 corpus['b'] 仍舊是排名最高的結果。）

表 5-2：「the green plant（綠色植物）」的術語頻率分數範例

文件	tf 術語頻率（the）	tf 術語頻率（green）	tf 術語頻率（plant）	加總和
語料庫 corpus['a']	2/19	2/19	0	4/19（0.2105）
語料庫 corpus['b']	0	1/9	1/9	2/9（0.2222）
語料庫 corpus['c']	0	1/16	1/16	1/8（0.125）

2　停止詞（Stopword）指的是文字中經常出現、但通常只帶有非常少量訊息的單詞。像 a、an、the 這類的限定詞，就是常見停止詞的例子。

5.3.2 逆文件頻率

其實 NLTK 這類的工具套件有提供停止詞列表，可用來過濾掉一些像是 *and*、*a*、*the* 之類的單詞，但大家還是要知道，即便使用最好的停止詞列表，還是有一些單詞不會被攔下來，可是這些單詞對於某些專業領域來說，同樣屬於很常見卻沒那麼重要的單詞。你當然可以根據特定的專業知識，定義自己專屬的停止詞列表，但逆文件頻率（IDF）這種衡量方式，則可以針對語料庫提供一種具有通用性的歸一化衡量方式。一般情況下，這種衡量方式除了考慮所查詢的術語，究竟出現在多少個文件中之外，同時也會考慮這個術語是不是經常出現在整組文件中。

這種衡量方式背後的直覺概念是，如果某個術語在整個語料庫中比較不常見，它就會得到比一般常見術語更高的值，如此一來便有助於解決之前所提到的停止詞所帶來的問題。舉例來說，如果在範例文件語料庫中查詢「green（綠色）」，應該會送回比較低的逆文件頻率分數，查詢「candlestick（燭台）」則會得到比較高的分數，因為「green」在每個文件中都有出現，但只有一個文件出現「candlestick」。從數學上來說，逆文件頻率的計算方式其中需要留意的一個細微之處，就是採用對數把計算結果壓縮在一定的範圍之內，因為它通常會與術語頻率相乘，也就是只被當成一個比例因子。對數函式的圖形可參考圖 5-1；如你所見，隨著橫軸的值逐漸增加，對數函式的值只會非常緩慢地增長，從而達到「壓縮」輸入值的效果。

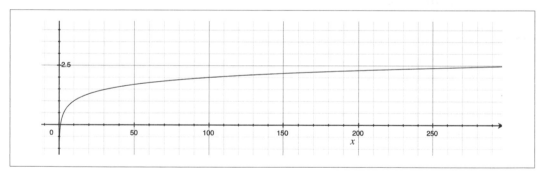

圖 5-1：對數函式會把比較大範圍的值「壓縮」到比較小的範圍內 —— 隨著 x 的增加，y 值增長的速度會變得越來越慢

表 5-3 提供的是前一節介紹術語頻率時，同一個範例所對應的逆文件頻率分數。下一節的範例 5-3 會顯示如何計算這些分數的相應程式碼。於此同時，你也可以在概念上把術語的 IDF 分數視為某個商數的對數，其中這個商數的定義，就是語料庫中文件的總數

量，除以語料庫中包含該單詞的文件數量。查看這些表格時請別忘了，雖然術語頻率分數是針對每個文件來進行計算，但逆文件頻率分數則是針對整個語料庫來進行計算。這麼做是有道理的，因為其目的是用來做為整個語料庫常用詞的歸一化（normalizer）工具。

表 5-3：出現在「mr. green」和「the green plant」中的單詞，相應的逆文件頻率分數範例

idf 逆文件頻率 （mr.）	idf 逆文件頻率 （green）	idf 逆文件頻率 （the）	idf 逆文件頻率 （plant）
1+log(3/1)= 2.0986	1 +log(3/3)= 1.0	1 +log(3/1)= 2.0986	1 +log(3/2)= 1.4055

5.3.3 TF-IDF

到這裡為止，我們已做出完整說明，並設計出一種方法，可以在查詢多個單詞時，計算出相應的分數，這個分數會考慮單詞在文件中出現的頻率、出現該單詞的文件相應的長度，以及該單詞在整個語料庫所有文件中的整體獨特性。透過相乘的方式，我們可以把術語頻率和逆文件頻率的概念組合成一個單一的分數值，也就是 *TF–IDF = TF*IDF*。範例 5-3 就是實作這個概念很簡單的一段程式碼，應該有助於強化這裡所描述的概念。請花點時間檢視一下這段程式碼，隨後我們還會再討論一些查詢範例。

範例 *5-3*：針對範例資料執行 *TF-IDF*

```
from math import log

# 輸入所要查詢的術語，對語料庫進行查詢
QUERY_TERMS = ['mr.', 'green']

def tf(term, doc, normalize=True):
    doc = doc.lower().split()
    if normalize:
        return doc.count(term.lower()) / float(len(doc))
    else:
        return doc.count(term.lower()) / 1.0


def idf(term, corpus):
    num_texts_with_term = len([True for text in corpus if term.lower()
                              in text.lower().split()])
```

```
    # tf-idf 在進行相乘時，有可能遇到 tf 值小於 1 的情況，
    # 我們會送回一個大於 1 的值，以保持分數的一致性。
    # （兩個小於 1 的數字相乘。結果一定比原本的兩個數字更小。）

    try:
        return 1.0 + log(float(len(corpus)) / num_texts_with_term)
    except ZeroDivisionError:
        return 1.0


def tf_idf(term, doc, corpus):
    return tf(term, doc) * idf(term, corpus)


corpus = \
    {'a': 'Mr. Green killed Colonel Mustard in the study with the candlestick. \
Mr. Green is not a very nice fellow.',
     'b': 'Professor Plum has a green plant in his study.',
     'c': "Miss Scarlett watered Professor Plum's green plant while he was away \
from his office last week."}

for (k, v) in sorted(corpus.items()):
    print(k, ':', v)
print()

# 針對查詢的每個術語，計算累計的 tf_idf 分數，以得出最終的分數

query_scores = {'a': 0, 'b': 0, 'c': 0}
for term in [t.lower() for t in QUERY_TERMS]:
    for doc in sorted(corpus):
        print('TF({0}): {1}'.format(doc, term), tf(term, corpus[doc]))
    print('IDF: {0}'.format(term), idf(term, corpus.values()))
    print()

    for doc in sorted(corpus):
        score = tf_idf(term, corpus[doc], corpus.values())
        print('TF-IDF({0}): {1}'.format(doc, term), score)
        query_scores[doc] += score
    print()

print("Overall TF-IDF scores for query '{0}'".format(' '.join(QUERY_TERMS)))
for (doc, score) in sorted(query_scores.items()):
    print(doc, score)
```

輸出範例如下：

```
a : Mr. Green killed Colonel Mustard in the study...
b : Professor Plum has a green plant in his study.
c : Miss Scarlett watered Professor Plum's green...

TF(a): mr. 0.105263157895
TF(b): mr. 0.0
TF(c): mr. 0.0
IDF: mr. 2.09861228867

TF-IDF(a): mr. 0.220906556702
TF-IDF(b): mr. 0.0
TF-IDF(c): mr. 0.0

TF(a): green 0.105263157895
TF(b): green 0.111111111111
TF(c): green 0.0625
IDF: green 1.0

TF-IDF(a): green 0.105263157895
TF-IDF(b): green 0.111111111111
TF-IDF(c): green 0.0625

Overall TF-IDF scores for query 'mr. green'
a 0.326169714597
b 0.111111111111
c 0.0625
```

雖然這裡只針對規模很小的語料庫進行示範，但即使是比較大的資料集，所牽涉到的計算還是相同的。表 5-4 針對之前的三個查詢範例，重新整理程式的輸出結果，其中牽涉到四個不同的單詞術語：

- 「green」（綠色）

- 「mr. green」（格林先生）

- 「the green plant」（綠色植物）

雖然每個單詞相應的 IDF 都是針對整個語料庫進行計算，不過 TF 還是分別針對不同文件來進行計算，因此你可以自行嘗試把兩個數字相乘起來，輕鬆驗算一下 TF-IDF 的分數值。只要查看一下查詢結果，你就會發現 TF-IDF 的強大功能令人印象深刻，因為它並沒有考慮文件中單詞的相近程度或順序。

表 5-4：TF-IDF 範例查詢所牽涉到的計算（根據範例 5-3 的計算）

文件	tf 術語頻率（mr.）	tf 術語頻率（green）	tf 術語頻率（the）	tf 術語頻率（plant）
語料庫 corpus['a']	0.1053	0.1053	0.1053	0
語料庫 corpus['b']	0	0.1111	0	0.1111
語料庫 corpus['c']	0	0.0625	0	0.0625

idf 逆文件頻率（mr.）	idf 逆文件頻率（green）	idf 逆文件頻率（the）	idf 逆文件頻率（plant）
2.0986	1.0	2.099	1.4055

	tf-idf（mr.）	tf-idf（green）	tf-idf（the）	tf-idf（plant）
語料庫 corpus['a']	0.1053*2.0986 = 0.2209	0.1053*1.0 = 0.1053	0.1053*2.099 = 0.2209	0*1.4055 = 0
語料庫 corpus['b']	0*2.0986 = 0	0.1111*1.0 = 0.1111	0*2.099 = 0	0.1111*1.4055 = 0.1562
語料庫 corpus['c']	0*2.0986 = 0	0.0625*1.0 = 0.0625	0*2.099 = 0	0.0625*1.4055 = 0.0878

每一個查詢相應的結果就顯示在表 5-5，其中 TF-IDF 的值是針對每個文件相加而來。

表 5-5：查詢範例相應加總後的 TF-IDF 值，這些值都是透過範例 5-3 計算而得的
（粗體值代表的就是三個查詢所對應的最高分數）

查詢	語料庫 corpus['a']	語料庫 corpus['b']	語料庫 corpus['c']
green	0.1053	**0.1111**	0.0625
Mr. Green	0.2209 + 0.1053 = **0.3262**	0 + 0.1111 = 0.1111	0 + 0.0625 = 0.0625
the green plant	0.2209 + 0.1053 + 0 = **0.3262**	0 + 0.1111 + 0.1562 = 0.2673	0 + 0.0625 + 0.0878 = 0.1503

如果從定性的角度來看，這樣的查詢結果相當合理。查詢「green」時，勝利者是語料庫 corpus['b'] 文件，而語料庫 corpus['a'] 則只以分毫之差落敗。在這個例子中，關鍵因素在於語料庫 corpus['b'] 的長度比語料庫 corpus['a'] 的長度短了許多，因此就算「green」在語料庫 corpus['a'] 中出現了兩次，但歸一化 TF 分數還是讓「green」只出現一次的語料庫 corpus['b'] 勝出。由於在三個文件中都有出現「green」這個單詞，因此 IDF 這個項在計算中發揮了主要的效果。

不過要注意的是，在某些 IDF 的實作中，如果看到「green」送回來的是 0.0 而不是 1.0，由於計算過程中 TF 會與這個 0.0 相乘，因此「green」這個單詞針對這三個文件所

計算出來的 TF-IDF 分數就會通通變成 0.0。有時在某些特定的情況下，IDF 分數送回來的是 0.0 而不是 1.0，反而會有更好的效果。舉例來說，如果你有 100,000 個文件，而所有文件中都有「green」這個單詞，這樣幾乎就可以把它視為停止詞，進而希望在查詢中完全去除其影響。

在查詢「Mr. Green」時，語料庫 corpus['a'] 顯然是很明顯也很恰當的勝出者。不過它同時也是查詢「the green plant」時分數最高的結果。或許你可以練習思考一下，為什麼在這個查詢中分數最高的是語料庫 corpus['a'] 而不是語料庫 corpus['b']（乍看之下好像還蠻奇怪的）。

最後要注意的一點是，在範例 5-3 所提供的實作範例中，我們在對數計算的前面增加了一個 1.0 的值，從而調整了 IDF 分數；這主要是出於說明的目的，因為我們正在處理的是一個比較小的文件集合。如果在計算過程中少了這個 1.0 的調整，idf 函式很有可能就會送回小於 1.0 的值，這樣就會導致在 TF-IDF 的計算中，變成有兩個小於 1.0 的值在進行相乘。由於把兩個小於 1.0 的數字相乘的結果，一定小於原本那兩個值，而在 TF-IDF 計算中，這是一個很容易被忽略的極端情況。各位可以回想一下 TF-IDF 計算方式背後的直覺概念，我們終究還是希望能夠以相乘的方式，讓比較相關的查詢結果可以得到比較大的 TF-IDF 分數。

5.4 用 TF-IDF 查詢人類語言資料

接下來我們可以運用前一節剛學到的理論，試著把它付諸實踐。我們會在本節正式介紹 NLTK，這是一個可用來處理自然語言的強大工具套件，我們會用它來進行人類語言資料的分析。

5.4.1 引進 NLTK 自然語言工具套件

如果你尚未安裝 Python 的 NLTK 自然語言工具套件，現在就可以輸入 `pip install nltk` 進行安裝。NLTK 可以讓你輕鬆探索資料，而且一開始不用花很多的力氣，就可以對資料形成一些概念。不過在繼續往下閱讀之前，請先在 Python 解譯器中執行一下範例 5-4 的程式碼，體會一下 NLTK 所提供的強大功能。如果你之前沒用過 NLTK，別忘了可以使用預設的 help 函式，隨時取得更多的詳細訊息。舉例來說，只要在解譯器中輸入 `help(nltk)`，就可以取得 NLTK 套件相關的文件。

在 NLTK 中並不是所有功能函式都是為了運用到生產環境而設計，因為其中有些功能函式的輸出會被送到 console 控制台中，而且這些輸出也無法送進 list 列表之類的資料結構中。從這個角度來說，像 nltk.text.concordance 這類的 method 方法，通常就被認為是「示範功能函式」（demo functionality）。其實許多 NLTK 模組都有一個叫做 demo 的示範函式，你隨時都可以調用這個 demo 示範函式，來了解如何使用所提供的各種功能函式，而且這些示範函式的程式碼，也是學習如何使用 API 的一個很好的起點。舉例來說，你只要在解譯器中執行 nltk.text.demo()，就可以進一步了解 nltk.text 模組所提供的各種功能。

範例 5-4 示範了一些可用來探索資料的好方法，只要在具有互動性的解譯器中執行，就可以直接看到範例輸出，而本章的 Jupyter Notebook 中也包含了這些可用來探索資料的相同指令。請各位隨著這個範例進行嘗試，並檢查過程中每個步驟的輸出。你知道如何利用 Python 的解譯器執行界面，理解這些相應的輸出嗎？你可以自己先觀察一下，我們隨後也會討論其中的一些細節。

 下一個範例會用到所謂的停止詞（stopwords）；之前曾介紹過，停止詞就是經常在文字中出現，但通常只會傳達很少訊息的單詞（例如 *a*、*an*、*the* 這類的限定詞）。

範例 5-4：運用 *NLTK* 探索文字資料

```
# 藉由探索資料的方式，探索 NLTK 的一些功能函式
# 這裡會有一些針對互動式解譯器 session 的建議。

import json
import nltk

# 如果有一些 nltk 輔助套件還沒下載的話，這裡會進行下載
nltk.download('stopwords')

# 從你保存資料的任何位置，載入人類語言資料
DATA = 'resources/ch05-textfiles/ch05-timoreilly.json'
data = json.loads(open(DATA).read())

# 把標題和貼文內容結合起來
all_content = " ".join([ i['title'] + " " + i['content'] for i in data ])

# 估計一下文字的位元組數量
print(len(all_content))
```

```python
tokens = all_content.split()
text = nltk.Text(tokens)

# 有出現「open」這個單詞的範例
text.concordance("open")

# 文字中常見的搭配詞（通常是有意義的片語）
text.collocations()

# 針對感興趣的單詞，進行頻率分析
fdist = text.vocab()
print(fdist["open"])
print(fdist["source"])
print(fdist["web"])
print(fdist["2.0"])

# 整段文字內所有單詞的數量
print('Number of tokens:', len(tokens))

# 整段文字內唯一而不重複的單詞數量
print('Number of unique words:', len(fdist.keys()))

# 不屬於停止詞的常見單詞
print('Common words that aren\'t stopwords')
print([w for w in list(fdist.keys())[:100]
    if w.lower() not in nltk.corpus.stopwords.words('english')])

# 長度比較長、但不是 URL 的單詞
print('Long words that aren\'t URLs')
print([w for w in fdist.keys() if len(w) > 15 and 'http' not in w])

# URL 的數量
print('Number of URLs: ',len([w for w in fdist.keys() if 'http' in w]))

# 前 10 個最常見的單詞
print('Top 10 Most Common Words')
print(fdist.most_common(10))
```

 本章的範例（包括先前的範例）都是使用 split 方法來對文字進行分詞
（tokenize）。分詞的工作並不只是用空格進行切分那麼簡單而已，隨後
在第六章會引入更複雜的分詞做法，在一般情況下可以達到更好的效果。

在解譯器中執行最後一個指令之後，就會列出單詞的頻率分佈，並按照頻率高低排列。沒什麼意外，像 *the*、*to*、*of* 這類的停止詞果然是最頻繁出現的單詞，不過頻率下降的情況非常陡峭，而且整個分佈拖著很長的尾巴。雖然這裡處理的只是少量的文字資料樣本，但對於任何自然語言頻率分析來說，這種現象十分正常。

Zipf 定律（Zipf law；*http://bit.ly/1a1mCUD*）是一個很著名的自然語言經驗定律，它斷定一個單詞在語料庫中出現的頻率，會與它在頻率表中的排名成反比。具體來說，如果語料庫中最頻繁出現的單詞佔單詞總數的 *N*%，則語料庫中第二頻繁出現的單詞就應該佔單詞總數的（*N/2*）%，而第三頻繁出現的單詞則佔（*N/3*）%，其餘依此類推。如圖 5-2 所示，這種分佈會呈現出一條很貼近座標軸的曲線（即使只有小量的資料樣本也是如此）。

儘管一開始可能並不明顯，但在這樣的分佈中，大部分區域都會落在其尾部，而且對於一個足夠大、足以覆蓋合理語言樣本的語料庫而言，總是會呈現出很長的尾部。如果把這種分佈繪製到對數座標軸上，只要樣本的數量達到一定的代表性，曲線就會趨近於一條直線。

Zipf 定律可以讓你了解單詞在語料庫中出現的頻率分佈應該是什麼樣子，而且它提供了一些經驗法則，可用來估算相應的頻率。舉例來說，如果你知道某個語料庫中有一百萬個（有可能重複而非唯一的）單詞，而且你假設最常見的單詞（在英語中通常是「*the*」）佔單詞的 7%[3]，這樣你就可以根據演算法進行邏輯推衍，計算出頻率分佈中某些特定單詞的總數量。有時這種簡單、看似隨性的算術運算法則，就足以用來檢查一些需要長時間運行的假設，或是在對某些足夠大的資料集進行某些計算之前，先確認一下該計算是不是很容易處理。

---

[3] 「*the*」這個單詞在布朗語料庫（Brown Corpus；*http://bit.ly/1a1mB2X*）中佔了所有單詞的 7%；如果你面對的是一個完全不瞭解其中相關資訊的語料庫，7% 這個數字或許可以做為一個合理的起始點。

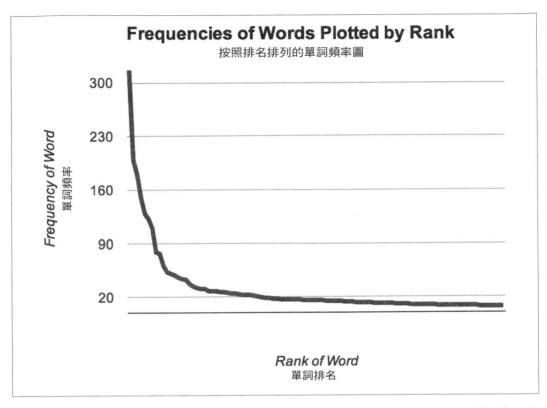

圖 5-2：單詞出現在小樣本資料中的頻率分佈曲線，非常「貼近」座標軸；如果採用對數座標，畫出來會更接近一條斜率為負的直線

你能否運用本章所介紹的技術，結合第一章介紹過的 iPython 繪圖函式，針對自己的小型語料庫其中的文字內容，繪製出類似圖 5-2 這樣的曲線呢？

5.4.2 把 TF-IDF 應用到人類語言

接下來我們就把 TF-IDF 套用到範例文字資料中，查看一下它為何可做為資料查詢的工具。NLTK 提供了一些抽象類別（abstractions），我們可以直接使用，而不必自行編寫，因此在你瞭解基本理論之後，實際上要做的事情並不多。範例 5-5 的程式碼假設你正在使用的是本章範例程式碼所提供的 JSON 檔案其中的範例資料，它可以讓你傳遞多個查詢單詞，然後再根據相關性對文件進行評分。

範例 *5-5*：運用 *TF-IDF* 查詢文字資料

```
import json
import nltk

# 請在這裡提供你自己想要查詢的術語

QUERY_TERMS = ['Government']

# 從你保存資料的任何位置，載入人類語言資料
DATA = 'resources/ch05-textfiles/ch05-timoreilly.json'
data = json.loads(open(DATA).read())

activities = [post['content'].lower().split()
              for post in data
                if post['content'] != ""]

# TextCollection 提供了 tf、idf 和 tf_idf 相應的抽象類別，
# 因此我們並不需要自行維護與計算

tc = nltk.TextCollection(activities)

relevant_activities = []

for idx in range(len(activities)):
    score = 0
    for term in [t.lower() for t in QUERY_TERMS]:
        score += tc.tf_idf(term, activities[idx])
    if score > 0:
        relevant_activities.append({'score': score, 'title': data[idx]['title']})

# 根據分數進行排序，然後把結果顯示出來

relevant_activities = sorted(relevant_activities,
                             key=lambda p: p['score'], reverse=True)
for activity in relevant_activities:
```

```
print('Title: {0}'.format(activity['title']))
print('Score: {0}'.format(activity['score']))
print()
```

針對提姆·歐萊禮（Tim O'Reilly）在網路上所發表的想法，如果用「Government（政府）」進行查詢，其結果範例如下：

```
Title: Totally hilarious and spot-on. Has to be the best public service video...
Score: 0.106601312641

Title: Excellent set of principles for digital government. Echoes those put...
Score: 0.102501262155

Title: "We need to show every American competent government services they can...
Score: 0.0951797434292

Title: If you're interested about the emerging startup ecosystem around...
Score: 0.091897683311

Title: I'm proud to be a judge for the new +Code for America tech awards. If...
Score: 0.0873781251154

...
```

每次給定一個想要搜尋的術語時，如果可以先依照內容相關性排名進行排列，我們就可以把注意力放在排名較高的內容上，這樣在分析非結構化文字資料時，會有非常大的好處。你可以嘗試看看其他的一些查詢，並以定性的方式查看相應的結果，藉此瞭解 TF-IDF 衡量方式的運作情況，同時要記住的是，分數的絕對值並不是那麼重要，但透過相關性對文件進行排序並找出所要的文件，這樣的能力十分重要。接下來你就可以開始考慮各式各樣的方法，進一步進行調整或強化，以獲得更好的效果。其中有一種明顯的改進做法，可以留給讀者做為練習 —— 各位可以把一些因為不同時態或文法因素而產生變化的動詞，先轉換成相同的原型動詞（stem；詞幹），這樣就可以在相似度計算中做出更準確的計算。`nltk.stem` 模組針對好幾種常見的詞幹（stem）演算法，提供了很容易使用的實作。

現在我們就可以把這個新工具，運用於找出相似文件這類的基本問題了。一旦有能力把注意力放在感興趣的文件上，接下來我們自然就會進一步去探索其他可能感興趣的內容了。

5.4.3 找出類似的文件

一旦查詢到相關的文件，下一步你可能想做的事，就是找出類似的文件。TF-IDF 所提供的是一種根據搜尋單詞來收窄語料庫的方法，而餘弦相似度（cosine similarity）則是用來比較文件最常用的技術之一，也是找出相似文件的關鍵技術。為了理解餘弦相似度，首先必須對向量空間模型（vector space model）進行簡要的介紹，這就是下一節的主題。

向量空間模型和餘弦相似度的理論基礎

之前曾強調過，TF-IDF 會把文件模型化成一個無序的單詞集合，而對文件進行模型化的另一種方便做法，就是使用一種叫做「向量空間」（vector space）的模型。向量空間模型背後的基本理論是，假設有一個很大的多維空間，其中每個文件用一個向量來表示，而且任意兩個向量之間的距離，就代表相應文件的相似度。向量空間模型最漂亮的部分就是，你也可以把查詢改用向量來表示，只要找出與查詢向量距離最短的文件向量，就可以找出與查詢最相關的文件。

雖然實際上不大可能用一個小節就把這個主題說清楚，但如果你對文字探勘（text mining）或訊息檢索（information retrieval）領域有興趣，對向量空間模型有基本的瞭解是很重要的。如果你對背景理論真的不感興趣，想要趕快進入實作的細節，你也可以隨時跳往下一節的內容。

> 本節假設你對三角函數有基本的瞭解。如果你對三角函數的技巧有點生疏，請把本節內容當成是複習高中數學的絕好機會。如果你實在沒有精力研究，只需略讀本節的內容即可；我們會用數學來確保相似度的計算嚴謹性，好讓我們可以放心用它來找出相似的文件。

一開始先確實釐清「向量」（vector）這個術語的含義，應該有一定的好處，因為在不同研究領域中，「向量」這個術語有著許多微妙的不同。一般來說，向量是一串數字，既可以表示相對於原點的方向，又可以表示相對於原點的距離。向量可以很自然地在 N 維空間中，用原點與一個點之間的線段來表示。

為了示範說明，假設有一個文件，其中只有兩個術語（「Open」和「Web」），這個文件對應的向量為（0.45, 0.67），其中向量裡的值，就是單詞的 TF-IDF 分數值。在向量空間中，這個文件可以用二維的方式，透過一條從（0, 0）的原點延伸到（0.45, 0.67）這個點的線段來表示。在 xy 平面上，x 軸代表的是「Open」，y 軸則表示「Web」，而從（0, 0）連往（0.45, 0.67）的向量，則代表這個問題所要處理的文件。一個比較複雜的文件，通常至少會包含好幾百個術語，不過這些高維空間比較難以想像，而對文件進行模型化的基本原理卻是相同的。

你可以嘗試一下，試著把文件的視覺化呈現方式從二維過渡到三維（三個維度分別代表「Open」、「Web」和「Government」）。然後你就會發現，雖然想用視覺化方式呈現變得比較不容易，但使用向量來表示文件還是沒有問題的。如果要讓理論可以一體適用，你就必須確認二維空間裡的向量運算方式，同樣可以運用到 10 維或 367 維的空間之中。圖 5-3 顯示的就是範例向量在三維空間中的圖形。

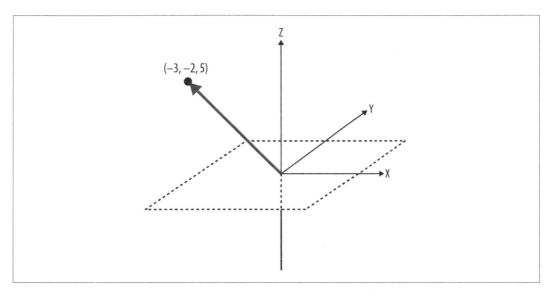

圖 5-3：在 3D 空間中繪製出（−3，−2、5）範例向量；從原點開始，先向左移動三個單元，再往 y 軸負的方向移動兩個單元，然後向上移動五個單元，就可以到達該點

我們可以把文件模型化成透過術語來呈現的向量，把文件中的每個術語都用相應的 TF-IDF 分數來表示，而接下來的任務，就是判斷哪一種衡量方式，最能代表兩個文件之間的相似度。事實證明，任意兩個向量之間夾角的餘弦，就是可用來進行比較的一種有效衡量方式，這也就是所謂的向量「餘弦相似度」。雖然可能沒有那麼直觀，但經過多年的科學研究證明，針對以術語向量表示的文件來說，餘弦相似度確實是一種非常有效的衡量方式。（不過這種做法也和 TF-IDF 一樣，還是有許多相同的問題；本章的結語對此會有一段簡短的摘要說明。）餘弦相似度背後細節的嚴格證明，已超出本書的範圍，但

其中的要點是，任兩個向量之間夾角的餘弦值，可用來表示它們之間的相似度，而且其值就等於兩個相應單位向量的點積（*http://bit.ly/1a1mBjn*）。

從直觀上來看，兩個向量之間越接近，它們之間的角度就會越小，因此夾角的餘弦值就會越大，這樣的想法應該是有幫助的。譬如兩個完全相同的向量，其夾角一定是 0 度，因此相似度就是 1.0；如果是兩個相互正交的向量，夾角就是 90 度，相似度就是 0.0。請參見下面的示範說明：

$\vec{doc1} \cdot \vec{doc2} = \|doc1\| \cdot \|doc2\| \cdot \cos\Theta$	根據三角函數的關係
$\dfrac{\vec{doc1} \cdot \vec{doc2}}{\|doc1\| \cdot \|doc2\|} = \cos\Theta$	化為除法的形式
$\hat{doc1} \cdot \hat{doc2} = \cos\Theta$	再運用「單位向量」的定義
$\hat{doc1} \cdot \hat{doc2} = $ 相似度 (doc1, doc2)	最後得出相似度的定義 （假設：$\cos\Theta = $ 相似度 (doc1, doc2)

單位向量的長度為 1.0（根據定義），因此你可以看到，用單位向量來計算文件相似度的好處在於，它已經針對向量的長度變化進行過歸一化處理。下一節我們就會運用到這些新學到的知識。

利用餘弦相似度對貼文進行集群處理

從前面的討論可以瞭解到，其中最重要的就是「如果要計算兩個文件之間的相似度，實際上只需要針對每個文件生成一個術語向量，再針對這些文件計算單位向量的點積」。NLTK 可透過 nltk.cluster.util.cosine_distance(v1, v2) 函式來計算餘弦相似度，因此文件的比較確實變得非常簡單。正如範例 5-6 所示，所要做的工作只不過就是生成適當的術語向量而已；簡而言之，它會把 TF-IDF 分數指定給文件向量的各個分量，以計算出文件相應的術語向量。不過，由於兩個文件所使用的單詞並不完全相同，因此如果有某個單詞並沒有出現在其中一個文件、但有出現在另一個文件中，就必須在向量中保留一個值為 0.0 的佔位符。最後會得到兩個長度相同的向量，這些向量的各個分量會按照相同的順序排列，可用於執行後續的向量操作。

舉例來說，假設「**文件 1**」包含術語（*A, B, C*），而且以 TF-IDF 加權的相應向量為（*0.10, 0.15, 0.12*）；「**文件 2**」包含術語（*C, D, E*），以 TF-IDF 加權的相應向量為

（*0.05, 0.10, 0.09*）。「文件 1」所衍生出來的向量為（*0.10, 0.15, 0.12, 0.0, 0.0*），「文件 2」所衍生出來的向量則是（*0.0, 0.0, 0.05, 0.10, 0.09*）。這些向量全都可以送進 NLTK 的 cosine_distance 函式中，從而得出餘弦相似度。在 cosine_distance 內部會使用到 numpy 模組，以非常有效率的方式計算出單位向量的點積，也就是這裡所要的結果。

> 雖然本節的程式碼重複使用之前介紹過的 TF-IDF 相關計算，但是實際的計分函式其實可以採用任何其他有用的衡量方式。不過 TF-IDF（或其他變形做法）在許多實作中非常普遍，可以做為一個很好的起點。

範例 5-6 說明的是如何使用餘弦相似度，找出語料庫中最相似文件的做法。這樣的做法應該也可以適用於任何其他類型的人類語言相關資料，例如部落格文章或書籍內容等等。

範例 5-6：使用餘弦相似度找出相似的文件

```
import json
import nltk
import nltk.cluster

# 從你保存資料的任何位置，載入人類語言資料
DATA = 'resources/ch05-textfiles/ch05-timoreilly.json'
data = json.loads(open(DATA).read())

all_posts = [ (i['title'] + " " + i['content']).lower().split() for i in data ]

# tf、idf 和 tf_idf 這些相應的抽象類別可用來進行評分

tc = nltk.TextCollection(all_posts)

# 計算出一個以術語和文件為索引的矩陣 td_matrix[doc_title][term]
# 可針對文件中的術語，送回相應的 tf-idf 分數

td_matrix = {}
for idx in range(len(all_posts)):
    post = all_posts[idx]
    fdist = nltk.FreqDist(post)

    doc_title = data[idx]['title'].replace('\n', '')
    td_matrix[doc_title] = {}

    for term in fdist.keys():
```

```
            td_matrix[doc_title][term] = tc.tf_idf(term, post)

# 根據術語相應的分數，建立相應的向量

distances = {}
for title1 in td_matrix.keys():

    distances[title1] = {}
    (min_dist, most_similar) = (1.0, ('', ''))

    for title2 in td_matrix.keys():

        # 注意不要弄亂原本的資料結構
        # 因為在迴圈內部需要多次運用到原本的資料內容

        terms1 = td_matrix[title1].copy()
        terms2 = td_matrix[title2].copy()

        # 沒有對應的位置要填入 0，這樣向量才會有相同的長度，可以進行後續的計算
        for term1 in terms1:
            if term1 not in terms2:
                terms2[term1] = 0

        for term2 in terms2:
            if term2 not in terms1:
                terms1[term2] = 0

        # 根據術語的對應關係，建立相應的向量
        v1 = [score for (term, score) in sorted(terms1.items())]
        v2 = [score for (term, score) in sorted(terms2.items())]

        # 計算出文件之間的相似度
        distances[title1][title2] = nltk.cluster.util.cosine_distance(v1, v2)

        if title1 == title2:
            # print distances[title1][title2]
            continue

        if distances[title1][title2] < min_dist:
            (min_dist, most_similar) = (distances[title1][title2], title2)

    print(u'Most similar (score: {})\n{}\n{}\n'.format(1-min_dist, title1,
                                                        most_similar))
```

你或許已經發現，這裡關於餘弦相似度的討論其實很有趣，其中最棒的是「在向量空間中進行查詢」與「計算文件之間的相似度」竟然是相同的操作；你不只可以比較文件向量，還可以直接讓查詢向量與文件向量進行比較；一開始發現這件事時，你可能會覺得很神奇。或許你可以再花點時間思考一下：在數學上之所以能夠有這樣的效果，其實是出於一種相當深刻的洞見。

不過，我們在實作程式計算整個語料庫的相似度時，請特別注意，最單純的做法就是構建出一個包含查詢單詞的向量，然後再把它與語料庫中的每個文件進行比較。但就算只是規模中等的語料庫，直接把查詢向量與每個可能的文件向量進行比較，這樣的做法顯然也不是個好主意，而且為了要能夠適當使用索引，你必須做出一些良好的工程決策，才能實現具有可擴展能力的解決方案。

我們在第四章曾簡短提到在進行集群處理時，「降維」可做為一種處理問題的基本做法，而在這裡我們又再次看到了相同的概念。事實上，每當你遇到相似度計算時，幾乎都會迫切需要進行降維的動作，好讓計算可以變得容易一些。

利用矩陣圖，以視覺化方式呈現文件相似度

本節打算介紹一種可用來視覺化呈現不同項目之間相似度的方法，它會用到一種很類似 graph 圖的結構，其中文件之間的關係強度，是以文件之間的相似度衡量值來予以呈現。這是一個絕佳的機會，可以讓 matplotlib（*https://matplotlib.org/*）引入更多資料視覺化呈現效果；matplotlib（*https://matplotlib.org/*）是一個很受歡迎的函式庫，可以在 Python 創建出許多高品質的圖形。如果你正在使用 Jupyter Notebook 的程式碼範例，只要透過 % matplotlib inline 這樣的一行宣告，就可以直接在 notebook 中呈現出各種資料視覺化效果。

範例 5-7 顯示的是如何生成文件相似度矩陣，並以視覺化方式呈現結果所需的程式碼，所顯示的結果如圖 5-4 所示。分析所有文件之間的餘弦相似度並保存起來之後，矩陣中的 (i, j) 單元格代表的就是用 1.0 減去「文件 i」和「文件 j」之間餘弦距離的結果。我們在範例 5-6 已經計算過 distances 陣列。這段範例程式碼包含了 `%matplotlib inline` 這個「神奇的指令」。這行程式碼只有在 Jupyter Notebook 環境下才會起作用，它可以讓 Notebook 在單元格之間直接把圖片畫出來。

範例 5-7：畫出一個可直觀呈現文件之間餘弦相似度的圖形

```python
import numpy as np
import matplotlib.pyplot as plt # pip install matplotlib
%matplotlib inline

max_articles = 15

# 取得文件標題（titles）──也就是 'distances' 這個 dict 的鍵值
keys = list(distances.keys())

# 只取其中一部分文字作為文件的標題
titles = [l[:40].replace('\n',' ')+'...' for l in list(distances.keys())]

n_articles = len(titles) if len(titles) < max_articles else max_articles

# 建立一個恰當尺寸的矩陣，用來保存相似度分數
similarity_matrix = np.zeros((n_articles, n_articles))

# 以迴圈迭代的方式遍歷矩陣中的每個單元
for i in range(n_articles):
    for j in range(n_articles):
        # 取得文件 i 與文件 j 之間的餘弦距離
        d = distances[keys[i]][keys[j]]

        # 保存文件 i 與文件 j 之間的「相似度」，其定義為 1.0 - 餘弦距離
        similarity_matrix[i, j] = 1.0 - d


# 建立圖片與相應軸
fig = plt.figure(figsize=(8,8), dpi=300)
ax = fig.add_subplot(111)

# 以視覺化方式呈現矩陣，並用不同顏色的方塊來呈現不同的相似度
ax.matshow(similarity_matrix, cmap='Greys', vmin = 0.0, vmax = 0.2)

# 設定 regular ticks，每一個 tick 代表一個文件
ax.set_xticks(range(n_articles))
ax.set_yticks(range(n_articles))

# 用文件的標題來做為 tick 的標籤
ax.set_xticklabels(titles)
ax.set_yticklabels(titles)

# 把 x-軸的標籤旋轉 90 度
plt.xticks(rotation=90);
```

這段程式碼會畫出如圖 5-4 所示的矩陣圖（不過文字標籤已有部分刪節）。特別顯眼的黑色對角線，代表的是語料庫中各個文件的自相似度（selg-similarity）。

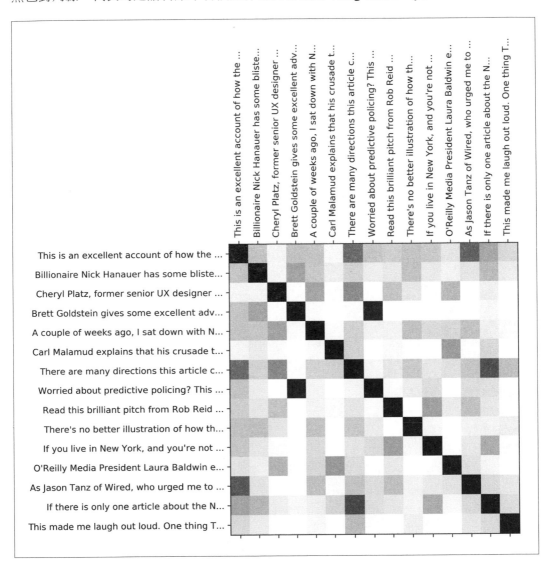

圖 5-4：這個矩陣圖顯示的是不同文字內容之間相似度的情況

5.4.4 分析人類語言中的 bigram

之前曾經提到，在處理非結構化文字時經常會忽略掉一個問題，那就是如果一次可以看到多個單詞，這樣應該可以獲得大量的訊息，因為有很多概念其實是透過片語、而不是透過單一單詞來表示。舉例來說，如果有人告訴你貼文中最常用的一些術語是「open」、「source」和「government」，你能否判斷這些文字說的可能是「open source」還是「open government」，亦或是兩者皆非？如果你知道一些與作者或內容有關的先驗知識，或許就可以做出很好的推測；但如果你必須完全依靠機器，想要把文件「歸類」到「協作軟體開發」（collaborative software development）或「轉型政府」（transformational government）的類別中，你就必須回到原本的文字中，以某種方式判斷其中哪一個單詞比較常出現在「open」的後面 —— 換句話說，你必須找出以「open」這個單詞為開頭的「搭配詞」（collocations）。

回想一下第四章的內容，n-gram 只不過是用來表達每一組由 n 個連續單詞所組成的資料，我們可以用它來做為計算「搭配詞」的一種基礎資料結構。對於任何 n 值來說，一定會有 n-1 組的 n-gram；如果你要取得以下這一系列單詞 ["Mr.", "Green", "killed", "Colonel", "Mustard"] 所有相應的 bigram（也就是 2-gram），就會得到以下四種可能的結果：[("Mr.", "Green"), ("Green", "killed"), ("killed", "Colonel"), ("Colonel", "Mustard")]。你有可能需要更多的文字樣本，才能判斷其中哪些是真正的「搭配詞」，但我們在這裡假設你已經有一些背景知識，或是還有很多其他的文字，所以下一步就是針對 bigram 進行統計分析，以判斷其中有哪些可能是真正的「搭配詞」。

保存 N-Gram 所需的儲存空間

值得注意的是，持久性（persisting）保存 n-gram 模型所需的儲存空間，需要用到（T−1）* n 個單詞的空間（實際上是 T * n），其中 T 是相關單詞的數量，n 的值則是根據所需的 n-gram 而定。舉例來說，假設一個文件包含 1,000 個單詞，需要大約 8 KB 的儲存空間。如果要儲存整段文字所有的 bigram，大約就需要原始儲存空間的兩倍，也就是 16 KB，因為你需要儲存 999 * 2 個單詞，另外還要再加上一些額外的空間。如果要儲存整段文字所有的 trigram（998 * 3 個單詞加上一些額外的空間），大約就需要原始儲存空間的三倍，也就是 24 KB。因此，在沒有特別設計專用的資料結構或壓縮方案情況下，對於任何 n 值來說，我們可以把 n-gram 的儲存成本，估計為原始儲存空間需求的 n 倍。

我們可以對 *n*-gram 進行集群處理，以找出經常共同出現的單詞，這個技術雖然很簡單卻非常強大。通常只需要針對很小的 n 值，計算出所有的 *n*-gram，很可能就可以找出文字本身所存在的一些很有趣的特定模式。（通常在實務中經常會使用 bigram 和 trigram，來進行基本的資料探勘。）舉例來說，如果文字的長度足夠長，你可能就會在相應的 bigram 中發現一些有意義的人名，例如「Mr. Green（格林先生）」、「Colonel Mustard（馬斯塔上校）」，或是像「open source（開放程式碼）」或「open government（開放政府）」這樣的概念。實際上，以這種方式計算 bigram，與你先前執行 collocations 函式所得到的結果基本上是相同的，不過針對一些罕見單詞的使用，也可以考慮採用一些額外的統計分析。如果你考慮的是 trigram 或 *n* 值略大於 3 的 *n*-gram，同樣也會浮現出類似的特定模式。你在範例 5-4 應該就已經知道，NLTK 會負責完成 *n*-gram 計算的大部分工作，也可以找出文字中的搭配詞，甚至可以找出所使用單詞前後語境（context）相關的一些資訊。相應的示範請參見範例 5-8。

範例 5-8：使用 *NLTK* 計算出句子的 *bigram* 和搭配詞

```
import nltk

sentence = "Mr. Green killed Colonel Mustard in the study with the " + \
           "candlestick. Mr. Green is not a very nice fellow."

print([bg for bg in nltk.ngrams(sentence.split(), 2)])
txt = nltk.Text(sentence.split())

txt.collocations()
```

使用預設的「示範」函式（例如 nltk.Text.collocations）其中的一個缺點就是，這些函式所送回來的東西，通常並不是可以儲存或進一步操作的資料結構。如果遇到這樣的情況，你可以直接查看相應的程式碼，通常這些程式碼都很容易學習，然後你就可以根據自己的目的，做出相應的修改。範例 5-9 說明的就是如何從一堆單詞中，計算出相應的搭配詞，並取得具有一致性的索引，進而讓我們對相應的結果保有控制的能力。

在 Python 解譯器中，通常可以透過套件的 __file__ 屬性，來找出套件在磁碟中的原始目錄。舉例來說，你可以嘗試列印出 nltk.__file__ 的值，就能找到 NLTK 在磁碟中的原始目錄位置。在 IPython 或 Jupyter Notebook 中，也可以使用所謂的「雙問號神奇功能」，執行 nltk?? 就可以預覽相應的程式碼。

範例 5-9：採用類似 *nltk.Text.collocations* 示範函式的方式，透過 *NLTK* 計算出相
應的搭配詞

```
import json
import nltk
from nltk.metrics import association

# 從你保存的任何位置，載入人類語言資料
DATA = 'resources/ch05-textfiles/ch05-timoreilly.json'
data = json.loads(open(DATA).read())

# 所要找出的搭配詞數量

N = 25

all_tokens = [token for post in data for token in post['content'].lower().split()]

finder = nltk.BigramCollocationFinder.from_words(all_tokens)
finder.apply_freq_filter(2)
finder.apply_word_filter(lambda w: w in nltk.corpus.stopwords.words('english'))
scorer = association.BigramAssocMeasures.jaccard
collocations = finder.nbest(scorer, N)

for collocation in collocations:
    c = ' '.join(collocation)
    print(c)
```

簡而言之，這段實作程式碼大體上是遵循 NLTK 的 collocations 示範函式改寫而成。
它會把出現次數不超過最小次數（這裡的例子是 2 次）的 bigram 篩選掉，然後根據
評分結果進行排名。在這個例子中，計分函式就是我們在第四章討論過的 Jaccard 相
似度，它是透過 nltk.metrics.association.BigramAssocMeasures.jaccard 來定義的。
BigramAssocMeasures 物件類別會用到一個所謂的「**偶然性表格**」（*contingency table*，稍
後就會介紹），它可以衡量 bigram 中某些單詞共同出現的機率，並與出現其他單詞的機
率相比較，進而衡量出單詞的共現性（co-occurrence），然後再針對共現性進行排名。
從概念上來說，Jaccard 相似度衡量的是集合的相似度，而在這裡的情況下，則是針對文
字其中所出現的 bigram 進行比較，衡量特定 bigram 是不是特別容易出現。

下一節「偶然性表格與評分函式」的內容，雖然可以說是比較進階的主題，但其中還是
針對如何計算偶然性表格與 Jaccard 值，提供了許多詳細的訊息及相關的擴展討論，因
為這些全都是想要更深入瞭解「搭配詞偵測」（collocation detection）的基礎。

不過於此同時，我們可以先針對提姆·歐萊禮（Tim O'Reilly）的貼文，檢查一下相應的輸出結果；我們可以從這些輸出很明顯看到，送回來的這些 bigram 顯然比單純送回單詞的效果更強大，因為有了額外的前後語境（context）相關資訊，單詞的意義就更加清楚了：

```
brett goldstein
cabo pulmo
nick hanauer
wood fired
yuval noah
child welfare
silicon valley
jennifer pahlka
barre historical
computational biologist
drm-free ebooks
mikey dickerson
saul griffith
bay mini
credit card
east bay
on-demand economy
white house
inca trail
italian granite
private sector
weeks ago
```

請記住，這裡並沒有採用什麼特別的試探性做法，也沒有根據首字母大寫之類的方式來檢查出文字中是否包含特定的人名，但很令人感到驚訝的是，實際上卻可以從資料中篩選出這麼多特定人名和常用片語。雖然你只要親自讀過內容就可以挑選出這些人名，但值得注意的是，機器也可以為你完成此操作，進一步引導你更聚焦於某些重點，做出更深入的分析。

這些結果某種程度還是存在無可避免的雜訊，因為我們並未做出任何努力來清除單詞中的標點符號，但在我們投入這麼少力氣的情況下，能得到這樣的結果確實已經很不錯了。現在或許是很好的機會可以提一下，即使採用相當優良的自然語言處理能力，還是很難消除文字分析結果中的所有雜訊。除非你願意為了得到完美的結果（找出所有受過良好教育的人都能從中找出的問題）而付出重大的代價，否則讓自己適應雜訊的存在，並找出一些試探性的做法來控制雜訊，應該是一個不錯的主意。

希望你能了解，我們現在所做的主要觀察，就是希望只花費很少的精力和時間，就能夠使用一些基本技術，從一些可用的文字資料中提取出一些強大的含義，而我們目前所得到的結果，似乎已經具有相當程度的代表性了。這樣的結果相當令人鼓舞，因為這也就表示，只要把相同的技術套用到任何其他類型的非結構化文字，或許也會有同樣的效用，如此一來，我們或許就可以更快速找到問題的關鍵重點。同樣重要的是，從這個例子的結果中，或許可以看出提姆・歐萊禮的一些想法，其中有些想法你可能之前就知道了，但其中還是有可能出現一些你沒注意到的東西（譬如在搭配詞列表最前面出現的那幾個人）。雖然使用 concordance 方法、正規表達式甚至 Python 字串類型預設的 find 方法，來找出與「Brett Goldstein」相關的貼文應該很容易才對，但這裡姑且讓我們運用一下範例 5-5 所開發的程式碼，運用 TF-IDF 來查詢一下 ['brett', 'goldstein']。以下就是送回來的結果：

```
Title: Brett Goldstein gives some excellent advice on basic security hygiene...
Score: 0.19612432637
```

如你所見，這種具有針對性的查詢，讓我們取得了一段關於安全建議的文字內容。現在你已經可以透過程式碼的方式，對文字取得一定的理解，然後可以運用搭配詞分析，把注意力放到一些有趣的主題上，再運用 TF-IDF 針對其中一個主題，對文字進行搜尋。我想現在你應該沒有理由不使用餘弦相似度，因為它真的可以針對你最熱衷的東西，找出最相關的貼文來進行進一步的研究。

偶然性表格與評分函式

 本節將深入探討 BigramCollocationFinder（範例 5-9 中的 Jaccard 評分函式）更多相關的技術細節。如果你是第一次閱讀本章，或是對這些詳細內容不感興趣，可先跳過本節，之後再回來仔細閱讀。這可以說是一個比較進階的主題，就算你沒有完全理解，還是可以有效運用本章的技術。

「偶然性表格」（contingency table）是用來計算 bigram 相關衡量方式的一種常見資料結構。其目的就是希望能以緊湊的方式，表達 bigram 內出現不同單詞的各種可能性相應的頻率。我們可以看一下表 5-6 裡的粗體項目，其中 *token1* 代表 bigram 中存在 *token1*，*~token1* 則表示 *token1* 並不存在於 bigram 中。

表 5-6：偶然性表格範例——楷體值代表的是「邊緣值」（marginal），黑體值代表的則是各組不同的 bigram 相應的頻率

	token1	*~token1*	
token2	**頻率（token1, token2）**	**頻率（~token1, token2）**	頻率（*, *token2*）
~token2	**頻率（token1, ~token2）**	**頻率（~token1, ~token2）**	
	頻率（*token1, ** *）*		頻率（*, *）

關於哪幾個單元格對於哪些計算來說很重要，這方面雖然有一些相關的詳細訊息，但不難看出表格中央的四個單元格，代表的正是 bigram 中各種單詞出現情況的頻率。這些單元格內的值，可以計算出不同的相似度衡量值，這些衡量值可按照各種不同可能的重要性（likely signifivance），對 bigram 進行評分與排名，就像之前介紹的 Jaccard 相似度一樣，我們稍後會進行剖析。不過一開始我們先簡要討論一下，如何計算出偶然性表格中各項的值。

偶然性表格中各個項目該如何計算，主要是看你已經先計算好哪些項目，或是有哪些資料結構可用。假設你只知道文字其中各個 bigram 的頻率分佈，只要直接查詢就可以計算出「頻率（*token1, token2*）」，但「頻率（*~token1, token2*）」該怎麼計算呢？在沒有其他可用資訊的情況下，你就必須掃描第二個單詞是 *token2* 的每一個 *bigram*，然後用所算出來的次數減去「頻率（*token1, token2*）」。（如果你覺得這並不是那麼顯而易見，請花點時間想清楚，確定這樣確實是正確的做法。）

不過，如果你所擁有的統計數字，除了有 bigram 的頻率分佈之外，也有整段文字中每個單詞（也就是 unigram）出現的次數，這樣的話你就可以走一條容易得多的「捷徑」，其中只需要進行兩次查詢和一次的算術運算。你只要用 *token2* 以 unigram 形式出現的次數，減去 *bigram*（*token1, token2*）出現的次數，就可以得出 *bigram*（*~token1, token2*）出現的次數。舉例來說，如果（"mr.", "green"）這個 *bigram* 出現了三次，而（"green"）這個單詞出現了七次，那麼（~*"mr.",* "green"）一定是出現了四次（~*"mr."* 所代表的意思就是「除了 *"mr."* 之外的任何單詞」）。在表 5-6 中，「頻率（*, *token2*）」代表的就是 token2 這個 unigram 出現的次數，它也叫做「邊緣值」（marginal），因為它位於表格邊緣的位置，可用來進行快速計算。「頻率（*token1, ** *）*」的值也可以透過相同的方式，協助計算「頻率（*token1, ~token2*）」的值，而「頻率（*, *）」則表示任何可能的單字形式，其實也就等於整段文字中單詞的總數量。我們必須先知道「頻率（*token1, token2*）」、「頻率（*token1, ~token2*）」、「頻率（*~token1, token2*）」、「頻率（*, *）」的值，才能計算出「頻率（~token1, ~token2）」的值。

雖然在這裡討論偶然性表格好像有些離題，但它其實是瞭解不同評分函式的重要基礎。舉例來說，如第四章介紹過的 Jaccard 相似度，從概念上來說，它代表的是兩個集合的相似度，其定義如下：

$$\frac{|Set1 \cap Set2|}{|Set1 \cup Set2|}$$

換句話說，它就是兩個集合之間共同項目的數量，除以兩個集合內所有不重複項目的總數量。這個簡單而有效的計算方式，值得花點時間思考一下。如果 *Set1* 和 *Set2* 完全相同，兩個集合的聯集與交集也就完全相同，從而得出 1.0 的比率值。如果兩個集合完全不同，分子就會是 0，從而得出 0.0 的比率值。至於其他所有的情況，則全都介於兩者之間。

如果要把 Jaccard 相似度的概念套用到特定 bigram，就要計算「特定 bigram 的頻率」與「包含特定 bigram 其中任一單詞的所有 bigram，所有相應的頻率之和」兩者之間的比率值。這種衡量方式其中的一種解釋是，這個比率值「越高」，文字中出現（*token1, token2*）的可能性就「越大」，因此「*token1 token2*」這樣的搭配詞也就越有可能代表某種有意義的概念。

我們通常會根據自己對於相應資料特性的了解，以及一些直覺上的概念，有時再加上一點運氣，來判斷如何選擇最合適的評分函式。nltk.metrics.association 這個模組所定義的大部分相關衡量方式，在 Christopher Manning 和 Hinrich Schütze 所著的《*Foundations of Statistical Natural Language Processing*》（統計自然語言處理基礎；麻省理工學院出版社）其中第五章就有相關的討論，而且只要在網路（*http://stanford.io/1a1mBQy*）上就可以很方便取得相應的內容，這些資訊可做為隨後很有用的一個參考資料。

「常態」分佈有那麼重要嗎？

在統計領域中，最基本的概念之一就是常態分佈。這種類型的分佈（由於形狀的緣故，經常也被稱為「鐘形曲線」）之所以被稱為「常態」分佈，是因為它通常會被其他分佈當成比較的基礎（或基準）。它有可能是統計領域中使用最廣泛的一種對稱型分佈。其重要性如此深遠的其中一個理由是，它為世界上許多自然現象經常遇到的變化提供了一個模型，應用範圍包括人口的特性變化、生產製程的不良品分佈，還可以應用到丟骰子的遊戲中。

經驗法則也表明了常態分佈如此有用的理由，在於所謂的 68–95–99.7 規則（*http://bit.ly/1a1mEf0*），它是一種很方便的試探方法，可用來回答常態分佈相關的許多問題。如果進一步來看，對於一個常態分佈來說，幾乎所有資料（*99.7%*）都會落在平均值的三個標準差之內，其中 95％ 會落在兩個標準差之內，而 68％ 則會落在一個標準差之內。因此，如果你知道有一個能夠解釋某種真實現象的分佈，其特性大致上是常態的，而且也知道其平均值和標準差，那麼我們就可以對它進行推斷，回答許多有用的問題。圖 5-5 就簡單說明了68–95–99.7 規則。

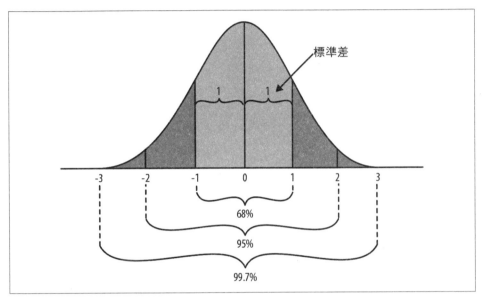

圖 5-5：常態分佈是統計學的一個主要概念，它可以模型化許多自然現象中的變異量

Khan Academy 的「Introduction to the Normal Distribution」（常態分佈簡介；*http://bit.ly/1a1mCnm*）提供了 30 分鐘關於常態分佈的簡介；你可能也會喜歡「the central limit theorem」（中央極限定理；*http://bit.ly/1a1mCnA*）這段 10 分鐘的影片，這也是統計學中同樣重要的概念，其中在介紹常態分佈時，採用了一種很令人驚訝（而且超棒）的呈現方式。

這些衡量方式相關的徹底討論，並不在本書的討論範圍之內，不過在剛才所提到的相關內容章節中，提供了詳細而深入的範例。如果你發現自己有必要建立自己的搭配詞偵測程式，那麼 Jaccard 相似度、骰子係數（Dice's coefficient）和可能性比率（likelihood ratio）應該都會是不錯的起點。下面的列表針對這些概念，以及其他一些關鍵的術語，進行了一些說明：

原始頻率（*Raw frequency*）

顧名思義，原始頻率指的就是特定的頻率，除以所有 *n*-gram 頻率所得出的比率值。在檢查文字中特定搭配詞的整體頻率時，這是個很有用的概念。

Jaccard 相似度

Jaccard 相似度是一個用來衡量集合之間相似度的比率值。如果要應用於搭配詞，它的定義就會變成「某個特定搭配詞的頻率」，除以「至少包含該搭配詞其中一個術語的搭配詞總數量」。如果想要判斷給定的術語是否真的可以形成搭配詞的可能性，並根據可能的搭配詞相應的可能性進行排名，這個概念就會很有用。為了與之前的解釋採用一致的表示方式，這裡把公式以數學的方式定義如下：

$$\frac{freq(term1, term2)}{freq(term1, term2) + freq(\sim term1, term2) + freq(term1, \sim term2)}$$

骰子係數（Dice's coefficient）

骰子係數的概念，與 Jaccard 相似度極為相似。其根本的區別在於，它針對集合之間相同項目進行加權的程度，是 Jaccard 的兩倍。在數學上可以定義如下：

$$\frac{2 * freq(term1, term2)}{freq(*, term2) + freq(term1, *)}$$

從數學上來看，很容易就可以證明存在以下的關係：

$$Dice = \frac{2 * Jaccard}{1 + Jaccard}$$

如果你想以「提高分數」的方式來強調集合之間重疊的部分，或許就可以選擇採用這種衡量方式，而不要採用 Jaccard 相似度的做法；如果集合之間的差異很大，這種做法或許會比較好用。其背後的原因是，如果集合間的差異越大，Jaccard 分數就會變得越小，因為 Jaccard 分數的分母採用的是集合的聯集。

學生 t- 分數（*Student's t-score*）

傳統上來說，一般會把學生 t- 分數用於假設檢定（hypothesis testing），因此如果要應用於 *n*-gram 分析，我們可以針對「兩個單詞是否為搭配詞」這個假設，用學生 *t*- 分數來進行假設檢定。相關計算的統計過程，會使用到每個範數的標準分佈，以進行 *t*- 檢定。相較於原始頻率的做法，採用 *t*- 分數的其中一個優勢在於，*t*- 分數會把 bigram 相對於其構成元素的頻率列入考慮。這個特性特別有助於以搭配詞強度來進行排名的做法。不過針對 *t*- 檢定的做法常見的批評是，它必須假設搭配詞的潛在機率分佈為常態分佈，但實際上這種情況並不常見。

卡方（*Chi-square*）

就像學生 *t*- 分數一樣，這種衡量方式通常是用來檢測兩個變數之間的獨立性，我們可以根據統計顯著性的 Pearson 卡方檢定方法（Pearson's chi-square test），來衡量兩個單詞是否為搭配詞。一般來說，*t*- 檢定與卡方檢定這兩種做法所得到的結果差異並不大。卡方檢定的優點是，它與 *t*- 檢定不一樣，不需要假設分佈為常態分佈；因此，卡方檢定方法比較常用。

可能性比率（*Likelihood ratio*）

這種衡量方式是用來進行假設檢定的另一種做法，此方法可用來衡量可能形成搭配詞的術語之間的獨立性。在一般情況下相較於卡方檢定來說，這種方法已被證明是一種更適合用來探索搭配詞的做法，而且就算資料中包含許多不頻繁的搭配詞，它還是可以運作得很好。NLTK 實作了一個可用來估計搭配詞可能性的特定計算方法，採用了二項式分佈（*http://bit.ly/1a1mEMj*）的假設，其中控制搭配詞分佈（*http://bit.ly/1a1mEMj*）的參數，是根據搭配詞及其構成單詞的出現次數，經過計算而得出來的。

點間相互資訊（*Pointwise Mutual Information*）

點間相互資訊（PMI）衡量的是，針對某個特定單詞來說，如果你知道其相鄰單詞的值，那麼對於這個特定單詞來說，還能額外取得多少訊息。換句話說，它指的是從一個單詞中，可以取得多少另一個單詞的訊息。很諷刺的是（針對目前的討論來說），PMI 所牽涉到的計算，會導致高頻單詞的分數低於低頻單詞，這與我們想要的效果正好相反。因此，這雖然是衡量獨立性的一種好方法，但並不是衡量相依性的好方法（也就是說，它並不是計算搭配詞分數的一個理想選擇）。而且目前已經瞭解到，對於採用 PMI 來進行評分的做法來說，稀疏的資料可說是它的一個罩門，而其他技術（例如可能性比率）在這方面往往可以贏過它的表現。

如果想要評估與判斷，究竟哪一種做法才是最適合各種特定情況的最佳方法，這通常不只是一種科學，更是一門藝術。有些問題已經得到很好的研究，並為其他問題提供了一定的基礎，但有些情況或許還需要更多的研究和實驗。面對大多數重要的問題時，你恐怕都必須考慮進一步深入探索一些最新的科學文獻（比如從 Google 學術搜尋（Google Scholar；*http://bit.ly/1a1mHYk*）找出一些學術界的教科書或白皮書），才能判斷你所要解決的特定問題，是否已經過充分的研究。

5.4.5 關於人類語言資料分析的一些思考

本章介紹了許多可用來分析人類語言資料的各種工具與程序，最後我們再來思考一下，或許有助於總結這些內容：

文義往往會受到前後語境的影響

雖然 TF-IDF 是一個功能強大且易於使用的工具，但我們如果要使用它來實現特定的功能，還是會有一些重要的限制，而且我們很容易就會忽略掉這些限制，因此你還是要小心留意，並仔細考慮這些限制。最根本的問題之一就是，它把文件視為一個「單詞袋」（bag of words），也就是說，它認為文件與查詢本身的單詞順序，並不是很重要。舉例來說，如果查詢的是「Green Mr.」，就會得到與「Mr. Green」相同的結果，除非我們在實作的邏輯中考慮了查詢單詞的順序，或是把查詢當成片語（而不是兩個獨立單詞）來進行處理。但是，單詞出現的順序顯然是非常重要的。

在執行 *n*-gram 分析時，確實會考慮搭配詞與單詞的順序，不過我們還是會面臨一個潛在的問題，那就是 TF-IDF 假設「只要是文字相同的單詞，一定都具有相同的含義」。不過，實際上顯然並非如此。所謂的同音同形異義字（homonym；*http://bit.ly/1a1mFzJ*），指的就是具有相同的發音和拼法，但其意義卻隨著不同前後語境（*context*）而有所不同，因此這種同音同形異義字在這裡就變成了一個反例。譬如 *book*、*match*、*cave* 和 cool 這類的同音同形異義詞，就是其中的一些例子，這些例子應該足以說明，前後語境在影響單詞含義方面的重要性。

餘弦相似度和 TF-IDF 一樣，也會遭受到許多相同的問題。它同樣沒有考慮文件的前後語境，或是 *n*-gram 分析的單詞順序，而且它假設只要在向量空間中彼此靠近就一定是相似的，但實際上當然並非總是如此。和 TF-IDF 一樣，同音同形異義詞就是明顯的反例。我們針對餘弦相似度所做出的實作，也會用到 TF-IDF 評分的機制，因為它是我們用來計算文件中單詞相對重要性所採用的方法，因此 TF-IDF 的問題甚至會造成更嚴重的加倍影響。

人類語言有太多東西隱藏在前後語境之中

你可能已經注意到，在分析非結構化文字時，可能需要處理很多令人討厭的細節，而這些細節對於實作的競爭力而言非常重要。舉例來說，在比較字串時總會遇到大小寫不同的情況，如果想要盡可能計算出正確的頻率，單詞的歸一化處理就顯得十分重要。但如果只是盲目歸一化成小寫字母，也有可能讓情況更複雜，因為在某些單詞或片語中，區分大小寫有可能是很重要的分別。

「Mr. Green」和「Web 2.0」就是其中兩個值得考慮的例子。在「Mr. Green」的例子裡，「Green」的第一個字母維持大寫確實有些好處，因為它可以讓查詢演算法得到一些有用的線索，知道這個術語並不是一個形容詞，而比較可能是名詞片語的一部分。我們在第六章討論 NLP 自然語言處理時，會再次碰觸到這個主題，因為只要使用的是單詞袋方法，最後必然會喪失掉「Green」前後語境的相關訊息，但如果使用 NLP 的做法來進行更高級的解析，就可以保留住前後語境的相關訊息了。

想要解析人類語言的前後語境並不容易

除了 TF-IDF 本身的一般特性之外，還有一個植根於我們實作中的問題是，我們使用 split 來對文字進行分詞，這樣有可能會把標點符號遺留在單詞的後面，從而影響到單詞頻率的相關計算。舉例來說，在範例 5-2 中，語料庫 corpus['b'] 是以「study.」這個帶有句點的單詞做為結尾；它與語料庫 corpus['a'] 中出現的「study」（一般人更有可能拿來進行查詢的單詞）並不相同。在這個例子中，單詞後面的句點肯定會影響 TF 和 IDF 的計算。這個用來表示句子結束、看似簡單的句點，對我們的大腦來說就是個處理起來微不足道的前後語境，不過對於機器而言，要以相同的準確性達到相同的效果，卻是困難許多。

編寫軟體以協助機器更加理解人類語言資料，更加妥善處理單詞的前後語境，是目前非常活躍的一個研究領域，而且對於搜尋技術、網路和人工智慧的未來，也具有非常巨大的潛力。

5.5 結語

本章介紹了一些清理人類語言資料的方法，而且花了一些時間學習訊息檢索（IR）理論、TF-IDF、餘弦相似度與搭配詞相關的一些基礎知識，並以此做為分析資料的方法。最後我們也考慮了所有搜尋引擎供應商在構建成功的技術性產品時，都必須考慮的一些相同問題。不過，雖然我希望本章能讓你更瞭解，如何從非結構化文字中提取出有用的訊息，但從理論與工程方面的角度來看，這裡的介紹幾乎都還未能觸及最基本概念的皮毛。訊息檢索實際上是一個價值數十億美元的產業，因此你或許可以想像，為了讓 Google 和 Bing 這類搜尋引擎能夠被大規模應用，在理論與實作方面需要投入多大的心力。

由於像 Google 這樣的搜尋服務供應商，其本身擁有非常強大的實力，因此人們很容易就忘了這些基礎搜尋技術確實是存在的。不過，若能瞭解這些基礎知識，就能更深入瞭解目前普遍被接受的搜尋現狀，理解其背後的假設和侷限性，同時也可以更清楚分辨哪些東西才是最先進、真正以實體為中心的最新技術。隨後我們在在第六章就會看到本章的一些技術所帶來的典範轉移。對於能夠有效分析人類語言資料的技術型公司來說，這其中實在有太多令人激動不已的絕佳機會。

 本章與其他各章的程式碼都以方便的 Jupyter Notebook 格式存放在 GitHub（*http://bit.ly/Mining-the-Social-Web-3E*），強烈建議你自己抓下來玩玩看。

5.6 推薦練習

- 善用 Jupyter Notebook 方便的繪圖功能（第一章曾介紹過），繪製出語料庫中單詞相應的 Zipf 曲線。

- 如果你想把本章的技術應用到網路上，或許可以查看一下 Scrapy（*http://bit.ly/1a1mG6P*），這是一個成熟且易於使用的 Web 擷取框架，可協助你取得網頁的內容。

- 花點時間把一些具有互動性的功能添加到本章所介紹的矩陣圖中。你能否添加一些事件處理程序，讓你在點擊文字時，自動把你帶往相應的貼文？你能否想到任何其他有意義的方式，重新排列行與列的資料，以便更輕鬆識別出特定的模式？

- 矩陣圖是由 JSON 所驅動，所以你可以嘗試修改一下那段發出 JSON 的程式碼，讓它採用不同的相似度計算方式，使文件呈現出不同的相關性。

- 你認為文字裡還有哪些其他特徵，可以讓文件的相似度計算更加準確？

- 針對本章所介紹的訊息檢索基本概念，建議花點時間進行更深入的研究。

5.7 線上資源

本章以下的幾個連結列表，可能對你有點用處：

- 68-95-99.7 規則（*http://bit.ly/1a1mEf0*）

- 二項式分佈（Binomial distribution；*http://bit.ly/1a1mEMj*）

- 布朗語料庫（Brown Corpus；*http://bit.ly/1a1mB2X*）

- 中央極限定理（Central limit theorem；*http://bit.ly/1a1mCnA*）

- HTTP API 總覽（*http://bit.ly/1a1mAfm*）

- 《Introduction to Information Retrieval》（訊息檢索簡介；*http://stanford.io/1a1mAvP*）

- 「Introduction to the Normal Distribution」（常態分佈簡介）（*http://bit.ly/1a1mCnm*）

- 《Foundations of Statistical Natural Language Processing》（統計自然語言處理的基礎），第 5 章「Collocations」（搭配詞；*http://stanford.io/1a1mBQy*）

- matplotlib（*https://matplotlib.org/*）

- NLTK 線上書（*http://bit.ly/1a1mtAk*）

- Scrapy（*http://bit.ly/1a1mG6P*）

- Zipf 定律（*http://bit.ly/1a1mCUD*）

## 第六章

挖掘網頁：
運用 NLP 理解人類語言、
對文章進行摘要總結

緊跟著前一章的腳步，本章將以更審慎的態度介紹自然語言處理（NLP），並把它應用到你在社群網站（或別的地方）所遇到的大量人類語言資料[1]。上一章介紹了訊息檢索（IR）理論的一些基礎技術，這個技術通常會把文字視為以文件為中心的「單詞袋」（無序的單詞集合），模型化之後可以用向量的方式來進行處理。雖然這些模型通常在許多情況下都有出色的表現，但常見的缺點就是，它無法根據單詞前後語境（context）的線索，強化對於單詞意義的理解。

本章採用了更多可善用前後語境的技術，並且更深入研究人類語言資料其中的語義（semantics）。一般來說，社群網站 API 所送回來的資料，大多符合良好的資料結構定義，這樣的資料確實很重要，但自然語言資料（例如你在這裡所閱讀到的文字、Facebook 的貼文，或是推文所聯結的網頁等等）才是真正人類交流最基本的要素。到目

---

[1] 在本章所有的內容中，所謂的「**人類語言資料**」（*human language data*）指的就是自然語言處理的對象，與「**自然語言資料**」或「**非結構化資料**」這些用語一樣，全都是代表相同的含義。除了描述資料本身的精確性以外，在選擇這些用詞時並沒有什麼特別的區別。

前為止，人類語言對我們來說，幾乎可說是最無所不在的資料，而以資料驅動創新的未來，很大程度取決於我們是否能夠更有效利用機器，理解這些人類交流的數位形式。

強烈建議你在進入本章之前，先好好理解一下前一章的內容。好好認識一下 TF-IDF、向量空間模型的優點和缺點，因為這些有用的知識可說是進一步深入瞭解 NLP 的前提。以這方面來說，本章與前一章緊密相關的程度，遠比本書其他各章之間的關係更為緊密。

基於前幾章的精神，我們會盡可能涵蓋最低限度必須瞭解的細節，好讓你對這些複雜的主題有更穩固而紮實的理解，同時我們也會提供足夠深入的技術相關訊息，讓你馬上可以開始嘗試挖掘一些資料。我們希望能夠讓你花費 20% 的力氣，就學到足以解決 80% 工作的技能（任何一本書都不可能只用一章的內容，完整說明 NLP 相關的主題），因此本章會介紹一些實用的內容，為你提供足夠的訊息，好讓你可以針對社群網站所找到的人類語言資料，做出一些十分令人驚奇的事情。雖然我們會專注於如何從網頁及各種最新動態（feed）提取出人類語言資料，但是請別忘了，幾乎所有社群網站 API 都會送回人類語言資料，因此這些技術完全可以推廣到任何社群網站中。

請務必從 GitHub（*http://bit.ly/Mining-the-Social-Web-3E*）取得本章（及其他各章）的最新程式碼。另外也請充分利用本書在虛擬機方面的經驗（參見附錄 A），以最大程度享用本書的範例程式碼。

6.1 本章內容

本章將繼續分析人類語言資料的旅程，並使用網頁及各種最新動態資訊做為分析的基礎。你在本章會學習到以下這些內容：

- 取得網頁資料，並從中提取出人類語言資料

- 善用 NLTK 完成自然語言處理的一些基本任務

- NLP 的前後語境驅動分析（contextually driven analysis）

- 使用 NLP 完成分析任務（例如生成文件摘要）

- 針對預測分析領域，探討如何衡量其品質的方法

6.2 擷取、解析、爬網站

雖然使用 curl 或 wget 這類的程式語言或公用程式，要取得網頁的內容並不難，但如果想從頁面中提取出所需的文字，卻不是一件容易的事。雖然你所需要的文字肯定在頁面之中，但許多其他的「樣板」內容也混雜在其中，例如導覽列、頁首、頁尾、廣告，以及一些你並不在意的其他雜七雜八的東西。壞消息是，解決方案並不只是去除 HTML 標籤、留下所要的文字那麼簡單，因為去除 HTML 標籤並不會有移除樣板內容的效果。實際上，頁面中那些雜七雜八的樣板內容，有時反而比你想要找的資訊還要多得多。

好消息是，經過多年來的發展，協助你識別出真正感興趣內容的工具已經日趨成熟，而且有一些很好用的選項，可以根據文字探勘的目的，隔離出你所需要的資料。此外，在取得最新動態（feed）資料時，你或許應該知道，這些資料通常也存在 RSS 或 Atom 這類的形式，可以讓你取得更乾淨的文字，而沒有一般網頁中那些雜七雜八的東西。

最新動態 feed 資料通常只包含「最新」發佈的內容，因此即便有最新動態 feed 可供取用，有時你還是必須直接從網頁中提取資料。如果可以的話，最好還是直接從這些最新動態中取得資料，而不要輕易從網頁中提取資料；不過，這兩種做法你最好都能熟練使用。

Java 有一個叫做 boilerpipe（*http://bit.ly/2MzPXhy*）的函式庫，它是一個很出色的 Web 資料擷取工具（可從網頁中提取出文字）；這個工具設計的目的，就是為了辨識並移除網頁中的樣板內容。這個函式庫主要是基於一篇名為「Boilerplate Detection Using Shallow Text Features」（用淺顯的文字特徵來偵測樣板內容；*http://bit.ly/1a1mN21*）的已發表論文，其中解釋了如何運用監督式機器學習（supervised machine learning；*http://bit.ly/1a1mPHr*）技術，把樣板內容從頁面中區分出來的做法。所謂監督式學習技術的做法，就是根據一些「具有代表性」的訓練樣本，創建出一個預測模型；如果你想要提高準確度，也可以在 boilerpipe 中做出一些自定義的調整。

boilerpipi 有一個預設的提取工具（extractor），可適用於一般的情況；另外一個提取工具，則特別針對內含文章的網頁進行過訓練；還有一個提取工具，可以提取出頁面中最大文字區塊的內容，對於只有一大塊文字內容的網頁來說特別好用。無論哪一種情況，最後終究還是必須針對文字進行一些後處理，而這主要取決於你能否識別出一些特徵，這些特徵有可能是雜訊，也有可能需要特別關注，不過只要使用 boilerpipe，這些繁重的工作應該就會變得很容易。

雖然這個函式庫是用 Java 寫的，但基於它受歡迎的程度與實用性，因此目前已可透過 Python 3 的套件包裝函式（*http://bit.ly/2sCIFET*）來進行調用。只要輸入 **pip install boilerpipe3** 就可以安裝此套件。如果你的系統中已經有版本相對較新的 Java，這樣就可以直接使用 boilerpipe 了。

範例 6-1 是一個範例腳本，其中說明了 boilerpipe 相當簡單的用法，只要在 Extractor 構建函數中把參數設定為 "ArticleExtractor"，就可以提取出文章的正文內容。你也可以在網路上嘗試一下雲端版本的 boilerpipe（*http://bit.ly/1a1mSTF*），查看一下這個提取工具與其他提取工具（例如 LargestContentExtractor 或 DefaultExtractor）之間的區別。

範例 6-1：使用 *boilerpipe* 從網頁中提取出文字

```
from boilerpipe.extract import Extractor

URL='http://radar.oreilly.com/2010/07/louvre-industrial-age-henry-ford.html'

extractor = Extractor(extractor='ArticleExtractor', url=URL)

print(extractor.getText())
```

雖然直接擷取網站資料的做法，曾經是從網站獲取內容的唯一方法，但如果內容來自一些新聞來源、部落格或其他資訊來源，其實還有另一種更簡單的做法，可以收集到一些有用的內容。不過在開始介紹之前，我們先快速回顧一下之前的歷史。

如果你使用網路的時間夠久，或許還記得 1990 年代後期，並不存在所謂的「新聞閱讀工具」（news readers）。當時如果你想知道網站的最新變動，你只能直接前往該網站，看看是否有任何變動。後來，各種聯合發表（syndication）格式搭上部落格個人發表風潮的順風車，加上不斷發展的 XML（*http://bit.ly/18RFKaW*）規範所衍生出來的 RSS（Really Simple Syndication；真正簡單的聯合發表）和 Atom 這類格式日益普及，讓發佈內容的提供者與訂閱內容的消費者，都獲得了相當大的好處。feed 動態的解析可以說是比較容易解決的問題，因為其內容全都是格式正確的（*http://bit.ly/1a1mQLr*）XML 資料，而且可以針對所發佈的結構進行驗證（*http://bit.ly/1a1mTqE*），相對來說，網頁的格式不一定是正確的，內容也不一定是有效的，甚至不一定能夠符合最佳的實務做法。

feedparser 這個常用的 Python 套件，就是解析 feed 動態不可或缺的實用工具。你只要在 terminal 終端輸入 **pip install feedparser**，就可以透過 pip 把它安裝起來，而範例 6-2 則說明了如何從 RSS feed 提取出文字、標題和原始 URL 的最基本用法。

範例 6-2：使用 *feedparser* 從 *RSS* 或 *Atom feed* 提取出文字（和其他欄位）

```python
import feedparser

FEED_URL='http://feeds.feedburner.com/oreilly/radar/atom'

fp = feedparser.parse(FEED_URL)

for e in fp.entries:
    print(e.title)
    print(e.links[0].href)
    print(e.content[0].value)
```

HTML、XML 與 XHTML

隨著早期網路的發展，人們很快就意識到，想從頁面原始表達方式分離出其中的內容十分困難，而 XML 就是其中一種解決方案。它的構想就是，內容創建者可以改用 XML 格式發佈資料，然後再用樣式表（stylesheet）把它轉換成 XHTML，以呈現給最終使用者。XHTML 本質上就是一種 HTML，只不過它完全符合 XML 的正確格式：其中每個標籤都以小寫的形式定義，每個標籤全都正確嵌套為樹狀結構，而且標籤若不是自閉合（例如
），一定就是一個開始標籤（例如 <p>）對應一個結束標籤（</p>）。

在擷取 Web 資料時，這些約定慣例的額外好處就是可以讓網頁更容易用解析器（parser）進行處理，而且從設計方面來看，XHTML 似乎也是 Web 所需要的東西。這樣的主張確實有很多好處，而且幾乎沒有壞處：「格式正確的」XHTML 內容可以透過 XML 結構驗證其「有效性」，而且可以享受 XML 所帶來的其他好處，例如可透過命名空間來自定義各種屬性（例如 RDFa 所依賴的語義網路技術）。

問題是，它並沒有真正流行起來。從結果來看，我們現在所處的世界，以 HTML 4.01 標準為基礎的語義標記已經發展了十多年，而 XHTML 與相關技術（例如 RDFa）卻還是處於相當邊緣的狀態。（實際上，像 BeautifulSoup（*http://bit.ly/1a1mRit*）這類的函式庫設計的目的，就是希望能夠以合理的方式，處理各種格式不正確的 HTML。）大多數 Web 開發界都屏氣凝神，希望 HTML5（*http://bit.ly/1a1mRz5*）可以隨著微資料（microdata）的流行（*http://bit.ly/1a1mRPA*）和發佈工具的現代化，為這個早就應該收斂的局面帶來一線曙光。如果你對這些歷史感興趣，維基百科（Wikipedia；*http://bit.ly/1a1mS66*）關於 HTML（*http://bit.ly/1a1mS66*）的文章倒是值得一讀。

爬取網站資料（crawling website）其實是本節所介紹過相同概念的邏輯擴展：這種做法通常會擷取頁面、提取出頁面中的超鏈結，然後再以系統化的方式，擷取所有鏈結相應的頁面。這整個過程可以持續重複鑽到多麼深的深度，端看你的目標而定。這個程序最早是搜尋引擎所採用的做法，而且到目前為止，仍舊是大多數搜尋引擎持續運作的方式。雖然如何爬取網站資料已超出本書的範圍，但相應的實用知識確實很有用，因此我們隨後就會簡要思考一下「爬取所有頁面」所牽涉到的計算複雜度。

如果你想實作出自己的 Web 網路爬蟲，Scrapy（*http://bit.ly/1a1mG6P*）這個 Python 的網路爬取框架應該是個很棒的資源。它不但文件寫得非常好，而且其中的指導內容可以讓你無需花費太多精力，就有能力進行針對性的網路爬取工作。我們在下一節就會進行一段簡短的討論，探討一般網路爬取程式所牽涉到的計算複雜度，應該可以讓你更理解自己有可能遇到的問題。

 如今，你已經可以從 Amazon Common Crawl corpus（*http://amzn.to/1a1mXXb*）之類的來源，取得適合大多數研究目的、定期更新的網站爬取資料；Amazon 的 Common Crawl corpus（*http://amzn.to/1a1mXXb*）擁有超過 50 億個網頁，其中大約有超過 81 TB 的資料！

6.2.1 爬取網站的廣度優先搜尋

 本節包含了一些如何實作網站爬取工具的詳細內容與分析，這些內容對於本章內容的理解來說，並不是必要的內容（不過你可能會發現，這些內容既有趣又有啟發性）。如果你是第一次閱讀本章，先把這段保留到下次再讀，完全沒有問題。

網站爬取的基本演算法，通常可以被視為一種**廣度優先搜尋**（*breadth-first search*；*http://bit.ly/1a1mYdG*）的架構，這是一種探索特定空間的基本技術，其中的空間通常是以「給定起始節點，但沒有其他已知訊息，只有一組可能性」的形式，被模型化為樹狀結構或 graph 圖的結構。在我們的網站爬取方案中，我們的起始節點就是初始網頁，而相鄰節點的集合，就是透過超鏈結與此頁面相連的其他頁面。

如果要在空間中進行搜尋，其實還有其他的做法，例如**深度優先搜尋**（*depth-first search*；*http://bit.ly/1a1mVPd*）的做法。之所以選定某種技術，而不使用另一種技術，通常是因為考慮到可用的計算資源、特定領域的知識，甚至是理論上的考量。廣度優先搜尋法是用來探索一小片網路的一種合理做法。範例 6-3 提供了一些虛擬程式碼，其中說明了相關的工作原理。

範例 6-3：廣度優先搜尋的虛擬程式碼

建立一個空的 graph 圖
建立一個空的佇列，用來追蹤那些需要處理的節點

在 graph 圖中添加一個起始點，以做為根節點
把根節點加到佇列中，以進行處理

重複以下動作，直到抵達最大深度或佇列清空為止：
    從佇列中取出一個節點
    針對此節點的每個相鄰節點：
        如果此相鄰節點尚未處理過：
            把此相鄰節點加到佇列中
            把此相鄰節點加到 graph 圖中
            在 graph 圖中建立一條連線，把節點與相鄰節點連結起來

```
Create an empty graph
Create an empty queue to keep track of nodes that need to be processed

Add the starting point to the graph as the root node
Add the root node to a queue for processing

Repeat until some maximum depth is reached or the queue is empty:
  Remove a node from the queue
  For each of the node's neighbors:
    If the neighbor hasn't already been processed:
      Add it to the queue
      Add it to the graph
      Create an edge in the graph that connects the node and its neighbor
```

通常我們並不會花很長時間來分析一種方法，但廣度優先搜尋應該是你必須理解掌握的一個基本工具。以演算法來說，通常必須先檢視兩個標準：「效率」與「有效性」（換句話說，也就是「表現」與「品質」）。

任何演算法標準的表現分析方式，通常都是檢視最糟情況下的時間空間複雜度；換句話說，就是程式執行所要花費的時間，以及針對非常大的資料時，執行所需的記憶體需求。我們在網路爬取工具中所採用的廣度優先做法，本質上就是廣度優先搜尋演算法，不過我們實際上並沒有進行任何特別的搜尋，因為除了把 graph 圖擴展到最大深度、或是節點全都被用完之外，並沒有其他退出搜尋的標準。如果我們要搜尋特定的內容，而不是無限制地進行爬網，就可以把它視為是真正的廣度優先搜尋。因此，比較常見的廣度優先搜尋變形做法，稱為**有界廣度優先搜尋**（*bounded breadth-first search*），就如同這裡的範例一樣，我們會針對搜尋的最大深度做出限制。

對於廣度優先搜尋（或廣度優先爬網）來說，在最壞的情況下，時間與空間複雜度都會受限在 b^d 的程度，其中 b 是 graph 圖的分支因子，而 d 則是深度。如果你可以在紙上畫出一個範例（例如像圖 6-1 那樣），然後再稍微思考一下，這樣的分析結果很快就會變得很明顯。

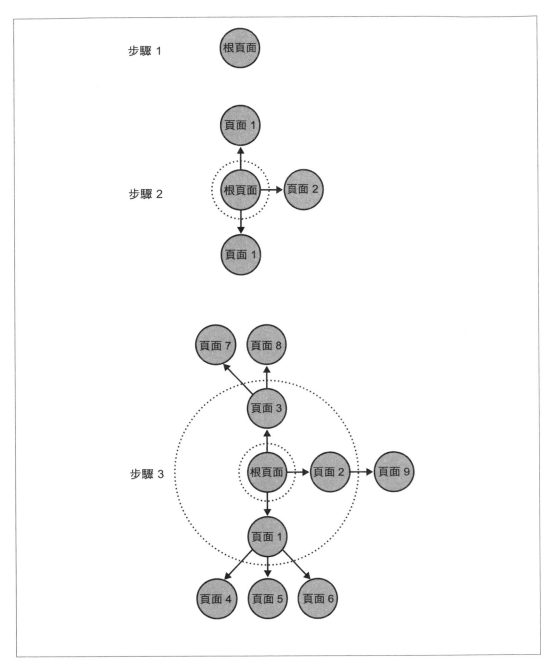

圖 6-1：在「廣度優先搜尋」的做法中，搜尋的每一步驟都會擴展一層的深度，直到抵達最大深度、或是滿足其他終止條件為止

如果圖中每個節點都有 5 個相鄰節點，而你只打算深入到一層的深度，最後總共就會有 6 個節點：根節點與 5 個相鄰節點。如果所有相鄰節點也各自都有 5 個相鄰節點，而且你又往下深入一層，最後就會得到總共 31 個節點：1 個根節點、5 個相鄰節點，以及 25 個相鄰節點的相鄰節點。表 6-1 提供的是各種不同的 b 和 d 值持續增加的情況下，bd 的值持續增長的概況。

表 6-1：不同深度的 graph 圖，計算相應分支因子的範例

分支因子	深度 = 1 的節點數	深度 = 2 的節點數	深度 = 3 的節點數	深度 = 4 的節點數	深度 = 5 的節點數
2	3	7	15	31	63
3	4	13	40	121	364
4	5	21	85	341	1,365
5	6	31	156	781	3,906
6	7	43	259	1,555	9,331

圖 6-2 就是把表 6-1 的值用視覺化方式呈現的結果。

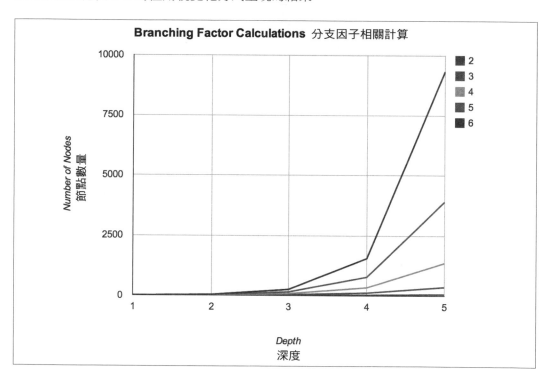

圖 6-2：在廣度優先搜尋的做法中，隨著深度的增加，節點數量隨之增長的情況

雖然之前的討論主要談的是演算法的理論界限，但最後還有一個值得注意的考慮因素，就是針對固定大小的資料集，演算法實際的表現。只要針對擷取網頁資料的廣度優先實作，進行簡單的分析之後就會發現，如果從「耗費大量時間都是在等待函式庫調用，以送回要處理的內容」這個角度來看，程式碼主要的限制其實是來自於 I／O 的限制。在 I／O 受限的情況下，執行緒池（thread pool；*http://bit.ly/1a1mW5M*）往往就是提高效能表現的一種常用技術。

6.3 透過語法找出語義

你可能還記得上一章提過，TF-IDF 和餘弦相似度最根本的弱點可能就是，這些模型本來就沒有深入理解資料的語義（semantic），而且丟掉了許多關鍵的前後語境（context）相關資訊。前一章的範例只是利用非常基本的方式，也就是用空格來切分單詞，把原本有意義的文字拆解成一袋單詞（a bag of words；*http://bit.ly/1a1lHDF*），然後使用頻率分析和簡單的統計相似度衡量方式，來判斷哪些單詞有可能是比較重要的資料。雖然你可以使用這些技術，做出一些非常神奇的事情，但這些做法並沒有根據單詞的前後語境，提供任何關於單詞含義的概念。舉例來說，一個句子中如果有 fish、bear 甚至 google 這類的同形異義詞（*http://bit.ly/1a1mWCL*），單詞究竟代表什麼意義就顯得特別重要 —— 譬如這幾個單詞，既有可能是名詞，也有可能是動詞。[2]

NLP 自然語言處理本質上就很複雜，很難進行妥善的處理，而對於大量常用的語言來說，想要徹底解決這方面的問題，或許是本世紀的一大挑戰。雖然有許多人認為要解決這個問題還差得很遠，但目前我們已經開始可以看到，像是 Google 知識圖譜（*http://bit.ly/2NKhEZz*；Google's Knowledge Graph，它已被認為是「搜尋的未來」）這類對於網路「更深入理解」的方式，越來越受到人們的矚目與期待。畢竟若能夠完全掌握 NLP，從本質上來說確實是通過圖靈測試（Turing test；*http://bit.ly/1a1mZON*）的一種可行策略，而對於最細心的觀察者來說，電腦程式若能達到「理解」的程度，或許就能進一步展現出驚人的智慧，只不過它的大腦是由軟體中的數學模型、而不是生物學模型所構成。

雖然結構化或半結構化的資訊來源實際上只是許多記錄的集合，其中每個欄位被賦予了一些預設的含義，可以立即進行各種分析，但即使是看似最簡單的任務，處理人類語言

---

2 同音同形異義字（*homonym*）其實是同形異義字（*homograph*）的一個特例。如果兩個單詞拼寫方式完全相同，就是同形異義字。如果兩個單詞拼寫方式相同，讀音也相同，那就是同音同形異義字。在一般的用語中「同音同形異義字」似乎比「同形異義字」更常見，甚至連被誤用的情況下也是如此。

資料時，還是存在許多十分微妙的考量。舉例來說，假設你取得了一個文件，並要求計算出其中的句子數量。如果你是人類，而且對於英語的文法有基本的了解，這就是一項微不足道的任務，但這對於機器來說，可就沒那麼簡單，過程肯定需要非常複雜而詳細的指令，才能完成同樣的任務。

比較令人感到鼓舞的消息是，機器可以針對格式相對正確的資料，快速而準確地偵測出句子的結尾。但就算你已經可以準確偵測出所有的句子，對於這些句子其中各個單詞或片語的使用方式，還是無法得到很多的瞭解。例如挖苦或各種形式冷嘲熱諷的語言，就是最好的例子。即使已經理解句子結構的完美訊息，你還是必須根據句子以外其他前後語境的資訊，才能正確做出解釋。

因此，如果從一個極為廣泛而通用的角度來說，我們可以說 NLP 基本上就是面對一個意義不明的文件，只知道其中包含許多具有特定順序的符號，這些符號本身會遵守一定的「**語法**」（*syntax*），也會遵守合理而明確的「**文法**」（*grammar*），由此可推斷出這些符號相關聯的「**語義**」（*semantics*）。

我們姑且先回到大多數 NLP 處理流程的第一步驟 ——「偵測句子」的任務，藉此說明自然語言處理所牽涉到的一些複雜度。以規則為基礎的做法，其效用很容易被高估，不過只要直接瞭解其中的過程，就可以看出一些關鍵的問題，而不會再浪費時間重新發明輪子。

為了解決句子偵測問題，第一個可以嘗試的做法，或許就是簡單計算一下文字中的句號、問號和驚歎號。這是一開始最明顯的做法，不過這種做法很粗糙，而且很有可能出現極大的誤差。譬如以下這段（已經算是相對明確的）內容：

> Mr. Green killed Colonel Mustard in the study with the candlestick.（格林先生在書房裡用燭台殺死了馬斯塔上校）Mr. Green is not a very nice fellow.（格林先生並不是個好人。）

如果單純用標點符號（句點）來對文字進行切分，就會得到以下的結果：

```
>>> txt = "Mr. Green killed Colonel Mustard in the study with the \
... candlestick. Mr. Green is not a very nice fellow."
>>> txt.split(".")
['Mr', 'Green killed Colonel Mustard in the study with the candlestick',
 'Mr', 'Green is not a very nice fellow', '']
```

在沒有考慮前後語境或其他更進階訊息的情況下，如果只是盲目使用句號來切分句子，句子偵測的效果顯然非常不好。在這個例子中，問題在於使用了「Mr.」，這是在英語中常見的一個正確縮寫。我們在前一章討論過，如果先對這個樣本進行 *n*-gram 分析，就知道「Mr. Green（格林先生）」實際上是一種叫做「搭配詞」（collocation）或「義群」（chunk）的複合單詞，但如果我們要分析大量的文字，不難想像這種複合單詞的出現，肯定會讓某些極端的情況很難被偵測出來。各位可以再深入思考一下，這裡特別要指出的是，即使採用了一些很瑣碎的邏輯，想找出句子中的關鍵主題也沒那麼容易。做為一個有智慧的人類，你絕對可以輕鬆看出句子中比較關鍵的主題，應該是「Mr. Green（格林先生）」、「Colonel Mustard（馬斯塔上校）」、「the study（書房）」和「the candlestick（燭台）」，但在沒有人工干預的情況下，想要訓練機器讓它有能力告訴你相同的結果，絕對是一項複雜的任務。

繼續往下閱讀之前，請先花點時間思考一下，如何編寫電腦程式才能解決這個問題，這樣你對後續的討論才會有更多的理解。

你可能會想到一些比較明顯的做法，例如用正規表達式偵測字首大小寫的情況、建立一個常見的縮寫列表來解析出專有名詞片語，或是按照這些邏輯，用某種變形做法來找出句子的結尾（EOS，end-of-sentence），以避免在分句時遇到麻煩。這麼做當然沒問題。這些做法一定可以適用於某些情況，但在英語中各種可能導致錯誤、「千奇百怪」的文字究竟還有多少種？你的演算法對於格式不正確的文字有多寬容呢？如果是簡訊或推文中那種高度縮寫的訊息呢？如果其中摻雜一些浪漫的語言，例如西班牙語、法語或意大利語？這裡並沒有簡單的答案，而這也就是為什麼如今這個人類語言數位化資料逐年增加的年代，文字分析變得如此重要的理由。

6.3.1 自然語言處理的逐步說明

接下來我們準備透過一系列的範例，逐步說明 NLTK 在 NLP 自然語言處理方面的應用。我們打算研究的 NLP 處理流程，牽涉到以下步驟：

1. 句尾（EOS）偵測
2. 分詞（Tokenization）
3. 詞性（POS）標記
4. 單詞分群（chunking）
5. 提取實體（Extraction）

以下的 NLP 處理流程會採用 Python 解譯器的呈現方式，如此一來，每個步驟的輸入與預期的輸出都會更加清晰易懂。不過整個流程中的每個步驟，全都已經預先載入到本章相應的 Jupyter Notebook 中，因此你也可以按照所有其他範例的使用方式進行嘗試。

為了說明起見，我們繼續使用之前的這段範例文字：「Mr. Green killed Colonel Mustard in the study with the candlestick.（格林先生在書房裡用燭台殺死了馬斯塔上校。）Mr. Green is not a very nice fellow.（格林先生先生並不是個好人。）」請記住，即使你已經閱讀過文字，也理解其中相應的語法結構，但目前對於機器而言，這只是一個意義不明（opaque）的字串。我們就來詳細瞭解一下，接下來需要執行的步驟：

句尾（EOS）偵測

這個步驟會把整段文字切分成一些有意義的句子。由於句子通常代表思維的邏輯單元，因此每個句子應該都有可預測的語法，很適合進一步的分析。你可以看到大多數的 NLP 流程都是從這一步開始，因為（下一步驟）分詞都是針對單一句子來進行操作的。如果把文字切分成「段落」（paragraphs）或「小節」（sections），可能也有助於提高某些類型分析的價值，不過對於 EOS 句尾偵測並不會有什麼幫助。在解譯器中，你可以使用 NLTK 來解析出句子，方法如下：

```
>>> import nltk
>>> txt = "Mr. Green killed Colonel Mustard in the study with the  \
... candlestick. Mr. Green is not a very nice fellow."
>>> txt = "Mr. Green killed Colonel Mustard in the study with the \
... candlestick. Mr. Green is not a very nice fellow."
>>> sentences = nltk.tokenize.sent_tokenize(txt)
>>> sentences
['Mr. Green killed Colonel Mustard in the study with the candlestick.',
 'Mr. Green is not a very nice fellow.']
```

接下來我們還會透過 send_tokenize 進一步討論後續的處理流程。在這裡我們可以直接採用句子偵測所得到的結果 —— 標點符號可能會造成錯誤斷句的問題，但在這裡顯然已經被處理掉了。

分詞

這個步驟必須針對單一句子進行操作；它會把句子拆分成一個一個的單詞（tokens）。在解譯器中隨著範例往下執行，就會得到以下的結果：

```
>>> tokens = [nltk.tokenize.word_tokenize(s) for s in sentences]
>>> tokens
[['Mr.', 'Green', 'killed', 'Colonel', 'Mustard', 'in', 'the', 'study',
  'with', 'the', 'candlestick', '.'],
 ['Mr.', 'Green', 'is', 'not', 'a', 'very', 'nice', 'fellow', '.']]
```

請注意，在這個簡單的範例中，分詞的結果大體上與採用空格進行切分的結果相同，只不過這裡也把 EOS 句尾符號（句點）正確切分了出來。我們隨後還會看到，如果有機會的話，這裡還可以進行更多的處理，而且我們也知道在遇到句點時，究竟應該判斷成 EOS 句尾符號還是縮寫的一部分，其實並不總是那麼簡單。有趣的是，有一些書寫式的語言（例如採用象形文字而非字母的語言；例如中文）不一定會用空格來切分句子中的單詞，閱讀者（或機器）甚至不需要區分文字的邊界。

詞性（*POS*）標記

這個步驟會針對每個單詞指定相應的詞性（part-of-speech，POS）。在解譯器的範例中，你只要透過一個步驟，就可以為每個單詞指定相應的詞性標籤：

```
>>> pos_tagged_tokens = [nltk.pos_tag(t) for t in tokens]
>>> pos_tagged_tokens
[[('Mr.', 'NNP'), ('Green', 'NNP'), ('killed', 'VBD'), ('Colonel', 'NNP'),
  ('Mustard', 'NNP'), ('in', 'IN'), ('the', 'DT'), ('study', 'NN'),
  ('with', 'IN'), ('the', 'DT'), ('candlestick', 'NN'), ('.', '.')],
 [('Mr.', 'NNP'), ('Green', 'NNP'), ('is', 'VBZ'), ('not', 'RB'),
  ('a', 'DT'), ('very', 'RB'), ('nice', 'JJ'), ('fellow', 'JJ'),
  ('.', '.')]]
```

你可能會覺得，這些標籤好像不夠直觀、不容易理解，但是它確實是詞性相關的訊息。舉例來說，'NNP' 代表這個單詞是名詞片語其中的名詞部分，'VBD' 代表動詞的簡單過去式，而 'JJ' 則代表形容詞。Penn Treebank Project（*http://bit.ly/2C5ecDq*）針對各種詞性標籤提供了一份完整的彙整資料（*http://bit.ly/1a1n05o*），可以查詢到各個詞性標籤的相應說明。詞性標記完成後，接下來該如何進行更強大的分析，應該很明顯才對。舉例來說，透過詞性標籤，我們可以把名詞片語中的好幾個名詞視為同一個「義群」（chunk），然後嘗試推斷它可能是什麼類型的實體（例如人物、地點或組織）。如果你從小學之後就沒再接觸過詞性的概念，請再重新思考一下：這些概念對於正確運用自然語言而言，真的是非常重要。

單詞分群（*Chunking*）

這個步驟會針對句子中所有已標記詞性的單詞進行分析，然後把可以表達某種邏輯概念的一些單詞，組合成複合單詞 —— 這個做法與透過統計分析所得到的「搭配詞」（collocation）並不相同。我們可以透過 NLTK 的 chunk.regexp.RegexpParser

來設定一些自定義的文法，不過這已超出本章的範圍，至於完整的詳細相關訊息，請參見 Edward Loper、Ewan Klein 和 Steven Bird 所著的《*Natural Language Processing with Python*》（*http://bit.ly/2szE1HW*；Python 自然語言處理；O'Reilly）其中第 9 章的內容。此外，NLTK 也提供了一個函式，可以把單詞分群（chunking）與具名實體提取（*chunking with named entity extraction*）結合起來，這就是我們下一步所要做的工作。

提取實體

這個步驟所牽涉到的是，針對單詞分群後的每個「義群」（chunks）進行分析，然後再為這些「義群」標記「具名實體」（named entities）標籤，例如人物、組織、位置等等。在解譯器的範例中，NLP 會進行以下的動作：

```
>>> ne_chunks = list(nltk.chunk.ne_chunk_sents(pos_tagged_tokens))
>>> print(ne_chunks)
[Tree('S', [Tree('PERSON', [('Mr.', 'NNP')]),
 Tree('PERSON', [('Green', 'NNP')]), ('killed', 'VBD'),
 Tree('ORGANIZATION', [('Colonel', 'NNP'), ('Mustard', 'NNP')]),
    ('in', 'IN'), ('the', 'DT'), ('study', 'NN'), ('with', 'IN'),
    ('the', 'DT'), ('candlestick', 'NN'), ('.', '.')]),
 Tree('S', [Tree('PERSON', [('Mr.', 'NNP')]),
                Tree('ORGANIZATION',
                    [('Green', 'NNP')]), ('is', 'VBZ'), ('not', 'RB'),
                    ('a', 'DT'), ('very', 'RB'), ('nice', 'JJ'),
                    ('fellow', 'JJ'), ('.', '.')])]
>>> ne_chunks[0].pprint() # 你可以用比較美觀的方式，把每個義群（chunk）以樹狀結構列印出來

(S
  (PERSON Mr./NNP)
  (PERSON Green/NNP)
  killed/VBD
  (ORGANIZATION Colonel/NNP Mustard/NNP)
  in/IN
  the/DT
  study/NN
  with/IN
  the/DT
  candlestick/NN
  ./.)
```

各位並不需要嘗試精確解讀所輸出的樹狀結構究竟代表什麼含義。簡而言之，它只是把一些單詞組合成「義群」，並試圖把它分類成某些類型的實體。（你或許可以看出它已經知道「Mr. Green（格林先生）」代表一個人，但不幸的是，它把「Colonel

Mustard（馬斯塔上校）」分類成一個組織。）圖 6-3 顯示的就是 Jupyter Notebook 的輸出結果。

雖然繼續使用 NLTK 探索自然語言是很值得做的事，但這種程度的處理，並不是我們這裡真正的目的。本節的目的主要是為了讓你瞭解這項任務的困難程度，並鼓勵你繼續閱讀 NLTK 線上書（*http://bit.ly/1a1mtAk*）或網路上其他許多豐富的資源（如果你想進一步研究這個主題的話）。

雖然你可以自定義 NLTK 其中某些設定，但除非另有說明，否則都是假設你「按照預設的設定」來使用 NLTK。

結束對 NLP 的簡要介紹之後，我們可以開始來嘗試挖掘一些部落格的資料了。

```
In [34]:  # Downloading nltk packages used in this example
          nltk.download('maxent_ne_chunker')
          nltk.download('words')

          ne_chunks = list(nltk.chunk.ne_chunk_sents(pos_tagged_tokens))
          print(ne_chunks)
          ne_chunks[0].pprint()

[nltk_data] Downloading package maxent_ne_chunker to
[nltk_data]     /Users/mikhail/nltk_data...
[nltk_data]   Package maxent_ne_chunker is already up-to-date!
[nltk_data] Downloading package words to /Users/mikhail/nltk_data...
[nltk_data]   Package words is already up-to-date!
[Tree('S', [Tree('PERSON', [('Mr.', 'NNP')]), Tree('PERSON', [('Green', 'NNP')]), ('killed', 'VBD'), Tree('ORGANIZATI
ON', [('Colonel', 'NNP'), ('Mustard', 'NNP')]), ('in', 'IN'), ('the', 'DT'), ('study', 'NN'), ('with', 'IN'), ('the',
'DT'), ('candlestick', 'NN'), ('.', '.')]), Tree('S', [Tree('PERSON', [('Mr.', 'NNP')]), Tree('ORGANIZATION', [('Gree
n', 'NNP')]), ('is', 'VBZ'), ('not', 'RB'), ('a', 'DT'), ('very', 'RB'), ('nice', 'JJ'), ('fellow', 'NN'), ('.', '.')
])]
(S
  (PERSON Mr./NNP)
  (PERSON Green/NNP)
  killed/VBD
  (ORGANIZATION Colonel/NNP Mustard/NNP)
  in/IN
  the/DT
  study/NN
  with/IN
  the/DT
  candlestick/NN
  ./.)
```

圖 6-3：使用 NLTK 進行單詞分群處理，並把所得到的「義群」分類至相應的具名實體

6.3.2 人類語言資料中的句子偵測

由於句子偵測往往是構建 NLP 處理流程所要考慮的第一項任務，因此從這裡開始進行討論是很合理的。就算你從未進行過 NLP 流程的其他部分，光是 EOS 句尾偵測的結果，也有可能創造出一些強大的可能性（例如文件摘要總結（document summarization），我們下一節就會以它做為後續的練習）。不過一開始，我們必須先取得一些乾淨的人類語言資料。我們會使用一個已通過檢驗且可靠的 feedparser 套件，加上前一章從 nltk 和

BeautifulSoup 所引入的一些實用工具，從 O'Reilly Ideas（*http://oreil.ly/2QwxDch*）取得一些貼文，並清理掉其中有可能出現的所有 HTML 格式。範例 6-4 的程式碼取得了一些貼文，並以 JSON 的格式保存在一個本機檔案之中。

範例 6-4：透過解析動態 *feed* 的方式，收集部落格資料

```
import os
import sys
import json
import feedparser
from bs4 import BeautifulSoup
from nltk import clean_html

FEED_URL = 'http://feeds.feedburner.com/oreilly/radar/atom'

def cleanHtml(html):
    if html == "": return ""

    return BeautifulSoup(html, 'html5lib').get_text()

fp = feedparser.parse(FEED_URL)

print("Fetched {0} entries from '{1}'".format(len(fp.entries[0].title),
    fp.feed.title))

blog_posts = []
for e in fp.entries:
    blog_posts.append({'title': e.title, 'content'
                      : cleanHtml(e.content[0].value), 'link': e.links[0].href})

out_file = os.path.join('feed.json')
f = open(out_file, 'w+')
f.write(json.dumps(blog_posts, indent=1))
f.close()

print('Wrote output file to {0}'.format(f.name))
```

如果可以從比較可靠的來源取得人類語言資料，這樣我們才能奢望其中的文字比較符合英語的文法，並期待 NLTK 現成的句子偵測工具可以正常運作。如果想真正瞭解發生了什麼事，除了直接深入程式碼以外，恐怕沒有其他更好的方法了，因此，請務必仔細檢視一下範例 6-5 其中的程式碼。這段程式碼會用到 sent_tokenize 和 word_tokenize 這兩個方法，但其實這兩個都是別名，分別對應到 NLTK 當下所推薦的「句子偵測器」和「單詞分詞器」。隨後我們就會針對這些程式碼進行簡要的討論。

範例 6-5：使用 *NLTK* 的 *NLP* 工具，處理部落格資料中的人類語言

```
import json
import nltk

BLOG_DATA = "resources/ch06-webpages/feed.json"

blog_data = json.loads(open(BLOG_DATA).read())

# 下載本範例會用到的 nltk 套件
nltk.download('stopwords')

# 根據你自己的需要，自行定義停止詞列表。我們在這裡會把一些常見的
# 標點符號與縮寫形式添加到停止詞列表中。

stop_words = nltk.corpus.stopwords.words('english') + [
    '.',
    ',',
    '--',
    '\'s',
    '?',
    ')',
    '(',
    ':',
    '\'',
    '\'re',
    '"',
    '-',
    '}',
    '{',
    u'—',
    ']',
    '[',
    '...'
    ]

for post in blog_data:
    sentences = nltk.tokenize.sent_tokenize(post['content'])

    words = [w.lower() for sentence in sentences for w in
             nltk.tokenize.word_tokenize(sentence)]

    fdist = nltk.FreqDist(words)

    # 移除 fdist 裡的停止詞
    for sw in stop_words:
```

```
    del fdist[sw]

# 一些基本的統計數字

num_words = sum([i[1] for i in fdist.items()])
num_unique_words = len(fdist.keys())

# hapaxes 就是只出現一次的單詞
num_hapaxes = len(fdist.hapaxes())

top_10_words_sans_stop_words = fdist.most_common(10)

print(post['title'])
print('\tNum Sentences:'.ljust(25), len(sentences))
print('\tNum Words:'.ljust(25), num_words)
print('\tNum Unique Words:'.ljust(25), num_unique_words)
print('\tNum Hapaxes:'.ljust(25), num_hapaxes)
print('\tTop 10 Most Frequent Words (sans stop words):\n\t\t',
      '\n\t\t'.join(['{0} ({1})'.format(w[0], w[1])
      for w in top_10_words_sans_stop_words]))
print()
```

其實 NLTK 針對分詞處理方式提供了好幾種選項，不過這裡是透過「sent_tokenize」和「word_tokenize」這兩個別名，提供「建議」的最佳選項。在撰寫本文時（你隨時都可以在 IPython 或 Jupyter Notebook 中，使用 pydoc 或 nltk.tokenize.sent_tokenize? 這樣的指令自行確認檢查），句子偵測器採用的是 PunktSentenceTokenizer，單詞分詞器則是採用 TreebankWordTokenizer。接著我們就來簡要查看一下這幾個東西。

PunktSentenceTokenizer 的內部特別偏重於能夠偵測出縮寫出現在搭配詞裡這樣的模式，而且它使用了一些正則表達式，可針對常見的標點符號使用模式，對句子做出更有智慧的解析。關於 PunktSentenceTokenizer 內部邏輯的完整解釋，並不在本書的討論範圍之內，但 Tibor Kiss 和 Jan Strunk 的原始論文「Unsupervised Multilingual Sentence Boundary Detection」（無監督式多語言句子邊界偵測；*http://bit.ly/2EzWCEZ*）透過一種高度可讀的方式，討論了其中相關的方法，你應該盡量找時間重新檢視一下這篇論文。

我們稍後就會看到，在實例化 PunktSentenceTokenizer 時可以用一些文字對它進行訓練，以提高其準確度。它所使用的基礎演算法，屬於一種「無監督式學習演算法」；在學習的過程中，完全不需要以任何人工的方式，先對樣本訓練資料標記任何的標籤。這個演算法會自動檢查出現在文字中的某些「特徵」（例如使用大寫的情況，以及某些單詞共同出現的情況），以得出可用來切分句子的合適參數。

至於分詞的工作，NLTK 的 WhitespaceTokenizer 就是其中最簡單的一種分詞工具，它會依據空格把一段文字拆分成一堆單詞，不過你應該已經很清楚，只根據空格盲目進行切分的做法，天生就有一些缺點。目前 NLTK 推薦使用的是 TreebankWordTokenizer，這個單詞分詞工具可針對句子進行操作，並使用與 Penn Treebank Project（*http://bit.ly/2C5ecDq*）相同的慣例做法。[3] 比較有可能讓你感到有點不知所措的是，TreebankWordTokenizer 的分詞功能（*http://bit.ly/2EBDPNQ*）會做出一些不太明顯的動作，例如它在遇到某些縮寫形式或所有格形式的名詞時，會分別針對其中的構成元素進行標記。舉例來說，如果針對「I'm hungry（我餓了）」這個句子進行解析，它就會把「I」和「'm」視為單獨的元素，好讓「I'm」這個縮寫詞其中的兩個單詞，分別保持主詞與動詞的區別。你應該可以想像得到，如果需要進行更進階的分析，以便能夠更仔細研究句子其中主詞與動詞之間的關係，此時若能夠以更細緻的方式取得這類的文法資訊，這樣的做法應該是非常有價值才對。

只要有了分句與分詞的工具，我們就可以把整段文字解析成許多句子，再把每個句子解析成許多單詞。這樣的做法雖然非常直觀，但其致命的弱點在於，句子偵測工具所造成的錯誤會向後傳播，從而限制了其他 NLP 處理程序所生成結果的品質。舉例來說，如果負責分句的工具誤把出現在「Mr.」後面的句點當成切分句子的依據，而把「Mr. Green killed Colonel Mustard in the study with the candlestick（格林先生在書房裡用燭台殺死了馬斯塔上校）」切分成錯誤的句子，就不可能提取出「Mr. Green（格林先生）」這樣的實體（除非採用了特別具有針對性的錯誤處理邏輯）。同樣的，整個 NLP 處理流程的複雜度，以及如何阻止錯誤往後傳播的做法，對於結果來說肯定會有很大的影響。

在 NLTK 裡現成可用的 PunktSentenceTokenizer，已針對 Penn Treebank 語料庫做過訓練，其表現相當不錯。其實解析的最終目標，就是實例化一個 nltk.FreqDist 物件（其功能很像是一個稍微比較複雜的 collections.Counter），這個物件需要的是一個單詞列表。範例 6-5 其餘的程式碼，都只是直接使用 NLTK 一些常用的 API 而已。

---

3   Treebank 是一個非常特殊的術語，指的是一個特別用高階語言學資訊進行過標記的語料庫。事實上，這樣的一個語料庫之所以被稱為樹狀語料庫，主要是為了要強調它是一個包含許多句子的庫（bank；類似集合的概念），裡頭的句子全都被解析成遵循特定語法的樹狀結構。

在使用 NLTK 的 `TreebankWordTokenizer` 這種比較進階的單詞分詞器時,如果一直遇到很多問題,可以先試著改用 `WhitespaceTokenizer`,等你有時間研究比較進階的分詞器時,再重新考慮使用即可。事實上,使用比較簡單而直接的分詞工具,通常也有一些好處。舉例來說,如果資料中經常出現行內 URL,使用比較進階的單詞分詞工具可能就不是一個好主意了。

本節的目的,就是讓你更熟悉如何打造 NLP 流程的第一步驟。在這個過程中,我們發展出一些衡量方式,針對如何從部落格資料中找出一些特徵,進行了一些微不足道的嘗試。我們的流程還沒涉及詞性標記或單詞分群,不過你應該已經對相關概念有了基本的瞭解,可以開始考慮其中所牽涉到的一些微妙問題了。雖然我們確實可以單純只用空格來切分單詞、計算單詞的數量,這樣還是可以從資料中得到很多訊息,但很快你就會發現,如果一開始就把這些步驟做得更好,絕對有助於更深入瞭解資料。為了說明如何運用你剛剛所學到的東西,下一節我們就會介紹一種簡單的「文件摘要總結」(document summarization)演算法;它幾乎只需要用到分句與頻率分析的技巧,就可以達到相當不錯的效果。

6.3.3 文件摘要總結

在挖掘非結構化資料時,只要能夠在 NLP 處理過程中做出足夠合理的句子偵測,有時就能達到相當強大的文字探勘效果,例如我們可以嘗試針對文件,進行一種看似粗略但非常合理的文件摘要總結。關於這方面其實有很多可行的做法,但其中最簡單的做法之一,可以往前追溯到 1958 年 4 月的《*IBM Journal*》(IBM 期刊)。在一篇名為「The Automatic Creation of Literature Abstracts」(自動建立文學摘要;*http://bit.ly/1a1n4Cj*)的開創性文章中,H.P. Luhn 描述了一種技術,可以從本質上篩選出一些包含頻繁出現單詞的句子。

原始論文很容易理解,而且也相當有趣;Luhn 實際上還提到他為了針對不同參數進行測試,如何準備打孔卡的過程!讓人感覺到驚訝的是,我們如今可以在便宜的硬體上用幾十行 Python 實作出來的東西,他當時可能要花好幾個小時辛苦工作,才能寫好程式給體積龐大的巨型電腦執行。範例 6-6 提供的就是 Luhn 的文件摘要演算法基本的實作。我們在下一節就會簡要分析一下這個演算法。在跳進相關的討論之前,請先花點時間瀏覽一下程式碼,以便能夠更加瞭解相應的工作原理。

範例 6-6 使用了 numpy 套件（其中包含許多高度最佳化的數值相關操作），這個套件應該已經與 nltk 同時被安裝起來了。如果你出於某種原因而未使用虛擬機，而需要另行安裝的話，請輸入 `pip install numpy` 即可安裝。

範例 6-6：主要以句子偵測與頻率分析做為其基礎的文件摘要演算法

```python
import json
import nltk
import numpy

BLOG_DATA = "resources/ch06-webpages/feed.json"

blog_data = json.loads(open(BLOG_DATA).read())

N = 100  # 考慮的單詞數量
CLUSTER_THRESHOLD = 5  # 考慮的單詞間距離
TOP_SENTENCES = 5  # 摘要總結後要送回來的排名前 n 個句子

# 多提供一些停止詞
stop_words = nltk.corpus.stopwords.words('english') + [
    '.',
    ',',
    '--',
    '\'s',
    '?',
    ')',
    '(',
    ':',
    '\'',
    '\'re',
    '"',
    '-',
    '}',
    '{',
    u'—',
    '>',
    '<',
    '...'
    ]

# 取自 H.P. Luhn 的 "The Automatic Creation of Literature Abstracts"（自動建立文學摘要）
def score_sentences(sentences, important_words):
    scores = []
```

```
sentence_idx = 0

for s in [nltk.tokenize.word_tokenize(s) for s in sentences]:

    word_idx = []

    # 針對單詞列表裡的每個單詞 ...
    for w in important_words:
        try:
            # 重要的單詞只要出現在句子中，
            # 就計算其相應的索引
            word_idx.append(s.index(w))
        except ValueError: # w 並沒有出現在這個句子中
            pass

    word_idx.sort()

    # 有一些句子可能完全沒有包含
    # 任何重要的單詞
    if len(word_idx)== 0: continue

    # 針對重要單詞兩兩進行檢查，單詞間距小於門檻值就是同一集群
    # 以此方式對重要單詞進行分群處理

    clusters = []
    cluster = [word_idx[0]]
    i = 1
    while i < len(word_idx):
        if word_idx[i] - word_idx[i - 1] < CLUSTER_THRESHOLD:
            cluster.append(word_idx[i])
        else:
            clusters.append(cluster[:])
            cluster = [word_idx[i]]
        i += 1
    clusters.append(cluster)

    # 對每個集群進行評分。句子裡各集群中最高的分數，
    # 就是這個句子相應的分數。

    max_cluster_score = 0

    for c in clusters:
        significant_words_in_cluster = len(c)
        # 真正的集群也包含不重要的單詞，因此
        # 要檢查索引值，來得出集群的總長度
        total_words_in_cluster = c[-1] - c[0] + 1
        score = 1.0 * significant_words_in_cluster**2 / total_words_in_cluster
```

```
            if score > max_cluster_score:
                max_cluster_score = score

        scores.append((sentence_idx, max_cluster_score))
        sentence_idx += 1

    return scores

def summarize(txt):
    sentences = [s for s in nltk.tokenize.sent_tokenize(txt)]
    normalized_sentences = [s.lower() for s in sentences]

    words = [w.lower() for sentence in normalized_sentences for w in
             nltk.tokenize.word_tokenize(sentence)]

    fdist = nltk.FreqDist(words)

    # 移除 fdist 裡的停止詞
    for sw in stop_words:
        del fdist[sw]

    top_n_words = [w[0] for w in fdist.most_common(N)]

    scored_sentences = _score_sentences(normalized_sentences, top_n_words)

    # 第一種摘要總結做法：
    # 根據平均分數，加上一定比例的標準差，
    # 過濾掉一些比較不重要的句子。

    avg = numpy.mean([s[1] for s in scored_sentences])
    std = numpy.std([s[1] for s in scored_sentences])
    mean_scored = [(sent_idx, score) for (sent_idx, score) in scored_sentences
                   if score > avg + 0.5 * std]

    # 第二種摘要總結做法：
    # 只送回排名前 N 個句子

    top_n_scored = sorted(scored_sentences, key=lambda s: s[1])[-TOP_SENTENCES:]
    top_n_scored = sorted(top_n_scored, key=lambda s: s[0])

    # 摘要總結的結果，可掛入 post 物件中

    return dict(top_n_summary=[sentences[idx] for (idx, score) in top_n_scored],
                mean_scored_summary=[sentences[idx] for (idx, score) in mean_scored])

blog_data = json.loads(open(BLOG_DATA).read())
```

```
for post in blog_data:

    post.update(summarize(post['content']))

    print(post['title'])
    print('=' * len(post['title']))
    print()
    print('Top N Summary')
    print('-------------')
    print(' '.join(post['top_n_summary']))
    print()
    print('Mean Scored Summary')
    print('-------------------')
    print(' '.join(post['mean_scored_summary']))
    print()
```

我們會使用提姆·歐萊禮（Tim O'Reilly）在 Radar（雷達）所發表的文章「The Louvre of the Industrial Age」（工業時代的羅浮宮；*http://oreil.ly/1a1n4SO*）做為範例。這篇文章全長 460 個單詞左右，這裡就以全文呈現，好讓你可以與隨後兩次摘要總結的範例輸出進行比較：

This morning I had the chance to get a tour of The Henry Ford Museum in Dearborn, MI, along with Dale Dougherty, creator of Make: and Makerfaire, and Marc Greuther, the chief curator of the museum.（今天早上我獲得一個機會，到密西根州迪爾伯恩的亨利·福特博物館，與《Make：自造者雜誌》的創辦者 Dale Dougherty，還有博物館的首席策展人 Marc Greuther 一起進行了參觀。）I had expected a museum dedicated to the auto industry, but it's so much more than that.（我原本期望看到的是一個專門研究汽車工業的博物館，但最後真正看到的遠不止如此。）As I wrote in my first stunned tweet, "it's the Louvre of the Industrial Age."（正如我在充滿震驚的第一則推文中寫道：「這簡直就是工業時代的羅浮宮。」）

When we first entered, Marc took us to what he said may be his favorite artifact in the museum, a block of concrete that contains Luther Burbank's shovel, and Thomas Edison's signature and footprints.（我們一進入博物館，Marc 就把我們帶到博物館裡他最喜歡的文物面前，那是上面插著路德·伯班克的鐵鍬，還有湯瑪斯·愛迪生簽名和足蹟的一塊水泥。）Luther Burbank was, of course, the great agricultural inventor who created such treasures as the nectarine and the Santa Rosa plum.（大家都知道，路德·伯班克是一個偉大的農業發明家，就是他創造出油桃和聖羅莎李子等等這些珍貴的作物。）Ford was a farm boy who became an industrialist; Thomas Edison was his friend and mentor.（福特原本只是農場裡的一個男孩，後來成為了一個實業家；湯瑪斯‧愛迪生則是他的朋友兼導師。）The museum, opened in 1929, was Ford's personal homage to the transformation of the world that he was so much a part of.（博物館於 1929 年開幕，代表福特個人對於他所身處這個世界各種轉變的一種敬意。）This museum chronicles that transformation.（這個博物館本身也記載了各種轉變。）

The machines are astonishing—steam engines and coal-fired electric generators as big as houses, the first lathes capable of making other precision lathes (the makerbot of the 19th century), a ribbon glass machine that is one of five that in the 1970s made virtually all of the incandescent lightbulbs in the world, combine harvesters, railroad locomotives, cars, airplanes, even motels, gas stations, an early McDonalds' restaurant and other epiphenomena of the automobile era.（博物館裡的機器十分令人驚歎：有像房屋一樣大的蒸汽引擎與燃煤發電機、有能夠製造出其他精密車床的第一部車床（可說是 19 世紀的創客機器人）、帶狀玻璃加工機（1970 年代真正製造出來的五台其中一台）、世界上所有的白熾燈泡、組合式收割機、鐵路火車頭、汽車、飛機、甚至汽車旅館、加油站、早期的麥當勞餐廳，以及汽車時代所促成的其他各種產物。）

Under Marc's eye, we also saw the transformation of the machines from purely functional objects to things of beauty.（透過 Marc 的雙眼，我們也看到機器從純粹功能導向轉變成美麗事物的演變。）We saw the advances in engineering—the materials, the workmanship, the design, over a hundred years of innovation.（我們看到了工程技術的進步，包括材料、工藝、設計，以及一百多年來的創新。）Visiting The Henry Ford, as they call it, is a truly humbling experience.（參觀亨利‧福特博物館，就如同他們所說的，是一次讓人真正感到謙卑的體驗。）I would never in a hundred years have thought of making a visit to Detroit just to visit this museum, but knowing what I know now, I will tell you confidently that it is as worth your while as a visit to Paris just to see the Louvre, to Rome for the Vatican Museum, to Florence for the Uffizi Gallery, to St. Petersburg for the Hermitage, or to Berlin for the Pergamon Museum.（這一百年來，我從沒想過要特地跑到底特律參觀這個博物館，不過現在我可以很有自信告訴你，就像你可以為了看羅浮宮跑一趟巴黎、為了梵蒂岡博物館跑一趟羅馬、為了烏菲茲美術館跑一趟佛羅倫斯、為了冬宮跑一趟聖彼得堡，或是為了佩加蒙博物館跑一趟柏林一樣，這裡絕對值得你專程跑一趟。）This is truly one of the world's great museums, and the world that it chronicles is our own.（這裡確實是世界上最偉大的博物館之一，而且它所記載的正是我們自己所身處的世界。）

I am truly humbled that the Museum has partnered with us to hold Makerfaire Detroit on their grounds.（我感到非常榮幸能與博物館合作，讓我們這裡舉辦 Makerfaire Detroit 的活動。）If you are anywhere in reach of Detroit this weekend, I heartily recommend that you plan to spend both days there.（如果這個週末你人就在底特律，我衷心建議可以計劃多待兩天。）You can easily spend a day at Makerfaire, and you could easily spend a day at The Henry Ford.（你可以在 Makerfaire 輕鬆度過一天，也可以在亨利福特博物館輕鬆度過另一天。）P.S. Here are some of my photos from my visit.（附帶一提：這裡是我造訪時的一些照片。）(More to come soon.（很快就會有更多的照片。）Can't upload many as I'm currently on a plane.（我現在還在飛機上，無法上傳很多照片。））

使用平均分數和標準差篩選句子之後，就可以得到大約 170 個單詞的摘要總結：

This morning I had the chance to get a tour of The Henry Ford Museum in Dearborn, MI, along with Dale Dougherty, creator of Make: and Makerfaire, and Marc Greuther, the chief curator of the museum.（今天早上我獲得一個機會，到密西根州迪爾伯恩的亨利·福特博物館，與《Make：自造者雜誌》的創辦者 Dale Dougherty，還有博物館的首席策展人 Marc Greuther 一起進行了參觀。）I had expected a museum dedicated to the auto industry, but it's so much more than that.（我原本期望看到的是一個專門研究汽車工業的博物館，但最後真正看到的遠不止如此。）As I wrote in my first stunned tweet，"it's the Louvre of the Industrial Age.（正如我在充滿震驚的第一則推文中寫道：「這簡直就是工業時代的羅浮宮。」）This museum chronicles that transformation.（這個博物館本身也記載了各種轉變。）The machines are astonishing - steam engines and coal fired electric generators as big as houses, the first lathes capable of making other precision lathes (the makerbot of the 19th century), a ribbon glass machine that is one of five that in the 1970s made virtually all of the incandescent lightbulbs in the world, combine harvesters, railroad locomotives, cars, airplanes, even motels, gas stations, an early McDonalds' restaurant and other epiphenomena of the automobile era.（博物館裡的機器十分令人驚歎：有像房屋一樣大的蒸汽引擎與燃煤發電機、有能夠製造出其他精密車床的第一部車床（可說是 19 世紀的創客機器人）、帶狀玻璃加工機（1970 年代真正製造出來的五台其中一台）、世界上所有的白熾燈泡、組合式收割機、鐵路火車頭、汽車、飛機、甚至汽車旅館、加油站、早期的麥當勞餐廳，以及汽車時代所促成的其他各種產物。）You can easily spend a day at Makerfaire, and you could easily spend a day at The Henry Ford.（你可以在 Makerfaire 輕鬆度過一天，也可以在亨利福特博物館輕鬆度過另一天。）

另一種摘要總結的做法，就是只考慮排名前 N 個句子（在這個例子中，N = 5），最後得出了一個更簡略的結果，內容大約只有 90 個單詞。這個結果更簡潔，但依然可說是帶有相當多資訊的精煉結果：

> This morning I had the chance to get a tour of The Henry Ford Museum in Dearborn, MI, along with Dale Dougherty, creator of Make: and Makerfaire, and Marc Greuther, the chief curator of the museum.（今天早上我獲得一個機會，到密西根州迪爾伯恩的亨利·福特博物館，與《Make：自造者雜誌》的創辦者 Dale Dougherty，還有博物館的首席策展人 Marc Greuther 一起進行了參觀。）I had expected a museum dedicated to the auto industry, but it's so much more than that.（我原本期望看到的是一個專門研究汽車工業的博物館，但最後真正看到的遠不止如此。）As I wrote in my first stunned tweet，"it's the Louvre of the Industrial Age.（正如我在充滿震驚的第一則推文中寫道：「這簡直就是工業時代的羅浮宮。」）This museum chronicles that transformation.（這個博物館本身也記載了各種轉變。）You can easily spend a day at Makerfaire, and you could easily spend a day at The Henry Ford.（你可以在 Makerfaire 輕鬆度過一天，也可以在亨利福特博物館輕鬆度過另一天。）

就跟其他分析的情況一樣，我們只要透過目視檢查，比較一下原文和相應的摘要，就可以得到許多深入的見解。

如果想要運用簡單的標籤（markup）格式進行輸出，讓所有瀏覽器都能輕鬆開啟，做法其實很簡單，只要調整一下執行輸出的腳本其中最後的部分，進行一些字串替換就可以了。範例 6-7 示範了一種以視覺化方式呈現文件摘要總結輸出的做法，它把原文中被當成摘要的句子改以粗體顯示，這樣就可以輕易看出那些句子被包含在摘要之中了。這段程式碼會把 HTML 保存到磁碟中，你可以在 Jupyter Notebook 中查看，也可以直接用瀏覽器開啟。

範例 6-7：以 HTML 的輸出形式，視覺化呈現文件摘要總結的結果

```
import os
from IPython.display import IFrame
from IPython.core.display import display

HTML_TEMPLATE = """<html>
    <head>
        <title>{0}</title>
        <meta http-equiv="Content-Type" content="text/html; charset=UTF-8"/>
    </head>
    <body>{1}</body>
```

```
</html>"""

for post in blog_data:

    # 使用之前定義的 summarize 函式
    post.update(summarize(post['content']))

    # 你可以保存一個包含全文的版本，其中比較重要的句子可以用標籤特別強調出來
    # 只要進行簡單的字串替換，就可以得到很有利於分析的結果

    for summary_type in ['top_n_summary', 'mean_scored_summary']:
        post[summary_type + '_marked_up'] = '<p>{0}</p>'.format(post['content'])

        for s in post[summary_type]:
            post[summary_type + '_marked_up'] =
            post[summary_type + '_marked_up'].replace(s,
            '<strong>{0}</strong>'.format(s))

        filename = post['title'].replace("?", "") + '.summary.' + summary_type +
        '.html'

        f = open(os.path.join(filename), 'wb')
        html = HTML_TEMPLATE.format(post['title'] + ' Summary',
        post[summary_type + '_marked_up'])
        f.write(html.encode('utf-8'))
        f.close()

        print("Data written to", f.name)

# 用一個行內架構來顯示這些檔案。只要使用 f.name 最後的值，
# 就會顯示最後處理的檔案
print()
print("Displaying {0}:".format(f.name))
display(IFrame('files/{0}'.format(f.name), '100%', '600px'))
```

輸出的結果是文件的全文，其中用粗體特別強調的句子就是摘要總結的部分，如圖 6-4
所示。如果你想探索一下各種不同的摘要總結技術，只要把結果放在不同的瀏覽器分
頁，然後在分頁間快速切換，就可以讓你很直觀地感受到不同摘要總結技術之間的相似
度。從這裡就可以看出前面的兩種做法，其中最主要的差別在於，文件中間附近那個相
當長（且相當具有描述性）、開頭為「The machines are astonishing...（博物館裡的機器
十分令人驚歎 ...）」的那個句子。

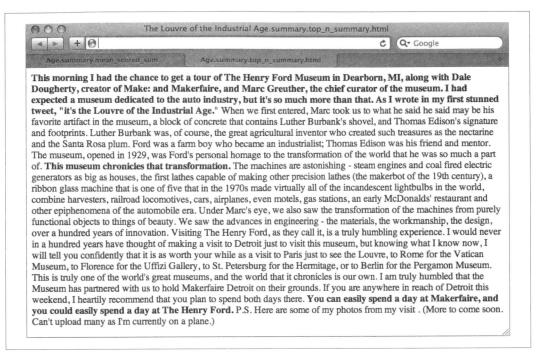

> The Louvre of the Industrial Age.summary.top_n_summary.html
>
> Age.summary.mean_scored_sum...   Age.summary.top_n_summary.html
>
> **This morning I had the chance to get a tour of The Henry Ford Museum in Dearborn, MI, along with Dale Dougherty, creator of Make: and Makerfaire, and Marc Greuther, the chief curator of the museum. I had expected a museum dedicated to the auto industry, but it's so much more than that. As I wrote in my first stunned tweet, "it's the Louvre of the Industrial Age."** When we first entered, Marc took us to what he said he said may be his favorite artifact in the museum, a block of concrete that contains Luther Burbank's shovel, and Thomas Edison's signature and footprints. Luther Burbank was, of course, the great agricultural inventor who created such treasures as the nectarine and the Santa Rosa plum. Ford was a farm boy who became an industrialist; Thomas Edison was his friend and mentor. The museum, opened in 1929, was Ford's personal homage to the transformation of the world that he was so much a part of. **This museum chronicles that transformation.** The machines are astonishing - steam engines and coal fired electric generators as big as houses, the first lathes capable of making other precision lathes (the makerbot of the 19th century), a ribbon glass machine that is one of five that in the 1970s made virtually all of the incandescent lightbulbs in the world, combine harvesters, railroad locomotives, cars, airplanes, even motels, gas stations, an early McDonalds' restaurant and other epiphenomena of the automobile era. Under Marc's eye, we also saw the transformation of the machines from purely functional objects to things of beauty. We saw the advances in engineering - the materials, the workmanship, the design, over a hundred years of innovation. Visiting The Henry Ford, as they call it, is a truly humbling experience. I would never in a hundred years have thought of making a visit to Detroit just to visit this museum, but knowing what I know now, I will tell you confidently that it is as worth your while as a visit to Paris just to see the Louvre, to Rome for the Vatican Museum, to Florence for the Uffizi Gallery, to St. Petersburg for the Hermitage, or to Berlin for the Pergamon Museum. This is truly one of the world's great museums, and the world that it chronicles is our own. I am truly humbled that the Museum has partnered with us to hold Makerfaire Detroit on their grounds. If you are anywhere in reach of Detroit this weekend, I heartily recommend that you plan to spend both days there. **You can easily spend a day at Makerfaire, and you could easily spend a day at The Henry Ford.** P.S. Here are some of my photos from my visit . (More to come soon. Can't upload many as I'm currently on a plane.)

圖 6-4：來自 O'Reilly Radar 部落格文章中的文字，以視覺化方式呈現的結果，其中摘要總結演算法所判斷出來的重要句子，全都以粗體來表示

下一節就來簡要討論一下 Luhn 的文件摘要總結做法。

分析一下 Luhn 的摘要總結演算法

本節打算分析一下 Luhn 的摘要總結演算法。我們的目的主要是加深你對於人類語言資料相關處理技術的理解，但這肯定不是挖掘社群網站的必要條件。如果你發現自己已經迷失在一堆細節之中，先跳過本節的內容也沒關係，之後隨時可以再回來仔細閱讀。

Luhn 的演算法背後有個基本前提，就是文件中所謂重要的句子，就是其中包含頻繁出現單詞的那些句子。但是，還是有一些細節要特別強調一下。首先，並非所有經常出現的單詞都很重要；一般來說，停止詞只是填充詞的作用，幾乎沒什麼分析的意義。要特

別提醒的是，雖然我們確實已經在範例實作中過濾掉一些常見的停止詞，但我們還是可以透過一些額外的先驗知識，針對任何特定的部落格或專業領域，建立自定義的停止詞列表，這樣就能進一步增強演算法過濾停止詞的效果。舉例來說，專門寫棒球相關的部落格，可能就會經常使用到「baseball」（棒球）這個單詞，因此它雖然並不是一般的停止詞，你還是應該考慮把它添加到停止詞列表中。（附帶一提，把 TF-IDF 併入特定資料來源的評分函式中，用來判斷特定領域中常見的單詞，應該是很有意思的一種做法。）

假設我們已經針對停止詞的移除做出了合理的嘗試，演算法的下一步就是要選擇一個合理的 N 值，好讓演算法可以選擇排名前 N 個單詞以做為分析的基礎。這個演算法背後的潛在假設是，排名前 N 個單詞就具有足夠的描述性、足以表現出文件的性質，而且對於文件中任何兩個句子來說，其中包含更多這些單詞的句子，就會被視為是更具有描述性的句子。一旦確定了文件中的「重要單詞」之後，剩下的工作就是對每個句子套用某種做法，並篩選出句子的某個子集合，以做為文件的總結（summarization）或摘要（abstract）。score_sentences 這個函式會針對每個句子進行評分。這就是程式碼中大多數重要動作發生之所在。

為了對每個句子進行評分，score_sentences 裡的演算法會用一個簡單的距離門檻值，先對單詞進行集群處理，並根據以下公式對每個集群進行評分：

$$\frac{(集群中的重要單詞數量)^2}{集群中的單詞總數量}$$

對於每個句子來說，句子裡每個集群所獲得的分數，其中最高的分數就是該句子的最終分數。我們就來考慮一個例句，看看它在 score_sentences 其中所牽涉到的高階處理步驟，以瞭解這種做法實際上的運作方式：

輸入：例句

```
['Mr.', 'Green', 'killed', 'Colonel', 'Mustard', 'in', 'the', 'study', 'with', 'the',
'candlestick', '.']
```

輸入：重要單詞列表

```
['Mr.', 'Green', 'Colonel', 'Mustard', 'candlestick']
```

輸入／假設：集群門檻值（距離）

```
3
```

中間計算：偵測到的集群

```
[ ['Mr.', 'Green', 'killed', 'Colonel', 'Mustard'], ['candlestick'] ]
```

中間計算：各群集的分數

```
    [ 3.2, 1 ] # 計算方式：[ (4*4)/5, (1*1)/1 ]
```

輸出：句子的分數

```
    3.2 # max([3.2, 1])
```

實際上，score_sentences 所做的其中一個工作，就是偵測出句子中的各個集群。在這裡所謂的「集群」，就是其中包含兩個或兩個以上的重要單詞，而且每個重要單詞與最靠近的相鄰單詞之間，距離都在一定的門檻值之內。雖然 Luhn 的論文所建議的距離門檻值為 4 或 5，但在本範例中，為簡單起見，我們使用了 3 這個值。因此，'Green' 和 'Colonel' 之間的距離就算是足夠接近，而整個句子中所偵測到的第一個集群，就包含了句子的前五個單詞。如果 *study* 這個單詞也出現在重要單詞列表中，則整個句子（最後的標點除外）都會在同一個集群中。

每個句子都像這樣進行過評分之後，剩下的工作就是要判斷該送回哪些句子以做為摘要總結。在實作的範例中，提供了兩種做法。第一種做法使用了一個統計門檻值，先計算所得分數的平均值和標準差，再用這兩個值來篩選句子；第二種做法則是單純送回分數排名前 N 個句子。根據資料本身的性質，你的做法應該也會有所不同，而且你應該要有能力調整參數，以取得合理的結果。使用分數排名前 N 個句子的做法有個好處，那就是你可以很確定最後摘要總結的句子數量。如果很多句子的分數彼此相對接近，使用平均值和標準差的做法可能就會送回比你預期更多的句子。

Luhn 的演算法很容易實作，而且確實發揮了「比較頻繁出現的單詞，比較能夠代表整個文件」這個想法所帶來的效果。不過要記住的是，就像我們在前一章探討過那些以傳統訊息檢索概念為基礎的許多方法一樣，Luhn 的演算法本身也沒有嘗試從更深的語義層次去理解資料（雖然它已經比「單詞袋」的做法好一點了）。雖然它是直接根據比較頻繁出現的單詞，來計算出文件的摘要總結，而且它對句子評分的方式也不十分複雜，不過（就像 TF-IDF 一樣），如果針對隨機選擇的部落格文章執行這個演算法，它出色的表現還是經常令人感到十分驚訝。

當你在衡量各種優缺點、考慮是否要實作出更複雜的方法時，同時也可以思考一下，或許只要針對 Luhn 演算法所生成的合理摘要總結做出一些改進，就可以得到很不錯的結果。有時候這種比較粗略的做法，就足以實現你的目的了。不過有的時候，你可能還是需要比較先進的做法。如果要從原始的做法轉移到最先進的解決方案，究竟該如何分析計算出相應的成本效益，反而是比較棘手的部分。實際上我們當中有許多人，往往對於所要付出的相對努力，經常抱持著過於樂觀的態度。

6.4 以實體為中心的分析方法：一種典範轉移

本章的內容一直在暗示，更深入瞭解資料的分析方法，比那些只把每個單詞視為意義不明符號的做法要強大得多。但是，對於資料的「深入理解」究竟代表什麼意思呢？

其中一種解釋，就是能夠偵測出文件中的「實體」，並以這些實體做為分析的基礎；當我們輸入關鍵字進行搜尋時，不同於那些以文件為中心的分析方式，這種以「實體」為中心的做法會把搜尋的輸入解釋為特定類型的實體，然後再根據這樣的認知來找出相應的結果。雖然你可能沒用過這些術語來進行思考，不過這正是 Wolfram|Alpha（*http://bit.ly/2xtPzM7*）這類的新興技術在其表現層面上所做的事情。舉例來說，如果在 Wolfram|Alpha 中搜尋「tim o'reilly」，送回來的結果會暗示它理解所要搜尋的實體是一個人；你並不會只是取得一堆包含關鍵字的文件而已（請參見圖 6-5）。不管實現此效果的內部技術為何，其最終使用者的體驗確實更為強大，因為結果的形式更符合使用者的期望。

雖然在目前的討論中，我們無法仔細考慮所有以實體為中心來進行分析的各種可能性，但如果只是提出一種能夠從文件中提取出實體的方法，然後把它用於各種分析目的，這完全在我們的能力範圍之內，而且應該是非常適合在這裡討論的內容。假設在本章之前所介紹的 NLP 範例流程中，你已經可以從文件中簡單提取出所有名詞和名詞片語，並把它們視為出現在文件中的實體 —— 有個重要的基本假設是，這些名詞和名詞片語（或某種精心構建的子集合）確實是我們感興趣的實體。實際上如隨後的範例程式碼所示，這應該是個合理的假設，而且也是一個以實體為中心進行分析的良好起點。請注意，根據 Penn Treebank 的慣例，任何以 'NN' 開頭的標籤，都代表某種形式的名詞或名詞片語。各位應該可以直接從網路上，取得 Penn Treebank 標籤（*http://bit.ly/2obCDGA*）的完整列表。

圖 6-5：在 Wolfram|Alpha 查詢「tim o'reilly」的結果範例

範例 6-8 會分析單詞的詞性標籤，並把名詞和名詞片語視為一個實體。如果用資料探勘（data mining）的用語來說，要從文字中找出實體，就是所謂的「**實體提取**」（*entity extraction*）或「**具名實體辨識**」（*named entity recognition*），至於要採用哪一種說法，具體取決於你所要完成的工作上細微的差別。

範例 6-8：使用 *NLTK* 從文字中提取出實體

```
import nltk
import json

BLOG_DATA = "resources/ch06-webpages/feed.json"

blog_data = json.loads(open(BLOG_DATA).read())

for post in blog_data:

    sentences = nltk.tokenize.sent_tokenize(post['content'])
    tokens = [nltk.tokenize.word_tokenize(s) for s in sentences]
    pos_tagged_tokens = [nltk.pos_tag(t) for t in tokens]

    # 展平列表，因為我們不會用到句子結構
    # 句子和句子之間，一定會被一個
    # 特別的詞性元組 ('.', '.') 隔開

    pos_tagged_tokens = [token for sent in pos_tagged_tokens for token in sent]

    all_entity_chunks = []
    previous_pos = None
    current_entity_chunk = []
    for (token, pos) in pos_tagged_tokens:

        if pos == previous_pos and pos.startswith('NN'):
            current_entity_chunk.append(token)
        elif pos.startswith('NN'):

            if current_entity_chunk != []:

                # 請注意，current_entity_chunk 在放入資料時，有可能出現重複的情況，
                # 因此頻率分析再次成為一種可以考慮的做法

                all_entity_chunks.append((' '.join(current_entity_chunk), pos))
            current_entity_chunk = [token]

        previous_pos = pos

    # 把義群當成文件的索引保存起來
    # and account for frequency while we're at it...

    post['entities'] = {}
    for c in all_entity_chunks:
        post['entities'][c] = post['entities'].get(c, 0) + 1
```

```
# 舉例來說，我們可以只顯示首字母大寫的實體

print(post['title'])
print('-' * len(post['title']))
proper_nouns = []
for (entity, pos) in post['entities']:
    if entity.istitle():
        print('\t{0} ({1})'.format(entity, post['entities'][(entity, pos)]))
print()
```

 你可能還記得「自然語言處理的逐步說明」一節中關於「提取實體」
（extraction）的說明，其中提到 NLTK 提供了一個 nltk.batch_ne_chunk
函式，它會試圖從已標註詞性的單詞中，提取出一些具名實體。歡迎直接
使用此功能，但你可能會發現，如果直接採用 NLTK 實作所提供的現成模
型，所學到的東西會有所不同。

下面所列出的是這段程式碼的輸出範例，其中傳達了一些有意義的結果，而且這些結
果應該有很多不同的用途。舉例來說，在一些智慧型的部落格平台（例如 WordPress 插
件），如果想對貼文添加一些標籤，這些結果應該可以做為很好的建議：

```
The Louvre of the Industrial Age（工業時代的羅浮宮）
--------------------------------
    Paris (1) 巴黎
    Henry Ford Museum (1) 亨利·福特博物館
    Vatican Museum (1) 梵蒂岡博物館
    Museum (1) 博物館
    Thomas Edison (2) 湯瑪斯·愛迪生
    Hermitage (1) 冬宮
    Uffizi Gallery (1) 烏菲茲美術館
    Ford (2) 福特
    Santa Rosa (1) 聖羅莎
    Dearborn (1) 迪爾伯恩
    Makerfaire (1) 自造者
    Berlin (1) 柏林
    Marc (2)
    Makerfaire (1) 自造者
    Rome (1) 羅馬
    Henry Ford (1) 亨利·福特
    Ca (1)
    Louvre (1) 羅浮宮
    Detroit (2) 底特律
```

```
St. Petersburg (1) 聖彼得堡
Florence (1) 佛羅倫斯
Marc Greuther (1)
Makerfaire Detroit (1)
Luther Burbank (2) 路德·伯班克
Make (1)
Dale Dougherty (1)
Louvre (1) 羅浮宮
```

統計的結果通常會有各種不同的用途，使用者也不盡相同。文字摘要總結的結果原本就是要讓人閱讀的，而像前面這些提取出來的實體列表，就很適合用來快速掃描其中所呈現出來的特定模式。如果遇到比這個範例更大的語料庫，標籤雲（tag cloud；*http://bit.ly/1a1n5pO*）或許也是以視覺化方式呈現資料的其中一種很明顯的候選做法。

 你可以嘗試從 *http://oreil.ly/1a1n4SO* 這個網頁擷取文字，來重現以上的結果。

如果用比較盲目的方式來分析句子的詞彙特徵（例如大寫的使用情況），有沒有可能找出同樣的術語列表呢？也許可以，不過別忘了，這個技術也可以擷取出一些首字母並未使用大寫的名詞和名詞片語。大小寫確實是文字的一個重要特徵，我們通常可以從中得到一些資訊，不過範例文字中還有其他一些有趣的實體，它們全都是小寫的（例如「chief curator」（首席策展人），「locomotives」（火車頭）和「lightbulbs」（燈泡））。

雖然實體列表肯定不能像我們之前計算摘要總結那樣有效傳達文字的整體含義，但是能夠識別出這些實體，對於分析來說非常有價值，因為這些實體具有語義級別上的含義，而不只是經常出現的單詞而已。實際上，輸出範例中所顯示的大多數單字，相應的頻率其實都相當低。雖然如此，但這些實體還是很重要，因為它們在文字中具有很重要的意義 —— 通常是代表人物、地點、事物或想法，而且通常都是資料中相當具有實質性的資訊。

6.4.1 掌握人類語言資料

如果能進一步考慮動詞，計算出（主詞、謂語、受詞）這樣的三元形式，就能進一步知道哪些實體正在與哪些其他實體進行互動，以及這些實體之間互動的性質，這樣一來對於語言的掌握，就可以再邁出重大的一步。這樣的三元形式也有助於採用視覺化方式，呈現出文件的「物件關係圖」（object graph），讓我們可以不必直接瀏覽文件內容，就有機會更快速瞭解文件的概況。更棒的是，想像一下如果可以從一組文件衍生出多個物件關係圖，然後把它們合併起來，就可以藉此掌握更大型語料庫其中的重點了。這個技術正是目前各方積極研究的領域，而且它幾乎對於所有面臨「資訊超載」（information-overload）問題的情況，都具有極大的適用性。不過，正如接下來所要說明的，針對一般情況來說，這仍舊是個相當棘手的問題，絕對不是件容易的事。

假設詞性標註工具（tagger）已經從句子中辨識出詞性，而且發出了像是 [('Mr.','NNP'), ('Green','NNP'), ('killed','VBD'), ('Colonel','NNP'), ('Mustard','NNP'), ...] 這樣的輸出，那麼像 ('Mr.Green','killed','Colonel Mustard') 這種保存著（主詞、謂詞、受詞）三元形式的索引，應該很容易就可以計算出來才對。然而現實的情況是，除非你處理的是兒童讀物（如果只是為了測試想法，這倒是個不錯的起點），否則你不大可能只根據這種簡單程度的詞性標籤，就能夠處理好實際的資料。舉例來說，針對本章之前所列出的部落格貼文其中第一個句子，如果把 NLTK 所得到的詞性標籤當成真實資料，你或許可以試試看能否把它轉換成物件關係圖：

> This morning I had the chance to get a tour of The Henry Ford Museum in Dearborn, MI, along with Dale Dougherty, creator of Make: and Makerfaire, and Marc Greuther, the chief curator of the museum.（今天早上我獲得一個機會，到密西根州迪爾伯恩的亨利·福特博物館，與《Make：自造者雜誌》的創辦者 Dale Dougherty，還有博物館的首席策展人 Marc Greuther 一起進行了參觀。）

從這個句子中，你可以提取出來的最簡單三元形式就是（'I', 'get', 'tour'），但即使你得到這個東西，還是看不出 Dale Dougherty 參與了這次的行程，更無法瞭解到 Marc Greuther 也參與其中。帶有詞性標籤的資料雖然很清楚，但想要理解到那樣的程度也沒有那麼簡單，因為這個句子具有非常豐富的結構：

```
[(u'This', 'DT'), (u'morning', 'NN'), (u'I', 'PRP'), (u'had', 'VBD'),
(u'the', 'DT'), (u'chance', 'NN'), (u'to', 'TO'), (u'get', 'VB'),
(u'a', 'DT'), (u'tour', 'NN'), (u'of', 'IN'), (u'The', 'DT'),
(u'Henry', 'NNP'), (u'Ford', 'NNP'), (u'Museum', 'NNP'), (u'in', 'IN'),
(u'Dearborn', 'NNP'), (u',', ','), (u'MI', 'NNP'), (u',', ','),
(u'along', 'IN'), (u'with', 'IN'), (u'Dale', 'NNP'), (u'Dougherty', 'NNP'),
(u',', ','), (u'creator', 'NN'), (u'of', 'IN'), (u'Make', 'NNP'), (u':', ':'),
(u'and', 'CC'), (u'Makerfaire', 'NNP'), (u',', ','), (u'and', 'CC'),
(u'Marc', 'NNP'), (u'Greuther', 'NNP'), (u',', ','), (u'the', 'DT'),
(u'chief', 'NN'), (u'curator', 'NN'), (u'of', 'IN'), (u'the', 'DT'),
(u'museum', 'NN'), (u'.', '.')]
```

由於「had a chance to get a tour」（獲得一個機會進行參觀）這個謂詞本身就很複雜，而且參觀行程中的其他參與者全都出現在句子後半段的片語之中，因此在這樣的情況下，即使是高品質的開源 NLP 工具套件，能否取得有意義的三元形式還是很令人感到懷疑。

 如果你想研究如何構建出三元形式的策略，只要運用準確的詞性標籤訊息，應該還是可以進行一些初步的檢查。處理人類語言資料時，比較進階的任務可能需要做很多的工作，但如果結果確實令人滿意，很有可能會帶來非常具有爆炸性（好的方面）的潛力。

好消息是，只要能從文字提取出一些實體，並以它們做為分析的基礎，實際上就能做出很多有趣的事情（如前所述）。你可以根據每個句子的文字輕鬆生成三元形式，而每個三元形式其中的「謂詞」，都是一種「關係」的概念，代表的是主詞與受詞彼此「互動」的關係。範例 6-8 是在句子的基礎上收集實體，而範例 6-9 則是採用另一種做法，它是以句子做為前後語境視窗，在計算實體之間的互動時可能非常有用。

範例 6-9：找出實體之間的互動關係

```
import nltk
import json

BLOG_DATA = "resources/ch06-webpages/feed.json"

def extract_interactions(txt):
    sentences = nltk.tokenize.sent_tokenize(txt)
    tokens = [nltk.tokenize.word_tokenize(s) for s in sentences]
    pos_tagged_tokens = [nltk.pos_tag(t) for t in tokens]

    entity_interactions = []
    for sentence in pos_tagged_tokens:

        all_entity_chunks = []
        previous_pos = None
        current_entity_chunk = []

        for (token, pos) in sentence:

            if pos == previous_pos and pos.startswith('NN'):
                current_entity_chunk.append(token)
            elif pos.startswith('NN'):
```

```
                if current_entity_chunk != []:
                    all_entity_chunks.append((' '.join(current_entity_chunk),
                            pos))
                current_entity_chunk = [token]

        previous_pos = pos

    if len(all_entity_chunks) > 1:
        entity_interactions.append(all_entity_chunks)
    else:
        entity_interactions.append([])

    assert len(entity_interactions) == len(sentences)

    return dict(entity_interactions=entity_interactions,
            sentences=sentences)

blog_data = json.loads(open(BLOG_DATA).read())

# 以句子為基礎現實互動的情況

for post in blog_data:

    post.update(extract_interactions(post['content']))

    print(post['title'])
    print('-' * len(post['title']))
    for interactions in post['entity_interactions']:
        print('; '.join([i[0] for i in interactions]))
    print()
```

這段程式碼可得到以下的結果；這裡可以很清楚看到，非結構化資料分析其中一個重要的特性：這結果也太亂了吧！

```
The Louvre of the Industrial Age
--------------------------------
morning; chance; tour; Henry Ford Museum; Dearborn; MI; Dale Dougherty; creator;
Make; Makerfaire; Marc Greuther; chief curator

tweet; Louvre

"; Marc; artifact; museum; block; contains; Luther Burbank; shovel; Thomas Edison

Luther Burbank; course; inventor; treasures; nectarine; Santa Rosa

Ford; farm boy; industrialist; Thomas Edison; friend
```

```
museum; Ford; homage; transformation; world

machines; steam; engines; coal; generators; houses; lathes; precision; lathes;
makerbot; century; ribbon glass machine; incandescent; lightbulbs; world;
combine; harvesters; railroad; locomotives; cars; airplanes; gas; stations;
McDonalds; restaurant; epiphenomena

Marc; eye; transformation; machines; objects; things

advances; engineering; materials; workmanship; design; years

years; visit; Detroit; museum; visit; Paris; Louvre; Rome; Vatican Museum;
Florence; Uffizi Gallery; St. Petersburg; Hermitage; Berlin

world; museums

Museum; Makerfaire Detroit

reach; Detroit; weekend

day; Makerfaire; day
```

這些結果其中含有一定程度的雜訊,這幾乎是不可避免的情況,但是設法得到高度可理解而有用的結果(即使其中確實包含一定程度的雜訊),仍舊是值得追求的目標。如果想要實現幾乎無雜訊的單純結果,所需的工作量可能會非常大。實際上,在大多數情況下,由於自然語言天生的複雜度,加上包括 NLTK 在內大多數目前可用工具套件本身的侷限性,想要達到那樣的程度可以說是完全不可能的。如果你可以針對資料範圍做出某些假設,或是對於雜訊的性質有專業的瞭解,或許可以不必冒著「訊息損失」這種無法接受的風險,設計出有效的試探性做法;不過這仍舊是一個相當困難的任務。

儘管如此,互動情況確實可以增加一定程度的「理解」,這絕對是有價值的。舉例來說,如果你只看到「早晨、機會、參觀行程、亨利·福特博物館、迪爾伯恩、密西根州、Dale Dougherty、創辦者、Make:自造者雜誌、Marc Greuther、首席策展人」,你的理解究竟能夠多接近原文中的意思呢?

如同我們之前討論摘要總結時的做法一樣,只要運用一些 HTML 標籤,我們就可以用視覺化方式強調某些文字,讓你可以很方便透過略讀的方式來進行檢視。只要簡單修改一下範例 6-9 的輸出,如範例 6-10 所示,就可以生成圖 6-6 的結果。

範例 6-10：運用 *HTML* 輸出，以視覺化方式呈現實體之間的互動關係

```python
import os
import json
import nltk
from IPython.display import IFrame
from IPython.core.display import display

BLOG_DATA = "resources/ch06-webpages/feed.json"

HTML_TEMPLATE = """<html>
    <head>
        <title>{0}</title>
        <meta http-equiv="Content-Type" content="text/html; charset=UTF-8"/>
    </head>
    <body>{1}</body>
</html>"""

blog_data = json.loads(open(BLOG_DATA).read())

for post in blog_data:

    post.update(extract_interactions(post['content']))

    # 運用 HTML 標籤，把實體用粗體的文字呈現出來

    post['markup'] = []

    for sentence_idx in range(len(post['sentences'])):

        s = post['sentences'][sentence_idx]
        for (term, _) in post['entity_interactions'][sentence_idx]:
            s = s.replace(term, '<strong>{0}</strong>'.format(term))

        post['markup'] += [s]

    filename = post['title'].replace("?", "") + '.entity_interactions.html'
    f = open(os.path.join(filename), 'wb')
    html = HTML_TEMPLATE.format(post['title'] + ' Interactions',
        ' '.join(post['markup']))
    f.write(html.encode('utf-8'))
    f.close()

    print('Data written to', f.name)
```

```
# 運用行內架構顯示這些檔案。只要使用 f.name 最後的值，
# 就會顯示最後處理的那個檔案

print('Displaying {0}:'.format(f.name))
display(IFrame('files/{0}'.format(f.name), '100%', '600px'))
```

圖 6-6：這個 HTML 輸出範例把文字裡的實體改用粗體顯示；如此一來，以視覺化的方式略讀內容以快速取得重要的概念，就會變得很容易

如果可以進行額外的分析，針對更大範圍的文字辨識出其中的互動關係，然後以視覺化方式呈現這些互動關係同時出現的情況，可能也會有相當好的效果。範例 8-16 的程式碼就是在視覺化呈現方面很好的一個入門範本，不過就算不瞭解互動的具體性質，只知道什麼是主詞什麼是受詞，這樣還是有很大的價值。如果你還有雄心壯志，應該可以嘗試一下，設法找出漏掉的動詞，來完成整個三元形式的任務。

6.5 人類語言資料處理的分析品質

完成一些文字探勘工作之後，你就會開始想要量化分析的品質。你的句尾偵測工具準確性如何？你的詞性標記工具準確性如何？舉例來說，如果你開始自定義一些基本的演算法，想要從非結構化文字中提取出實體，你怎麼知道這個演算法的結果，在品質方面的表現究竟好不好呢？如果是一個比較小型的語料庫，你或許還可以用人工方式進行檢查，並根據結果來調整演算法直到滿意為止，但你遲早還是要面對比較大型的語料庫，或是必須針對不同類別的文件執行分析，判斷其效果是否理想；因此，你還是需要一個比較自動化的程序。

一開始比較明顯的做法，就是隨機抽取一些文件，並建立一個實體的「黃金集合」（golden set），你相信如果是一個優良的演算法，一定要能夠把這些實體提取出來，然後再用這個列表來做為評估的基礎。根據你想要的嚴格程度，你甚至可以計算樣本誤差，並使用一種叫做「信賴區間」（confidence interval；*http://bit.ly/1a1n8BW*）的統計工具，根據你覺得足夠的信心程度，來預測出「真正的錯誤」（true error）。不過，為了計算出準確度，您應該根據提取結果和黃金集合，執行什麼樣的計算呢？其中一種衡量準確度很常見的計算方式，稱為「F1 分數」（F1 score），它是根據所謂「精確率」（precision）和「召回率」（*recall*）這兩個概念來定義的，而 F1 分數的定義如下：[4]

$$F = 2 * \frac{精確率 * 召回率}{精確率 + 召回率}$$

其中：

$$精確率 = \frac{TP}{TP + FP}$$

還有：

$$召回率 = \frac{TP}{TP + FN}$$

---

[4] 更精確地說，F1 分數就是精確率與召回率的「調和平均」，其中任兩個數字 x 和 y 的調和平均定義如下：

$$H = 2 * \frac{x * y}{x + y}$$

如果你想更瞭解什麼是「調和平均」，可以看一下調和數（harmonic number；*http://bit.ly/1a1n6tJ*）的介紹。

以目前的情況來說,「精確率」(precision)是反映「假陽性」(誤報)的一種「準確性」(exactness)衡量方式,「召回率」(recall)則是反映「真陽性」的一種「完整性」(completeness)衡量方式。如果各位並不熟悉這些術語,或是容易感到混淆,以下列表針對目前的討論,對這些術語的含義做了一些說明:

真陽性(TP,*True positives*)

被正確識別為實體的術語

假陽性(FP,*False positives*)

被識別為實體、但實際上並不是實體的術語

真陰性(TN,*True negatives*)

未被識別為實體、而且確實不是實體的術語

假陰性(FN,*False negatives*)

未被識別為實體、但實際上應該是實體的術語

由於精確率是量化假陽性的一種準確性衡量方式,因此其定義為 $TP / (TP + FP)$。從直觀的角度來看,如果假陽性的數量為零,這個演算法就具有完美的準確性,而精確率所得出的值就會是 1.0。相反的,如果假陽性的數量很高,甚至開始接近或超過真陽性的數量,精確率就會很差,比率值會越來越接近於零。召回率做為完整性的一種衡量方式,其定義為 $TP / (TP + FN)$,如果假陰性數量為零,所得出的值 1.0 就代表完美的召回率。隨著假陰性的數量增加,召回率也會越來越接近於零。根據定義,當精確率和召回率均達到最佳時,F1 的值就會是 1.0;而當精確率和召回率都很差時,F1 的值就會趨近於零。

當然,在現實的世界中你會發現,究竟該提高精確率還是提高召回率,終究需要進行取捨,因為實在很難同時兼顧。你可以思考一下其中的道理,就會發現這其實就等於在誤報(假陽性)和漏報(假陰性)之間進行權衡取捨(參見圖 6-7)。

為了全面瞭解這些概念,我們就來最後一次考慮「Mr. Green killed Colonel Mustard in the study with the candlestick.」(格林先生在書房裡用燭台殺死了馬斯塔上校)這個句子,並假設專家已經判斷出句子中的關鍵實體是「Mr. Green」(格林先生)、「Colonel Mustard」(馬斯塔上校)、「study」(書房)和「candlestick」(燭台)。假設你的演算法確實辨識出這四個術語,而且也只有辨識出這四個術語,你就等於是獲得了四個真陽性、零個假陽性、五個真陰性(「killed」、「with」、「the」、「in」、「the」)和零個假陰

性。這樣就會得到完美的精確率和完美的召回率，F1 分數為 1.0。如果你是第一次遇到這些專業術語，其實把這些值套入精確率和召回率的公式也很簡單，建議你可以自己練習一下。

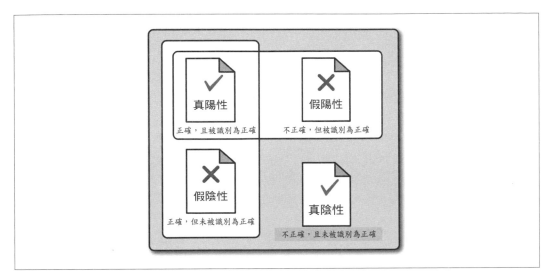

圖 6-7：從預測分析的角度來看，真陽性、假陽性、真陰性、假陰性背後的直覺概念

 如果你的演算法識別出來的是「Mr. Green」（格林先生），「Colonel」（上校），「Mustard」（馬斯塔）和「candlestick」（燭台），算出來的精確率、召回率和 F1 分數分別是多少呢？

在 NLP 領域，廣受商業界運用、最引人注目的許多技術，都是運用比較進階的統計模型，並採用監督式學習演算法來處理自然語言。根據本章之前的討論，你應該知道在監督式學習演算法中，必須提供輸入和預期輸出的訓練樣本，才能讓模型以合理的準確度，根據輸入預測出合理的結果。比較棘手的部分是，你必須設法確保訓練過的模型，能夠涵蓋到從未遇過的輸入資料。如果模型面對訓練資料時表現良好，但遇到沒看過的樣本卻表現不佳，通常就是遇到了「**過度套入**」（*overfitting*）訓練資料的問題。有一種衡量模型有效性的常用方法，稱為「**交叉驗證**」（*cross-validation*）。這種做法會保留其中一部分（比如三分之一）的訓練資料，專門用來測試模型，而只用其餘的部分來訓練模型。

6.6 結語

本章介紹了一些非結構化資料分析的基礎知識，並示範如何使用 NLTK，把 NLP 流程的其餘部分結合起來，以便從文字中提取出實體。雖然經過了許多人的集體努力，但理解人類語言資料這個跨學科的新興領域，目前仍處於相當初期的階段，對於世界上大多數最常用的語言來說，要解決這些自然語言處理的問題，可說是本世紀（或者至少是前半世紀）的一大挑戰。

如果想把 NLTK 推到極限，得到更高的品質或表現，或許你就要開始捲起袖子自己動手，並且深入研究一些學術文獻。一開始這肯定是一項艱鉅的任務，但如果你真的有興趣解決這些問題，這肯定也是真正值得解決的問題。本書雖然只用了一章的內容，只能教你這麼多的東西，但其中所蘊含的可能性非常巨大，你可以把一些開放原始碼的工具套件當成一個很好的起點，如果能夠好好掌握處理人類語言資料其中所牽涉到的科學與藝術，前途可說是一片光明。

 本章與其他各章的程式碼都以方便的 Jupyter Notebook 格式存放在 GitHub（*http://bit.ly/Mining-the-Social-Web-3E*），強烈建議你自己抓下來玩玩看。

6.7 推薦練習

- 嘗試改寫本章的程式碼，從網路上收集幾百篇高品質的文章或部落格文章，並對內容進行摘要總結。

- 使用一些像是 Google App Engine 這類的工具套件，嘗試打造出一個雲端應用程式，建立出一個可在網路上使用的摘要總結工具。（有鑒於 Yahoo! 曾收購一家名為 Summly 的公司（*http://tcrn.ch/1a1n70L*）來為讀者進行新聞摘要總結，你或許會覺得這個練習特別具有啟發性。據報導，這筆交易的價值將近 3000 萬美元。）

- 考慮使用 NLTK 的詞幹（word-stemming）工具，以範例 6-9 的程式碼為基礎，嘗試計算出（實體 , 原型謂詞 , 實體）這樣的 tuple 元組結果。

- 查看一下 WordNet（*http://bit.ly/1a1n7hj*），因為你遲早會使用到這個工具；當你在進行自然語言處理時，如果遇到一些謂詞片語，或許就可以用它來找出相應的含義。

- 把一些從文字中提取出來的實體，用標籤雲（tag cloud；*http://bit.ly/1a1n5pO*）的方式進行視覺化呈現。

- 嘗試把你自己的判斷邏輯寫成程式碼，化為 if-then 語句中的規則，寫出自己的句尾偵測工具，以做為一種確定型解析工具，然後再與 NLTK 中的相應功能進行比較。嘗試使用這種確定型的規則來對語言進行模型化，是不是一種合適的做法呢？

- 使用 Scrapy 爬取一小部分的新聞文章或部落格文章，並提取出文字以進行處理。

- 探索一下 NLTK 的貝氏分類器（Bayesian classifier；*http://bit.ly/1a1n9Wt*）；它屬於一種監督式學習技術，可用來針對訓練樣本（例如一些文件）標記各種不同的標籤。你能否訓練出一個分類器，為 Scrapy 所爬取來的一些文件標上「體育」、「教育」或「其他」的標籤呢？請嘗試運用 F1 分數，衡量一下你的準確度。

- 有沒有什麼樣的情況，採用精確率和召回率的調和平均數會得到不理想的結果？在什麼樣的情況下，你會想要以召回率為代價，以獲得更高的精確率？什麼樣的情況下，你又會以精確率為代價，以獲得更高的召回率？

- 你可以把本章的技術套用到 Twitter 資料嗎？ The GATE Twitter part-of-speech tagger（GATE Twitter 詞性標籤工具；*http://bit.ly/1a1nad2*）和卡內基美隆大學的 Twitter NLP and part-of-speech tagging libraries（Twitter NLP 與詞性標記函式庫；*http://bit.ly/1a1n84Y*）都可以做為一個很好的起點。

6.8 線上資源

本章以下的幾個連結列表，可能對你有點用處：

- 「The Automatic Creation of Literature Abstracts」（自動建立文學摘要；*http://bit.ly/1a1n4Cj*）

- 單詞袋（Bag-of-words）模型（*http://bit.ly/1a1lHDF*）

- 貝氏分類器（Bayesian classifier；*http://bit.ly/1a1n9Wt*）

- BeautifulSoup（*http://bit.ly/1a1mRit*）

- boilerpipe3（*http://bit.ly/2sCIFET*）

- 「Boilerplate Detection Using Shallow Text Features」（用淺顯的文字特徵來偵測樣板內容；*http://bit.ly/1a1mN21*）

- 廣度優先搜尋（Breadth-first search；*http://bit.ly/1a1mYdG*）

- 深度優先搜尋（Depth-first search；*http://bit.ly/1a1mVPd*）

- 卡內基‧美隆大學（Carnegie Mellon）的 Twitter NLP 與詞性標籤工具（Twitter NLP and part-of-speech tagger；*http://bit.ly/1a1n84Y*）

- 常見的爬取語料庫（Crawl corpus；*http://amzn.to/1a1mXXb*）

- 信賴區間（Confidence interval；*http://bit.ly/1a1n8BW*）

- d3-cloud GitHub 儲存庫（*http://bit.ly/1a1n5pO*）

- GATE Twitter 詞性標註工具（*http://bit.ly/1a1nad2*）

- 雲端版本的 boilerpipe（*http://bit.ly/1a1mSTF*）

- HTML5（*http://bit.ly/1a1mRz5*）

- 微資料（Microdata；*http://bit.ly/1a1mRPA*）

- NLTK 線上書（*http://bit.ly/1a1mtAk*）

- Penn Treebank 專案（*http://bit.ly/2C5ecDq*）

- Scrapy（*http://bit.ly/1a1mG6P*）

- 監督式學習（*http://bit.ly/1a1mPHr*）

- 執行緒池（Thread pool；*http://bit.ly/1a1mW5M*）

- 圖靈測試（Turing test；*http://bit.ly/1a1mZON*）

- 「Unsupervised Multilingual Sentence Boundary Detection」（無監督式多語言句子邊界偵測；*http://bit.ly/2EzWCEZ*）

- WordNet（*http://bit.ly/1a1n7hj*）

## 第七章

挖掘郵件信箱：
分析誰與誰都在聊些什麼、
多久聊一次

郵件封存檔案（mail archives）可說是社群網站資料的終極類別，也是最早期線上社群網站的基礎。郵件資料無所不在，每封郵件本質上都有天生的社群性，通常會牽涉到兩人或多人之間的對話與互動。此外，每封郵件裡的訊息天生就是非常具有表述性的人類語言資料，而且帶有一些結構化的元資料欄位，可以把人類語言資料限定在特定的時間跨度，並且對應到很明確的身份。只要好好挖掘郵件信箱裡的內容，絕對可以讓你結合前幾章所學到的所有概念，並提供絕佳的機會，讓你從中取得一些深入而寶貴的洞見。

你也許是公司的 CIO 資訊長，想要分析公司內的溝通有沒有什麼趨勢或特定的模式；你可能也有興趣，想要挖掘網路上的郵件列表，以獲得更深入的見解；或許你只是想探索自己的郵件信箱，找出其中特定的模式，進而對自己做出一些量化的衡量（*http:// bit.ly/1a1niJw*）；無論如何，下面的討論都可以做為協助你入門的指南。本章打算介紹一些基本的工具和技術，這些工具和技術可用來探索郵件信箱，然後回答像是以下的這些問題：

- 究竟是誰向誰發送郵件？（發了多少郵件？發送的頻率有多頻繁？）

- 在一整天裡哪一個特定時段（或一整週裡的哪一天）會出現最多的聊天郵件？

- 哪些人彼此間發送的郵件訊息量最多？

- 最活躍的討論主題是什麼？

雖然各大社群媒體網站累積了將近 PB 等級的「近即時」（near-real-time）社群資料，但它還是存在重大的缺點；社群網路資料全都是由服務商集中管理，服務商當然可以建立一些存取規則，規定你可以做什麼、不能做什麼。相對來說，郵件封存檔案則是以去中心化的形式散播在網路上，其中每一組郵件列表裡的討論，都包含了一系列豐富的主題，而且每個人都在自己的帳號中，保存著成千上萬的郵件訊息。你只要花點時間思考一下就會發現，能夠有效挖掘郵件封存檔案的能力，很可能是你資料探勘工作中最重要的能力之一。

雖然為了說明的目的，在現實世界中想要找到可自由使用的社群郵件資料集並不容易，不過本章會以安隆語料庫（Enron corpus；*http://bit.ly/1a1nj01*）這個已被各方充分研究過的資料做為基礎，在不造成任何法律 [1] 或隱私問題的前提下，讓我們的分析有機會達到最大化的效果。我們會把這個資料集標準化成眾所周知的 Unix mbox 格式，以便能夠使用一組通用的工具來進行處理。最後，雖然我們可以選擇儲存成一般文字檔案的 JSON 格式來處理資料，不過我們還是會利用之前在第二章介紹過的 pandas（*http://bit.ly/2Fjxgwq*）資料分析函式庫，對資料進行一些強大的索引和查詢操作。

 請務必從 GitHub（*http://bit.ly/Mining-the-Social-Web-3E*）取得本章（及其他各章）的最新程式碼。另外也請充分利用本書在虛擬機方面的經驗（參見附錄 A），以最大程度享用本書的範例程式碼。

1　如果你想分析郵件列表這類的資料，要特別注意的是，如果你是用 API 來檢索資料，大多數郵件服務提供者（例如 Google 和 Yahoo!）都會限制你用這種方式使用資料，不過你也可以用訂閱的方式加入一個郵件列表，然後等待各郵件逐漸加入到郵件信箱中，這樣就可以輕鬆收集與封存你自己的郵件列表資料。你也可以要求郵件列表的擁有者或成員提供封存檔案，以做為另一種選擇。

7.1 本章內容

郵件資料真的非常豐富，而且提供了各式各樣的分析機會，很有可能會運用到目前為止你在本書所學到的所有東西。你在本章會學習到以下這些內容：

- 把郵件資料標準化成方便且可移植的格式，其中所牽涉到的相關程序

- pandas 這個強大的 Python 資料分析函式庫，可用來針對表格化資料執行操作

- 安隆語料庫（Enron corpus）是一個公開的資料集，它是由安隆醜聞（Enron scandal）發生前後員工郵件信箱的內容所構成

- 使用 pandas 以任意方式對安隆語料庫進行查詢

- 可用來存取、匯出自己的郵件信箱資料，以進行進一步分析的工具

7.2 郵件語料庫的獲取與處理

本節將會說明如何獲取郵件語料庫，然後把它轉換成標準的 Unix mbox 格式，再把 mbox 匯入到 pandas DataFrame 中；這個 DataFrame 會被用來做為儲存和查詢資料的通用物件。首先我們會分析一個虛擬的郵件信箱，然後再來處理安隆語料庫。

7.2.1 Unix mbox 入門簡介

mbox 實際上只是一個把許多郵件訊息串接起來的大型文字檔案，可透過各種以文字為基礎的工具輕鬆進行存取。目前各種郵件工具和協定的進化程度早已超越 mbox，不過在一般的情況下，你還是可以把它當成最基本的格式，輕鬆進行一些資料處理的工作，而且你如果以這種格式把資料分享出去，對於其他人來說也很容易處理。實際上，大多數郵件客戶端程式都有「匯出」或「另存為」的選項，可以把資料匯出成這種格式（不過方法可能不大相同），如「7.4 分析你自己的郵件資料」一節中的圖 7-5 所示。

在規範方面，mbox 其中每封郵件的開頭，都是採用特殊的一行 *From_* 這樣的格式做為信號，形成 *From__user@example.com asctime__* 這樣的特定格式，其中的 *asctime*（*http://bit.ly/1a1nmcl*）就是時間戳的一種固定長度標準表達方式，其格式如「`Fri Dec 25 00:06:42 2009`」所示。每一封郵件訊息之間的邊界，全都可以用 *From_* 這行來進行判斷，因為 From_ 這行的前面都會有兩個換行（*newline*）符號（第一個 *From_* 除外）。

如下面的範例所示，從外觀上來看，在 *From_* 這行的前面看起來都會有一個空白行。下面這個虛擬的 mbox，其中包含了兩封郵件訊息：

```
From santa@northpole.example.org Fri Dec 25 00:06:42 2009
Message-ID: <16159836.1075855377439@mail.northpole.example.org>
References: <88364590.8837464573838@mail.northpole.example.org>
In-Reply-To: <194756537.0293874783209@mail.northpole.example.org>
Date: Fri, 25 Dec 2001 00:06:42 -0000 (GMT)
From: St. Nick <santa@northpole.example.org>
To: rudolph@northpole.example.org
Subject: RE: FWD: Tonight
Mime-Version: 1.0
Content-Type: text/plain; charset=us-ascii
Content-Transfer-Encoding: 7bit

Sounds good. See you at the usual location.

Thanks,
-S

 -----Original Message-----
From:    Rudolph
Sent:    Friday, December 25, 2009 12:04 AM
To: Claus, Santa
Subject:    FWD:  Tonight

Santa -

Running a bit late. Will come grab you shortly. Stand by.

Rudy

Begin forwarded message:

> Last batch of toys was just loaded onto sleigh.
>
> Please proceed per the norm.
>
> Regards,
> Buddy
>
> --
> Buddy the Elf
> Chief Elf
> Workshop Operations
> North Pole
```

```
> buddy.the.elf@northpole.example.org

From buddy.the.elf@northpole.example.org Fri Dec 25 00:03:34 2009
Message-ID: <88364590.8837464573838@mail.northpole.example.org>
Date: Fri, 25 Dec 2001 00:03:34 -0000 (GMT)
From: Buddy <buddy.the.elf@northpole.example.org>
To: workshop@northpole.example.org
Subject: Tonight
Mime-Version: 1.0
Content-Type: text/plain; charset=us-ascii
Content-Transfer-Encoding: 7bit

Last batch of toys was just loaded onto sleigh.

Please proceed per the norm.

Regards,
Buddy

--
Buddy the Elf
Chief Elf
Workshop Operations
North Pole
buddy.the.elf@northpole.example.org
```

在前面這個範例中，我們可以很明確看到兩封郵件，不過也有證據顯示，其中至少還有另一封郵件，是這裡其中一封郵件所回覆的對象，只不過它應該是存放在 mbox 的其他位置。如果按照時間順序來看，第一封郵件是一個名叫 Buddy（巴迪）的同伴所建立，這封郵件被發送到 *workshop@northpole.example.org* 通知玩具已裝載完成。mbox 裡的另一封郵件則是 Santa（聖誕老人）對 Rudolph（魯道夫）的回覆。Rudolph（魯道夫）把 Buddy（巴迪）的郵件轉發給 Santa（聖誕老人），並附上提醒說他快遲到了，不過在這個 mbox 範例中，並未顯示出中間的這封郵件。雖然我們可以運用人類對於前後語境（context）的理解能力，來閱讀這段郵件訊息裡的文字，並推測出相關的內容，不過像是 Message-ID（郵件訊息 ID）、References（參考郵件）和 In-Reply-To（郵件回覆對象）這些標頭（headers）也可以提供一些有助於分析的重要線索。

這些標頭都非常直觀，可以針對郵件所討論的主題與相關的性質，為演算法提供一些基礎。我們稍後就會介紹一個著名的演算法，它在面對一整串的郵件訊息時，就會使用到這些欄位，其中的重點是，每封郵件都有一個唯一而不重複的郵件訊息 ID（message

ID），如果某封郵件是回覆另一個郵件，其標頭也會有相應的欄位指向所回覆的郵件；如果郵件是在一串比較長的討論訊息之中，也有可能同時指向其他好幾封郵件。

 由於我們會使用一些 Python 模組來協助我們完成許多繁瑣的工作，因此我們並不需要深入討論電子郵件其中的一些細節，比如多部分內容（multipart content）、MIME 類別（*http://bit.ly/1a1nmsJ*）和 7 位元內容傳輸編碼等等。

這些標頭實在是非常重要。你應該可以看得出來，即使是這裡的簡單範例，想要正確解析出郵件裡的正文內容也沒那麼容易：Rudolph（魯道夫）的客戶端程式會在引用的內容前面加上 > 的符號，但 Santa（聖誕老人）回信時所用的郵件客戶端程式，並沒有在引用的內容中添加任何符號，只有在引用內容的最前面，加上了一行人類可讀的標頭訊息（-----Original Message-----）。

大多數郵件客戶端程式都可以選擇要不要顯示那些比較不常見的郵件標頭，如果你想看一下那些資訊，也許你對相關技術會有點興趣，這些技術可以讓你比較容易看到想看的資訊，而不必自己挖掘原始的郵件訊息。圖 7-1 顯示的就是 Apple Mail 所顯示的標頭範例。

From: Matthew Russell
Subject: **Message to self**
Date: September 28, 2010 9:31:01 PM CDT
To: Matthew Russell
Return-Path: <matthew@zaffra.com>
X-Spam-Checker-Version: SpamAssassin 3.1.9 (2007-02-13) on mail2.webfaction.com
X-Spam-Level:
X-Spam-Status: No, score=-2.6 required=5.0 tests=BAYES_00 autolearn=ham version=3.1.9
Received: from smtp.webfaction.com (mail6.webfaction.com [74.55.86.74]) by mail2.webfaction.com (8.13.1/8.13.3) with ESMTP id o8T2V254026699 for <matthew@zaffra.com>; Tue, 28 Sep 2010 21:31:02 -0500
Received: from [192.168.1.67] (99-0-32-163.lightspeed.nsvitn.sbcglobal.net [99.0.32.163]) by smtp.webfaction.com (Postfix) with ESMTP id 9CE61324B7D for <matthew@zaffra.com>; Tue, 28 Sep 2010 21:31:02 -0500 (CDT)
Message-Id: <D9A2277D-A6A1-4CD2-B891-C0A1E4C6C6CD@zaffra.com>
Content-Type: text/plain; charset=US-ASCII; format=flowed
Content-Transfer-Encoding: 7bit
Mime-Version: 1.0 (Apple Message framework v936)
X-Mailer: Apple Mail (2.936)

Hello Matthew!

Regards - Matthew

---
http://www.linkedin.com/in/ptwobrussell

圖 7-1：大多數郵件客戶端程式都可以讓你透過選單裡的選項，來查看各種常見或比較不常見的標頭資訊

幸運的是，你並不需要重新實作郵件客戶端程式，就可以做出很多的事情。此外，如果你只是想要瀏覽一下郵件信箱的內容，只要把檔案匯入郵件客戶端程式進行瀏覽即可，對吧？

 你最好花點時間瞭解一下，你的郵件客戶端程式能否以 mbox 格式匯入 / 匯出資料，以確認你可以使用本章的工具進行操作。

為了能夠順利處理某些資料，範例 7-1 示範了一個處理程序，其中針對 mbox 做了許多簡化的假設，以便能夠運用 mailbox 這個套件；這個套件是 Python 的標準函式庫。

範例 7-1：把一個可用來隨意進行測試的郵件信箱轉換成 JSON

```python
import mailbox # pip install mailbox
import json

MBOX = 'resources/ch07-mailboxes/data/northpole.mbox'

# 這個處理程序可以在大量的簡化假設下
# 把 mbox 裡的郵件訊息轉換成一個 Python 物件
# 只要把 northpole.mbox 這個檔案送進去即可
# 這個例子主要是示範如何運用 mail 相關公用程式
# 對 mbox 進行一些基本的解析

def objectify_message(msg):

    # 從郵件訊息中取得各欄位的對應關係
    o_msg = dict([ (k, v) for (k,v) in msg.items() ])

    # 假設郵件中只包含一份訊息，並取其內容
    # 以及相應的內容型別

    part = [p for p in msg.walk()][0]
    o_msg['contentType'] = part.get_content_type()
    o_msg['content'] = part.get_payload()

    return o_msg

# 建立一個 mbox，然後以迭代的方式把其中每一封郵件訊息
# 轉換成 JSON 的表示方式

mbox = mailbox.mbox(MBOX)

messages = []
```

```
for msg in mbox:
    messages.append(objectify_message(msg))

print(json.dumps(messages, indent=1))
```

雖然這個用來處理 mbox 檔案的小腳本看起來很乾淨，而且可以得出相當合理的結果，不過在一般情況下想要嘗試解析任意郵件資料，或是判斷郵件信箱中某個對話確切的流向，實際上很可能是一件非常棘手的事情。之所以會造成這種情況的因素很多，例如人們在回覆串中留言或回覆的方式不盡相同（有時甚至含糊不清），而且不同的郵件客戶端程式處理郵件訊息與回覆的方式可能也不盡相同。

表 7-1 說明了郵件訊息的流向，而且還把郵件來往過程中確實有提到、但在 northpole.mbox 中並不存在的第三封郵件也明確包含了進來，這樣可以讓整個情況更清楚一些。範例 7-1 輸出結果的部分內容如下：

```
[
 {
  "From": "St. Nick <santa@northpole.example.org>",
  "Content-Transfer-Encoding": "7bit",
  "content": "Sounds good. See you at the usual location.\n\nThanks,...",
  "To": "rudolph@northpole.example.org",
  "References": "<88364590.8837464573838@mail.northpole.example.org>",
  "Mime-Version": "1.0",
  "In-Reply-To": "<194756537.0293874783209@mail.northpole.example.org>",
  "Date": "Fri, 25 Dec 2001 00:06:42 -0000 (GMT)",
  "contentType": "text/plain",
  "Message-ID": "<16159836.1075855377439@mail.northpole.example.org>",
  "Content-Type": "text/plain; charset=us-ascii",
  "Subject": "RE: FWD: Tonight"
 },
 {
  "From": "Buddy <buddy.the.elf@northpole.example.org>",
  "Subject": "Tonight",
  "Content-Transfer-Encoding": "7bit",
  "content": "Last batch of toys was just loaded onto sleigh. \n\nPlease...",
  "To": "workshop@northpole.example.org",
  "Date": "Fri, 25 Dec 2001 00:03:34 -0000 (GMT)",
  "contentType": "text/plain",
  "Message-ID": "<88364590.8837464573838@mail.northpole.example.org>",
  "Content-Type": "text/plain; charset=us-ascii",
  "Mime-Version": "1.0"
 }
]
```

表 7-1：northpole.mbox 裡的郵件訊息流向

日期	郵件相關的動作
2001 年 12 月 25 日，星期五，00：03：34 -0000（GMT）	Buddy（巴迪）發送郵件訊息給研討會
2009 年 12 月 25 日，星期五，12：04 AM	Rudolph（魯道夫）把 Buddy（巴迪）的郵件訊息轉發給 Santa（聖誕老人），並添加了一些額外的訊息
2001 年 12 月 25 日，星期五，00：06：42 -0000（GMT）	Santa（聖誕老人）回覆給 Rudolph（魯道夫）

有了對郵件信箱的基本瞭解之後，接著我們就把注意力轉移到如何把安隆語料庫轉換成 mbox，以便能夠盡可能善用 Python 的標準函式庫。

7.2.2 取得安隆的資料

完整的安隆資料集（*http://bit.ly/1a1nmsU*）具有多種格式，分別需要不同程度的處理。我們會從資料集的最原始形式開始；這個資料集本質上就是一組檔案夾，檔案夾裡的郵件信箱資料全都是按照不同人與檔案夾的順序整理起來的。資料清理與標準化屬於一般常規性的處理工作，本節只會提供一些相關的觀點與評價。

如果你有使用本書的虛擬機，本章的 Jupyter Notebook 提供了一個腳本，可以把資料直接下載到正確的工作目錄，讓你可以毫無障礙跟著這些範例進行研究。完整的安隆語料庫壓縮後大約有 450 MB，你必須先下載完成之後才能順利進行隨後的練習。

一開始的處理步驟可能需要耗費一點時間。如果時間對你來說很重要，你實在等不及，也可以選擇跳過這部分；在本章的原始程式碼中，有一份精煉版本的資料，就放在 *ipynb3e/resources/ch07-mailboxes/data/enron.mbox.bz2* 中，它其實就是範例 7-2 所生成的資料。更多的詳細訊息，請參見本章 Jupyter Notebook 中的註釋說明。

 直接下載壓縮檔案再自行解壓縮，速度相對較快；透過同步方式從主機取回大量未壓縮的檔案，時間則會比較久，而且在撰寫本文時，還沒有什麼加速的做法可適用於所有平台。

檔案下載完成並解壓縮之後，下面那些顯示在 terminal 終端中帶有註釋的輸出，就可以說明語料庫的基本結構。

如果你使用的是 Windows 系統，或是不習慣在 terminal 終端中工作，也可以在 *ipynb/resources/ch06-mailboxes/data* 檔案夾中瀏覽一下，如果你使用的是本書的虛擬機，這個檔案夾也會同步到你的主機中。

下載資料後，建議可以在 terminal 終端中瀏覽一下，稍微熟悉其中的內容，順便學習一下如何瀏覽資料：

```
$ cd enron_mail_20110402/maildir # 進入郵件目錄

maildir $ ls # 顯示當前目錄內的子目錄與檔案

allen-p        crandell-s     gay-r          horton-s
lokey-t        nemec-g        rogers-b       slinger-r
tycholiz-b     arnold-j       cuilla-m       geaccone-t
hyatt-k        love-p         panus-s        ruscitti-k
smith-m        ward-k         arora-h        dasovich-j
germany-c      hyvl-d         lucci-p        parks-j
sager-e        solberg-g      watson-k       badeer-r
corman-s       gang-l         holst-k        lokay-m


              ... 略過部分目錄列表 ...


neal-s         rodrique-r     skilling-j     townsend-j

$ cd allen-p/ # 進入 allen-p 這個子目錄

allen-p  $ ls # 顯示當前目錄內的檔案

_sent_mail        contacts           discussion_threads notes_inbox
sent_items        all_documents      deleted_items      inbox
sent              straw

allen-p  $ cd inbox/ # 進入 allen-p 的 inbox 子目錄

inbox  $ ls # 顯示 allen-p 的 inbox 裡的檔案

1.  11. 13. 15. 17. 19. 20. 22. 24. 26. 28. 3.  31. 33. 35. 37. 39. 40.
42. 44. 5.  62. 64. 66. 68. 7.  71. 73. 75. 79. 83. 85. 87. 10. 12. 14.
16. 18. 2.  21. 23. 25. 27. 29. 30. 32. 34. 36. 38. 4.  41. 43. 45. 6.
63. 65. 67. 69. 70. 72. 74. 78. 8.  84. 86. 9.

inbox $ head -20 1. # 顯示名稱為 "1." 這個檔案的前 20 行

Message-ID: <16159836.1075855377439.JavaMail.evans@thyme>
```

```
Date: Fri, 7 Dec 2001 10:06:42 -0800 (PST)
From: heather.dunton@enron.com
To: k..allen@enron.com
Subject: RE: West Position
Mime-Version: 1.0
Content-Type: text/plain; charset=us-ascii
Content-Transfer-Encoding: 7bit
X-From: Dunton, Heather
X-To: Allen, Phillip K.
X-cc:
X-bcc:
X-Folder: \Phillip_Allen_Jan2002_1\Allen, Phillip K.\Inbox
X-Origin: Allen-P
X-FileName: pallen (Non-Privileged).pst


Please let me know if you still need Curve Shift.

Thanks,
```

terminal 終端最後的指令顯示,所有郵件訊息全都被組織成檔案的形式,而且包含有標頭形式的元資料,可以與資料本身的內容一起進行處理。資料全都採用相當具有一致性的格式,但不見得是那種眾所周知、只要運用強大工具就可以進行處理的格式。因此,我們可以先對資料進行一些預處理,然後再把其中一部分轉換成眾所周知的 Unix mbox 格式,藉此說明如何把郵件語料庫標準化成比較常見且便於使用的格式。

7.2.3 把郵件語料庫轉換為 Unix mbox

範例 7-2 說明了一種做法,可以在安隆語料庫的目錄結構中找出名為「inbox」的檔案夾,再把其中所包含的郵件訊息,添加到一個名為 *enron.mbox* 的單一輸出檔案中。如果要執行這段程式碼,你必須先下載安隆語料庫,然後把它解壓縮到腳本內 MAILDIR 所指定的路徑。

這段程式碼利用了一個叫做 dateutil 的套件,可以把日期解析成標準的格式。我們並沒有很早就進行此操作,因為在一般情況下,日期有可能會出現一些變化,處理起來會比想像中要複雜一些。你只要輸入 **pip install python_dateutil** 就可以安裝此套件。(在這個特別的例子中,pip 安裝所使用的套件名稱,與程式碼所使用的套件名稱略有不同。)如果沒有安裝此套件,就只能靠 Python 標準函式庫裡的一些工具對資料進行一些約略的處理,再把資料送進 mbox 之中。雖然這段程式碼從分析上來說並不是那麼有趣,但它提供了一些正則表達式的運用方式,並使用到我們隨後還會再次看到的 email 套件,而且也說明了一般資料處理過程中可能有用的一些其他概念。請務必好好理解範例 7-2 的內容，它不但可以拓展你的整體工作知識，還可以讓你認識到更多資料探勘工具。

 針對整個安隆語料庫執行這程式碼時，可能需要耗費 10 到 15 分鐘的時間；實際上所耗費的時間，取決於你的硬體效能。Jupyter Notebook 會在使用者界面右上角顯示「Kernel Busy」（核心忙碌中）的訊息，提示使用者目前資料仍在處理中。

範例 7-2：把安隆語料庫轉換成標準的 *mbox* 格式

```
import re
import email
from time import asctime
import os
import sys
from dateutil.parser import parse # pip install python_dateutil

# 請把安隆語料庫下載到 resources/ch07-mailboxes/data
# 並直接進行解壓縮

MAILDIR = 'resources/ch07-mailboxes/data/enron_mail_20110402/maildir'

# 轉換成 mbox 之後的儲存位置
MBOX = 'resources/ch07-mailboxes/data/enron.mbox'

# 建立一個檔案 handle，讓我們隨後可以寫入資料
mbox = open(MBOX, 'w+')

# 逐一檢查各目錄，只處理其中名為 'inbox' （收件匣）的目錄

for (root, dirs, file_names) in os.walk(MAILDIR):

    if root.split(os.sep)[-1].lower() != 'inbox':
        continue

    # 處理 'inbox' 裡的每一封郵件訊息

    for file_name in file_names:
        file_path = os.path.join(root, file_name)
        message_text = open(file_path, errors='ignore').read()

        # 為了計算出傳統 mbox 郵件訊息中的 From_ 這一行，先取得一些欄位的值
        _from = re.search(r"From: ([^\r\n]+)", message_text).groups()[0]
```

```
    _date = re.search(r"Date: ([^\r\n]+)", message_text).groups()[0]

    # 把 From_ 這行相應的 _date 轉換成 asctime 的格式
    _date = asctime(parse(_date).timetuple())

    msg = email.message_from_string(message_text)
    msg.set_unixfrom('From {0} {1}'.format(_from, _date))

    mbox.write(msg.as_string(unixfrom=True) + "\n\n")

mbox.close()
```

如果你查看一下剛剛所建立的 mbox 檔案，就會發現它看起來與你之前看過的郵件格式非常類似，只不過它現在已經可以完全符合眾所周知的規範，而且已經變成一個單一的檔案了。

請記住，如果你想以更集中的方式對安隆語料庫進行分析，也可以只針對某個人或特定的一群人，輕鬆建立單獨的 mbox 檔案。

7.2.4 把 Unix mbox 轉換成 pandas DataFrames

一旦有了 mbox 檔案，後續的工作就會特別方便，因為接下來就可以使用多種工具，在各種計算平台和程式語言中，進行各式各樣的處理。我們在本節就會捨棄範例 7-1 的許多簡化假設，進而以更穩健的方式處理安隆的郵件資料，而且會考慮郵件信箱可能遇到的一些常見問題；在處理真實世界千奇百怪的郵件信箱資料時，你很有可能也會遇到相同的問題。

mbox 資料結構相當具有通用性，但如果想要執行更強大的資料操作、查詢，或是想以視覺化方式呈現資料，最好還是把它轉換成第二章介紹過的資料結構 —— pandas DataFrame。

還記得嗎？ pandas 是一個針對 Python 而寫的軟體函式庫，可用來進行各式各樣的資料分析。它應該是每個資料科學家工具箱裡必備的工具。pandas 引進了一種稱為 DataFrame 的資料結構，它可以用來保存一些已標記過標籤的二維表格資料。你可以把它想像成類似試算表（spreadsheet），其中每一縱列（column）都有一個名稱。每一縱列的資料型別並不一定是相同的。你可以有一列日期、一列字串資料、一列浮點數，然後全都放在相同的 DataFrame 中。

電子郵件資料很適合儲存在 DataFrame 中。你可以有一列存放「寄件人」的 *From* 欄位，另一列存放主旨，其餘依此類推。一旦把資料儲存到 DataFrame 並建立好索引，你就可以執行一些查詢（譬如「哪些電子郵件包含某個特定的關鍵字？」）或是計算一些統計數字（譬如「4 月份發送了多少電子郵件？」）；pandas 可以讓這些操作執行起來相對簡單許多。

我們在範例 7-3 先把安隆的電子郵件語料庫從 mbox 格式轉換為 Python dict 字典。`mbox_dict` 變數會把所有電子郵件全都變成個別的鍵／值對，讓每封電子郵件都變成一個 Python dict 字典，其中的鍵值是標頭（`To` 收件人、`From` 寄件人、`Subject` 主旨等），最後則是電子郵件本身的正文內容。接著就可以使用 `from_dict` 方法，把這個 Python dict 字典輕鬆載入到 DataFrame 中。

範例 7-3：把 *mbox* 轉換成 *Python dict* 結構，然後再匯入 *pandas DataFrame*

```
import pandas as pd # pip install pandas
import mailbox

MBOX = 'resources/ch07-mailboxes/data/enron.mbox'
mbox = mailbox.mbox(MBOX)

mbox_dict = {}
for i, msg in enumerate(mbox):
    mbox_dict[i] = {}
    for header in msg.keys():
        mbox_dict[i][header] = msg[header]
    mbox_dict[i]['Body'] = msg.get_payload().replace('\n', ' ')
        .replace('\t', ' ').replace('\r', ' ').strip()

df = pd.DataFrame.from_dict(mbox_dict, orient='index')
```

我們可以使用 head 方法來檢查 DataFrame 的前五行。圖 7-2 顯示的就是這個指令的輸出結果。

```
In [13]: df.head()
Out[13]:
```

	Message-ID	Date	From	To	Subject	Mime-Version	Content-Type	Content-Transfer-Encoding
0	<10682204.1075852727740.JavaMail.evans@thyme>	Thu, 25 Oct 2001 09:18:50 -0700 (PDT)	kimberly.banner@enron.com	john.arnold@enron.com	hi	1.0	text/plain; charset=us-ascii	7bit
1	<14163285.1075861676333.JavaMail.evans@thyme>	Tue, 27 Nov 2001 10:25:00 -0800 (PST)	kbusch@energyargus.com	john.arnold@enron.com	keeping the lights on	1.0	text/plain; charset=us-ascii	7bit
2	<4724114.1075855217865.JavaMail.evans@thyme>	Mon, 31 Dec 2001 13:20:07 -0800 (PST)	customerservice@qwikfliks.com	john.arnold@enron.com	L.A. Confidential has been received.	1.0	text/plain; charset=us-ascii	7bit
3	<22448070.1075861675831.JavaMail.evans@thyme>	Tue, 20 Nov 2001 06:57:42 -0800 (PST)	tanya.rohauer@enron.com	john.arnold@enron.com	AIG positions	1.0	text/plain; charset=us-ascii	7bit
4	<29857442.1075855217959.JavaMail.evans@thyme>	Tue, 1 Jan 2002 11:04:18 -0800 (PST)	msagel@home.com	jarnold@enron.com	Market update	1.0	text/plain; charset=us-ascii	7bit

5 rows × 24 columns

圖 7-2：針對 pandas DataFrame 使用 head 方法，就可以看到 DataFrame 的前五行，如果想快速檢視你的資料，這倒是個很方便的做法

電子郵件的標頭中有很多的訊息。現在每個標頭在 DataFrame 裡都有屬於自己的一列（column，也就是一個欄位）。如果想要查看所有欄位的名稱列表，只要使用 df.columns 指令就可以了。

我們的分析或許並不需要保留每一個欄位，因此我們可以開始討論一下，如何讓 DataFrame 變得更加緊湊。事實上，我們只打算保留 *From* 寄件人、*To* 收件人、*Cc* 副本抄送、*Bcc* 密件副本抄送、*Subject* 主旨和 *Body* 內文這幾個欄位的資料。

DataFrames 的另一個優點，就是可以選擇以何種方式進行索引。索引的選擇對於某些查詢的執行速度來說，會有極大的影響。如果我們在之前就可以想像到，自己應該會詢問很多有關於「何時」發送電子郵件這樣的問題，就可以把 DataFrame 的索引設為 DatetimeIndex，這樣應該就是最有意義的做法。因為如此一來，DataFrame 就會按照日期與時間進行排序，這樣我們就可以針對電子郵件的時間戳，進行非常快速的搜尋。範例 7-4 的程式碼顯示的就是如何選擇 DataFrame 中想要保留的欄位，以及如何重設 DataFrame 索引的做法。

範例 7-4：設定 *DataFrame* 的索引，並選擇所要保留的欄位

```
df.index = df['Date'].apply(pd.to_datetime)

# 移除不重要的欄位
cols_to_keep = ['From', 'To', 'Cc', 'Bcc', 'Subject', 'Body']
df = df[cols_to_keep]
```

現在可以用 head 方法檢查一下 DataFrame，就會得到如圖 7-3 所示的結果。

圖 7-3：根據範例 7-4 進行修改之後，使用 head 方法所得到的輸出結果

現在電子郵件資料已從 mbox 轉換成 pandas DataFrame，而且我們也選擇了感興趣的欄位，並設置了 DatetimeIndex，接下來就可以進行分析了。

7.3 分析安隆語料庫

我們投入了大量的精力，把安隆郵件資料轉換成可進行查詢的便捷格式，接下來終於可以開始理解資料內容了。你在前幾章就已經知道，無論面對任何種類的新資料集，「先計算一下數量」通常是你可以最先考慮的探索性工作之一，因為只要花很少的力氣，就可以知道很多的訊息。本節打算研究好幾種做法，盡可能花費最少的力氣，根據各種欄位與條件的組合，透過 pandas 對郵件信箱進行各種查詢，以拓展討論的範圍。

安隆醜聞案

雖然並非完全必要，但如果你可以花點時間稍微熟悉一下安隆醜聞（Enron scandal），或許就可以在本章學習到更多的東西，因為安隆醜聞正是我們打算要分析的郵件資料主題。以下就是安隆醜聞相關的一些關鍵事實，這些事實有助於我們在分析本章資料時，更理解其中的來龍去脈：

- 安隆（Enron）是一家德州的能源公司，從 1985 年成立到 2001 年 10 月醜聞被揭露，在這段期間一路成長為一家價值數十億美元的公司。

- 肯尼斯·萊（Kenneth Lay）是安隆（Enron）的執行長，也是許多安隆相關討論的主題。

- 安隆醜聞實質上牽涉到的是，運用一些金融工具（也就是後來被稱為 raptor（迅猛龍）的一些公司債務工具）有效掩蓋了會計上的損失。

- 亞瑟·安達信（Arthur Andersen）曾經是著名的會計師事務所，負責執行財務審計。安隆醜聞發生後不久，它就倒閉了。

- 醜聞曝光後不久，安隆公司申請破產保護，總額超過 600 億美元。這是當時美國歷史上最大的破產案。

維基百科上有關安隆醜聞案（*http://bit.ly/1a1nuZo*）的文章，提供了許多相關背景和關鍵事件的介紹，十分容易閱讀，只需要花幾分鐘就可以閱讀到足夠的內容，瞭解所發生的事情相關要點。如果你想深入研究，「*Enron : The Smartest Guys in the Room*」（安隆：房間裡最聰明的傢伙；*http://imdb.to/1a1nvwd*）這部紀錄片可提供你所有需要的相關背景知識。

 http://www.enron-mail.com 這個網站在線上提供了完整版本的安隆郵件資料，等你開始熟悉安隆語料庫之後，就會發現這些資料很有用處。

7.3.1 根據日期 / 時間範圍進行查詢

DataFrame 原本是以每行的 ID 編號做為其索引，不過在範例 7-4 中，我們改用郵件的發送日期與時間做為索引。這樣我們就可以根據郵件的時間戳，在 DataFrame 中快速檢索出所要的資料行，進而輕鬆回答以下的問題：

- 2001 年 11 月 1 日發送了多少電子郵件？

- 哪個月的電子郵件數量最高？

- 2002 年每週發送的電子郵件總數量是多少？

pandas 有一些很有用的索引功能（*http://bit.ly/2HGyotX*），其中最重要的就是 loc 和 iloc 方法。loc 方法主要是用標籤來進行選擇，可以讓你執行如下的查詢：

```
df.loc[df.From == 'kenneth.lay@enron.com']
```

這個指令會從 DataFrame 中取出所有由 Kenneth Lay 所發送的電子郵件。送回來的資料結構同樣也是一個 pandas DataFrame，因此可以再把它指定給某個變數，隨後再以其他方式加以使用。

iloc 方法主要是用位置來進行選擇；如果你很確切知道感興趣的資料在哪幾行，這個方法就很有用。你可以用它來進行如下的查詢：

```
df.iloc[10:15]
```

這樣就會送回第 10 到 15 行的資料。

不過，有時候我們想要檢索的是兩個確切日期之間，所發送或接收的所有電子郵件。這就是我們的 DatetimeIndex 可以派上用場之處。如範例 7-5 所示，我們可以輕鬆檢索出兩個日期之間所發送的所有電子郵件，然後再針對這些資料進行一些方便的操作，例如計算出每個月所發送的電子郵件數量。

範例 7-5：用 *DatetimeIndex* 檢索出所選擇的資料，然後計算出每月發送的電子郵件數量

```
start_date = '2000-1-1'
stop_date = '2003-1-1'

datemask = (df.index > start_date) & (df.index <= stop_date)
vol_by_month = df.loc[datemask].resample('1M').count()['To']

print(vol_by_month)
```

我們在這裡所做的動作，其實就是建立一個布林遮罩（Boolean mask），如果 DataFrame 內資料行的日期滿足「在 start_date 之後而且在 end_date 之前」這個雙重的限制，就會送回布林值 True。接下來再針對所選出的資料，以一個月為間隔重新進行取樣，最後計算出相應的數量。

範例 7-5 的輸出範例如下：

```
Date
2000-12-31        1
2001-01-31        3
2001-02-28        2
2001-03-31       21
2001-04-30      720
2001-05-31     1816
2001-06-30     1423
2001-07-31      704
2001-08-31     1333
2001-09-30     2897
2001-10-31     9137
2001-11-30     8569
2001-12-31     4167
2002-01-31     3464
2002-02-28     1897
2002-03-31      497
2002-04-30       88
2002-05-31       82
2002-06-30      158
2002-07-31        0
2002-08-31        0
2002-09-30        0
2002-10-31        1
2002-11-30        0
2002-12-31        1
Freq: M, Name: To, dtype: int64
```

只要稍微整理一下，就可以讓它變得更容易閱讀。我們可以像過去一樣，運用 prettytable 來快速建立一個以文字為基礎的表格，就可以用一種比較乾淨的方式來呈現我們的輸出。範例 7-6 就是進行這樣的操作。

範例 7-6：運用 *prettytable* 來呈現每個月的電子郵件數量

```
from prettytable import PrettyTable

pt = PrettyTable(field_names=['Year', 'Month', 'Num Msgs'])
pt.align['Num Msgs'], pt.align['Month'] = 'r', 'r'
[ pt.add_row([ind.year, ind.month, vol])
  for ind, vol in zip(vol_by_month.index, vol_by_month)]

print(pt)
```

所生成的輸出如下：

```
+------+-------+----------+
| Year | Month | Num Msgs |
+------+-------+----------+
| 2000 |    12 |        1 |
| 2001 |     1 |        3 |
| 2001 |     2 |        2 |
| 2001 |     3 |       21 |
| 2001 |     4 |      720 |
| 2001 |     5 |     1816 |
| 2001 |     6 |     1423 |
| 2001 |     7 |      704 |
| 2001 |     8 |     1333 |
| 2001 |     9 |     2897 |
| 2001 |    10 |     9137 |
| 2001 |    11 |     8569 |
| 2001 |    12 |     4167 |
| 2002 |     1 |     3464 |
| 2002 |     2 |     1897 |
| 2002 |     3 |      497 |
| 2002 |     4 |       88 |
| 2002 |     5 |       82 |
| 2002 |     6 |      158 |
| 2002 |     7 |        0 |
| 2002 |     8 |        0 |
| 2002 |     9 |        0 |
| 2002 |    10 |        1 |
| 2002 |    11 |        0 |
| 2002 |    12 |        1 |
+------+-------+----------+
```

如果可以用視覺化方式把這個表格改以圖形來呈現，當然是更好的做法；我們只要使用預設的繪圖指令（已包含在 pandas 之中），就可以快速完成此任務。範例 7-7 的程式碼顯示的是，如何針對每個月的電子郵件數量，快速建立相應的水平長條圖。

範例 7-7：用水平長條圖來呈現每個月的電子郵件數量

```
vol_by_month[::-1].plot(kind='barh', figsize=(5,8), title='Email Volume by Month')
```

在圖 7-4 中，就可以看到相應的輸出結果。

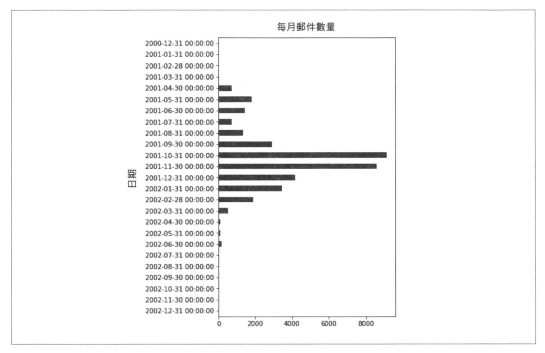

圖 7-4：根據範例 7-7 的程式碼，所得到的每月電子郵件數量水平長條圖

本書放在 *http://bit.ly/Mining-the-Social-Web-3E* 的最新程式碼，就是讓各位運用這些範例最簡單的方式。只要在 Jupyter Notebook 環境下執行這些程式碼，就可以輕鬆嘗試各種查詢 pandasDataFrames 的不同做法。Jupyter Notebook 真的可以說是瀏覽資料的一個絕佳工具。

7.3.2 針對寄件人 / 收件人溝通的特定模式進行分析

其他衡量方式（例如給定一個最原始的郵件寄件人，可計算出他寄送了多少郵件；如果給定一群人，也可以計算出他們之間進行過多少次的直接溝通）都是一些高度相關的統計數字，可做為電子郵件分析的一部分。不過，在一開始想要分析誰與誰在進行溝通之前，你可能想要先簡單列舉出所有可能的寄件人和收件人，而且希望可以根據某些限定的條件（例如可以限定電子郵件的寄送來源或目的地）來限制查詢的結果。我們這裡一開始首先示範的是，先根據寄送或接收到的訊息，計算出不重複的電子郵件地址數量，如範例 7-8 所示。

範例 7-8：列舉出所有郵件的寄件人與收件人

```
senders = df['From'].unique()
receivers = df['To'].unique()
cc_receivers = df['Cc'].unique()
bcc_receivers = df['Bcc'].unique()

print('Num Senders:', len(senders))
print('Num Receivers:', len(receivers))
print('Num CC Receivers:', len(cc_receivers))
print('Num BCC Receivers:', len(bcc_receivers))
```

以我們所採用的資料集來說，相應的輸出如下：

```
Num Senders: 7678
Num Receivers: 10556
Num CC Receivers: 5449
Num BCC Receivers: 5449
```

就算沒有任何其他的資訊，只知道這些寄件人收件人相關的統計數字，光靠這樣還是可以推想出許多有趣的事情。譬如以平均來說，每封郵件都會被寄送給 1.4 個人，而且郵件的副本抄送（CC）與密件副本抄送（BCC）也都有一定的數量。下一步我們可以再清理一下資料，並使用基本的 set 操作（*http://bit.ly/1a1l2Sw*；參見第一章的介紹），判斷一下這些條件在各種組合下，是否存在重疊的情況。我們只要把 list 列表轉換成 set 集合，其中重複出現的資料就會自動整併成單一元素，接下來就可以進行各種 set 集合比較操作（*http://bit.ly/2IzBW2j*），包括交集、差集、聯集等等。表 7-2 就是針對下面這兩組寄件人與收件人範本資料所進行的一些基本 set 集合操作，我們也可以從中看到各種不同操作所帶來的效果：

```
Senders = {Abe, Bob}, Receivers = {Bob, Carol}
```

表 7-2：針對範本資料進行各種 set 集合操作

操作	操作名稱	結果	說明
寄件人∪收件人	聯集	Abe, Bob, Carol	所有唯一而不重複的郵件寄件人與收件人
寄件人∩收件人	交集	Bob	在郵件裡同時身為收件人的寄件人
寄件人－收件人	差集	Abe	未收到郵件的寄件人
收件人－寄件人	差集	Carol	未寄送郵件的收件人

範例 7-9 顯示的就是如何運用 Python 的 set 操作，對資料進行一些計算。

範例 7-9：針對安隆語料庫裡的郵件寄件人和收件人，進行一些集合相關運算

```python
senders = set(senders)
receivers = set(receivers)
cc_receivers = set(cc_receivers)
bcc_receivers = set(bcc_receivers)

# 找出既是寄件人也是收件人的人數

senders_intersect_receivers = senders.intersection(receivers)

# 找出沒有收到任何郵件的寄件人

senders_diff_receivers = senders.difference(receivers)

# 找出沒有發送任何郵件的收件人

receivers_diff_senders = receivers.difference(senders)

# 先針對所有類型的收件人進行聯集運算，然後
# 再從中找出所有的寄件人

all_receivers = receivers.union(cc_receivers, bcc_receivers)
senders_all_receivers = senders.intersection(all_receivers)

print("Num senders in common with receivers:", len(senders_intersect_receivers))
print("Num senders who didn't receive:", len(senders_diff_receivers))
print("Num receivers who didn't send:", len(receivers_diff_senders))
print("Num senders in common with *all* receivers:", len(senders_all_receivers))
```

這段程式碼的範例輸出如下，由此也可以得出一些關於郵件信箱資料相關性質的額外見解：

```
Num senders in common with receivers: 3220
Num senders who didn't receive: 4445
Num receivers who didn't send: 18942
Num senders in common with all receivers: 3440
```

觀察一下是誰寄送或接收到最多的電子郵件，也是一個蠻有趣的問題。假設我們想要根據郵件收發的數量，針對語料庫裡的寄件人與收件人生成一個排名列表，這樣的問題該怎麼處理呢？我們可能會考慮針對整個資料集，先按照寄件人或收件人進行分組，然後再計算出每一組的電子郵件數量。每一組代表的就是一個寄件人所寄送或一個收件人所收到的所有電子郵件，因此我們可以針對排名最高的寄件人和排名最高的收件人，建立一個相應的列表。

這種分組操作可說是關聯式資料庫中常見的任務，而且在 pandas 中已有現成的實作。在範例 7-10 中，我們就是使用 groupby 操作（*http://bit.ly/2FRGnno*）來建立這些分組。

範例 *7-10*：根據郵件收發的數量，針對安隆語料庫裡的寄件人和收件人，
生成一個排名列表

```python
import numpy as np

top_senders = df.groupby('From')
top_receivers = df.groupby('To')

top_senders = top_senders.count()['To']
top_receivers = top_receivers.count()['From']

# 以遞減的順序針對寄件人與收件人進行排名，取得排序後相應的索引值
top_snd_ord = np.argsort(top_senders)[::-1]
top_rcv_ord = np.argsort(top_receivers)[::-1]

top_senders = top_senders[top_snd_ord]
top_receivers = top_receivers[top_rcv_ord]
```

建立這些排名列表之後，我們就可以使用 prettytable 套件來輸出結果。範例 7-11 顯示的就是如何生成以文字為基礎的表格，列出語料庫中寄件數量前 10 名寄件人的做法。

範例 *7-11*：從安隆語料庫中找出寄送郵件數量前十名的寄件人

```
from prettytable import PrettyTable

top10 = top_senders[:10]
pt = PrettyTable(field_names=['Rank', 'Sender', 'Messages Sent'])
pt.align['Messages Sent'] = 'r'
[ pt.add_row([i+1, email, vol]) for i, email, vol in zip(range(10),
    top10.index.values, top10.values)]

print(pt)
```

執行這段程式碼所得到的輸出如下：

```
+------+-----------------------------------+---------------+
| Rank |              Sender               | Messages Sent |
+------+-----------------------------------+---------------+
|  1   |         pete.davis@enron.com      |           722 |
|  2   |    announcements.enron@enron.com  |           372 |
|  3   |         jae.black@enron.com       |           322 |
|  4   | enron_update@concureworkplace.com |           213 |
|  5   |         feedback@intcx.com        |           209 |
|  6   |       chairman.ken@enron.com      |           197 |
|  7   |      arsystem@mailman.enron.com   |           192 |
|  8   |       mike.grigsby@enron.com      |           191 |
|  9   |       soblander@carrfut.com       |           186 |
|  10  |        mary.cook@enron.com        |           186 |
+------+-----------------------------------+---------------+
```

我們也可以針對收件人製作出類似的表格。範例 7-12 顯示的就是相應的做法。

範例 *7-12*：從安隆語料庫中找出收取郵件數量前十名的收件人

```
from prettytable import PrettyTable

top10 = top_receivers[:10]
pt = PrettyTable(field_names=['Rank', 'Receiver', 'Messages Received'])
pt.align['Messages Sent'] = 'r'
[ pt.add_row([i+1, email, vol]) for i, email, vol in zip(range(10),
    top10.index.values, top10.values)]

print(pt)
```

輸出的結果就類似下面這樣：

```
+------+-----------------------------+-------------------+
| Rank |          Receiver           | Messages Received |
+------+-----------------------------+-------------------+
|  1   |     pete.davis@enron.com    |        721        |
|  2   |    gerald.nemec@enron.com   |        677        |
|  3   |    kenneth.lay@enron.com    |        608        |
|  4   |  sara.shackleton@enron.com  |        453        |
|  5   |   jeff.skilling@enron.com   |        420        |
|  6   | center.dl-portland@enron.com|        394        |
|  7   |   jeff.dasovich@enron.com   |        346        |
|  8   |     tana.jones@enron.com    |        303        |
|  9   |      rick.buy@enron.com     |        286        |
|  10  |   barry.tycholiz@enron.com  |        280        |
+------+-----------------------------+-------------------+
```

7.3.3 透過關鍵字搜尋電子郵件

pandas 有很多強大的索引功能（*http://bit.ly/2HGyotX*），可用來建立各式各樣的查詢。

舉例來說，如果想在 mbox 中搜尋電子郵件地址，可以先查詢「*To*」（收件人）和「*From*」（寄件人）的欄位，然後再檢查「*Cc*」（副本抄送）或「*Bcc*」（密件副本抄送）的欄位。如果要搜尋關鍵字，也可以針對郵件主旨或郵件內文進行字串比對。

在安隆公司的例子中，如果從會計角度來看，所謂的 raptors（迅猛龍；*http://bit.ly/1a1nFE6*）就是他們用來掩蓋億萬美元債務的金融工具。如果想要進行審核，我們就需要一些工具，能夠對整個電子郵件或文件語料庫進行搜尋。我們之前已經把整個語料庫轉換成 pandas DataFrame 的格式，這種格式十分有助於在 Python 環境下輕鬆進行資料分析。現在我們只需要學習，如何針對特定單詞（例如「raptor」）進行搜尋。範例 7-13 的範例程式碼顯示的就是相應的做法。

範例 7-13：對 *pandasDataFrame* 進行查詢，在主旨或電子郵件內文中搜尋單詞，並列印出前 *10* 個結果

```python
import textwrap

search_term = 'raptor'

query = (df['Body'].str.contains(search_term, case=False) |
    df['Subject'].str.contains(search_term, case=False))
```

```
results = df[query]

print('{0} results found.'.format(query.sum()))
print('Printing first 10 results...')
for i in range(10):
    subject, body = results.iloc[i]['Subject'], results.iloc[i]['Body']
    print()
    print('SUBJECT: ', subject)
    print('-'*20)
    for line in textwrap.wrap(body, width=70, max_lines=5):
        print(line)
```

我們在範例 7-13 中建立了一個布林邏輯表達式,並把它保存在 query 這個變數中。這個 query 查詢會檢查 DataFrame 中電子郵件的內文與主旨,看看其中是否包含所要搜尋的單詞,而所要搜尋的單詞就保存在 search_term 這個變數之中。case = False 這個關鍵字可以讓「raptor」(迅猛龍)這個單詞無論是大寫還是小寫,全都納入搜尋結果之中。

query 變數是一系列的 True 和 False 值,當我們把它傳遞給 df 這個 DataFrame 時,它就會查詢比對結果為 True 的每一行(也就是主旨或內文中包含單詞「raptor」的每一行),然後把結果全部送回來。我們會把送回來的這幾行資料,保存在 result 這個變數之中。

範例程式碼後面的 for 迴圈,會把比對相符的前 10 行列印出來。我們在這裡使用了 textwrap 函式庫,把每個比對相符的電子郵件前五行列印出來。這樣可以有助於我們針對輸出進行快速檢查。以下就是範例查詢的部分結果:

```
SUBJECT:  RE: Pricing of restriction on Enron stock
--------------------
Vince, I just spoke with Rakesh.  I believe that there is some
confusion regarding which part of that Raptor transaction we are
talking about.  There are actually two different sets of forwards: one
for up to 18MM shares contingently based on price as an offset to the
Whitewing forward shortfall, and the other was for 12MM shares [...]

SUBJECT:  FW: Note on Valuation
--------------------
Vince,  I have it.  Rakesh  -----Original Message----- From: Kaminski,
Vince J  Sent: Monday, October 22, 2001 2:39 PM To: Bharati, Rakesh;
Shanbhogue, Vasant Cc: Kaminski, Vince J;
'kimberly.r.scardino@us.andersen.com' Subject: RE: Note on Valuation
Rakesh,  I have informed Ryan Siurek (cc Rick Buy) on Oct 4 that [...]

SUBJECT:  FW: Raptors
--------------------
I am forwarding a copy of a message I sent some time ago to the same
```

```
address. The lawyer representing the Special Committee (David Cohen)
could not locate it. The message disappeared as well form my mailbox.
Fortunately, I have preserved another copy.  Vince Kaminski
-----Original Message----- From:  VKaminski@aol.com@ENRON [...]

SUBJECT:  Raptors
--------------------
David,  I am forwarding to you, as promised, the text of the
10/04/2001  message to Ryan Siurek regarding Raptor valuations. The
message is stored on my PC at home. It disappeared from my mailbox on
the Enron system.  Vince Kaminski  **********************************
****************************************  Subj:   FW: [...]
```

在這個巨大的謎團中，這些文字片段似乎透露了一些有趣的訊息。現在你已擁有一些工具和技能，接下來就可以進行更深層次的挖掘、找出更多有用的東西了。

7.4 分析你自己的郵件資料

本章針對安隆郵件資料進行郵件分析，做出了相當多的說明，不過，你可能也想運用類似的技巧，仔細查看一下自己的郵件資料。幸運的是，許多常見的郵件客戶端程式都有提供「匯出到 mbox」的選項，可以把郵件資料轉換成更容易處理的格式，讓本章所介紹的技術可以輕易派上用場。

舉例來說，在 Apple Mail 中，可以使用「Mailbox」（郵件信箱）選單中的「Export Mailbox」（匯出郵件信箱）指令，把整個郵件信箱匯出成 mbox 格式。你也可以選擇個別的電子郵件，然後在「File」（檔案）選單中選擇「Save As」（另存為）來進行匯出。另存檔案時，請在「Format」（格式）選項中，選擇「Raw Message Source」（原始郵件訊息來源；請參見圖 7-5）。至於其他大部分的郵件客戶端程式，應該也只需要稍微找一下，就可以找到類似的做法。

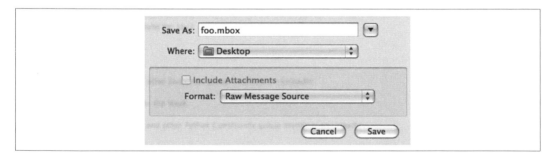

圖 7-5：大部分郵件客戶端程式都有「把郵件資料匯出成 mbox 封存檔案」的選項

如果你使用的是網路上的郵件客戶端程式，也可以選擇把資料「拉」進郵件客戶端程式再進行匯出，不過你可能比較喜歡直接從伺服器取出資料、以完全自動的方式建立 mbox 檔案的做法。幾乎所有網路郵件服務都有支援 POP3（*http://bit.ly/1a1nHvx*），而且其中大多數還支援 IMAP（*http://bit.ly/2MXFFvF*），所以想要編寫出 Python 腳本來提取郵件並不困難。

getmail（*http://bit.ly/1a1nKaL*）是一個特別可靠的指令行工具，它幾乎可以從任何地方取得郵件資料，而且還是用 Python 所編寫的。getmail 特別容易入門，執行起來也很容易，而 Python 的標準函式庫中還包含兩個模組 poplib（*http://bit.ly/1a1nI2G*）和 imaplib（*http://bit.ly/1a1nIj5*），提供了非常良好的基礎，只要稍微在網路上搜尋一下，就可以找到很多有用的腳本。舉例來說，如果你想檢索自己在 Gmail 收件匣裡的資料，只需要下載並進行安裝，然後再設定好 *getmailrc* 配置檔案就可以了。

以下的設定示範的是 *nix 環境下的一些設定值。Windows 使用者必須把 [destination] 裡的 path 和 [options] 裡的 message_log 改成正確的路徑值，不過也請別忘了，如果你只是想在 *nix 環境下進行快速的嘗試，也可以選擇在本書的虛擬機內執行腳本：

```
[retriever]
type = SimpleIMAPSSLRetriever
server = imap.gmail.com
username = ptwobrussell
password = xxx

[destination]
type = Mboxrd
path = /tmp/gmail.mbox

[options]
verbose = 2
message_log = ~/.getmail/gmail.log
```

有了適當的配置之後，接下來只需要在 terminal 終端調用 getmail 就可以完成其餘的工作了。一旦你在本機取得了 mbox，就可以使用本章所學到的技術，進行各式各樣的分析。下面就是運行 getmail 時，它針對郵件資料進行處理時的情況：

```
$ getmail
getmail version 4.20.0
Copyright (C) 1998-2009 Charles Cazabon.  Licensed under the GNU GPL version 2.
SimpleIMAPSSLRetriever:ptwobrussell@imap.gmail.com:993:
    msg     1/10972 (4227 bytes) from ... delivered to Mboxrd /tmp/gmail.mbox
    msg     2/10972 (3219 bytes) from ... delivered to Mboxrd /tmp/gmail.mbox
    ...
```

7.4.1 使用 OAuth 存取 Gmail

2010 年初，Google 宣布可透過 OAuth 對 Gmail 的 IMAP 和 SMTP 進行存取（*http://bit.ly/1a1nIzH*）。這是一個很重要的宣告，因為它正式打開了「以 Gmail 做為平台」的大門，讓第三方開發者所建立的應用程式，無需取得使用者名稱和密碼，就可以存取 Gmail 資料。本節並不打算討論 OAuth 2.0（*http://bit.ly/2GoT1Pl*）工作原理的具體細節（關於 OAuth 的簡要介紹，請參見附錄 B 的內容）；我們會著重於如何讓你開始執行一些動作，好讓你可以存取自己的 Gmail 資料，這其中牽涉到幾個步驟：

1. 使用 Google Developer Console（*http://bit.ly/2ImRDZM*）建立或選擇一個專案。啟用 Gmail API。

2. 選擇「Credentials」（憑證）分頁，點擊「Create credentials」（創建憑證），然後再選擇「OAuth client ID」（OAuth 客戶端程式 ID）。

3. 在應用程式類型中選擇「Other」（其他），然後輸入名稱「Gmail API Quickstart」（Gmail API 快速入門），再點擊「Create」（創建）按鈕。

4. 點擊「OK」（確定）關閉對話框。

5. 點擊你最新建立憑證旁邊的「file download」（檔案下載）按鈕，把內含憑證的 JSON 檔案下載下來。

6. 把這個檔案移至你的工作目錄中，並重新命名為 client_secret.json。

接下來，你必須安裝 Google Client Library（Google 客戶端函式庫），只要使用 pip 就可以輕鬆完成這項工作：

```
pip install --upgrade google-api-python-client
```

函式庫的安裝頁面（*http://bit.ly/2EcUP7P*）可查看到各種安裝相關的說明。Python API 安裝完成、憑證也保存到本機之後，你就可以開始編寫能夠存取 Gmail API 的程式碼了。範例 7-14 的程式碼取自 Python 快速入門（Python Quickstart；*http://bit.ly/2GNhSvy*）其中關於如何連結到 Gmail 的相關內容。你可以把這段程式碼保存到名為 *quickstart.py* 的檔案中。如果你的 client_secrets.json 檔案也放在同一個工作目錄中，這個檔案應該就可以成功運行，它會啟動 Web 瀏覽器，在瀏覽器中要求你登入 Gmail 帳號，並針對你的專案授予「讀取電子郵件」的權限。這個範例中的程式碼會把你的 Gmail 標籤（如果你有建立過標籤的話）列印到螢幕上。

範例 7-14：透過 *OAuth* 連結到 *Gmail*

```python
import httplib2
import os

from apiclient import discovery
from oauth2client import client
from oauth2client import tools
from oauth2client.file import Storage

try:
    import argparse
    flags = argparse.ArgumentParser(parents=[tools.argparser]).parse_args()
except ImportError:
    flags = None


# 如果修改了這裡的 SCOPES，記得要刪除掉之前所保存的憑證
# 憑證通常存放在 ~/.credentials/gmail-python-quickstart.json
SCOPES = 'https://www.googleapis.com/auth/gmail.readonly'
CLIENT_SECRET_FILE = 'client_secret.json'
APPLICATION_NAME = 'Gmail API Python Quickstart'


def get_credentials():
    """ 取出之前保存的正確使用者憑證。

    如果從未保存過，或是所保存的憑證不正確，
    就必須完成 OAuth2 流程，才能取得新的憑證。

    送回：
        所取得的憑證
    """
    home_dir = os.path.expanduser('~')
    credential_dir = os.path.join(home_dir, '.credentials')
    if not os.path.exists(credential_dir):
        os.makedirs(credential_dir)
    credential_path = os.path.join(credential_dir,
                                   'gmail-python-quickstart.json')

    store = Storage(credential_path)
    credentials = store.get()
    if not credentials or credentials.invalid:
        flow = client.flow_from_clientsecrets(CLIENT_SECRET_FILE, SCOPES)
        flow.user_agent = APPLICATION_NAME
        if flags:
            credentials = tools.run_flow(flow, store, flags)
```

```
        else: # 這裡的做法只是為了相容於 Python 2.6
            credentials = tools.run(flow, store)
        print('Storing credentials to ' + credential_path)
    return credentials

def main():
    """ 顯示 Gmail API 的基本用法。

    建立一個 Gmail API 服務物件，然後輸出使用者 Gmail 帳號
    相應的標籤名稱列表。
    """
    credentials = get_credentials()
    http = credentials.authorize(httplib2.Http())
    service = discovery.build('gmail', 'v1', http=http)

    results = service.users().labels().list(userId='me').execute()
    labels = results.get('labels', [])

    if not labels:
        print('No labels found.')
    else:
      print('Labels:')
      for label in labels:
        print(label['name'])


if __name__ == '__main__':
    main()
```

範例 7-14 可做為一個起點，讓你能夠進一步構建出可存取 Gmail 收件匣的高級應用程式。一旦你能夠透過程式碼存取郵件信箱，下一步就可以嘗試取得一些郵件資料並進行解析。這其中特別棒的是，這裡所匯出的格式與本章目前為止所使用的規範完全相同，因此你之前在安隆語料庫中使用過的所有腳本和工具，全都可以直接運用到你自己的郵件資料！

7.4.2 取得電子郵件並進行解析

IMAP 協定是一個相當講究且複雜的怪物，但好消息是，你並不需要瞭解太多細節，就可以透過它提取郵件並進行搜尋。此外，在網路上隨時都可以取得（*http://bit.ly/1a1nJDG*）許多相容於 imaplib 的範例。

不過，如果只是針對 Gmail 範例，你還是可以繼續使用 OAuth 來查詢收件匣裡的郵件，找出其中與特定搜尋字詞比對相符的郵件。範例 7-15 主要是根據範例 7-14，而且假設你已經在 Google Developer Console（Google 開發者控制台）設置好專案，也針對你的專案完成了啟用 Gmail API 的步驟。

假設你要找出所有包含「Alaska（阿拉斯加）」這個單詞的電子郵件。範例 7-15 的程式碼最多會送回 10 個比對相符的結果（你也可以更改 max_results 這個變數，改變搜尋結果數量的上限）。其中的 for 迴圈會檢索每個搜尋結果的郵件訊息 ID（message ID），然後取得這個 ID 所對應的電子郵件。

範例 7-15：在你的 Gmail 收件匣中進行查詢，並列印出郵件的內容

```python
import httplib2
import os

from apiclient import discovery
from oauth2client import client
from oauth2client import tools
from oauth2client.file import Storage

# 如果修改了這裡的 SCOPES，記得要刪除掉之前所保存的憑證
# 憑證通常存放在 ~/.credentials/gmail-python-quickstart.json
SCOPES = 'https://www.googleapis.com/auth/gmail.readonly'
CLIENT_SECRET_FILE = 'client_secret.json'
APPLICATION_NAME = 'Gmail API Python Quickstart'


def get_credentials():
    """ 取出之前保存的正確使用者憑證。

    如果從未保存過，或是所保存的憑證不正確，
    就必須完成 OAuth2 流程，才能取得新的憑證。

    送回：
        所取得的憑證
    """
    home_dir = os.path.expanduser('~')
    credential_dir = os.path.join(home_dir, '.credentials')
    if not os.path.exists(credential_dir):
        os.makedirs(credential_dir)
    credential_path = os.path.join(credential_dir,
                                   'gmail-python-quickstart.json')
```

```
        store = Storage(credential_path)
        credentials = store.get()
        if not credentials or credentials.invalid:
            flow = client.flow_from_clientsecrets(CLIENT_SECRET_FILE, SCOPES)
            flow.user_agent = APPLICATION_NAME
            if flags:
                credentials = tools.run_flow(flow, store, flags)
            else: # 這裡的做法只是為了相容於 Python 2.6
                credentials = tools.run(flow, store)
            print('Storing credentials to ' + credential_path)
        return credentials

credentials = get_credentials()
http = credentials.authorize(httplib2.Http())
service = discovery.build('gmail', 'v1', http=http)

results = service.users().labels().list(userId='me').execute()
labels = results.get('labels', [])

if not labels:
    print('No labels found.')
else:
    print('Labels:')
    for label in labels:
        print(label['name'])


query = 'Alaska'
max_results = 10

# 搜尋 Gmail 裡包含查詢單詞的郵件
results = service.users().messages().list(userId='me', q=query,
            maxResults=max_results).execute()

for result in results['messages']:
    print(result['id'])
    # 取得郵件訊息本身的內容
    msg = service.users().messages().get(userId='me', id=result['id'],
            format='minimal').execute()
    print(msg)
```

如果想要進一步處理 Gmail 郵件，請閱讀一下相關的 API 文件（*http://bit.ly/2pYRRzy*）。本章所學習到的技術和文件，應該已足以讓你構建出可用來分析 Gmail 收件匣的複雜工具。當然，針對 Gmail 以外的其他 Web 電子郵件服務，你也可以根據它們針對 IMAP 存取或 OAuth API 的支援程度，編寫出相應的 Python 程式碼。

從 Gmail 郵件內文中成功解析出文字之後，還需要進行一些額外的文字清理工作，好讓它更適合呈現出良好的顯示效果，或是進行更高級的自然語言處理，如第六章中所述。不過，其實並不需要花費太多的精力，就可以把文字內容清理到足以進行搭配詞分析的程度。事實上，範例 7-15 的結果幾乎可以直接送進範例 5-9，這樣就能根據搜尋的結果，生成相應的搭配詞列表。如果可以根據不同郵件之間共同出現的 bigram 數量，來做為不同郵件之間聯繫關係（linkage）強度的一種衡量方式，然後把郵件之間的聯繫關係強度畫成 graph 圖，這應該也是很值得進行的一個視覺化呈現練習。

7.4.3 運用 Immersion，以視覺化方式 呈現電子郵件中的特定模式

有很多有用的工具套件，可用來分析網路郵件（webmail）。近年來最有意思的其中一個就是 Immersion（*http://bit.ly/2q2xUaD*），它是由 MIT 媒體實驗室所開發的一個套件。它可以提供一種「以人為中心（people-centric）」的方式來呈現你的收件匣。如果你把 Gmail、Yahoo! 或 MS Exchange 帳號與它的平台相連，它就會根據電子郵件的「To」（收件人）、「From」（寄件人）、「Cc」（副本抄送）和「timestamp」（時間戳）欄位，生成一些資料視覺化呈現結果，其中包括各種聯繫關係情況的 graph 圖，以及其他各種視覺化呈現的效果。圖 7-6 顯示的就是其中一個範例的螢幕截圖。

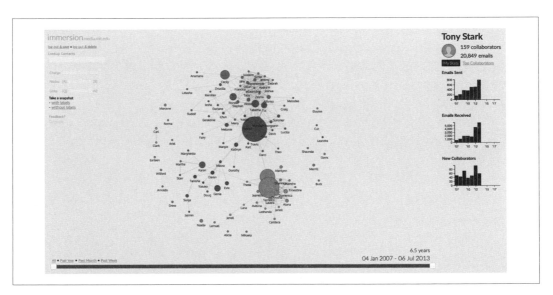

圖 7-6：Immersion 電子郵件視覺化呈現工具的示範

特別值得注意的是，你可以運用本章所學到的技術，加上前幾章的一些補充內容，例如使用 JavaScript 視覺化函式庫（比如 D3.js 或 `matplotlib` 函式庫），在 Jupyter Notebook 輕鬆重現這個擴展程序所提供的所有分析方法。現在你的工具箱已充滿各種程式碼腳本與技術，可以輕鬆應用到各種資料領域中，生成各種可進行比較的「監控面板」（dashboard），無論是郵件信箱、網頁封存檔案還是各式各樣的推文，全都難不倒你了。當然，你在設計應用程式時，確實需要謹慎考慮如何提供令人愉悅的使用者體驗，不過那些想要呈現給使用者的資料科學，以及分析相關的基本要素，已經全都在你的掌握之中了。

7.5 結語

我們在本章介紹了很多基礎知識，也使用前幾章介紹過的許多工具，對結果進行了各種綜合性處理。每一章都是以前面的內容為基礎，逐步嘗試講述各種資料及其相應的分析方法，而本書到了這裡已逐漸接近尾聲。雖然我們幾乎還沒開始探索郵件資料的各種可能性，但如果你善用自己的郵件資料，肯定可以透過前幾章的技術，找出與你社群關係和個人生活相關的驚人見解，讓分析結果展現出令人興奮的另一個維度。

我們的重點一直放在 mbox，因為它確實是一種簡單方便的檔案格式，可透過許多 Python 工具和套件，提供具有高度可移植性的輕鬆分析方法，希望你已經懂得欣賞，運用標準可移植格式來處理郵件信箱這類複雜內容所帶來的價值。其實還有很多其他開放程式碼的技術，可用來探索 mbox 的內容，而 Python 則是有能力整合這些技術的一種絕妙程式語言。只要對這些工具進行少量的投資，就可以大大有助於讓你集中精力解決手邊的問題。

 本章與其他各章的程式碼都以方便的 Jupyter Notebook 格式存放在 GitHub（*http://bit.ly/Mining-the-Social-Web-3E*），強烈建議你在自己的瀏覽器中嘗試一下。

7.6 推薦練習

- 你可以嘗試從原始的安隆語料庫中取出部分子集合,以磨練你的各種分析技術。舉例來說,你可以在網路上閱讀一些相關資料,或是觀看相關的紀錄片,對安隆案進行一些研究,然後選擇 10–15 個感興趣的郵件信箱,再運用本章所介紹的技術,看看能否識別出其中某些特定的溝通模式。

- 你可以嘗試把前幾章介紹過的文字分析方法,套用到郵件的內容中。你能否針對大家所談論的內容,找出其中的關聯性呢?相較於前幾章的訊息檢索概念,使用全文索引的做法有什麼優點或缺點呢?

- 重新檢視一下電子郵件訊息串演算法(email message threading algorithm;*http://bit.ly/1a1nQ23*),它是一種可以根據郵件信箱內容重新構建出郵件對話的有效做法。本書第一版的原始程式碼,曾經提供過相關的實作範例(*http://bit.ly/1a1nQ2e*;目前放在 legacy 的目錄中)。

- 只要使用 SIMILE 時間軸(Timeline;*http://bit.ly/1a1nQz3*)專案,就可以把前面所提到的「電子郵件訊息串演算法」其中整串的郵件訊息(message threads)改以視覺化方式予以呈現。其中「plotting mail on Timeline」(把郵件繪製在時間軸上;*http://bit.ly/2Nnj8W1*)所提供的範例,只能滿足你初步運用的最低要求;請查閱相關的文件,以瞭解更多的可能性。

- 在 Google Scholar(Google 學術搜尋;*http://bit.ly/1a1nR6c*)的頁面中搜尋「Enron(安隆)」,重新檢視一下許多相關的學術論文與研究。你可以嘗試運用其中的一些資料,啟發一下學習的靈感。

- 嘗試一下本章前一版(*http://bit.ly/2J9gVMv*)的原始程式碼。當時我們並沒有使用 pandas,而是使用 MongoDB(*https://www.mongodb.com/*)對安隆語料庫進行索引與搜尋。pymongo(*http://bit.ly/2uBdISn*)這個很方便的函式庫,可用來做為 MongoDB 資料庫的一個界面。你可以思考一下,相較於使用 pandas DataFrames,使用完整的資料庫有什麼相對的優缺點。

- 查看一下天文物理學家兼資料科學家 Justin Ellis 的部落格文章(*http://bit.ly/2Iimsiq*),他在他的部落格中決定使用 pandas 來分析自己的 Gmail 資料。如果你也在 Gmail 儲存了大量的電子郵件,請嘗試一下能否重現他的文章所介紹的某些資料視覺化呈現效果。

- 你可以嘗試編寫一些 Python 程式碼，透過程式碼來存取你的電子郵件。嘗試收集一些與你自己相關的統計數字：你會在什麼時候寄送或接收到最多的電子郵件？一整週裡頭，哪一天最忙？或者你也可以進行更嚴峻的挑戰，看看你能否判斷出最有可能收到回覆的電子郵件，多半屬於哪一類型的電子郵件。你也可以嘗試比較一下不同長度的已發送郵件，或是針對一整天不同時段所寄出的電子郵件進行一些比較。

7.7 線上資源

本章以下的幾個連結列表，可能對你有點用處：

- 下載你的 Google 資料（*https://takeout.google.com/*）
- 可下載的安隆語料庫（Enron corpus；*http://bit.ly/1a1nmsU*）
- 安隆語料庫（Enron corpus；*http://bit.ly/1a1nj01*）
- 安隆電子郵件語料庫與資料庫（公眾領域；*http://www.enron-mail.com/*）
- 安隆醜聞（Enron scandal；*http://bit.ly/1a1nuZo*）
- Google 學術搜尋裡的安隆白皮書（*http://bit.ly/1a1nR6c*）
- getmail（*http://bit.ly/1a1nKaL*）
- Windows 版 Git（*http://bit.ly/2Hiaox1*）
- Immersion：用「以人為中心」的觀點，觀察你的電子郵件（*http://bit.ly/2q2xUaD*）
- JWZ 的電子郵件訊息串演算法（*http://bit.ly/1a1nQ23*）
- MIME 類型（*http://bit.ly/2Qzxftu*）
- SIMILE 時間軸的線上示範（*http://bit.ly/1a1nOr1*）
- 「Personal Analytics Part 1: Gmail」（個人分析第 1 部：Gmail；*http://bit.ly/2Iimsiq*）
- SIMILE 時間軸（*http://bit.ly/1a1nQz3*）
- 運用 OAuth 2.0 來存取 Google API（*http://bit.ly/2GoT1Pl*）

## 第八章

挖掘 GitHub：
檢視軟體協作習慣、
構建興趣圖譜

GitHub 在近幾年迅速發展，如今已成為名副其實的社群化程式設計平台，它憑藉的是一個看似簡單的前提：運用 Git（*http://bit.ly/16mhOep*）這個開放原始碼的分散式版本控制系統（*http://bit.ly/1a1o1u8*），以建立與維護開放原始碼軟體專案，並為開發者提供一流的程式碼託管解決方案。與 CVS（*http://bit.ly/1a1nZCI*）或 Subversion（*http://bit.ly/2GZy78S*）這類版本控制系統不同的是，在使用 Git 的情況下，並不會有所謂基礎程式碼（code base）這樣的標準副本（canonical copy），甚至包括 Git 本身，同樣也遵循這樣的概念。所有的程式碼副本，全都是工作副本（working copy），開發者可以在任何工作副本上，提交（*commit*）所有在本地進行的修改，而不需要連往集中式的伺服器。

分散式版本控制（distributed version control）這樣的概念，非常適合 GitHub「社群化程式設計」（*social coding*）的概念，因為它可以讓開發者針對有興趣的專案，以 *fork*（分叉）的方式從程式碼儲存庫（repository）取得一份工作副本，然後馬上就可以開始對程式碼進行修改工作，而且進行工作的方式，與原本擁有這份程式碼的開發者完全相同。Git 不僅可以讓儲存庫隨意分叉，而且如果想把分叉後的「子」儲存庫其中所做的修改，合併回到「父」儲存庫之中，也是一件相對容易的事。如果以 GitHub 使用者界面的話來說，這個工作流程就叫做 *pull request*（PR，拉回請求）。

這是一個看似簡單的概念，但開發者只要用最小的力氣（前提是你必須先瞭解 Git 工作原理相關的一些基本細節），就可以運用優雅的工作流程，建立程式設計專案，並與他人進行協作；這在開放原始碼的開發工作中，無疑簡化了許多阻礙創新的繁瑣細節，而且更容易做出優異的資料視覺化呈現，與其他系統的相互操作性（interoperability）也更為便利。換句話說，你可以把 GitHub 視為開源軟體開發的推動者。雖然多位開發者在同一個程式設計專案中進行協作，這種合作方式已有數十年的歷史，但是像 GitHub 這樣的託管平台，讓專案建立、程式碼分享、意見回饋的維護、問題的追蹤、程序的修補與改進、錯誤的修復等工作變得更加容易，進一步促進了協作的效果，更以前所未有的方式實現了各種創新。最近，GitHub 甚至越來越適合一般的非開發者（*http://bit.ly/1a1o2OZ*），越來越成為最熱門的主流協作社群平台之一。

不過為了清楚起見，本章並不打算提供如何把 Git 或 GitHub 做為分散式版本控制系統的教程，甚至不打算在任何層次上討論 Git 的軟體架構。（關於這類的說明，請參閱線上許多優秀的 Git 參考資料，例如 gitscm.com（*http://bit.ly/1a1o2hZ*）。）不過，本章確實打算教你如何挖掘 GitHub 的 API，以便在一些特定領域的軟體開發相關資料中，找出社群協作的一些特定模式。

 請務必從 GitHub（*http://bit.ly/Mining-the-Social-Web-3E*）取得本章（及其他各章）的最新程式碼。另外也請充分利用本書在虛擬機方面的經驗（參見附錄 A），以最大程度享用本書的範例程式碼。

8.1 本章內容

本章介紹的是 GitHub 這個社群化程式設計平台，而且會使用 NetworkX 來進行 graph 圖取向的分析。你在本章會學習到如何善用 GitHub 的豐富資料，構建出具有多種運用方式的資料 graph 圖模型（graphical model）。具體來說，我們會把 GitHub 使用者、儲存庫和程式語言之間的關係，視為一種興趣圖譜（*http://bit.ly/1a1o3Cu*），這種做法主要是從「人」與「人所感興趣的對象」這樣的制高點，來解釋 graph 圖中的節點和連結關係。網路的未來是否很大程度取決於興趣圖譜的概念，近來有許多駭客高手、企業家和各色網路專家，紛紛對此進行了許多討論；因此，現在或許是個好時機，可以好好來研究一下 graph 圖各種潛在的可能性，以及相關所需的一些概念。

總而言之，本章會依循之前一樣的架構，內容將涵蓋以下這些主題：

- GitHub 的開發者平台，以及如何發出 API 請求

- graph 圖架構，以及如何使用 NetworkX 來模型化屬性圖譜（property graph）

- 興趣圖譜的概念，以及如何根據 GitHub 資料來構建出興趣圖譜

- 使用 NetworkX 來對屬性圖譜進行查詢

- graph 圖的各種「中心度」（centrality）演算法，包括「度數中心度」（degree centrality，又稱分支中心度）、「居間中心度」（betweenness centrality）和「緊密中心度」（closeness centrality）

8.2 探索 GitHub 的 API

和本書之前提過的其他社群網站一樣，GitHub 的開發者網站（*http://bit.ly/1a1o49k*）提供了 API 相關的完整文件，以及這些 API 的使用服務條款、範例程式碼等等。雖然其中各種 API 相當豐富，但是我們只會關注其中幾個 API，以便收集一些關於軟體開發者、專案、程式語言及軟體開發其他面向的資料，進一步建立相應的興趣圖譜。API 或多或少可以為你提供一切所需，讓你有能力建構出如同 github.com（*http://bit.ly/1a1kFHM*）本身一樣豐富的使用者體驗，只要善用這些 API，你一定可以建構出令人矚目、甚至帶來豐厚利益的應用程式。

GitHub 最基本的原生對象（primitives），就是「使用者」（*user*）與「專案」（*project*）。如果你有本事一路閱讀到這裡，我猜你很可能已經知道如何以 pull 的方式從 GitHub 專案頁面（*http://bit.ly/Mining-the-Social-Web-3E*）取得本書的程式碼，因此這裡的討論會假設你至少已經造訪過一些 GitHub 專案頁面，也曾經在網站內四處瀏覽，而且對於 GitHub 所提供的一般概念，應該也有一定的熟悉度了。

每個 GitHub 使用者都有一個公開的個人檔案（profile），其中通常會有一或多個程式碼儲存庫（repository），這些程式碼儲存庫有可能是你自己創建的，也有可能是從別的 GitHub 使用者那邊 fork（分叉）過來的。舉例來說，ptwobrussell（*http://bit.ly/1a1o4GC*）這個 GitHub 使用者就擁有好幾個 GitHub 儲存庫，其中一個是 Mining-the-Social-Web（*http://bit.ly/1a1o6Ow*），還有另一個則是 Mining-the-Social-Web-2nd-Edition（*http://bit.ly/1a1kNqy*）。為了程式開發的目的，ptwobrussell 還 fork（分叉）了好幾個儲存庫，以取得某些基礎程式碼（code base）的工作快照（working snapshot），這些 fork（分叉）過來的專案，也會出現在他的公開個人檔案之中。

GitHub 如此強大的部分原因在於，`ptwobrussell` 可以像任何使用者一樣，針對這些 fork（分叉）過來的專案，自由自在進行任何他想要做的動作（不過還是要遵守相關的軟體許可條款）。如果使用者 fork（分叉）了別人的程式碼儲存庫，就能取得該儲存庫的一份工作副本（working copy），然後便可以進行任何操作，無論只是拿來隨便玩玩，或是進行徹底翻修，甚至建立一個永遠不打算併回原始儲存庫的長壽 fork（分叉）儲存庫，完全沒有任何限制。雖然大多數專案的 fork 分叉並沒有真的衍生出自己的實作成果，但從程式碼管理的角度來看，就算真的要衍生出一些實作成果，所需要花費的力氣也是非常微不足道的。fork 分叉出來的副本有可能非常短命，很快就會提出 pull request（拉回請求）合併回到原始的儲存庫中；也有可能非常長命，完全獨立成為擁有自身社群的另一個專案。無論是想要對開放原始碼軟體做出貢獻的人，還是越來越多進入 GitHub 的其他專案，都會發現自己要進入 Github 確實不會有太大的障礙。

使用者除了可以在 GitHub 裡頭 folk（分叉）別人的專案之外，也可以給專案標註星號（star；也就是加入書籤 bookmark 的意思），以成為該專案所謂的「*觀星者*」（*stargazer*）。給專案標註星號，其實就像是把網頁或推文加入書籤，這兩種行為在本質上是相同的。你可以透過這種方式來表示你對該專案有興趣，如此一來這個專案就會出現在你的 GitHub Stars 列表中，可做為快速參照之用。你應該也有注意到，相較於標註星號的做法，fork 程式碼的人數通常少得多。在 Github 中標註星號這種「加入書籤」的行為，可說是這十幾年來從網路瀏覽所衍生出來的一種非常容易理解的概念，而 fork（分叉）程式碼的概念，則意味著打算以某種方式對其進行修改或做出貢獻的意圖。在本章其餘的內容中，我們打算聚焦於如何運用專案的觀星者列表，用它來做為構建興趣圖譜的基礎。

8.2.1 建立 GitHub API 連結

就像其他社群網站一樣，GitHub 實作了 OAuth，而取得 API 存取權限的第一個步驟，就是要建立一個帳號，然後再執行以下的其中一種操作：建立一個準備要使用 API 的應用程式，或是直接建立一個關聯到你帳號的「個人」access token。我們在本章會選擇使用個人 access token 的做法，因為這種做法很簡單，如圖 8-1 所示，只要點擊你的帳號中 Applications（應用程式；*http://bit.ly/1a1o7lw*）選單內 Personal Access API Tokens（個人存取 API Tokens）這個區塊裡的一個按鈕就可以了。（關於 OAuth 更廣泛的概要說明，請參見附錄 B 的內容。）

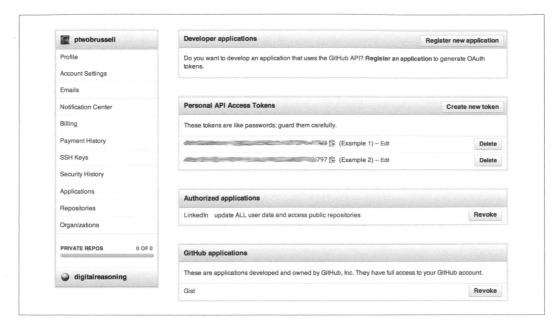

圖 8-1：在你帳號的 Applications（應用程式）選單中，建立一個「個人 API access token」，並
提供一段有意義的說明，讓你更容易記住其用途

範例 8-1 參考了 GitHub 幫助文件「Creating a personal access token for the command line」（建立指令行所需的個人 access token；*http://bit.ly/1a1o7lG*），介紹了另一種可透過程式碼（而不是透過 GitHub 使用者界面）來取得 access token 的做法。（如果你並未採用本書的虛擬機（參見附錄 A），就必須在執行這個範例之前，先到 terminal 終端輸入 **pip install requests** 把 requests 套件安裝起來。）

範例 *8-1*：透過程式碼取得一個可用來存取 *GitHub API* 的個人 *API access token*

```
import requests
import json

username = '' # 你的 GitHub 使用者名稱
password = '' # 你的 GitHub 密碼

# 請注意，憑證會透過安全的 SSL 連結進行傳輸
url = 'https://api.github.com/authorizations'
note = 'Mining the Social Web - Mining Github'
post_data = {'scopes':['repo'],'note': note }
```

```
response = requests.post(
    url,
    auth = (username, password),
    data = json.dumps(post_data),
    )

print("API response:", response.text)
print()
print("Your OAuth token is", response.json()['token'])

# 請到 https://github.com/settings/tokens 把這個 token 撤銷掉
```

就像許多其他的社群網站一樣，GitHub 的 API 也是以 HTTP 為基礎，你可以透過任何程式語言（包括 terminal 終端裡的指令行工具）發出 HTTP 請求以進行存取操作。不過，我們還是會依循前幾章的做法，善用 Python 函式庫的優勢，這樣就可以迴避掉像是發送請求、解析回應、處理分頁等等這些比較沒那麼有趣的細節。在這裡的例子中，我們會運用到 PyGithub（*http://bit.ly/1a1o7Ca*），它同樣是輸入 **pip install PyGithub** 就可以安裝起來了。我們一開始先來看幾個有關於如何發出 GitHub API 請求的範例，然後再轉往 graph 圖模型（graphical model）的討論。

我們會根據 Mining-the-Social-Web（*http://bit.ly/1a1o6Ow*）的 GitHub 儲存庫，在它與其觀星者之間建立連結，藉此發展出一個興趣圖譜。只要使用 List Stargazers API（*http://bit.ly/1a1o9dd*），就可以列出儲存庫的觀星者。你可以試著複製下面的 URL 貼到瀏覽器中，它就會發出一個 API 請求，這樣你就可以對相應的回應獲得一些概念：*https://api.github.com/repos/ptwobrussell/Mining-the-Social-Web/stargazers*。

 雖然你正在閱讀的是本書的第三版，但我們還是會繼續使用本書第一版的程式碼儲存庫，以做為本章的範例，因為在撰寫本文時，這個程式碼儲存庫已經被標註了 1000 多次的星號。如果想針對任何儲存庫（包括本書第二版或第三版的儲存庫）進行分析，其實也非常容易，只要修改一下範例 8-3 最前面的專案名稱就可以了。

在瀏覽 API 時，以這種方式發出「未驗證身份」的請求其實非常方便，雖然 API 限制每小時只能發出 60 次「未驗證身份」的請求，但這樣的請求速度對於探索或測試來說已經很足夠了。不過你也可以在網址後面加上 ?access_token=xxx 這種形式的查詢字串，其中 xxx 就是你的 access token，這樣就可以透過「已驗證身份」的方式發出相同的請求。如果是「已驗證身份」，GitHub 的速度限制就會提高到每小時 5,000 次請求，如「developer documentation for rate limiting（速度限制相關的開發者文件；*http://bit.ly/1a1oblo*）」所述。範例 8-2 說明的就是一個請求的範例，隨後則是相應的回應結果。（請注意，這裡只列出請求結果的第一頁，而且根據「developer documentation for pagination（分頁相關的開發者文件；*http://bit.ly/1a1o9Ki*）」的說明，可用來瀏覽各個結果分頁的元資料訊息，就包含在 HTTP 標頭之中。）

範例 8-2：直接以 *HTTP* 的方式，向 *GitHub API* 發出請求

```python
import json
import requests

# 沒有包含 ?access_token=xxx 這段查詢字串，就是未驗證身份的請求
url = "https://api.github.com/repos/ptwobrussell/Mining-the-Social-Web/stargazers"
response = requests.get(url)

# 顯示其中的一個觀星者
print(json.dumps(response.json()[0], indent=1))
print()

# 顯示標頭資訊
for (k,v) in response.headers.items():
    print(k, "=>", v)
```

輸出範例如下：

```
{
 "login": "rdempsey",
 "id": 224,
 "avatar_url": "https://avatars2.githubusercontent.com/u/224?v=4",
 "gravatar_id": "",
 "url": "https://api.github.com/users/rdempsey",
 "html_url": "https://github.com/rdempsey",
 "followers_url": "https://api.github.com/users/rdempsey/followers",
 "following_url": "https://api.github.com/users/rdempsey/following{/other_user}",
 "gists_url": "https://api.github.com/users/rdempsey/gists{/gist_id}",
 "starred_url": "https://api.github.com/users/rdempsey/starred{/owner}{/repo}",
 "subscriptions_url": "https://api.github.com/users/rdempsey/subscriptions",
 "organizations_url": "https://api.github.com/users/rdempsey/orgs",
 "repos_url": "https://api.github.com/users/rdempsey/repos",
 "events_url": "https://api.github.com/users/rdempsey/events{/privacy}",
 "received_events_url": "https://api.github.com/users/rdempsey/received_events",
 "type": "User",
 "site_admin": false
}
```

```
Server => GitHub.com
Date => Fri, 06 Apr 2018 18:41:57 GMT
Content-Type => application/json; charset=utf-8
Transfer-Encoding => chunked
Status => 200 OK
X-RateLimit-Limit => 60
X-RateLimit-Remaining => 55
X-RateLimit-Reset => 1523042441
Cache-Control => public, max-age=60, s-maxage=60
Vary => Accept
ETag => W/"b43b2c639758a6849c9f3f5873209038"
X-GitHub-Media-Type => github.v3; format=json
Link => <https://api.github.com/repositories/1040700/stargazers?page=2>;
rel="next", <https://api.github.com/repositories/1040700/stargazers?page=39>;
rel="last"
Access-Control-Expose-Headers => ETag, Link, Retry-After, X-GitHub-OTP,
X-RateLimit-Limit, X-RateLimit-Remaining, X-RateLimit-Reset,
X-OAuth-Scopes, X-Accepted-OAuth-Scopes, X-Poll-Interval
Access-Control-Allow-Origin => *
Strict-Transport-Security => max-age=31536000; includeSubdomains; preload
X-Frame-Options => deny
X-Content-Type-Options => nosniff
X-XSS-Protection => 1; mode=block
Referrer-Policy => origin-when-cross-origin, strict-origin-when-cross-origin
Content-Security-Policy => default-src 'none'
X-Runtime-rack => 0.057438
Content-Encoding => gzip
X-GitHub-Request-Id => ADE2:10F6:8EC26:1417ED:5AC7BF75
```

如你所見，GitHub 送回來很多有用的訊息，這些訊息並不在 HTTP 回應的 body 內文之中，而是如開發者文件所述，全都放在 HTTP 的 header 標頭中。你應該稍微瀏覽並理解一下這些標頭的含義，其中特別要注意的是 status（狀態）這個標頭，如果它回應的是 200，我們就知道這個請求是沒問題的；有些標頭與速度限制有關，例如 x-ratelimit-remaining；還有一個 link 標頭，其中包含下面這幾個聯結：

https://api.github.com/repositories/1040700/stargazers?page=2; rel="next",

https://api.github.com/repositories/1040700/stargazers?page=29; rel="last"

這些 URL 可用來取得回應結果的下一個與最後一個分頁，而且可以看出總共有多少分頁。

8.2.2 發送 GitHub API 請求

雖然運用 requests 這類函式庫自行解析出大部分訊息並不困難,不過像 PyGithub 這樣的函式庫,可以讓整件事情變得更簡單,而且它解決了 GitHub API 實作細節抽象化的問題,讓我們可以用一種更符合 Python 風格的方式來運用那些 API。更棒的是,如果 GitHub 改變了 API 相應的實作方式,我們還是可以繼續使用 PyGithub,而不會讓我們的程式碼受到影響。

在運用 PyGithub 發出請求之前,我們還是要先花點時間看一下回應本身的內容。它包含了一些豐富的訊息,其中我們最感興趣的部分是一個名為 login 的欄位,這就是那些因為感興趣而給儲存庫標註星號的使用者、在 GitHub 裡所使用的「使用者名稱」。我們會以這個資訊為基礎,對其他 GitHub API 發出各種查詢,例如「列出已標註星號的儲存庫」(*http://bit.ly/1a1oc8X*)相應的 API,就會送回使用者已標註星號的所有儲存庫列表。這可以說是一個強大的支點,因為我們一旦可以從任意儲存庫開始,查詢出所有對它感興趣的使用者列表,接著我們就可以繼續針對這些使用者,進一步查詢他們感興趣的其他儲存庫,然後就有可能找出其中可能浮現出來的特定模式了。

舉例來說,針對「把 Mining-the-Social-Web 標註星號」的所有使用者,如果把這些人已標註星號的所有儲存庫做個統計,其中被最多人(實際上是所有人)標註星號的當然是「Mining-the-Social-Web」,而其中被第二多人標註星號的又是哪一個儲存庫呢?如果能知道這個資訊,不是很有趣嗎?這個問題的答案,就可以做為「自動推薦 GitHub 使用者應該會喜歡的儲存庫」的基礎,而且不需要太多創意就能夠想像,這種智慧推薦的方式應該可以在不同的領域,為應用程式提供更強大的使用者體驗,比如亞馬遜和 Netflix 就是很好的例子。從本質上來說,興趣圖譜本來就有能力做出這種明智的建議,而這也就是最近興趣圖譜在某些追求利基的圈子中,成為熱門話題的原因之一。

範例 8-3 提供了一個範例,說明如何使用 PyGithub 來找出儲存庫的所有觀星者,以構建出一個興趣圖譜。

範例 8-3:使用 PyGithub 來查出特定儲存庫的觀星者

```
from github import Github # pip install pygithub

# 請在這裡填入你自己的 access token

ACCESS_TOKEN = ''

# 指定使用者名稱,以及該使用者感興趣的儲存庫
```

```
USER = 'ptwobrussell'
REPO = 'Mining-the-Social-Web'
#REPO = 'Mining-the-Social-Web-2nd-Edition'

client = Github(ACCESS_TOKEN, per_page=100)
user = client.get_user(USER)
repo = user.get_repo(REPO)

# 取得所有對儲存庫標註星號的使用者列表。
# 由於你所取得的是一個懶惰的迭代器（lazy iterator），因此你必須
# 自己進行迭代的動作，才能取得所有觀星者的數量。

stargazers = [ s for s in repo.get_stargazers() ]
print("Number of stargazers", len(stargazers))
```

PyGithub 會在你看不到的地方，為你處理掉 API 的實作細節，然後簡單提供一些很方便的物件以供查詢。在這裡的例子中，我們首先與 GitHub 建立了連結，然後再使用關鍵字 per_page 告訴它，我們希望送回來的每一頁資料最大數量為 100，而不是預設的 30。接著，我們取得某個特定使用者的一個儲存庫，然後再查出這個儲存庫所有的觀星者。不同使用者的儲存庫，有可能會使用相同的名稱，因此實際上並沒有一種明確的方法，可以只透過儲存庫的名稱來進行查詢。由於使用者名稱也有可能與儲存庫名稱出現重疊的情況，因此在使用 GitHub 的 API 時必須特別注意，如果要使用這樣的名稱做為標識符號，還必須明確指定物件的類型。我們在建立 graph 圖時，如果不確定節點名稱代表的究竟是儲存庫還是使用者，就必須靠物件類型來進行判斷。

最後要提醒的是，PyGithub 通常會提供「懶惰迭代器」（lazy iterators）做為其結果；這也就表示，在發出查詢時，它並不會一次就取得全部 29 頁的結果。實際上的情況是，它會在我們以迭代方式處理資料時，一直等到特定頁面被提出請求，才會去檢索該頁面。基於這個理由，因此如果想計算出確切的數量，就必須先用解析式列表把這個懶惰迭代器遍歷過一遍，才能真正計算出觀星者的數量。

PyGithub 的文件（*http://bit.ly/2qaoCtT*）很好用，它的 API 通常是以一種可預測的方式模仿 GitHub API，而且你通常可以透過像是 python 解譯器中的 dir 和 help 函式，來取得相應的 pydoc 說明內容。另外，IPython 或 Jupyter Notebook 中的「tab 鍵自動補全」與「問號魔法」也可以讓你達到預期的效果，用來找出物件有哪些 method 方法可供調用。你可以運用 PyGithub 稍微瀏覽一下 GitHub API，好讓你在繼續前進之前，更熟悉一些可能的運用方式。如果要測試一下你的技能，也可以先練習看看，能否遍歷 Mining-the-Social-Web 的觀星者（或其某種子集合），然後進行一些基本的頻率分析，判斷一下這些人可能比較感興趣的會是哪些其他的儲存庫？你可能會發現，如果想輕鬆計算出頻率相關的統計數字，Python 的 collections.Counter 或 NLTK 的 nltk.FreqDist 確實非常好用。

8.3　用屬性圖譜來建立資料模型

你或許會想起第二章的內容，當時 graph 圖主要是用來表達、分析，並以視覺化方式呈現 Facebook 中的社群網路資料。本節打算提供更詳盡的討論，希望可以做為 graph 圖相關計算的一個有用入門介紹。雖然目前 graph 圖還不是那麼受人矚目，但由於它是針對現實世界許多現象進行模型化的一種非常自然的抽象化方式，因此 graph 圖計算領域正在迅速崛起中。graph 圖在資料表達方式方面提供了一定的彈性，相較於其他做法（例如關聯式資料庫），它在資料進行實驗與分析期間，尤其佔有特別的優勢。以 graph 圖為中心的分析方式，當然並不是解決所有問題的靈丹妙藥，但如果能瞭解如何運用 graph 圖結構來對資料進行模型化，肯定可以大大強化你處理問題的能力。

針對 Graph 圖形理論的一般性介紹，已超出本章的範圍，隨後的討論只是試圖針對出現的關鍵概念，進行一些簡要的介紹。如果你想在繼續前進之前，先積累一些一般性的背景知識，可以先欣賞一下「Graph Theory — An Introduction！」（Graph 圖形理論簡介；*http://bit.ly/1a1odto*）這段 Youtube 影片。

本節其餘內容會引進一種稱為「屬性圖譜」（*property graph*）的常見 *graph* 圖，目的是透過一個叫做 NetworkX（*http://bit.ly/1a1ocFV*）的 Python 套件，把 GitHub 資料模型化為一個興趣圖譜。屬性圖譜其實是一種資料結構，它會用「節點」（node）來代表實體，實體之間的關係則用「連線」（edge）來表示。每個頂點（vertex）都具有一個唯一而不重複的標識符號，還有一組透過鍵 / 值對來定義的屬性對應關係（map of properties），以及一堆的連線。同樣的，節點之間的每一條連線（*edge*）也都是唯一而不重複的，每一條連線都具有唯一的標識符號，而且也可以具有某些屬性。

圖 8-2 顯示的是包含兩個節點的一個屬性圖譜範例，這兩個節點具有 X 和 Y 的唯一標識符號，它們之間的關係則未明確描述。這個特定的 graph 圖被稱為「有向圖」（*digraph*），因為它的連線是有向的（directed）；事實上除非我們所要模型化的連線確實具有方向性，否則並不需要採用這樣的做法。

圖 8-2：具備有向連線的一個簡單屬性圖譜

如果透過 NetworkX 用程式碼來表示，就可以如範例 8-4 所示，構建出一個簡單的屬性圖譜。（如果你並沒有使用本書的虛擬機，可以輸入 **pip install networkx** 來安裝這個套件。）

範例 8-4：構建出一個簡單的屬性圖譜

```
import networkx as nx # pip install networkx

# 建立一個有向圖

g = nx.DiGraph()

# 在有向圖中添加一條從 X 連往 Y 的連線

g.add_edge('X', 'Y')

# 把這個 graph 圖相關的一些統計數字列印出來

print(nx.info(g))

# 從這個 graph 圖中，取出所有的節點與連線

print("Nodes:", g.nodes())
print("Edges:", g.edges())
print()

# 取得節點相應的屬性

print("X props:", g.node['X'])
print("Y props:", g.node['Y'])
print()

# 取得連線相應的屬性

print("X=>Y props:", g['X']['Y'])
```

```
print()

# 修改節點的屬性

g.node['X'].update({'prop1' : 'value1'})
print("X props:", g.node['X'])
print()

# 修改連線的屬性

g['X']['Y'].update({'label' : 'label1'})
print("X=>Y props:", g['X']['Y'])
```

這個範例的輸出結果如下：

```
Name:
Type: DiGraph
Number of nodes: 2
Number of edges: 1
Average in degree:   0.5000
Average out degree:   0.5000

Nodes: ['Y', 'X']
Edges: [('X', 'Y')]

X props: {}
Y props: {}
X=>Y props: {}

X props: {'prop1': 'value1'}

X=>Y props: {'label': 'label1'}
```

在這個特定的範例中，有向圖的 **add_edge** 方法會添加一條從 X 節點連往 Y 節點的連線，得出一個具有兩個節點與一條連線的 graph 圖。因為相連的兩個節點都具有唯一而不重複的標識符號，因此可以用（**X，Y**）這個 tuple 元組來表示。請注意，如果再用一條連線把 Y 連回 X，這樣就會在 graph 圖中建立第二條連線，而且這第二條連線本身也會具有一組自己的連線屬性。通常你並不會建立第二條連線，因為只要同時取得節點往內與往外的連線，就可以有效遍歷各方向的連線，不過在某些情況下，以一種明確的方式建立額外的連線，有時候反而是比較方便的做法。

在 graph 圖中各節點所謂的「**度數**」（*degree*），指的就是節點的連線數量；對於有向圖來說，由於連線具有方向性，因此存在所謂「**內度數**」（*in degree*）和「**外度數**」（*out degree*）的概念。平均內度數與平均外度數的值，可做為 graph 圖的一種歸一化分數，這個分數代表的是具有往內與往外連線的節點數量。在我們這裡的例子中，有向圖只有一條有向連線，因此只有一個節點具有往外連線，也只有一個節點具有往內連線。

節點的往內往外度數，可說是 graph 圖理論中的基本概念。假設你已經知道 graph 圖中頂點的數量，只要計算出平均度數，就可以衡量出 graph 圖的「**密度**」（*density*）：也就是相對於全連結（full-connected）graph 圖所有可能的連線數量來說，實際連線數量所佔的比例。在全連結的 graph 圖中，每個節點都會與所有其他節點相連；在有向圖的情況下，這也就表示，每個節點都有來自所有其他節點的往內連線。

你可以把每個節點的內度數相加起來，然後再除以節點的數量，就可以計算出整個 graph 圖的內度數平均值，比如在範例 8-4 中就是 1 除以 2。外度數也可以進行相同的計算，只要把每個節點的外度數加總之後，同樣除以 graph 圖中的節點數量即可。在考慮整個有向圖時，由於每一條連線都只會連結兩個節點[1]，因此往內與往外的連線總數量一定是相同的，整個 graph 圖的平均內度數與平均外度數一定也是相同的。

在一般的情況下，graph 圖平均內度數與外度數的最大值，都是比 graph 圖節點總數量少一的值。建議你花點時間思考一下全連結 graph 圖中所有節點相應的連線數量，以證明確實是如此。

我們在下一節會使用這些屬性圖譜相關的要素，構建出一個興趣圖譜，然後再說明如何把這些方法運用到真實世界的資料中。你可以先花點時間在 graph 圖中添加一些節點、連線和屬性，探索一下各種可能性。NetworkX 文件（*http://bit.ly/1a1ocFV*）提供了一些蠻有用的入門範例，如果你是第一次遇到 graph 圖的概念，希望能夠得到一些額外的入門指引，也可以先瀏覽一下相關的文件。

---

1 graph 圖還有另一種更抽象的版本，叫做「**超圖**」（*hypergraph*；*http://bit.ly/1a1ocWm*），其中包含了一種「**超連線**」（hyperedges），可以連接的頂點數量完全不受限制。

大型 Graph 圖資料庫的崛起

本章所介紹的屬性圖譜，是一種通用的資料結構，它可以運用節點與連線這些簡單的原生概念，針對複雜的網路進行模型化。我們會根據很自然的直覺概念，用一個很具有彈性的 graph 圖架構來模型化資料；對於一個比較狹窄、比較聚焦的領域來說，這種實用的做法通常就已經足夠了。正如我們在本章所看到的，在進行模型化與查詢複雜資料時，屬性圖譜提供了相當大的彈性與更多的功能性。

本書在處理 graph 圖時，都是採用 Python 的 NetworkX 工具套件，它提供了強大的功能，可用來模型化屬性圖譜。不過要留意的是，NetworkX 是一種把資料保存在記憶體的 graph 圖資料庫。它所能做到的程度限制，與執行程式的電腦有多少記憶體成正比。在許多情況下，我們可以把所要處理的資料，限制在某個子集合的範圍內，或是直接採用更多記憶體的機器，藉此解決記憶空間的限制。不過一般「大數據」（big data）及其蓬勃發展的生態系統（主要採用 Hadoop 和 NoSQL 資料庫）所牽涉到的資料越來越多，在這種情況下，把資料保存在記憶體的 graph 圖絕不是一種可行的選項。

8.4 分析 GitHub 興趣圖譜

現在我們已經擁有一些工具，有能力運用 GitHub API 進行查詢，也知道如何運用 graph 圖來對資料進行模型化，接著就來測試一下我們的技能，開始建立與分析相應的興趣圖譜。我們會從一個儲存庫開始，用它來代表一群 GitHub 使用者之間共同的興趣；我們可以運用 GitHub 的 API，找出這個儲存庫的所有觀星者。接著就可以用其他 API 來模型化 GitHub 使用者之間的社群連結，看看這些使用者還有哪些其他的興趣，使用者彼此間又有哪些共同的興趣。

我們也會學習到一些可用來分析 graph 圖的基本技術，也就是各種不同的「中心度」（*centrality*）衡量方式。雖然只要以視覺化呈現 graph 圖，就已經有很好的效果，不過還是有很多 graph 圖太過於龐大或複雜，很難有效進行視覺上的檢查，因此透過各種中心度的衡量方式，可以更有效針對網路結構進行各方面的分析與衡量。（不過請放心，在本章結束之前，我們還是會以視覺化的方式，把 graph 圖呈現出來。）

8.4.1 建構興趣圖譜

還記得嗎，興趣圖譜（interest graph）與社群圖譜（social graph；*http://bit.ly/1a1ofl4*）並不是相同的東西。社群圖譜主要的焦點是呈現人與人之間的連結，通常會牽涉到各方之間的相互關係，而興趣圖譜則是把人與興趣連結起來，牽涉到的是單向的連線。雖然兩者絕不是完全不相干的概念，但千萬不要混淆觀念，把某個 GitHub 使用者與另一個 GitHub 使用者之間的連結當成了社群連結 —— 這只是一種「感興趣」的連結，因為其中並沒有「相互接受對方」的概念。

> Facebook 可說是一種結合社群與興趣的混合式 graph 圖模型。它一開始是以社群圖譜的概念做為技術平台的基礎，可是結合「讚」按鈕的功能之後，它就被直接推向一個可表達社群興趣圖譜的混合式模型。它可以明確表達出人與人之間的連結，也可以表達出人與感興趣對象之間的連結。Twitter 一直是一種採用非對稱「跟隨」模型的興趣圖譜，我們可以把它解釋為人與感興趣對象（有可能是其他人）之間的連結。

範例 8-5 和範例 8-6 會介紹一些程式碼範例，主要是用來建構使用者與儲存庫之間的「凝視」（gaze）^{譯註}關係，說明如何探索出其中所浮現的圖形結構。一開始所建構的 graph 圖，可稱為「自我圖」（*ego graph*），因為其中有一個聚焦的中心點（自我），而且它是大多數連線（在這個例子裡就是所有連線）的基礎。自我圖有時也被稱為「軸輻圖」（hub and spoke graph）或「星星圖」（star graph），因為它很像是從輪軸往外輻射，而在視覺上看起來也很像星星的感覺。

從 graph 圖形結構的角度來看，這種 graph 圖其中包含兩種節點和一種連線類型，如圖 8-3 所示。

> 我們會使用圖 8-3 這個 graph 圖型結構做為起點，並隨著本章的進展逐步進行修改。

譯註　gaze 有凝視、注視之意，在這裡就是對儲存庫標識星號、成為儲存庫觀星者（stargazer）的意思，換句話說，也就是「關注」儲存庫的意思。在隨後的譯文中，將保留「凝視」的字面翻譯方式，望讀者明察。

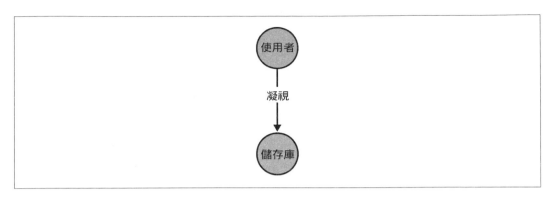

使用者

凝視

儲存庫

圖 8-3：graph 圖形結構基礎，其中包含了一個對「儲存庫」有興趣的 GitHub「使用者」

資料模型化有一個微妙但很重要的約束條件，就是必須設法避免命名上的衝突：這裡的使用者名稱和儲存庫名稱，很有可能（其實是經常）相互衝突。舉例來說，Github 可能有一個名叫「ptwobrussell」的使用者，而名叫「ptwobrussell」的儲存庫則可能會有很多個。之前曾提過，add_edge 方法會從送進去的東西裡頭，取前兩個參數做為唯一而不重複的標識符號，因此我們只要把（user）或（repo）這樣的東西附加到後面，就可以確保 graph 圖中所有節點全都具有唯一而不重複的標識符號。從使用 NetworkX 進行模型化的角度來看，只要把類型文字附加上去，通常就可以解決這個問題。

按照同樣的邏輯，不同使用者所擁有的儲存庫也可能具有相同的名稱，因為有可能是同一個程式碼儲存庫的 fork（分叉），不過也有可能是完全不同的程式碼儲存庫。目前這些細節對我們來說並不重要，不過一旦開始把其他 GitHub 使用者標註星號的其他儲存庫一個一個添加進來，這種衝突的可能性就會增加。

究竟是要接受這些類型的衝突，還是要實作出一種可避免衝突的 graph 圖形結構策略，這可說是一個必然會帶來不同後果的設計決策。舉例來說，你也許希望可以把同一個儲存庫的 fork（分叉）收合到 graph 圖的同一個節點中，而不是全都採用不同的儲存庫節點來表示，不過你當然不希望完全不同的專案，只因為用了同一個名字就被收合到同一個節點之中。

 有鑑於我們正在解決的問題範圍有限，而且一開始只聚焦於有興趣的特定儲存庫，因此，我們會避免使用那些有可能造成歧義的儲存庫名稱，以免讓事情變複雜。

有了這樣的想法之後，我們可以來看一下範例 8-5，它會建立一個儲存庫及其觀星者的自我圖，然後再看一下範例 8-6，它會引進一些方便的 graph 圖操作。

範例 8-5：建立一個包含儲存庫及其觀星者的自我圖（*ego graph*）

```python
# 運用（興趣）連線，對 graph 圖進行擴展
# 把使用者指向感興趣的儲存庫。為了不讓使用者與儲存庫節點發生衝突，
# 所以在後面附上相應的類型文字。

import networkx as nx

g = nx.DiGraph()
g.add_node(repo.name + '(repo)', type='repo', lang=repo.language, owner=user.login)

for sg in stargazers:
    g.add_node(sg.login + '(user)', type='user')
    g.add_edge(sg.login + '(user)', repo.name + '(repo)', type='gazes')
```

範例 8-6：介紹一些方便的 *graph* 圖操作

```python
# 瀏覽目前的 graph 圖，藉此瞭解一下 NetworkX 的工作原理

print(nx.info(g))
print()
print(g.node['Mining-the-Social-Web(repo)'])
print(g.node['ptwobrussell(user)'])
print()
print(g['ptwobrussell(user)']['Mining-the-Social-Web(repo)'])

# 下一行會丟出一個 KeyError 錯誤，因為這樣的連線並不存在：
# print g['Mining-the-Social-Web(repo)']['ptwobrussell(user)']
print()
print(g['ptwobrussell(user)'])
print(g['Mining-the-Social-Web(repo)'])
print()
print(g.in_edges(['ptwobrussell(user)']))
print(g.out_edges(['ptwobrussell(user)']))
print()
print(g.in_edges(['Mining-the-Social-Web(repo)']))
print(g.out_edges(['Mining-the-Social-Web(repo)']))
```

以下是根據剛剛的 graph 圖操作，所示範的一些可能的輸出範例（內容已縮減過）：

```
Name:
Type: DiGraph
Number of nodes: 1117
Number of edges: 1116
Average in degree:   0.9991
Average out degree:    0.9991

{'lang': u'JavaScript', 'owner': u'ptwobrussell', 'type': 'repo'}
{'type': 'user'}

{'type': 'gazes'}

{u'Mining-the-Social-Web(repo)': {'type': 'gazes'}}
{}

[]
[('ptwobrussell(user)', u'Mining-the-Social-Web(repo)')]

[(u'gregmoreno(user)', 'Mining-the-Social-Web(repo)'),
 (u'SathishRaju(user)', 'Mining-the-Social-Web(repo)'),
 ...
]
[]
```

有了一個初始的興趣圖譜之後，我們就可以發揮一下創意，判斷接下來做什麼才是最有趣的步驟。到目前為止我們知道的是，大約有 1,116 個使用者對於挖掘社群網站有共同的興趣，因為他們都是 ptwobrussell 的 Mining-the-Social-Web 這個儲存庫的觀星者。果然不出所料，圖中的連線數量正好比節點的數量少了一。這其中的原因在於，觀星者與儲存庫之間存在一對一的對應關係（每個觀星者一定都有一條連往儲存庫的連線）。

或許你還記得，內度數平均和外度數平均可得出一個歸一化數值，這個值可用來衡量 graph 圖的密度，而 0.9991 的這個值，應該與我們的直覺相符。我們知道有 1117 個節點對應的是觀星者，這些節點的外度數全都等於 1，還有 1 個節點對應的是儲存庫，它的內度數為 1117。換句話說，我們知道 graph 圖中的連線數量，正好比節點的總數量少了一。在這個例子中，由於平均度數的最大值為 1117，因此這個 graph 圖中連線的密度可以說是相當的低。

如果可以觀察一下 graph 圖的拓撲結構，應該是很吸引人的想法，因為如果可以用視覺化方式來呈現，看起來應該會很像一顆星星，然後會與 0.9991 這個值呈現出某種關聯性。我們確實有一個節點，會連結到 graph 圖中所有的其他節點，不過若從這個節點的角度來看，要說連結的平均度數大約為 1.0，感覺似乎不大對勁。另一方面來說，1,117 個節點也存在非常多其他的連結方式，可以得出 0.9991 這個值。如果想要獲得足夠的見解，來支持我們的結論，就必須考慮其他的分析方式；下一節我們就會介紹各種不同的中心度衡量方式。

8.4.2 計算圖形中心度

中心度（centrality）是一種基本的 graph 圖分析方式，可深入瞭解 graph 圖其中特定節點的相對重要性。我們會考慮以下幾種中心度的衡量方式，協助我們更仔細檢視 graph 圖，以對網路建立更深入的見解：

度數中心度

　　節點的「度數中心度」（degree centrality）衡量的是，節點在這個 graph 圖中所擁有的往內連線數量。這種中心度的衡量方式，其實就是把節點往內連線的頻率製成表格的一種方式，其目的在於測量各個節點之間的均勻性（uniformity），找出往內連線數量最多或最少的節點，或是根據連結的數量找出其中的特定模式，主要動機就是希望能對網路的拓撲結構有更深入的見解。節點的度數中心度只是其中一個面向，可用來推斷節點在網路中的作用，相對於 graph 圖中其他的節點來說，如果想要識別出某個節點的連結是否出現異常的狀況，這種衡量方式就可以做為一個很好的起點。總體來說，我們在之前的討論中就已經知道，度數中心度的平均值可以告訴我們整個 graph 圖的密度（density）相關訊息。NetworkX 提供了一個叫做 networkx.degree_centrality 的預設函式，可用來計算出 graph 圖的度數中心度。它會送回一個 dict 字典，把每個節點的 ID 對應到相應的度數中心度。

居間中心度

　　節點的「居間中心度」（betweenness centrality）衡量的是，節點在 graph 圖中正好位於其他兩個節點之間（也就是成為任兩節點之間連結路徑的一部分）的頻率。你可以想像一個節點的居間中心度，就是在其他節點的連結路徑上，這個節點所扮演的代理（broker）或閘道（gateway）角色有多麼重要。雖然並不一定會如此，但如果居間中心度比較高的節點有損失，對於 graph 圖的能量流（flow of energy）[2] 可能就會造成比較嚴重的破壞，而且在某些情況下，如果把居間中心度比較高的節點移除掉，graph 圖可能就會分解成好幾個比較小的子圖。NetworkX 提供了一個叫做 networkx.betweenness_centrality 的預設函式，可用來計算 graph 圖的居間中心度。它會送回一個 dict 字典，把每個節點的 ID 對應到相應的居間中心度。

緊密中心度

節點的「緊密中心度」（closeness centrality）衡量的是，節點與 graph 圖中所有其他節點高度連結的程度（也就是「緊密的程度」）。這種中心度的衡量方式，會用到 graph 圖中最短路徑的概念，可以針對特定節點在 graph 圖中的連結緊密程度，提供更深入的見解。與節點的居間中心度不同的是，居間中心度會告訴你一個節點在其他節點的連結路徑上扮演代理或閘道的重要性，而節點的緊密中心度則更重視直接的連結。你可以想像一下節點把能量散播到 graph 圖中所有其他節點的能力，用這種方式來思考緊密度的概念。NetworkX 提供了一個叫做 networkx.closeness_centrality 的預設函式，可用來計算 graph 圖的緊密中心度。它會送回一個 dict 字典，把每個節點的 ID 對應到相應的緊密中心度。

> NetworkX 在網路上的線上文件內，提供了許多強大的中心度衡量方式（*http://1.usa.gov/2MC1ZGV*）。

圖 8-4 顯示了一個 Krackhardt 風箏圖（*http://bit.ly/1a1oixa*），它是在社群網路分析中已深入研究過的一個 graph 圖，我們可針對本節所介紹的各種中心度，用它來說明不同衡量方式之間的差異。之所以稱它為「風箏圖」，是因為從視覺上來看，它確實很像風箏的外觀。

2　在目前的討論中，「能量」（energy）這個術語是用來說明抽象圖中流動的概念。

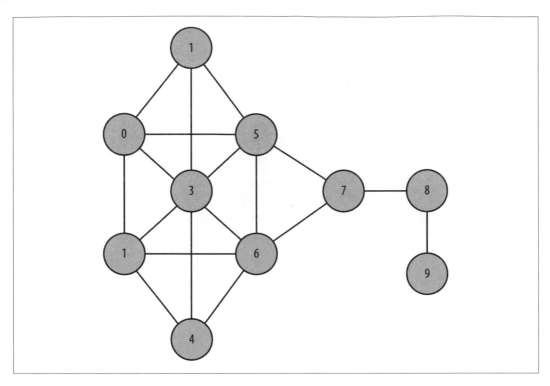

圖 8-4：可用來說明度數中心度、居間中心度和緊密中心度的 Krackhardt 風箏圖

範例 8-7 顯示了一些程式碼，先從 NetworkX 載入這個風箏圖，再針對它計算出表 8-1 的結果。雖然與計算無關，不過還是要提醒一下，這個風箏圖經常被用來做為社群網路中的一個參考。由於社群網路中的連結隱含著相互接受對方的意思，所以連線都是沒有方向性的。我們在 NetworkX 中建立的是 networkx.Graph 的實例，而不是 networkx.DiGraph 的實例。

範例 8-7：針對 *Krackhardt* 風箏圖，計算出相應的度數中心度、居間中心度和緊密中心度

```
from operator import itemgetter
from IPython.display import HTML
from IPython.core.display import display

display(HTML('<img src="resources/ch08-github/kite-graph.png" width="400px">'))
```

```
# 經典的 Krackhardt 風箏圖
kkg = nx.generators.small.krackhardt_kite_graph()

print("Degree Centrality")
print(sorted(nx.degree_centrality(kkg).items(),
             key=itemgetter(1), reverse=True))
print()

print("Betweenness Centrality")
print(sorted(nx.betweenness_centrality(kkg).items(),
             key=itemgetter(1), reverse=True))
print()

print("Closeness Centrality")
print(sorted(nx.closeness_centrality(kkg).items(),
             key=itemgetter(1), reverse=True))
```

表 8-1：針對 Krackhardt 風箏圖，計算出相應的度數中心度、居間中心度和緊密中心度的值（每一縱列的最大值都以粗體表示，你可以與圖 8-4 所觀察到的直覺概念輕鬆進行對照）

節點	度數中心度	居間中心度	緊密中心度
0	0.44	0.02	0.53
1	0.44	0.02	0.53
2	0.33	0.00	0.50
3	**0.67**	0.10	0.60
4	0.33	0	0.50
5	0.55	0.2	**0.64**
6	0.55	0.2	0.64
7	0.33	**0.39**	0.60
8	0.22	0.22	0.43
9	0.11	0.00	0.31

在繼續下一節之前，請先花點時間研究一下 Krackhardt 風箏圖，以及相應的各種中心度衡量值。這些中心度衡量方式全都會被保留在本章相關的工具箱之中。

8.4.3 為使用者的興趣圖譜拓展出更多的「關注」連線

除了可以用標註星號的方式「凝視」（stargazing）儲存庫或進行 fork（分叉）之外，GitHub 還有另外一種頗具 Twitter 風格的「跟隨」（following）^{譯註} 其他使用者的概念。我們在本節就會用 GitHub 的 API 進行查詢，然後把這種「跟隨」的關係加入到 graph 圖中。根據我們之前關於「Twitter 本質上就是一種興趣圖譜」的討論（參見「為何 Twitter 如此風靡？」），你知道添加這些東西基本上就是一種擷取更多興趣關係的方式，因為「跟隨」關係本質上就與「感興趣」關係是相同的。

其中有一個還不錯的想法就是，對於某個儲存庫的所有觀星者整群人來說，儲存庫本身的擁有者很有可能就是很受歡迎的對象，不過在這群人之中，還有什麼人可能也很受歡迎呢？這個問題的答案，肯定代表著某個重要的見解，而且可以做為進一步分析的有效依據。為了回答這個問題，我們就來運用 GitHub 的 Followers API（*http://bit.ly/1a1oixo*），查詢一下 graph 圖中每個使用者的跟隨者（follower；*http://bit.ly/1a1oixo*），然後用連線的方式，把跟隨關係添加到 graph 圖之中。以我們的 graph 圖模型來說，這些添加的動作只會在 graph 圖中加入一些額外的連線，並不會增加新的節點。

雖然我們可以把 GitHub 送回來的所有跟隨關係添加到 graph 圖中，但目前我們還是把分析稍做限制，只觀察 graph 圖中原本那些使用者彼此間的跟隨關係。範例 8-8 就是把跟隨連線添加到 graph 圖中的範例程式碼，而圖 8-5 所描繪的則是 graph 圖結構更新之後，包含了跟隨關係的結果。

 在身份已驗證的情況下，GitHub 的速度限制為每小時 5,000 個請求，也就是說，每分鐘發出 80 次以上的請求才會超出速度限制。由於每次請求都會有延遲（latency），實在不太可能超出限制，因此本章的這個程式碼範例並沒有採用特殊的邏輯，來因應這些速度上的限制。

範例 8-8：把「跟隨」連線包含進來，為 graph 圖添加一些額外的興趣連線

```
# 根據觀星者的跟隨者資訊，添加（社群關係）連線。這可能需要耗費不少時間
# 因為過程需要對 GitHub 做出許多 API 調用的動作。如果要估算
# 每個跟隨者在迴圈中進行迭代時進行請求的次數，計算方式為
# math.ceil(sg.get_followers() / 100.0) ，因為 API
```

譯註　這個用詞在 Instagram 中叫做「追蹤」，其實都有「關注」的意思。

```
# 一次最多只會送回 100 個項目。

import sys

for i, sg in enumerate(stargazers):

    # 如果 graph 圖中的觀星者之間存在任何關係，就加上「跟隨」連線
    try:
        for follower in sg.get_followers():
            if follower.login + '(user)' in g:
                g.add_edge(follower.login + '(user)', sg.login + '(user)',
                           type='follows')
    except Exception as e: # ssl.SSLError
        print("Encountered an error fetching followers for", sg.login,
              "Skipping.", file=sys.stderr)
        print(e, file=sys.stderr)

    print("Processed", i+1, " stargazers. Num nodes/edges in graph",
          g.number_of_nodes(), "/", g.number_of_edges())
    print("Rate limit remaining", client.rate_limiting)
```

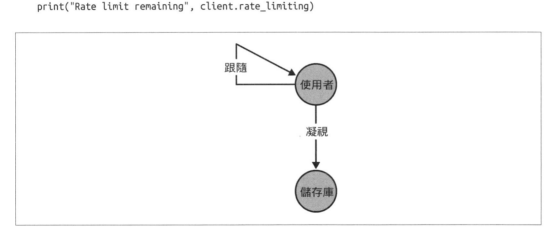

圖 8-5：graph 圖結構基礎，其中包括對儲存庫感興趣的 GitHub 使用者，以及所跟隨的其他使用者

一旦把額外的感興趣資料合併到 graph 圖中，分析的可能性就會變得更加有趣。現在我們可以再次遍歷整個 graph 圖，重新針對特定使用者計算往內「跟隨」連線的數量，來計算出這個使用者受歡迎的程度，如範例 8-9 所示。這個分析的強大之處在於，它可以讓我們在檢視某個特定的興趣領域時，迅速找出誰可能是其中最有趣或最具影響力的使用者。

範例 8-9：探索一下 *graph* 圖更新之後的「跟隨」連線

```
from operator import itemgetter
from collections import Counter

# 我們可以觀察一下比之前多出了幾條連線
print(nx.info(g))
print()


# 差值就是「跟隨」連線的數量
print(len([e for e in g.edges_iter(data=True) if e[2]['type'] == 'follows']))
print()


# 儲存庫擁有者很可能就是這個 graph 圖中最受歡迎的使用者
print(len([e
          for e in g.edges_iter(data=True)
              if e[2]['type'] == 'follows' and e[1] == 'ptwobrussell(user)']))
print()


# 我們可以檢視一下連入每個節點的連線數量
print(sorted([n for n in g.degree_iter()], key=itemgetter(1), reverse=True)[:10])
print()


# 針對下面這兩個具有高節點度數的使用者，
# 我們可以分別觀察一下這兩人往內與往外連線的比率 ...

# 這個使用者跟隨了很多人，但並沒有被很多人反過來跟隨他

print(len(g.out_edges('mcanthony(user)')))
print(len(g.in_edges('mcanthony(user)')))
print()


# 這個使用者被很多人跟隨，但他並沒有反過來跟隨別人

print(len(g.out_edges('ptwobrussell(user)')))
print(len(g.in_edges('ptwobrussell(user)')))
print()


c = Counter([e[1] for e in g.edges_iter(data=True) if e[2]['type'] == 'follows'])
popular_users = [ (u, f) for (u, f) in c.most_common() if f > 1 ]
print("Number of popular users", len(popular_users))
print("Top 10 popular users:", popular_users[:10])
```

因為我們是用 Mining-the-Social-Web 這個儲存庫來建構出這個 graph 圖，因此我們可以做出一個合理的假設，認為那些對於這個主題有興趣的使用者，很可能也會對「data mining」（資料探勘）感興趣，甚至有可能對 Python 程式語言也很感興趣，因為這個儲存庫的程式碼主要都是用 Python 寫的。其實我們也可以稍微研究一下，範例 8-9 所計算得出的最受歡迎使用者，與 Python 程式語言是否有任何的關係。

輸出範例如下：

```
Name:
Type: DiGraph
Number of nodes: 1117
Number of edges: 2721
Average in degree:   2.4360
Average out degree:   2.4360

1605

125

[('Mining-the-Social-Web(repo)', 1116),
 ('angusshire(user)', 511),
 ('kennethreitz(user)', 156),
 ('ptwobrussell(user)', 126),
 ('VagrantStory(user)', 106),
 ('beali(user)', 92),
 ('trietptm(user)', 71),
 ('rohithadassanayake(user)', 48),
 ('mcanthony(user)', 37),
 ('daimajia(user)', 36)]

32
5

1
125

Number of popular users 270
Top 10 popular users:
[('kennethreitz(user)', 153),
 ('ptwobrussell(user)', 125),
 ('daimajia(user)', 32),
 ('hammer(user)', 21),
 ('isnowfy(user)', 20),
 ('jakubroztocil(user)', 20),
 ('japerk(user)', 19),
 ('angusshire(user)', 18),
 ('dgryski(user)', 12),
 ('tswicegood(user)', 11)]
```

正如我們的推測，我們用來建構興趣圖譜的原始儲存庫擁有者 ptwobrussell（*http://bit.ly/1a1o4GC*）確實是這個 graph 圖中最受歡迎的使用者之一，不過另一個使用者（kennethreitz）擁有更多跟隨者（153 個），而且排名前十名的其他使用者，其中也有好幾個擁有非常多的跟隨者。除此之外，進一步來看的話，kennethreitz（*http://bit.ly/1a1ojkT*）其實就是 requests 這個 Python 套件的作者，本書確實使用到這個套件，而且這個套件非常受歡迎。我們也可以看到，mcanthony 這個使用者跟隨了許多其他的使用者，但他自己並沒有被許多使用者跟隨。（我們稍後就會回頭討論這個觀察結果。）

中心度的應用

在進行任何額外的工作之前，我們先討論一下如何保存 graph 圖，以便保留住目前狀態的一個穩定快照，這樣我們就可以在 graph 圖修改之後，隨時隨地重新恢復原狀，而且如果想對資料進行序列化轉換或分享資料，也會用到這方面的技巧。範例 8-10 示範的就是如何使用 NetworkX 預設的 pickling（醃漬）功能，對 graph 圖進行保存與還原。

範例 8-10：把 *graph* 圖的狀態以快照的方式保存到磁碟中

```
# 對你的 graph 進行序列化處理，然後保存起來
nx.write_gpickle(g, "resources/ch08-github/data/github.gpickle.1")

# 還原 graph 圖的做法 ...
# import networkx as nx
# g = nx.read_gpickle("resources/ch08-github/data/github.gpickle.1")
```

把我們的工作備份保存到磁碟之後，現在就可以把上一節的中心度衡量方式，應用到這個 graph 圖之中，並嘗試對結果做出合理的解釋。由於我們知道 Mining-the-Social-Web(repo) 是 graph 圖中的「**超級節點**」（*supernode*），而且它連結了大多數的使用者（在本例中就是所有的使用者），因此我們先把它從 graph 圖中剔除，以便能夠把真正重要的網路動態看得更加清楚。這樣一來，就只剩下 GitHub 使用者及其彼此間的「跟隨」連線會被保留下來。範例 8-11 提供了一些程式碼，可做為分析的起始點。

範例 8-11：把中心度衡量方式應用到興趣圖譜中

```
from operator import itemgetter

# 建立一個 graph 圖的副本，這樣我們就可以根據實驗的需要，
# 對副本做出各種修改

h = g.copy()
```

```
# 移除興趣圖譜中最原始的那個節點，也就是其中的超節點，
# 這樣才能對網路動態獲得更清楚的概念

h.remove_node('Mining-the-Social-Web(repo)')

# 只要是超節點，就把它移除
# 根據一些篩選或檢查的條件，
# 移除掉所有你能移除的節點。

# 顯示前 10 個節點的中心度衡量值


dc = sorted(nx.degree_centrality(h).items(),
            key=itemgetter(1), reverse=True)

print("Degree Centrality")
print(dc[:10])
print()

bc = sorted(nx.betweenness_centrality(h).items(),
            key=itemgetter(1), reverse=True)

print("Betweenness Centrality")
print(bc[:10])
print()

print("Closeness Centrality")
cc = sorted(nx.closeness_centrality(h).items(),
            key=itemgetter(1), reverse=True)
print(cc[:10])
```

這個範例的結果如下：

```
Degree Centrality
[('angusshire(user)', 0.45739910313901344),
 ('kennethreitz(user)', 0.13901345291479822),
 ('ptwobrussell(user)', 0.11210762331838565),
 ('VagrantStory(user)', 0.09417040358744394),
 ('beali(user)', 0.08161434977578476),
 ('trietptm(user)', 0.06278026905829596),
 ('rohithadassanayake(user)', 0.042152466367713005),
 ('mcanthony(user)', 0.03228699551569507),
 ('daimajia(user)', 0.03139013452914798),
 ('JT5D(user)', 0.029596412556053813)]
```

```
Betweenness Centrality
[('angusshire(user)', 0.012199321617913778),
 ('rohithadassanayake(user)', 0.0024989064307240636),
 ('trietptm(user)', 0.0016462150915044311),
 ('douglas(user)', 0.0014378758725072656),
 ('JT5D(user)', 0.0006630082719888302),
 ('mcanthony(user)', 0.0006042022778087548),
 ('VagrantStory(user)', 0.0005563053609377326),
 ('beali(user)', 0.0005419295788331876),
 ('LawrencePeng(user)', 0.0005133545798221231),
 ('frac(user)', 0.0004898921995636457)]

Closeness Centrality
[('angusshire(user)', 0.45124556968457424),
 ('VagrantStory(user)', 0.2824285214515154),
 ('beali(user)', 0.2801929394875192),
 ('trietptm(user)', 0.2665936169015141),
 ('rohithadassanayake(user)', 0.26460080747284836),
 ('mcanthony(user)', 0.255887045941614),
 ('marctmiller(user)', 0.2522401996811634),
 ('cwz8202(user)', 0.24927963395720612),
 ('uetchy(user)', 0.24792169042592171),
 ('LawrencePeng(user)', 0.24734423307244519)]
```

正如我們先前的分析，ptwobrussell 和 kennethreitz 這兩個使用者都出現在度數中心度列表的最前面，這個結果和我們的預期是一樣的。不過，在各種中心度衡量方式的排名列表中，angusshire 這個使用者全都名列前茅。這個使用者其實是一個超級節點（supernode），它本身跟隨了好幾千個其他使用者，也被好幾千個其他使用者跟隨。如果把這個使用者從 graph 圖中剔除，網路動態很可能就會有所改變。

另一個觀察到的現象是，緊密中心度和度數中心度的值，遠高於居間中心度的值，因為居間中心度的值幾乎都很接近零。在探討「跟隨」關係的情況下，這也就表示在這個graph 圖中，並沒有任何使用者有效扮演連結其他使用者的橋樑。這個結果十分合理，因為 graph 圖最原始的節點是一個儲存庫，它代表的是人們共同的興趣，但我們已經把它移除了。如果有某個使用者的居間中心度不那麼接近零，把他找出來應該會很有意思，但事實上並沒有這樣的一個使用者，而這樣的情況也沒什麼好意外的。如果興趣圖譜是以特定「使用者」做為基礎，相應的動態情況可能就會有所不同。

最後我們可以觀察到，雖然 ptwobrussell 和 kennethreitz 是 graph 圖中最受歡迎的兩個使用者，不過他們並沒有出現在緊密中心度前十名的名單中。前幾名確實出現了好幾個其他的使用者，而且其緊密中心度的值非同小可，值得進一步檢視與研究。別忘了，各種不同的動態情況，都會因為不同的社群而有所差別。

 有一個蠻值得做的練習，就是針對兩個不同社群（例如 Ruby on Rails 社群和 Django 社群）的網路動態，進行相互比較與對照。針對以 Microsoft 為中心的社群，以及 Linux 取向的社群，你也可以嘗試比較一下他們不同的網路動態。

把更多的儲存庫，添加到興趣圖譜中

總體來說，我們在分析 graph 圖的「跟隨」連線時，並沒有發現任何有趣的事情；因為這個興趣圖譜最原始的節點，是一個吸引到世界各地不同使用者的儲存庫，所以這個情況也沒什麼好驚訝的。下一步可能值得嘗試的是，只要逐一檢視每個使用者，並把他們加上星號的儲存庫也添加到 graph 圖中，就有機會為 graph 圖中的每個使用者找出其他的興趣了。這樣的做法至少可以給我們帶來兩個很有價值的洞見：除了「Mining the Social Web」以外，還有哪些其他的儲存庫也與這個社群有很好的互動關係？另外，由於 GitHub 會嘗試判斷出儲存庫所使用的程式語言，並以相應的程式語言做為其索引，因此我們可否藉此判斷，除了「Python」以外，在我們的社群中最流行的是哪些程式語言？

在 graph 圖中添加額外的儲存庫，或是添加額外的「凝視」連線，相關過程只不過是本章先前工作的簡單擴展而已。GitHub 有一個可用來「列出已標註星號的儲存庫」（*http://bit.ly/1a1oc8X*）的 API，可以輕易取得特定使用者已標註星號的儲存庫列表；我們會以迭代的方式逐一檢視這些結果，然後把相同種類的節點和連線，添加到本章前面的 graph 圖中。範例 8-12 說明的就是實現此目標的範例程式碼。它會把大量資料添加到保存在記憶體中的 graph 圖，而且執行過程有可能需要一段蠻長的時間。如果你使用的儲存庫擁有好幾十個觀星者，恐怕就需要耐心等候一下了。

範例 8-12：把已標註星號的儲存庫添加到 graph 圖中

```
# 把每個觀星者標註星號的其他儲存庫添加到 graph 圖中，並加上相應的連線
# 藉此方式找出額外的興趣

MAX_REPOS = 500

for i, sg in enumerate(stargazers):
    print(sg.login)
    try:
```

```
        for starred in sg.get_starred()[:MAX_REPOS]: # 切掉一些，以避免出現超節點
            g.add_node(starred.name + '(repo)', type='repo', lang=starred.language,
                       owner=starred.owner.login)
            g.add_edge(sg.login + '(user)', starred.name + '(repo)', type='gazes')
    except Exception as e: # ssl.SSLError:
        print("Encountered an error fetching starred repos for", sg.login,
              "Skipping.")

    print("Processed", i+1, "stargazers' starred repos")
    print("Num nodes/edges in graph", g.number_of_nodes(), "/", g.number_of_edges())
    print("Rate limit", client.rate_limiting)
```

構建這個 graph 圖其中一個比較細微的問題是，雖然大多數使用者標註星號的儲存庫，在數量上應該都是「合理的」數目，但總有一些使用者可能標註了很大數量的儲存庫，遠遠超出了統計的規範，而且會造成 graph 圖中出現大量不成比例的節點與連線。之前曾提過，擁有極大數量連線的節點（很大程度上算是一個異常節點）經常被稱為「**超級節點**」（*supernode*）。我們通常不會想要使用具有超級節點的 graph 圖（尤其是保存在記憶體中的 graph 圖，例如 NetworkX 所實作的 graph 圖）來進行模型化的工作，因為它不但會讓迭代操作與其他分析過程變複雜，而且在最糟的情況下，甚至有可能導致記憶體不足的錯誤。你可以根據自己的特定情況和目標，判斷是否要把超級節點放入你的 graph 圖中。

如果想要避免讓範例 8-12 把超級節點放進 graph 圖中，我們所採用的合理做法，就是簡單針對使用者限制一下儲存庫的數量。在這個特殊的範例中，我們會把所要考慮的儲存庫數量限制在一個彎高的數字（500）之內，先用 get_starred()[:500] 把超出的部分切掉，再送進 for 迴圈進行迭代操作。反過來說，如果我們想找出超級節點，只需要查詢一下 graph 圖，找出其中具有大量往外連線的節點，這樣就可以找到超級節點了。

 如果你持續在 graph 圖中添加資料，Python（包括 Jupyter Notebook 伺服器核心）所需的記憶體也會隨之增加。萬一你建立的 graph 圖實在太大，造成作業系統無法正常運行，核心管理程序可能就會終止掉造成問題的 Python 程序。

包含其他儲存庫的 graph 圖建立好之後，我們就可以開始在 graph 圖中進行查詢，得出一些真正有趣的東西了。除了計算出一些簡單的統計數字、瞭解 graph 圖的整體大小之外，現在我們也可以詢問並回答許多的問題 —— 舉例來說，針對那些擁有最多個「受關注儲存庫」的使用者，如果可以更仔細進行觀察，應該也彎有趣的。或許最緊迫的問

題之一就是，除了興趣圖譜中最原始的那個儲存庫之外，現在的 graph 圖裡最受歡迎的是哪一個儲存庫。範例 8-13 所提供的範例程式碼，就可以回答這個問題，並為進一步的分析提供了一個起點。

 只要調用 PyGithub 的 get_starred API（這是一個把 GitHub 的「列出已標註星號的儲存庫列表」（*http://bit.ly/1a1oc8X*）*API* 打包起來的包裝函式），就會送回好幾個其他有用的屬性，而你在隨後的實驗中，很可能會運用到這些屬性。請務必重新檢視一下 API 文件，以免在進行探索時錯過任何可能有用的東西。

範例 8-13：運用額外的已標註星號儲存庫，對 *graph* 圖進行更新之後，再對這個新的 *graph* 圖進行探索

```
# 隨意探索一下：各種取得使用者 / 儲存庫的方法
from operator import itemgetter

print(nx.info(g))
print()

# 取得 graph 圖中的儲存庫列表

repos = [n for n in g.nodes_iter() if g.node[n]['type'] == 'repo']

# 最受歡迎的儲存庫

print("Popular repositories")
print(sorted([(n,d)
              for (n,d) in g.in_degree_iter()
                  if g.node[n]['type'] == 'repo'],
             key=itemgetter(1), reverse=True)[:10])
print()

# 某個使用者所「凝視」的專案

print("Respositories that ptwobrussell has bookmarked")
print([(n,g.node[n]['lang'])
       for n in g['ptwobrussell(user)']
           if g['ptwobrussell(user)'][n]['type'] == 'gazes'])
print()

# 每個使用者相應的程式語言
```

```
print("Programming languages ptwobrussell is interested in")
print(list(set([g.node[n]['lang']
                for n in g['ptwobrussell(user)']
                    if g['ptwobrussell(user)'][n]['type'] == 'gazes'])))
print()

# 找出 graph 圖中的超節點；
# 其方法是觀察節點是否具有很高數量的往外連線

print("Supernode candidates")
print(sorted([(n, len(g.out_edges(n)))
              for n in g.nodes_iter()
                  if g.node[n]['type'] == 'user' and len(g.out_edges(n)) > 500],
            key=itemgetter(1), reverse=True))
```

輸出範例如下：

```
Name:
Type: DiGraph
Number of nodes: 106643
Number of edges: 383807
Average in degree:   3.5990
Average out degree:    3.5990

Popular repositories
[('Mining-the-Social-Web(repo)', 1116),
 ('bootstrap(repo)', 246),
 ('d3(repo)', 224),
 ('tensorflow(repo)', 204),
 ('dotfiles(repo)', 196),
 ('free-programming-books(repo)', 179),
 ('Mining-the-Social-Web-2nd-Edition(repo)', 147),
 ('requests(repo)', 138),
 ('storm(repo)', 137),
 ('Probabilistic-Programming-and-Bayesian-Methods-for-Hackers(repo)', 136)]

Respositories that ptwobrussell has bookmarked
[('Mining-the-Social-Web(repo)', 'JavaScript'),
 ('re2(repo)', 'C++'),
 ('google-cloud-python(repo)', 'Python'),
 ('CNTK(repo)', 'C++'),
 ('django-s3direct(repo)', 'Python'),
 ('medium-editor-insert-plugin(repo)', 'JavaScript'),
 ('django-ckeditor(repo)', 'JavaScript'),
 ('rq(repo)', 'Python'),
 ('x-editable(repo)', 'JavaScript'),
```

```
    ...
]

Programming languages ptwobrussell is interested in
['Python', 'HTML', 'JavaScript', 'Ruby', 'CSS', 'Common Lisp',
    'CoffeeScript', 'Objective-C', 'PostScript', 'Jupyter
    Notebook', 'Perl', 'C#', 'C', 'C++', 'Lua', 'Java', None, 'Go',
    'Shell', 'Clojure']

Supernode candidates
[('angusshire(user)', 1004),
 ('VagrantStory(user)', 618),
 ('beali(user)', 605),
 ('trietptm(user)', 586),
 ('rohithadassanayake(user)', 579),
 ('zmughal(user)', 556),
 ('LJ001(user)', 556),
 ('JT5D(user)', 554),
 ('kcnickerson(user)', 549),
 ...
]
```

從最初的觀察結果來看，新的 graph 圖連線數量比之前 graph 圖的連線數量高了三個數量級，而節點數量更是遠遠超過一個數量級。複雜的網路動態，可以讓分析開始變得更有趣。但是，複雜的網路動態也就表示，NetworkX 必須耗費不少的時間，才能計算出 graph 圖的整體統計數字。請注意，就算 graph 圖保存在記憶體之中，也不表示所有計算一定都會很快。在這樣的情況下，如果能多瞭解一些基本計算相關原理，應該會有一些幫助。

計算相關注意事項

 以下這段簡短的內容，包含了一些比較進階的討論，其中主要說明的是在運行 graph 圖演算法時，所牽涉到的一些數學複雜度。我們很鼓勵你好好閱讀這段內容，但如果你是第一次閱讀本章，也可以選擇先暫時跳過，稍後再回來重新閱讀。

以這裡所計算的三種中心度來說，我們知道度數中心度的計算相對簡單，而且計算起來應該也很快，每個節點都只要走過一次，就可以計算出往內連線的數量。不過，居間中心度和緊密中心度的計算，都會牽涉到最小生成樹（minimum spanning tree；*http://bit.ly/1a1omgr*）的計算。NetworkX 相應的最小生成樹演算法（*http://bit.ly/2DdURBx*）實作的是 Kruskal 演算法（*http://bit.ly/1a1on3X*），這個演算法在資訊科學教育中屬於很重要的一種演算法。以執行階段的複雜度來說，它的數量級為 $O（E\ log\ E）$，其中 E 代表的是 graph 圖中的連線數量。這種複雜度的演算法，通常已經可以算是很有效率的做法，但是 100,000 * log（*100,000*）還是相當於一百萬次的操作，所以如果要進行完整分析，可能還是需要一些時間。

如果想讓網路演算法在合理的時間內執行完成，「刪除超級節點」這個動作就顯得十分重要；另外，只針對特定目的把有興趣的子圖（*http://bit.ly/2IzO1DQ*）提取出來進行探索，再針對這個比較小的範圍進行更全面的分析，也是一種可以考慮的選擇性做法。舉例來說，你可以先根據某些篩選條件（例如跟隨者的數量）從 graph 圖中剔除掉一些使用者，因為如果要判斷使用者對於整個網路的重要性，這種做法確實可以提供一種不錯的基礎。你或許也可以考慮針對儲存庫的觀星者數量，設一個最低的門檻值，以篩選掉一些比較沒有人標註星號的儲存庫。

在分析大型 graph 圖時，建議你每次只檢查一種中心度，以便能夠更快對結果進行迭代操作。若想在在合理的時間內執行完成，先刪除掉 graph 圖中的超級節點也很關鍵，因為超級節點對於網路演算法的相關計算會有極大的影響。如果 graph 圖實在非常大，或許增加虛擬機的可用記憶體也是一種不錯的做法。

8.4.4 以節點為中心，進行更有效的查詢

我們想考慮的另一個資料特徵，就是針對使用者所採用的程式語言，觀察其受歡迎的程度。使用者有可能是因為本來就會某種程式語言，或是至少有點興趣，所以才對這種程式語言所實作出來的專案標註了星號。雖然我們已經擁有一些資料與工具，可以用現有的 graph 圖來分析使用者與流行的程式語言，但目前的資料架構其實還存在著一些問題。由於在目前的模型中，程式語言只是儲存庫的一種屬性，因此必須掃描所有儲存庫節點，再透過這個屬性對資料進行提取或篩選，才能夠回答一些重要的問題。

舉例來說，如果在目前的資料結構中，我們想知道某個使用者會使用哪些程式語言，就必須先找出使用者標註星號的所有儲存庫，一一提取出 lang 屬性，然後再計算出相應的頻率分佈。這好像並不是很麻煩，但如果我們想知道的是，究竟有多少使用者使用某一種特定的程式語言，又該怎麼做呢？雖然我們還是可以使用現有的資料結構來計算出答案，但過程必須掃描每個儲存庫節點，然後把所有往內連結的連線數量計算出來。不過，只要稍微修改一下 graph 圖的資料結構，回答這個問題可能就會變得像在 graph 圖中存取單一節點一樣簡單。相應修改牽涉到的做法，就是必須針對每一種程式語言，在

graph 圖中建立一個相應的節點，然後從所有使用該語言的「使用者」節點往「程式語言」節點拉一條往內連線，並從「程式語言」節點往使用該語言進行實作的「儲存庫」節點拉一條往外連線。

圖 8-6 顯示的就是我們最後的 graph 圖架構，其中加入了程式語言節點，還有程式語言與使用者、儲存庫之間的各種連線。這個架構修改總體上的效果是，我們把原本隱含在節點中的屬性，在 graph 圖中改用一種明顯的關係來表示。就完整性的角度來看，其實並沒有添加新的資料，但對於某些查詢來說，現在這樣就可以更有效計算出我們想要的結果了。這種修改 graph 圖資料結構的做法雖然很簡單，但是可以建構的 graph 圖範圍卻很廣，建構起來也很容易，而且可以從 graph 圖中挖掘出更多有價值的資訊。

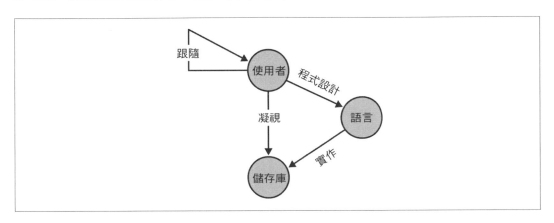

圖 8-6：由 GitHub 使用者、儲存庫和程式語言節點所組成的 graph 圖架構

範例 8-14 提供了一些範例程式碼，可修改 graph 圖的資料結構，得出最後的 graph 圖。因為要構建新節點和新連線所需的訊息，全都已經存在於現有的 graph 圖中（因為程式語言本來就儲存在儲存庫節點的屬性中），所以並不需要對 GitHub API 發送其他的請求。

在 graph 圖中針對程式語言建立相對應的單一節點，而不是用節點中的屬性來表示，其優點就是可以讓單一節點成為整合資料時很自然的一個聚焦點。整合資料時如果有一個聚焦點，就可以大大簡化許多查詢（例如想在 graph 圖中，找出使用同一種程式語言的使用者，所構成的最大一個集團）。舉例來說，如果想要針對彼此跟隨且使用特定程式語言的使用者，找出其中人數最多的一群人所構成的集團（clique），只要使用 NetworkX 的集團偵測演算法（clique detection algorithm；*http://bit.ly/2GDgBI6*），就可以進行更有效的計算，因為每次都只需要針對與特定程式語言有連線的同一群使用者，這樣一來就可以很有效限縮搜尋的範圍。

範例 8-14：修改一下 *graph* 圖，把程式語言節點包含進來

```
# 針對所有儲存庫進行迭代處理，針對每一個觀星者
# 添加程式語言的連線。我們也會把連線拉回儲存庫，如此一來
# 我們就可以得到一個很好的支點，輕鬆進行其他操作。

repos = [n
         for n in g.nodes_iter()
             if g.node[n]['type'] == 'repo']

for repo in repos:
    lang = (g.node[repo]['lang'] or "") + "(lang)"

    stargazers = [u
                   for (u, r, d) in g.in_edges_iter(repo, data=True)
                       if d['type'] == 'gazes'
                  ]

    for sg in stargazers:
        g.add_node(lang, type='lang')
        g.add_edge(sg, lang, type='programs')
        g.add_edge(lang, repo, type='implements')
```

我們最後的 graph 圖資料結構，有能力回答各式各樣的問題。目前看來可進行調查的問題包括：

- 特定使用者使用的是哪些程式語言？

- 有多少使用者會使用特定的程式語言？

- 有哪些使用者會使用多種程式語言（例如 Python 和 JavaScript）？

- 哪一個程式設計師通曉（使用）最多種程式語言？

- 是否有某些特定語言之間，存在比較高的相關性？（舉例來說，假設我們知道有個程式設計師會用 Python 寫程式，那麼根據 graph 圖中的資料，這個程式設計師有沒有可能也會用 JavaScript 或 Go 來寫程式？）

範例 8-15 提供了一些範例程式碼，可用來回答大多數此類的問題，或是做為其他類似問題的良好起點。

範例 *8-15*：針對最後的 *graph* 圖進行查詢的範例

```
# 一些統計數字

print(nx.info(g))
print()


# graph 圖中有哪些程式語言？

print([n
        for n in g.nodes_iter()
            if g.node[n]['type'] == 'lang'])
print()

# 使用者都是用什麼程式語言來寫程式？
print([n
        for n in g['ptwobrussell(user)']
            if g['ptwobrussell(user)'][n]['type'] == 'programs'])

print()

# 最受歡迎的程式語言是哪一個？
print("Most popular languages")
print(sorted([(n, g.in_degree(n))
 for n in g.nodes_iter()
     if g.node[n]['type'] == 'lang'], key=itemgetter(1), reverse=True)[:10])
print()

# 有多少使用者採用特定的程式語言來寫程式？
python_programmers = [u
                       for (u, l) in g.in_edges_iter('Python(lang)')
                           if g.node[u]['type'] == 'user']
print("Number of Python programmers:", len(python_programmers))
print()

javascript_programmers = [u for
                            (u, l) in g.in_edges_iter('JavaScript(lang)')
                                if g.node[u]['type'] == 'user']
print("Number of JavaScript programmers:", len(javascript_programmers))
print()

# 哪些使用者同時使用 Python 和 JavaScript 來寫程式？
print("Number of programmers who use JavaScript and Python")
print(len(set(python_programmers).intersection(set(javascript_programmers))))

# 使用 JavaScript 但不使用 Python 的程式設計者
```

```
print("Number of programmers who use JavaScript but not Python")
print(len(set(javascript_programmers).difference(set(python_programmers))))
```

你能否判斷誰是通曉最多語言的程式設計者？

輸出範例如下：

```
Name:
Type: DiGraph
Number of nodes: 106643
Number of edges: 383807
Average in degree:    3.5990
Average out degree:    3.5990


['JavaScript(lang)', 'Python(lang)', '(lang)', 'Shell(lang)', 'Go(lang)',
 'C++(lang)','HTML(lang)', 'Scala(lang)', 'Objective-C(lang)',
 'TypeScript(lang)', 'Java(lang)', 'C(lang)', 'Jupyter Notebook(lang)',
 'CSS(lang)', 'Ruby(lang)', 'C#(lang)', 'Groovy(lang)', 'XSLT(lang)',
 'Eagle(lang)', 'PostScript(lang)', 'R(lang)', 'PHP(lang)', 'Erlang(lang)',
 'Elixir(lang)', 'CoffeeScript(lang)', 'Matlab(lang)', 'TeX(lang)',
 'VimL(lang)', 'Haskell(lang)', 'Clojure(lang)', 'Makefile(lang)',
 'Emacs Lisp(lang)', 'OCaml(lang)', 'Perl(lang)', 'Swift(lang)', 'Lua(lang)',
 'COBOL(lang)', 'Batchfile(lang)', 'Visual Basic(lang)',
 'Protocol Buffer(lang)', 'Assembly(lang)', 'Arduino(lang)', 'Cuda(lang)',
 'Ada(lang)', 'Rust(lang)', 'HCL(lang)', 'Common Lisp(lang)',
 'Objective-C++(lang)', 'GLSL(lang)', 'D(lang)', 'Dart(lang)',
 'Standard ML(lang)', 'Vim script(lang)', 'Coq(lang)', 'FORTRAN(lang)',
 'Julia(lang)', 'OpenSCAD(lang)', 'Kotlin(lang)', 'Pascal(lang)',
 'Logos(lang)', 'Lean(lang)', 'Vue(lang)', 'Elm(lang)', 'Crystal(lang)',
 'PowerShell(lang)', 'AppleScript(lang)', 'Scheme(lang)', 'Smarty(lang)',
 'PLpgSQL(lang)', 'Groff(lang)', 'Lex(lang)', 'Cirru(lang)',
 'Mathematica(lang)', 'BitBake(lang)', 'Fortran(lang)',
 'DIGITAL Command Language(lang)', 'ActionScript(lang)', 'Smalltalk(lang)',
 'Bro(lang)', 'Racket(lang)', 'Frege(lang)', 'POV-Ray SDL(lang)', 'M(lang)',
 'Puppet(lang)', 'GAP(lang)', 'VHDL(lang)', 'Gherkin(lang)',
 'Objective-J(lang)', 'Roff(lang)', 'VCL(lang)', 'Hack(lang)',
 'MoonScript(lang)', 'Tcl(lang)', 'CMake(lang)', 'Yacc(lang)', 'Vala(lang)',
 'ApacheConf(lang)', 'PigLatin(lang)', 'SMT(lang)',
 'GCC Machine Description(lang)', 'F#(lang)', 'QML(lang)', 'Monkey(lang)',
 'Processing(lang)', 'Parrot(lang)', 'Nix(lang)', 'Nginx(lang)',
 'Nimrod(lang)', 'SQLPL(lang)', 'Web Ontology Language(lang)', 'Nu(lang)',
 'Arc(lang)', 'Rascal(lang)', "Cap'n Proto(lang)", 'Gosu(lang)', 'NSIS(lang)',
 'MTML(lang)', 'ColdFusion(lang)', 'LiveScript(lang)', 'Hy(lang)',
 'OpenEdge ABL(lang)', 'KiCad(lang)', 'Perl6(lang)', 'Prolog(lang)',
 'XQuery(lang)', 'AutoIt(lang)', 'LOLCODE(lang)', 'Verilog(lang)',
 'NewLisp(lang)', 'Cucumber(lang)', 'PureScript(lang)', 'Awk(lang)',
```

```
'RAML(lang)', 'Haxe(lang)', 'Thrift(lang)', 'XML(lang)', 'SaltStack(lang)',
'Pure Data(lang)', 'SuperCollider(lang)', 'HaXe(lang)',
'Ragel in Ruby Host(lang)', 'API Blueprint(lang)', 'Squirrel(lang)',
'Red(lang)', 'NetLogo(lang)', 'Factor(lang)', 'CartoCSS(lang)', 'Rebol(lang)',
'REALbasic(lang)', 'Max(lang)', 'ChucK(lang)', 'AutoHotkey(lang)',
'Apex(lang)', 'ASP(lang)', 'Stata(lang)', 'nesC(lang)',
'Gettext Catalog(lang)', 'Modelica(lang)', 'Augeas(lang)', 'Inform 7(lang)',
'APL(lang)', 'LilyPond(lang)', 'Terra(lang)', 'IDL(lang)', 'Brainfuck(lang)',
'Idris(lang)', 'AspectJ(lang)', 'Opa(lang)', 'Nim(lang)', 'SQL(lang)',
'Ragel(lang)', 'M4(lang)', 'Grammatical Framework(lang)', 'Nemerle(lang)',
'AGS Script(lang)', 'MQL4(lang)', 'Smali(lang)', 'Pony(lang)', 'ANTLR(lang)',
'Handlebars(lang)', 'PLSQL(lang)', 'SAS(lang)', 'FreeMarker(lang)',
'Fancy(lang)', 'DM(lang)', 'Agda(lang)', 'Io(lang)', 'Limbo(lang)',
'Liquid(lang)', 'Gnuplot(lang)', 'Xtend(lang)', 'LLVM(lang)',
'BlitzBasic(lang)', 'TLA(lang)', 'Metal(lang)', 'Inno Setup(lang)',
'Diff(lang)', 'SRecode Template(lang)', 'Forth(lang)', 'SQF(lang)',
'PureBasic(lang)', 'Mirah(lang)', 'Bison(lang)', 'Oz(lang)',
'Game Maker Language(lang)', 'ABAP(lang)', 'Isabelle(lang)', 'AMPL(lang)',
'E(lang)', 'Ceylon(lang)', 'WebIDL(lang)', 'GDScript(lang)', 'Stan(lang)',
'Eiffel(lang)', 'Mercury(lang)', 'Delphi(lang)', 'Brightscript(lang)',
'Propeller Spin(lang)', 'Self(lang)', 'HLSL(lang)']

['JavaScript(lang)', 'C++(lang)', 'Java(lang)', 'PostScript(lang)',
'Python(lang)', 'HTML(lang)', 'Ruby(lang)', 'Go(lang)', 'C(lang)', '(lang)',
'Objective-C(lang)', 'Jupyter Notebook(lang)', 'CSS(lang)', 'Shell(lang)',
'Clojure(lang)', 'CoffeeScript(lang)', 'Lua(lang)', 'Perl(lang)',
'C#(lang)', 'Common Lisp(lang)']

Most popular languages
[('JavaScript(lang)', 1115), ('Python(lang)', 1013), ('(lang)', 978),
('Java(lang)', 890), ('HTML(lang)', 873), ('Ruby(lang)', 870),
('C++(lang)', 866), ('C(lang)', 841), ('Shell(lang)', 764),
('CSS(lang)', 762)]

Number of Python programmers: 1013

Number of JavaScript programmers: 1115

Number of programmers who use JavaScript and Python
1013
Number of programmers who use JavaScript but not Python
102
```

雖然 graph 圖資料結構的概念很簡單，但由於增加了程式語言的節點，因此連線的數量增加了將近 50％！我們從查詢範例的輸出中可以看到，使用者所使用的程式語言種類非常多，其中排名最前面的是 JavaScript 和 Python。我們一開始感興趣的原始儲存庫，其程式碼主要是用 Python 寫的，因此 JavaScript 成為這些使用者最受歡迎的另一種程式語言，就表示這些使用者應該大多是 Web 網路的開發者。當然，也有可能是因為 JavaScript 本身就是一種很流行的程式語言，而且 Python 經常被用來做為伺服器端的程式語言，JavaScript 則經常被用來做為客戶端的程式語言，因此這兩種語言之間經常存在高度的相關性。（lang）之所以成為第三大流行語言，是因為 GitHub 無法確認所使用的程式語言，這種情況共有 642 個儲存庫，而這些儲存庫的數量全部合在一起，就形成了這樣的一大類別。

這個 graph 圖可以說明許多人對於其他使用者、各種儲存庫專案、各種程式語言的興趣，若能好好進行分析，其中應該還有非常多的可能性。無論你選擇進行何種分析，都應仔細考慮問題的本質，然後只要從 graph 圖中提取出相關的資料（可以運用 networkx. Graph.subgraph 方法提取出一些節點，也可以根據類型或頻率門檻值篩選出一些節點），再針對這些資料進行仔細的分析。

 由於使用者與程式語言之間的關係具有一些特質，若能針對使用者與程式語言進行雙邊分析（bipartite analysis；*http://bit.ly/1a1oooP*），應該會得到一些蠻有價值的結果。雙邊圖（bipartite graph）指的是兩組頂點，在同組內互不相連，與不同組的頂點則以連線相連。你只要從 graph 圖中剔除掉儲存庫節點，就可以輕鬆得到這樣的結果，而且可以大大提高 graph 圖整體性統計數字的計算效率（因為連線數量會減少 100,000 多條）。

8.4.5 以視覺化方式呈現興趣圖譜

雖然以視覺化方式來呈現 graph 圖應該很令人期待，而且有圖有真相、一圖抵千言，但請務必留意的是，並非所有 graph 圖都很容易用視覺化方式呈現。不過只要稍加思考，通常就可以提取出一個比較容易用視覺化方式呈現的子圖，好讓你對於所要解決的問題，獲得一定的直覺或見解。從本章的內容就可以知道，graph 圖只不過是一種資料結構，並沒有很明確的視覺化呈現做法。為了能夠以視覺化的方式呈現 graph 圖，我們必須應用一種特殊類型的「**佈局（*layout*）演算法**」，把節點與連線對應到二維或三維空間中，以達到視覺化呈現的效果。

我們會堅持使用本書的核心工具套件，靠著 NetworkX 匯出 JSON 的能力，再利用 JavaScript 的 D3（*http://bit.ly/1a1kGvo*）工具套件來進行視覺化呈現，不過如果要以視覺化方式呈現 graph 圖，你也可以考慮許多其他的工具套件。Graphviz（*http://bit.ly/1a1ooVG*）就是一個高度可配置且相當經典的工具，可以把非常複雜的 graph 圖轉換成 bmp 圖片。它傳統的用法與其他指令行工具很類似，可以直接在 terminal 終端中使用，不過它現在也針對大多數的平台，提供了相應的使用者界面。另一個選擇是 Gephi（*http://bit.ly/1a1opc5*），它是另一個很受歡迎的開放原始碼專案，提供了強大且具互動性的做法。在過去的幾年中，Gephi 迅速普及，因此它確實是一個非常值得考慮的選擇。

範例 8-16 顯示了一個範本，針對 graph 圖中有對原始儲存庫（Mining-the-Social-Web）標註星號的使用者，以及他們之間的「跟隨」連結，提取出一個子圖。這裡先根據共同的興趣，從 graph 圖中提取出一些使用者，然後再以視覺化的方式，把他們之間的「跟隨」連線呈現出來。請記住，本章所構建的整個 graph 圖非常龐大，其中包含好幾萬個節點和好幾十萬條連線，因此你需要花點時間才能獲得更好的理解，以便能夠運用 Gephi 這類的工具，做出合理的視覺化呈現效果。

範例 8-16：以視覺化方式呈現原始興趣圖譜的社群網路 graph 圖

```
import os
import json
from IPython.display import IFrame
from IPython.core.display import display
from networkx.readwrite import json_graph

print("Stats on the full graph")
print(nx.info(g))
print()

# 收集一些節點，以建立一個子圖。在這個例子中，收集的是
# 原始興趣圖譜中所有的使用者

mtsw_users = [n for n in g if g.node[n]['type'] == 'user']
h = g.subgraph(mtsw_users)

print("Stats on the extracted subgraph")
print(nx.info(h))

# 把原始興趣圖譜中所有人的社群網路，以視覺化的方式呈現出來
```

```
d = json_graph.node_link_data(h)
json.dump(d, open('force.json', 'w'))


# Jupyter Notebook 可以提供檔案，把結果顯示在
# 行內架構中。以 'files' 做為前綴文字，加到路徑的前面。

# 顯示 graph 圖資料的一個 D3 樣板
viz_file = 'force.html'

# 顯示 D3 視覺化呈現的結果

display(IFrame(viz_file, '100%', '500px'))
```

圖 60 顯示的是執行此範例程式碼所得到的結果範例。

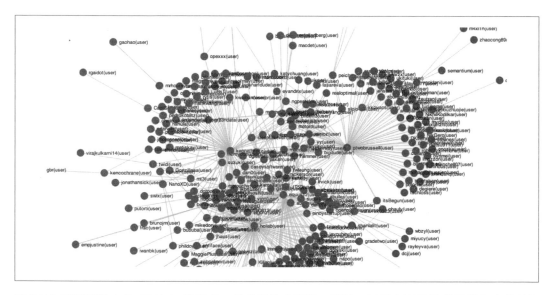

圖 8-7： 興趣圖譜中的 GitHub 使用者，彼此間的「跟隨」連線，以具有互動性的視覺化方式所呈現的結果 —— 各位可以留意一下這裡的視覺化呈現結果，與本章之前所介紹的各種中心度，有沒有相對應的關係

8.5 結語

雖然本書前幾章介紹過各式各樣的 graph 圖，但本章進行了一些更具有實質性的介紹，把它用來做為一種具有彈性的資料結構，針對 GitHub 使用者以及他們對於軟體專案儲存庫、程式語言的共同興趣，藉此方式來表達這些關係所構成的網路。如果想從 Github 這個全球最廣泛使用的公開社群網路資源中，挖掘出引人入勝卻經常被忽視的社群網路資料，GitHub 本身和 NetworkX 豐富又好用的 API 可說是相當好的組合。興趣圖譜並不是一個全新的概念，但它在社群網站的應用，確實是一個相當新的進展，隱含著相當令人興奮的可能性。廣告商運用興趣圖譜（或類似的方式）更有效放置廣告的做法，早已存在一段時間，如今企業家和軟體開發者們也在運用興趣圖譜，希望能更有效找出使用者的興趣並提出明智的建議，以強化產品與使用者的相關性。

就像本書其他大多數章節一樣，本章只是針對 graph 圖模型化、興趣圖譜、GitHub API，以及一些你能用這些技術所做的事情，做了一些入門的介紹。你可以把本章的 graph 圖模型化技術，輕鬆應用到其他社群網站（例如 Twitter 或 Facebook），並取得引人注目的分析結果，而其他形式的分析方法，也可以運用到 GitHub API 所取得的豐富資料上。其中潛在的可能性，顯然是無可限量。我們最希望的是，你在完成本章的練習之後感到很受用，並且真正學習到一些新知識，讓你在未來的社群網站探勘之旅中，隨時都可以派上用場。

 本章與其他各章的程式碼都以方便的 Jupyter Notebook 格式存放在 GitHub（*http://bit.ly/Mining-the-Social-Web-3E*），強烈建議你自己抓下來玩玩看。

8.6 推薦練習

* 使用其他儲存庫做為起點，重複本章的練習。相較於你的實驗結果，本章所發現的情況是否大體上都是正確的，還是在某些特定方面有所不同？

* GitHub 曾發佈過一些關於程式語言之間相關性（*http://bit.ly/1a1or3Y*）的資料。請重新瀏覽並探索一下這些資料。相較於你從 GitHub API 所收集到的資料，其結果有什麼不同之處嗎？

- NetworkX 提供了相當豐富的一組 graph 圖遍歷演算法（graph traversal algorithms；*http://bit.ly/2GYXBDn*）。請仔細查看相應的文件，並選擇其中幾種演算法，找些資料試著執行看看。各種中心度演算法、集團（cliques）演算法和雙邊（bipartite）演算法，或許都是可以啟發靈感的良好起點。你能否計算出 graph 圖中人數最多的使用者集團呢？擁有共同興趣（例如使用特定程式語言）的使用者集團中，人數最多的是哪一個集團呢？

- GitHub Archive（Github 封存資料；*http://bit.ly/1a1orAK*）針對全球範圍內的 GitHub 活動，提供了大量的資料。你可以嘗試運用一些廣受推薦的「大數據」工具，對這些資料進行一些調查。

- 針對兩個類似的 GitHub 專案，比較一下其中的一些資料點。比如 Mining-the-Social-Web 和 Mining-the-Social-Web-2nd Edition 這兩個專案之間，存在著千絲萬縷的聯繫，因此可做為這方面分析很合適的一個起點。誰在其中一個標註星號或做了 fork（分叉），卻未在另一個進行同樣的動作？兩個興趣圖譜比較起來有何不同？對於這兩個版本都有興趣的所有使用者，你能否構建出相應的興趣圖譜，並做出一些分析？

- 運用一種相似度的衡量方式（例如 Jaccard 相似度；詳情請參見第四章），根據標註星號的儲存庫、共同的程式語言，或是任何你能在 GitHub API 中找到的特徵，計算出 GitHub 中任兩個使用者的相似度。

- 如果給你一群使用者和一堆興趣，你能否設計出一種演算法，針對不同使用者推薦適合的興趣？你可以考慮修改一下「TF-IDF 超酷炫簡介」裡的程式碼，以餘弦相似度做為預測相關性的方法。

- 運用直方圖來深入瞭解興趣圖譜的各個面向，例如各種程式語言受歡迎的程度。

- 探索一下 Graphviz 或 Gephi 這類的 graph 圖視覺化工具，製作出各種不同的 graph 圖來進行目視檢查。

- 探索一下 Friendster social network and ground-truth communities（Friendster 社群網路與真實社群；*http://stanford.io/1a1orRr*）資料集，並使用 NetworkX 演算法進行分析。

8.7 線上資源

本章以下的幾個連結列表，可能對你有點用處：

- 雙邊圖（bipartite graph；*http://bit.ly/1a1oooP*）
- 中心度（centrality）的各種衡量方式（*http://bit.ly/1a1osEM*）
- 「針對指令行建立個人 access token」（*http://bit.ly/1a1o7lG*）
- D3.js（*http://bit.ly/1a1kGvo*）
- Friendster social network and ground-truth communities（Friendster 社群網路與真實社群；*http://stanford.io/1a1orRr*）
- Gephi（*http://bit.ly/1a1opc5*）
- GitHub 封存資料（GitHub Archive；*http://bit.ly/1a1orAK*）
- GitHub 開發者（*http://bit.ly/1a1o49k*）
- 分頁相關的 GitHub 開發者文件（*http://bit.ly/1a1o9Ki*）
- 速度限制相關的 GitHub 開發者文件（*http://bit.ly/1a1oblo*）
- gitscm.com（Git 線上書；*http://bit.ly/1a1o2hZ*）
- 「Graph 圖形理論 —— 簡介！」YouTube 影片（*http://bit.ly/1a1odto*）
- Graphviz（*http://bit.ly/1a1ooVG*）
- Hypergraph（*http://bit.ly/1a1ocWm*）
- 興趣圖譜（*http://bit.ly/1a1o3Cu*）
- Krackhardt 風箏圖（*http://bit.ly/1a1oixa*）
- Kruskal 演算法（*http://bit.ly/1a1on3X*）
- 最小生成樹（MST，Minimum Spanning Tree；*http://bit.ly/1a1omgr*）
- NetworkX（*http://bit.ly/1a1ocFV*）
- NetworkX graph 圖遍歷演算法（*http://bit.ly/2GYXBDn*）
- PyGithub GitHub 儲存庫（*http://bit.ly/1a1o7Ca*）

## 第二部分

Twitter 問答集

本書第一部分提供了許多關於社群網站資源相當廣泛的概述，接下來的章節又會回到我們在第一部分一開始就介紹的 Twitter。這裡是以一問一答的方式呈現，針對如何挖掘 Twitter 資料的各個面向，提供了各種實用的問答。Twitter 的 API 相當容易使用，天生就具有開放性，而且在全球範圍內廣泛流行，因此是一個很值得仔細研究的理想社群網站，不過本書這一部分的內容，主要目的是建立一些高度可組合的基本構建元素，以滿足各種不同的需求。我們的重點會放在一些可適用到其他社群網站的常見小問題上。就像任何其他技術手冊一樣，這些內容是以一種很容易瀏覽的問答形式呈現，而你在研究的過程中，一定會想到一些有趣的想法，然後就可以自己進行調整與修改。

強烈建議你盡可能善用這些問答；如果你也有自己的聰明問答，請考慮透過本書的 GitHub（*http://bit.ly/Mining-the-Social-Web-3E*）發出拉回請求（PR；pull request），或是在 Twitter 發佈推文（用 @SocialWebMining（*http://bit.ly/1a1kHzq*）提及或轉推），或是在《Mining the Social Web》的 Facebook 頁面（*http://on.fb.me/1a1kHPQ*）中貼文，與本書的社群共同分享這些問答。

## 第九章

Twitter 有問必答

本章主要是針對如何挖掘 Twitter 資料所收集的問答集。每個問答的設計都是為了解決特定的問題，而且盡可能簡單扼要，以便讓你以最少的精力，把多個問答組合成更複雜的解決之道。你可以把每個問答視為一塊積木，雖然本身就有點用處，但如果能與其他積木共同構建出更複雜的分析做法，應該更有用處。如果與前幾章相比，前幾章的理論內容遠多於程式碼，但本章所提供的理論相對較少，對程式碼會有比較多的討論。我們的想法是，你有可能會以各種不同方式使用這裡的程式碼，進行各種不同的操作，以實現自己的特定目標。

雖然大多數問答只會牽涉到如何發送出帶有參數的 API 調用，並把回應處理成比較方便的格式，不過有些問答甚至會更簡單（只牽涉到幾行程式碼），有些問答則會比較複雜一點。這個問答集的設計就是為了要介紹一些常見的問題，並提供相應的解決方案來給你一些協助。在某些情況下，你可能並不知道，其實只要幾行程式碼就能取得你所需的資料。這些程式碼的價值，就是可以讓你根據自己的目的，輕鬆應用到自己的程式碼中。

本章所有問答都需要用到 twitter 套件，你只要在 terminal 終端中輸入 **pip install twitter** 就可以用 **pip** 安裝此套件。如果個別問答需要依賴其他軟體套件，也會特別提醒。如果你使用的是本書的虛擬機（強烈建議使用），**twitter** 套件和所有其他軟體依賴套件都已經預先安裝好了。

正如你在第一章所看到的，Twitter 的 v1.1 API 要求所有請求都必須先進行身份驗證，因此這裡假設你已經先按照「9.1 開發階段存取 Twitter API 的方法」進行操作，或是根據「9.2 正式階段利用 OAuth 存取 Twitter API 的方法」，先取得身份驗證過的 API 連接工具（connector），以便能夠在每個問答中使用。

 請務必從 GitHub（*http://bit.ly/Mining-the-Social-Web-3E*）取得本章（及其他各章）的最新程式碼。另外也請充分利用本書在虛擬機方面的經驗（參見附錄 A），以最大程度享用本書的範例程式碼。

9.1 開發階段存取 Twitter API 的方法

9.1.1 問題

你想挖掘自己的帳號資料，或是想在開發階段以快捷的方式取得 API 存取權限。

9.1.2 解答

使用應用程式設定所提供的 twitter 套件和 OAuth 2.0 憑證，無需任何 HTTP 重定向，即可取得你自己帳號的 API 存取權限。

9.1.3 討論

Twitter 實作了 OAuth 2.0（*http://bit.ly/2IfXIYl*），這是一種特別設計的授權機制，可以讓使用者授予第三方存取其資料的權限，而不必把自己的使用者名稱與密碼透漏給其他人。你當然可以採用正式的做法，透過 Twitter 的 OAuth 實作讓使用者授權給你的應用程式，以便存取使用者的帳號，不過你也可以採用開發階段的做法，使用應用程式設定中的憑證來取得即時存取的權限，以挖掘你自己帳號中的資料。

請在你的 Twitter 帳號內註冊一個應用程式（*http://dev.twitter.com/apps*），然後把 consumer key、consumer secret、access token、access token secret 全部記下來，因為只要是採用 OAuth 2.0 的應用程式，都需要這四個憑證才能取得帳號存取權限。圖 9-1 提供的是一個 Twitter 應用程式設定畫面的螢幕截圖。有了這些憑證，你就可以使用任何 OAuth 2.0 函式庫來存取 Twitter 的 RESTful API（*http://bit.ly/1a1pDEq*），不過我們會選擇使用 twitter 套件，因為這個套件針對 Twitter 的 RESTful API 界面，提供了一些符合極簡主義與 Python 風格的 API 包裝函式。註冊你的應用程式時，並不需要指定 callback URL，因為我們已經有效繞過了整個 OAuth 流程，只使用憑證就可以立即存取 API。範例 9-1 示範的就是如何使用這些憑證來建立 API connector 連接器實例的做法。

範例 9-1：在開發階段存取 *Twitter* 的 *API*

```python
import twitter

def oauth_login():
    # 請到 http://twitter.com/apps/new 建立一個 app 應用程式，並取得
    # 下面這些憑證的值，然後放入相應的位置。下面這些變數
    # 只是一些佔位符（placeholder），必須替換成真正的憑證，程式碼才能正常運作。
    # 更多詳細資訊請參見 https://dev.twitter.com/docs/auth/oauth
    # 裡頭有許多關於 Twitter 的 OAuth 實作相關訊息。

    CONSUMER_KEY = ''
    CONSUMER_SECRET = ''
    OAUTH_TOKEN = ''
    OAUTH_TOKEN_SECRET = ''

    auth = twitter.oauth.OAuth(OAUTH_TOKEN, OAUTH_TOKEN_SECRET,
                               CONSUMER_KEY, CONSUMER_SECRET)

    twitter_api = twitter.Twitter(auth=auth)
    return twitter_api

# 使用範例
twitter_api = oauth_login()

# 這時候如果把 twitter_api 顯示出來，還看不到什麼具體的內容，
# 只能看到它是個已定義的變數。

print(twitter_api)
```

請記住，這些用來建立連接的「憑證」，實際上與「使用者名稱和密碼」具有相同的效果，因此請小心做好保護，而且在應用程式設定中，請務必根據實際需要指定最低的存取等級。如果只是想要挖掘自己帳號裡的資料，唯讀的存取權限就已經很足夠了。

從自己的帳號存取自己的資料雖然很方便，但如果你的目標是可存取其他人資料的客戶端程式，這種快捷的做法就沒有任何用處了。針對這種情況，你就必須執行完整的 OAuth 授權流程，詳情請參見「9.2 正式階段利用 OAuth 存取 Twitter API 的方法」。

9.2 正式階段利用 OAuth 存取 Twitter API 的方法

9.2.1 問題

你想透過 OAuth 讓你的應用程式可存取其他使用者的帳號資料。

9.2.2 解答

使用 twitter 套件實現「OAuth 授權流程」。

9.2.3 討論

twitter 套件提供了可進行 OAuth 身份認證的預設實作，可運用於一般的應用程式。這個實作走的是所謂「帶外」（oob；out of band）OAuth 流程，在這個流程中，應用程式（例如 Python 程式）並非透過瀏覽器執行，而是透過這四個憑證來安全地存取 API，而且這種做法可以讓你輕鬆存取特定使用者的帳號資料，整個流程就像是一個標準的「開箱即用」功能。不過，如果你想寫出一個能夠存取其他使用者帳號資料的 Web 應用程式，可能還需要稍微調整一下實作的方式。

在 Jupyter Notebook 內部實作 OAuth 授權流程，雖然並沒有太多實務上的理由（除非你在執行的是一個可供他人使用的 Jupyter Notebook 託管服務），不過這裡會使用 Flask 來做為內嵌式 Web 伺服器，以示範如何使用本書用到的一些相關工具。由於概念是相同的，因此你也可以輕易把它套用到你所選擇的任何 Web 應用程式框架之中。

圖 9-1 提供的是一個 Twitter 應用程式設定畫面的螢幕截圖。在 OAuth 2.0 的流程中，「9.1 開發階段存取 Twitter API 的方法」介紹過的 *consumer key* 和 *consumer secret*，在這裡可做為你應用程式身份的唯一認證。在請求存取使用者資料時，你會把這些值提供給 Twitter，如此一來 Twitter 隨後就會提示使用者，告訴他們接下來要做什麼。如果使用者正確授權給你的應用程式，接著 Twitter 就會進行重定向，回到你在應用程式設定中所指定的 callback URL，並且送回一個 OAuth 驗證程序（OAuth verifier），讓你可以

交換取得 *access token* 和 *access token secret*，再搭配 *consumer key* 和 *consumer secret* 一起使用，最後就可以讓你的應用程式存取到使用者帳號裡的資料。（如果是「帶外」 oob OAuth 流程，就不需要 callback URL；Twitter 會給使用者提供一個 PIN 碼，以做為 OAuth 驗證程序，只要以人工的方式把它複製 / 貼回應用程式中即可。）有關 OAuth 2.0 流程更多的詳細訊息，請參見附錄 B。

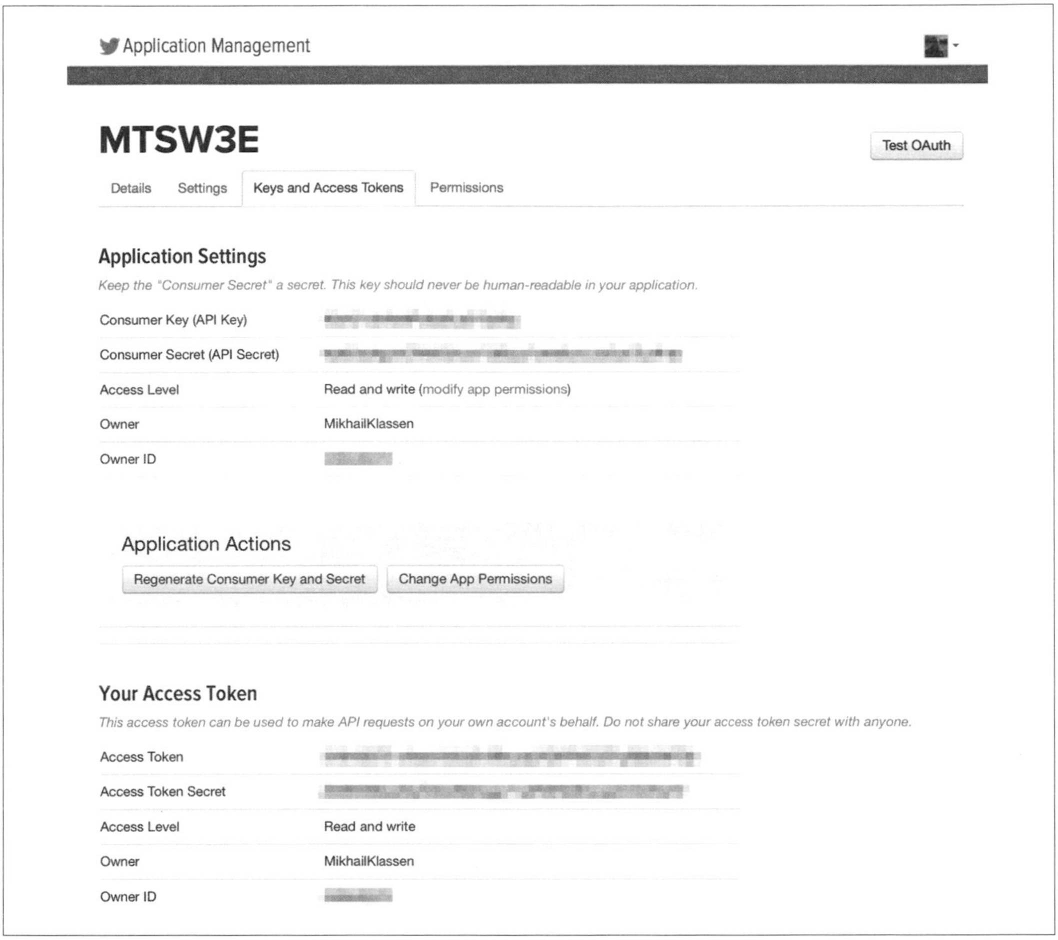

圖 9-1：Twitter 應用程式的 OAuth 設定範例

範例 9-2 說明的是如何透過 twitter 套件使用 consumer key 與 consumer secret 進行 OAuth 授權，以取得使用者資料的存取權限。access token 與 access token secret 會被寫入磁碟中，以簡化隨後的授權流程。根據 Twitter 開發者常見問答（*http://bit. ly/2Lzux3x*），目前 Twitter 並不會讓 access tokens 過期，這也就表示，只要你遵守應用程式服務條款（*http://twitter.com/en/tos*），就可以把憑證保存起來，並且可以無限期使用這些憑證，從事使用者相關的操作。

範例 9-2：在正式階段進行 *OAuth* 授權，以存取 *Twitter* 的 *API*

```
import json
from flask import Flask, request
import multiprocessing
from threading import Timer
from IPython.display import IFrame
from IPython.display import display
from IPython.display import Javascript as JS

import twitter
from twitter.oauth_dance import parse_oauth_tokens
from twitter.oauth import read_token_file, write_token_file

# 注意：這段程式碼其實就是 _AppendixB notebook 裡所呈現的流程

OAUTH_FILE = "resources/ch09-twittercookbook/twitter_oauth"

# 請到 http://twitter.com/apps/new 建立一個 app 應用程式，並取得
# 下面這些憑證的值，然後放入相應的位置。下面這些變數
# 只是一些佔位符（placeholder），必須替換成真正的憑證，程式碼才能正常運作。
# 參見 https://developer.twitter.com/en/docs/basics/authentication/overview/oauth
# 以取得更多關於 Twitter 的 OAuth 實作相關訊息。
# 如果你是使用這個 Jupyter Notebook 裡的 Flask，
# 一定要確認你的應用程式設定中，已設定好如下所示的 *oauth_callback*

# 定義一些變數，稍後在一些函式中
# 就會用到
CONSUMER_KEY = ''
CONSUMER_SECRET = ''
oauth_callback = 'http://127.0.0.1:5000/oauth_helper'

# 設定一個 callback handler，當 Twitter 重定向回來時就會用到
# （使用者在 app 中認證過身份之後，就會重定向回來）

webserver = Flask("TwitterOAuth")
```

```python
@webserver.route("/oauth_helper")
def oauth_helper():

    oauth_verifier = request.args.get('oauth_verifier')

    # 先取回之前在 ipynb_oauth_dance 備份的憑證
    oauth_token, oauth_token_secret = read_token_file(OAUTH_FILE)

    _twitter = twitter.Twitter(
        auth=twitter.OAuth(
            oauth_token, oauth_token_secret, CONSUMER_KEY, CONSUMER_SECRET),
        format='', api_version=None)

    oauth_token, oauth_token_secret = parse_oauth_tokens(
        _twitter.oauth.access_token(oauth_verifier=oauth_verifier))

    # 這個 web 伺服器只需要針對一次請求提供服務，所以現在可以關閉了
    shutdown_after_request = request.environ.get('werkzeug.server.shutdown')
    shutdown_after_request()

    # 寫入最終的憑證，隨後在 webserver.run() 後面的程式碼
    # 就可以從檔案中取得這些憑證
    write_token_file(OAUTH_FILE, oauth_token, oauth_token_secret)
    return "%s %s written to %s" % (oauth_token, oauth_token_secret, OAUTH_FILE)

# 如果要處理 Twitter 的 OAuth 1.0a 實作，我們只需要實作一個
# 自定義的 OAuth 授權流程，然後盡可能遵循
# twitter.oauth_dance 裡頭所定義的模式

def ipynb_oauth_dance():

    _twitter = twitter.Twitter(
        auth=twitter.OAuth('', '', CONSUMER_KEY, CONSUMER_SECRET),
        format='', api_version=None)

    oauth_token, oauth_token_secret = parse_oauth_tokens(
            _twitter.oauth.request_token(oauth_callback=oauth_callback))

    # 必須把這些中間值寫入檔案中，隨後 Twitter 根據 callback 的設定，
    # 重定向回到 /oauth_helper 時，web 伺服器就可以取得這些值。
    write_token_file(OAUTH_FILE, oauth_token, oauth_token_secret)

    oauth_url = ('http://api.twitter.com/oauth/authorize?oauth_token=' + oauth_token)

    # 運用瀏覽器存取 web 伺服器的原生功能，
```

```
    # 用一個新視窗來取得使用者授權
    display(JS("window.open('%s')" % oauth_url))

# webserver.run() 阻止了後續的調用之後，啟動 OAuth 授權流程
# 最後 Twitter 就會重定向回來，向 webserver 提出請求。這個請求一旦
# 被回應，web 伺服器就會關閉，然後就會回到原來的程式流程，
# 而此時 OAUTH_FILE 其中已經保存有所需的憑證了。
Timer(1, lambda: ipynb_oauth_dance()).start()

webserver.run(host='0.0.0.0')

# 從這個檔案讀取到的值，就是
# /oauth_helper 最後寫入的值
oauth_token, oauth_token_secret = read_token_file(OAUTH_FILE)

# 應用程式進行認證時，一定要用到這四個憑證
auth = twitter.oauth.OAuth(oauth_token, oauth_token_secret,
                           CONSUMER_KEY, CONSUMER_SECRET)

twitter_api = twitter.Twitter(auth=auth)

print(twitter_api)
```

你應該可以觀察到，應用程式所取得的 access token 與 access token secret 與應用程式設定中的值是相同的，這並不是巧合。請小心保護好這些憑證，因為這些憑證與使用者名稱密碼其實是相同的東西。

9.3 找出流行趨勢熱門話題

9.3.1 問題

你想知道某特定地理區域（例如美國、另一個國家或區域，甚至整個世界）在 Twitter 中的流行趨勢（trending）。

9.3.2 解答

只要透過 Twitter 的 Trends API（*http://bit.ly/2jSxPmY*），你就可以根據 WOE（*Where On Earth*）ID（*http://bit.ly/2jVIcXo*）所指定的地理區域，取得相應的流行趨勢熱門話題（*trending topics*）；WOE ID 最初是由 GeoPlanet 所定義，後來是由 Yahoo! 負責維護。

9.3.3 討論

「地點」（*place*）在 Twitter 開發平台中是一個基本的概念，在運用 API 查詢流行趨勢熱門話題時，可根據地域上的限制，提供最合適的流行趨勢熱門話題（如範例 9-3 所示）。就像所有其他的 API 一樣，它會以 JSON 資料的形式送回流行趨勢熱門話題，我們可以把它轉換成標準的 Python 物件，然後再使用解析式列表或類似的技術進行後續的操作。這也就表示，探索 API 的回應其實非常容易。你可以嘗試一下針對各種 WOE ID 進行實驗，然後比對一下來自不同地理區域的流行趨勢。舉例來說，你可以比對一下兩個不同國家的流行趨勢，或是把某個特定國家的流行趨勢，與全世界的流行趨勢做個比較。

範例 9-3：找出流行趨勢熱門話題

```python
import json
import twitter

def twitter_trends(twitter_api, woe_id):
    # ID 前面的底線表示要把查詢字串參數化。
    # 如果沒有這個底線，twitter 套件就會把 ID 的值
    # 接到 URL 網址的後面，變成一個關鍵字參數。
    return twitter_api.trends.place(_id=woe_id)

# 使用範例

twitter_api = oauth_login()

# 參見 https://bit.ly/2pdi0tS
# 與 http://www.woeidlookup.com，就可以找到各地不同的 Yahoo! Where On Earth ID

WORLD_WOE_ID = 1
world_trends = twitter_trends(twitter_api, WORLD_WOE_ID)
print(json.dumps(world_trends, indent=1))

US_WOE_ID = 23424977
us_trends = twitter_trends(twitter_api, US_WOE_ID)
print(json.dumps(us_trends, indent=1))
```

9.4 搜尋推文

9.4.1 問題

你想用特定的關鍵字和查詢條件，在 Twitter 中搜尋推文。

9.4.2 解答

可以使用 Search API 來執行自定義查詢。

9.4.3 討論

你可以使用 Search API（*http://bit.ly/2IcgdRL*）對整個 Twitter 世界執行自定義查詢。其原理和搜尋引擎很類似，Twitter 的 Search API 會以分批的方式送回結果，而你也可以使用 count 這個關鍵字參數，把每一批結果的數量設為 200 這個最大值。任何查詢的結果都有可能超過 200 個（或是你指定的最大值）；以 Twitter API 的專門用語來說，你必須使用「游標」（*cursor*）才能引導至下一批的結果。

「游標」（cursor；*http://bit.ly/2IEOvfI*）是 Twitter v1.1 API 最新強化的功能，可提供比 v1.0 API 分頁（*pagination*）更可靠的做法；分頁的做法，會牽涉到頁碼的指定與每頁結果的限制。至於游標的做法，本質上更適合 Twitter 平台天生動態即時變化的特性。舉例來說，Twitter API 游標設計的目的，就是從本質上來考慮，一般在瀏覽整批搜尋結果時，還要能夠即時提供更新訊息的可能性。換句話說，在瀏覽整批查詢結果的同時，可能還會出現一些相關訊息；你當然希望在瀏覽結果時，可以把這些相關訊息包含在結果中，而不需要再重新進行查詢。

範例 9-4 說明的就是如何運用 Search API，以及如何運用回應中所包含的游標，以取得更多的結果。

範例 9-4：搜尋推文

```
def twitter_search(twitter_api, q, max_results=200, **kw):

    # 參見 http://bit.ly/2QyGz0P 和 https://bit.ly/2QyGz0P
    # 以取得更多關於進階搜尋條件的訊息；
    # 其中有許多關於關鍵字參數的說明
```

```python
    # 參見 https://dev.twitter.com/docs/api/1.1/get/search/tweets
    search_results = twitter_api.search.tweets(q=q, count=100, **kw)

    statuses = search_results['statuses']

    # 以迭代的方式隨著游標取得各批的結果，直到
    # 結果達到所要求的數量為止，別忘了 OAuth 使用者
    # 每 15 分鐘「只」能進行 180 次搜尋查詢。詳情請參見
    # https://developer.twitter.com/en/docs/basics/rate-limits
    # 合理的結果數量應該都不至於超過 1000 個才對，
    # 各種查詢可能都不會有那麼多的結果。

    # 強制設定一個合理的限制
    max_results = min(1000, max_results)

    for _ in range(10): # 10*100 = 1000
        try:
            next_results = search_results['search_metadata']['next_results']
        except KeyError as e: # 如果 next_results 不存在，就表示已經沒有更多查詢結果了
            break

        # 根據 next_results 建立一個 dict；next_results 是一個查詢字串，其形式如下：
        # ?max_id=313519052523986943&q=NCAA&include_entities=1
        kwargs = dict([ kv.split('=')
                        for kv in next_results[1:].split("&") ])

        search_results = twitter_api.search.tweets(**kwargs)
        statuses += search_results['statuses']

        if len(statuses) > max_results:
            break

    return statuses

# 使用範例

twitter_api = oauth_login()

q = "CrossFit"
results = twitter_search(twitter_api, q, max_results=10)

# 從 list 列表取出其中一個搜尋結果，然後把它顯示出來 ...
print(json.dumps(results[0], indent=1))
```

9.5 構建出更方便好用的函式

9.5.1 問題

你想在調用函式時綁定某些參數,然後把綁定的函式變成一個可調用的對象,以簡化程式設計模式。

9.5.2 解答

可以使用 Python 的 `functools.partial`,建立完全綁定或部分綁定的函式,這樣就可以輕鬆傳遞給其他程式碼進行調用,而不需要傳遞其他參數。

9.5.3 討論

雖然這並不是 Twitter API 設計模式所獨有的技術,不過你會發現 `functools.partial` 這個函式實在非常方便,它可以結合 Twitter 套件,也可以結合本章所介紹的許多做法,甚至可以與你在其他 Python 程式設計中的許多經驗相結合。舉例來說,你可能會發現,不斷反覆調用已通過身份驗證的 Twitter API connector 連接器,實在是很麻煩的一件事(`twitter_api` 經常是本章大多數函式的第一個參數),如果可以建立一個函式,本身就能夠「部分」滿足函式參數的要求,這樣你就只需要針對其他參數進行函式調用,而且可以自由傳遞此函式。同樣的,如果您已經厭倦輸入 `json.dumps({...}, indent = 1)` 這種例行的動作,可以把函式重命名為更短的名稱(例如 `pp`),然後直接套用部分關鍵字參數,以避免掉一些重複的打字動作。

針對部分綁定參數的方便性,另一個可做為說明的範例是,你可能想把 Twitter API connector 連接器與某個地理區域的 WOE ID 綁定到 Trends API 中,以做為可供傳遞、也可按照原本方式進行調用的單一函式。可以採用的做法有很多,雖然你可以選擇使用 Python 的 `def` 關鍵字,定義一個可達到相同效果的函式,不過你可能會發現,在某些情況下使用 `functools.partial` 會更加簡潔而優雅。範例 9-5 說明的就是一些你可能會覺得蠻有用的例子。

範例 9-5:構建出更方便好用的函式

```
from functools import partial

pp = partial(json.dumps, indent=1)
```

```
twitter_world_trends = partial(twitter_trends, twitter_api, WORLD_WOE_ID)

print(pp(twitter_world_trends()))

authenticated_twitter_search = partial(twitter_search, twitter_api)
results = authenticated_twitter_search("iPhone")
print(pp(results))

authenticated_iphone_twitter_search = partial(authenticated_twitter_search, "iPhone")
results = authenticated_iphone_twitter_search()
print(pp(results))
```

9.6 用文字檔案儲存與還原 JSON 資料

9.6.1 問題

你想把 Twitter API 所取得相對少量的資料儲存起來，以進行長久保存或重複進行分析。

9.6.2 解答

可以透過方便且容易移植的 JSON 表達方式，把資料寫入文字檔案中。

9.6.3 討論

雖然文字檔案並不適合每一種情況，但如果你想把一些資料儲存到磁碟中進行保存，以供後續進行實驗或分析，文字檔案確實是一種很方便而且很容易移植的選項。實際上，這甚至可被視為一種最佳實務做法，因為這樣你就可以最大程度減少對 Twitter API 的請求次數，避免掉可能遇到的一些速度限制問題。畢竟反覆使用 API 一遍又一遍請求相同的資料，當然不是你想做的事，也不是 Twitter 希望你去做的事。

範例 9-6 示範的是 Python 的 io 套件一般常規的使用方法，它可以確保你在磁碟中寫入與讀取的任何資料，全都已正確編碼解碼為 UTF-8，從而避免出現 UnicodeDecodeError 異常狀況（通常很討厭、而且很不容易理解）；一般來說，Python 應用程式對文字資料進行序列化（serialization）和反序列化（deserialization）操作時，就有可能出現這種異常狀況。

範例 *9-6*：使用文字檔案來儲存與還原 *JSON* 資料

```python
import io, json

def save_json(filename, data):
    with open('resources/ch09-twittercookbook/{0}.json'.format(filename),
            'w', encoding='utf-8') as f:
        json.dump(data, f, ensure_ascii=False)


def load_json(filename):
    with open('resources/ch09-twittercookbook/{0}.json'.format(filename),
            'r', encoding='utf-8') as f:
        return json.load(f)

# 使用範例

q = 'CrossFit'

twitter_api = oauth_login()
results = twitter_search(twitter_api, q, max_results=10)

save_json(q, results)
results = load_json(q)

print(json.dumps(results, indent=1, ensure_ascii=False))
```

9.7 用 MongoDB 來儲存與存取 JSON 資料

9.7.1 問題

你想把 Twitter API 回應中大量的 JSON 資料儲存起來，以便後續進行存取。

9.7.2 解答

可以使用文件導向的資料庫（例如 MongoDB），以方便的 JSON 格式儲存資料。

9.7.3 討論

如果是比較少量的資料，只要運用幾個適當編碼過的 JSON 檔案，把資料保存在目錄中，使用起來就很方便了；但如果你開始快速收集資料，當資料量逐漸成長到你也感到驚訝的程度時，繼續採用文字檔案的做法可能就顯得有點笨拙了。還好，像 MongoDB 這種文件導向（document-oriented）的資料庫非常適合用來儲存 Twitter API 的回應，因為它原本就是設計用來儲存 JSON 資料。

MongoDB 是一個相當穩固且文件齊全的資料庫，無論是少量或大量資料皆可使用。它提供了強大的查詢運算符號與索引功能，能夠簡化你在 Python 程式碼所需要進行的分析量。

在大多數平台上都可以安裝 MongoDB（*http://bit.ly/2jUeG3Z*），而且關於其安裝、設定、查詢、索引操作，都有非常出色的線上文件（*http://bit.ly/2Ih7bmn*）可供參考。

大多數情況下，如果你考慮的是如何針對資料進行索引與查詢，MongoDB 多半可以達到你的要求，因為它可以使用索引，而且採用了一種很有效率的 BSON 格式（*http://bit.ly/1a1pG34*）。範例 9-7 說明的是如何連結到運行中的 MongoDB 資料庫，以儲存或載入資料。

本書第二版的第七章提供了一個內容相當廣泛的 MongoDB 介紹，透過它來儲存（化為 JSON 格式的郵件信箱）資料，並使用 MongoDB 的聚合框架（aggregation framework；*http://bit.ly/1a1pGjv*），以一種相當厲害的做法來進行查詢。第三版已刪除相應的內容，而把更多時間放在 pandas 資料分析函式庫，因為筆者認為對於資料科學家來說，pandas 是一個非常重要的工具。不過，解決問題的方法總有很多種，而且每個人肯定都有自己偏好的工具。

範例 9-7：使用 *MongoDB* 來保存與存取 *JSON* 資料

```
import json
import pymongo # pip install pymongo

def save_to_mongo(data, mongo_db, mongo_db_coll, **mongo_conn_kw):

    # 連結到 MongoDB 伺服器
    # 預設情況下應該是在 localhost:27017

    client = pymongo.MongoClient(**mongo_conn_kw)
```

```
    # 用一個變數指向特定資料庫

    db = client[mongo_db]

    # 用一個變數指向資料庫中某個特定的集合

    coll = db[mongo_db_coll]

    # 執行一批新增插入的動作，然後把相應的 ID 送回來
    try:
        return coll.insert_many(data)
    except:
        return coll.insert_one(data)

def load_from_mongo(mongo_db, mongo_db_coll, return_cursor=False,
                    criteria=None, projection=None, **mongo_conn_kw):

    # criteria 和 projection 都是可有可無的參數，可用來限制送回來的資料
    # 相關的文件說明可參見
    # http://docs.mongodb.org/manual/reference/method/db.collection.find/

    # 如果是比較複雜的查詢，可以考慮使用
    # MongoDB 的「聚合框架」(aggregations framework)

    client = pymongo.MongoClient(**mongo_conn_kw)
    db = client[mongo_db]
    coll = db[mongo_db_coll]

    if criteria is None:
        criteria = {}

    if projection is None:
        cursor = coll.find(criteria)
    else:
        cursor = coll.find(criteria, projection)

    # 如果是大量的資料，建議直接送回游標

    if return_cursor:
        return cursor
    else:
        return [ item for item in cursor ]

# 使用範例

q = 'CrossFit'
```

```
twitter_api = oauth_login()
results = twitter_search(twitter_api, q, max_results=10)

ids = save_to_mongo(results, 'search_results', q)

load_from_mongo('search_results', q)
```

另外,如果你想用 pandas DataFrame 的形式把 Twitter 資料儲存起來,這樣也沒有問題。我們在範例 9-8 就提供了一個範例。對於中小型的資料探勘專案來說,這樣或許就能運作得很好,但你的資料一旦開始超出電腦隨機存取記憶體(RAM)的容量,恐怕就必須尋找其他解決方案了。一旦所收集的資料量超出電腦硬碟的容量,就有必要開始研究分散式資料庫了。不過,那就屬於大數據的處理範圍了。

範例 9-8:使用 *pandas* 來保存與存取 *JSON* 資料

```
import json
import pickle
import pandas as pd

def save_to_pandas(data, fname):
    df = pd.DataFrame.from_records(data)
    df.to_pickle(fname)
    return df


def load_from_mongo(fname):
    df = pd.read_pickle(fname)
    return df


# 使用範例

q = 'CrossFit'

twitter_api = oauth_login()
results = twitter_search(twitter_api, q, max_results=10)

df = save_to_pandas(results, 'search_results_{}.pkl'.format(q))

df = load_from_mongo('search_results_{}.pkl'.format(q))

    # 顯示其中一些範例輸出,不過只顯示 user(使用者)與 text(文字)欄位
df[['user','text']].head()
```

9.8 使用 Streaming API 對 Twitter Firehose 進行採樣

9.8.1 問題

你想分析當下的即時推文串流（stream），看看大家正在發什麼推文，而不只是透過 Search API，查詢一些有點（或相當）過時的訊息。或者你想開始累積特定主題相關的大量資料，以供後續進行分析。

9.8.2 解答

只要使用 Twitter 的 Streaming API（*http://bit.ly/2rDU17W*），就可以對 Twitter firehose 的公開資料進行採樣。

9.8.3 討論

Twitter 利用隨機取樣的技術，以即時的方式從所有推文中取出最多 1% 的推文，來做為所有的推文的代表，並透過 Streaming API 公開了這些推文。除非你想直接存取 Twitter 的 Enterprise API（*http://bit.ly/2KZ1mrJ*），或是存取第三方提供商所提供的資料（例如 DataSift（*http://bit.ly/1a1pGQE*）—— 其實很多情況下，這也是一種很值得的做法），否則這應該已經可以算是最好的資料來源了。或許你覺得 1% 微不足道，但只要花點時間想想就知道，在負載高峰期間，推文有可能達到每秒好幾萬的速度。如果主題的涵蓋面足夠廣泛，實際上光只是要儲存你採樣的所有推文，很可能非常快就會變成你從沒想過的問題。把所有公開推文的存取上限設為 1%，可說是非常重要的做法。

雖然 Search API 很容易使用，而且可以查詢「歷史」訊息（在 Twitter 的世界中，這有可能代表幾分鐘前、也有可能代表幾小時前的資料，端看流行趨勢出現與消散的速度有多快），但 Streaming API 提供了一種針對「全球範圍內的訊息」進行採樣的方法，而且幾乎是接近即時的訊息。twitter 套件可以讓使用者以一種很容易的方式使用 Streaming API；你可以根據關鍵字條件來篩選 firehose 串流資料，這可說是一種相當直觀而便捷的訊息存取方法。你所要建立的並不是 `twitter.Twitter connector` 連接器，而是 `twitter.TwitterStream connector` 連接器，其中所採用的關鍵字參數，與先前在「9.1 開發階段存取 Twitter API 的方法」和「9.2 正式階段利用 OAuth 存取 Twitter API 的方法」介紹過的 `twitter.oauth.OAuth` 類型是相同的。

範例 9-9 的範例程式碼示範的是，如何開始使用 Twitter Streaming API 的做法。

範例 9-9：運用 *Streaming API* 對 *Twitter firehose* 進行取樣

```
# 運用 API 所提供的篩選能力，找出有興趣的主題

import sys
import twitter

# 想要查詢的東西

q = 'CrossFit' # 每個想要查詢的東西，都可以用逗號分開，變成一個 list 列表

print('Filtering the public timeline for track={0}'.format(q), file=sys.stderr)
sys.stderr.flush()

# 取得一個 twitter.Twitter 的實例
twitter_api = oauth_login()

# 用一個變數指向 self.auth 參數
twitter_stream = twitter.TwitterStream(auth=twitter_api.auth)

# 參見 https://developer.twitter.com/en/docs/tutorials/consuming-streaming-data
stream = twitter_stream.statuses.filter(track=q)

# 針對說明的目的，如果遇到有什麼問題，請改搜尋 Justin Bieber
# 這樣應該就可以找到一些東西（至少在 Twitter 中是如此）

for tweet in stream:
    print(tweet['text'])
    sys.stdout.flush()

    # 保存到資料庫裡的一個特定集合中
```

9.9 收集時間序列資料

9.9.1 問題

你想定期查詢 Twitter API，以取得特定的結果或流行趨勢熱門話題，並把資料儲存起來，以進行時間序列分析。

9.9.2 解答

如果像「9.8 使用 Streaming API 對 Twitter Firehose 進行採樣」那樣使用 Streaming API 的做法不管用，也可以在無限迴圈內使用 Python 預設的 `time.sleep` 函式發出查詢，然後把結果保存到 MongoDB 這類的資料庫中。

9.9.3 討論

雖然在特定時間點針對特定關鍵字進行查詢並不難，但如果能隨時間推移持續收集資料，並偵測出其中的流行趨勢與特定模式，這絕對可說是一種非常強大卻經常被忽視的分析形式。如果你有先見之明，可以先發制人收集到一些有用的資料，足以對未來做出推斷或預測，那麼每當有人回頭說「早知道我就 ...」，其實都代表著一個潛在的機會。

只要觀察過各種話題的潮起潮落，見識過各種可能發生的變化，應該就可以瞭解，針對 Twitter 資料進行時間序列分析，的確是十分令人著迷的做法。在許多情況下，直接從 firehose 進行資料採樣，並把結果儲存到文件導向的資料庫（如 MongoDB），或許是很有用的做法，但如果可以定期發出查詢，然後以離散的時間間隔把結果記錄起來，在某些情況下或許是比較容易或比較合適的做法。舉例來說，你可以用 24 小時做為週期，定時查詢各個地理區域的流行趨勢熱門話題，並衡量各種流行趨勢的變化，然後就可以比較各地區的變化狀況，找出壽命最長和最短的流行趨勢。

許多人都在積極進行探索，其中有一個相當受人矚目的可能性，就是嘗試找出 Twitter 所表達出來的情緒，與股市之間的相關性。如果想要聚焦於特定的關鍵字、主題標籤或流行趨勢熱門話題，這其實是很容易的事，然後我們就可以把這些資料，與實際的股市變化相關聯起來 —— 這有可能是想要構建出可預測市場與商品行情的機器人，初期可以做到的一個階段性步驟。

範例 9-10 本質上其實是範例 9-1、範例 9-3、範例 9-7 這些程式碼的組合，示範的是如何使用這些原始程式碼，透過複製 / 貼上的方式，建立出更複雜的 script 腳本。

範例 9-10：收集時間序列資料

```
import sys
import datetime
import time
import twitter
```

```
def get_time_series_data(api_func, mongo_db_name, mongo_db_coll,
                         secs_per_interval=60, max_intervals=15, **mongo_conn_kw):

    # 預設為 15 個時間區間（interval），而且每個時間區間只進行一次 API 調用，
    # 這樣可以確保你不會超出 Twitter 在速度上的限制。

    interval = 0

    while True:

        # 這是一個時間戳，其形式如 "2013-06-14 12:52:07" 所示
        now = str(datetime.datetime.now()).split(".")[0]

        response = save_to_mongo(api_func(), mongo_db_name,
                                 mongo_db_coll + "-" + now, **mongo_conn_kw)

        print("Write {0} trends".format(len(response.inserted_ids)), file=sys.stderr)
        print("Zzz...", file=sys.stderr)
        sys.stderr.flush()

        time.sleep(secs_per_interval) # 單位為秒
        interval += 1

        if interval >= 15:
            break

# 使用範例

get_time_series_data(twitter_world_trends, 'time-series', 'twitter_world_trends')
```

9.10 提取出推文中的實體

9.10.1 問題

你想從推文中提取出一些像是「@ 使用者名稱」這類的 @ 使用者提及、# 主題標籤，
或是 URL 之類的實體，以便進行後續分析。

9.10.2 解答

從推文的 entities 欄位中，就可以提取出實體。

9.10.3 討論

目前只要是可適用的情況，Twitter API 都會把推文實體放在大多數 API 回應的標準欄位之中。範例 9-11 其中的 entities 欄位，包括了使用者提及（user mentions）、主題標籤（hashtag）、對 URL 的引用、媒體物件（例如圖片和影片）以及一些金融代碼（例如 stock ticker 股票代碼）。不過，目前並非所有欄位皆可適用於所有情況。舉例來說，唯有當使用者的 Twitter 客戶端程式使用特定 API 來內嵌媒體時，推文才會出現 media 欄位，並填入相應的資料；如果只是複製 / 貼上 YouTube 影片的超鏈結，並不一定會在這些欄位中填入相應的資料。

關於更多的詳細訊息，請參見 API 文件（*http://bit.ly/2wD3VfB*），其中包含了每一種類型的實體可用的額外欄位相關訊息。以 URL 為例，Twitter 就提供了多種不同的形式，其中包括各種縮短與擴展的形式，以及在某些情況下可能更適合顯示於使用者界面中的形式。

範例 9-11：提取出推文實體

```python
def extract_tweet_entities(statuses):

    # 參見 https://bit.ly/2MELMkm
    # 以取得更多關於 tweet 實體的詳細訊息

    if len(statuses) == 0:
        return [], [], [], [], []

    screen_names = [ user_mention['screen_name']
                        for status in statuses
                            for user_mention in status['entities']['user_mentions'] ]

    hashtags = [ hashtag['text']
                    for status in statuses
                        for hashtag in status['entities']['hashtags'] ]

    urls = [ url['expanded_url']
                for status in statuses
                    for url in status['entities']['urls'] ]

    # 在某些情況下（例如在搜尋的結果中），
    # 並不會出現 media 的實體
    medias = []
    symbols = []
    for status in statuses:
```

```
        if 'media' in status['entities']:
            for media in status['entities']['media']:
                medias.append(media['url'])
        if 'symbol' in status['entities']:
            for symbol in status['entities']['symbol']:
                symbols.append(symbol)

    return screen_names, hashtags, urls, medias, symbols

# 使用範例

q = 'CrossFit'

statuses = twitter_search(twitter_api, q)

screen_names, hashtags, urls, media, symbols = extract_tweet_entities(statuses)

# 針對每一種實體，分別探索一下前五個項目 ...

print(json.dumps(screen_names[0:5], indent=1))
print(json.dumps(hashtags[0:5], indent=1))
print(json.dumps(urls[0:5], indent=1))
print(json.dumps(media[0:5], indent=1))
print(json.dumps(symbols[0:5], indent=1))
```

9.11 在一大堆推文中，找出最受歡迎的推文

9.11.1 問題

你想從搜尋結果或任何其他地方（例如使用者時間軸）其中的一大堆推文中，判斷出哪一些才是最受歡迎的推文。

9.11.2 解答

可以分析一下推文的 reweet_count 欄位，判斷推文是否被轉推、被轉推了多少次。

9.11.3 討論

如果想要衡量推文受歡迎的程度，分析推文的 retweet_count 欄位（如範例 9-12 所示）也許就是最直接的方式，因為比較受歡迎的推文，確實比較常被轉推給其他人。不過，

你也許對「受歡迎」有不同的見解，比如你可以在判斷推文受歡迎程度的公式中，納入 favorite_count 這個值，它代表的是使用者把某則推文加入書籤的次數。舉例來說，你可以把 retweet_count 的權重設為 1.0，然後再把 favorite_count 的權重設為 0.1，這樣就可以讓那些既被轉推又被收藏的推文，得到稍微高一點的權重（如果轉推的情況打成平手，favourite_count 就會變成決勝負的關鍵）。

在公式中究竟要選擇哪些特定的欄位，完全由你決定；而你判斷的根據，則要看這些特定的欄位，在你所要解決的問題中究竟有多重要。還有一些其他可能的做法，例如考慮讓權重隨時間呈指數衰減（*http://bit.ly/1a1pHEe*），或是讓比較新近的推文佔比較高的權重，這些做法在某些特定的分析中，也被證明是很有用的做法。

 另請參見本章「9.14 找出已進行轉推的使用者」和「9.15 提取出轉推的原始出處」的討論內容，這些額外的討論可能有助於瀏覽分析結果，或是找出轉推的原始出處 —— 轉推的原始出處一開始可能很清楚，但後來可能就會越來越不清楚了。

範例 9-12：從一大堆推文中，找出最受歡迎的推文

```python
import twitter

def find_popular_tweets(twitter_api, statuses, retweet_threshold=3):

    # 你也可以考慮使用 favorite_count 這個參數，做為判斷方式
    # 其中的一部分，這樣或許可以提供一個額外的判斷依據，
    # 讓最受歡迎的推文排名方程式呈現出不同的效果

    return [ status
                for status in statuses
                    if status['retweet_count'] > retweet_threshold ]

# 使用範例

q = "CrossFit"

twitter_api = oauth_login()
search_results = twitter_search(twitter_api, q, max_results=200)

popular_tweets = find_popular_tweets(twitter_api, search_results)

for tweet in popular_tweets:
    print(tweet['text'], tweet['retweet_count'])
```

推文中的「retweeted」屬性「並不是」告訴你此推文是否已被轉推。這是一個所謂「隨觀點而異」（perspectival）的屬性，它告訴你的是，已認證使用者（如果你正在分析自己的資料，那就是你自己囉）是否已轉推這則推文，這樣的資訊對於使用者界面判斷「是否需要進行標記」來說比較方便。之所以稱之為「隨觀點而異」的屬性，主要是因為它是站在已認證使用者的立場，所提供出來的一種觀點。

9.12 在一大堆推文中找出最受歡迎的推文實體

9.12.1 問題

你想判斷是否存在非常受歡迎的推文實體（例如像是「@使用者名稱」這類的使用者提及、#主題標籤或是 URL 網址），藉此針對這一大堆推文的性質，獲得更深入的見解。

9.12.2 解答

透過解析式列表提取出推文的實體，並計算各個實體的數量，然後把數量未超過最低門檻值的推文實體先篩選掉。

9.12.3 討論

Twitter API 可透過 entities 欄位直接存取推文元資料的值，以達到存取推文實體的效果，如「9.10 提取出推文中的實體」所示。提取出實體之後，你就可以計算出每個實體相應的頻率，並透過 collections.Counter 輕鬆提取出最常見的實體（如範例 9-13 所示），其中 collections.Counter 是 Python 標準函式庫中的重要函式，在使用 Python 進行任何頻率分析實驗時，它都可以帶來極大的便利性。推文實體根據出現的頻率進行排名之後，接下來的工作就是針對這一大堆推文進行篩選，或是套用其他門檻值條件，以便能夠讓我們把注意力放在真正有趣的特定推文實體上。

範例 9-13：從一大堆推文中找出最受歡迎的推文實體

```
import twitter
from collections import Counter

def get_common_tweet_entities(statuses, entity_threshold=3):

    # 建立一個包含所有推文實體的 list 列表
    tweet_entities = [   e
                         for status in statuses
                             for entity_type in extract_tweet_entities([status])
                                 for e in entity_type
                     ]

    c = Counter(tweet_entities).most_common()

    # 計算頻率
    return [ (k,v)
             for (k,v) in c
                 if v >= entity_threshold
           ]

# 使用範例

q = 'CrossFit'

twitter_api = oauth_login()
search_results = twitter_search(twitter_api, q, max_results=100)
common_entities = get_common_tweet_entities(search_results)

print("Most common tweet entities")
print(common_entities)
```

9.13 製作頻率分析表

9.13.1 問題

你想把頻率分析實驗的結果製成表格，以便輕鬆瀏覽結果，或是以一種讓人類看起來很方便的格式來顯示結果。

9.13.2 解答

使用 prettytable 套件就可以輕鬆建立一個物件，它可以逐行載入訊息，並以欄位寬度固定的表格來進行顯示。

9.13.3 討論

prettytable 套件非常容易使用，特別適合用來構建出容易閱讀的文字輸出，而且其輸出可輕易進行複製，並貼到任何報告或文字檔案之中（請參見範例 9-14）。只要輸入 **pip install prettytable** 就可以安裝這個 Python 套件。如果搭配 collections.Counter 或其他資料結構一起使用，prettytable.PrettyTable 更是特別好用，因為它可以提取出一個元組列表（list of tuples），其中的 tuple 元組可根據分析的目的事先進行排序。

 如果你想知道如何把資料儲存成試算表（spreadsheet）可運用的形式，可能要查閱一下 Python 標準函式庫中 csv 套件相應的文件（*http://bit.ly/2KmFsgz*）。不過請注意，它針對 Unicode 的支援方面，存在著一些已知的問題（已記錄於文件中）。

範例 9-14：製作頻率分析表

```
from prettytable import PrettyTable

# 取得一些頻率資料

twitter_api = oauth_login()
search_results = twitter_search(twitter_api, q, max_results=100)
common_entities = get_common_tweet_entities(search_results)

# 用 PrettyTable 建立一個比較好看的表格

pt = PrettyTable(field_names=['Entity', 'Count'])
[ pt.add_row(kv) for kv in common_entities ]
pt.align['Entity'], pt.align['Count'] = 'l', 'r'  # 設定各欄位對齊的方式
pt._max_width = {'Entity':60, 'Count':10}
print(pt)
```

9.14 找出已進行轉推的使用者

9.14.1 問題

你想找出所有已轉推過特定推文的使用者。

9.14.2 解答

可以使用 GET retweeters/ids 這個 API 端點，來判斷哪些使用者已轉推過推文。

9.14.3 討論

雖然 GET retweeters/ids（*http://bit.ly/2jRvjNQ*）這個 API 會把任何已轉推過推文的使用者 ID 送回來，但你還是應該瞭解一下其中一些比較細微的小陷阱。特別需要注意的是，這個 API 只會把使用「Twitter 原生 retweet API」來進行轉推的使用者送回來，但有些使用者會採用複製／貼上的方式，在前面加上「RT」，後面用「（via @*user-name*）」加上原始出處，或是採用其他通用的慣例做法來進行轉推，但是這些使用者全都不會被 API 視為已進行過轉推的使用者。

大多數的 Twitter 應用程式（包括 *twitter.com*（*http://twitter.com/*）的使用者界面）都會使用原生的 retweet API 來進行轉推，不過有些使用者還是可以選擇自行「解析」原生 API 的做法來分享推文，其目的往往是為了能夠把額外的留言附加到推文中，或是把自己插入到推文的對話之中，要不然透過原生的轉推做法，他們只能扮演中介的角色，單純轉推原來的內容。舉例來說，使用者可以在推文後面加上「AWESOME！」這樣的後綴文字，來表示他讚同原始推文的想法，這樣雖然也被認為是一種轉推的行為，但實際上以 Twitter API 的角度來看，這個做法其實只是「引用」了原本的推文。推文的引用與轉推之間，實際上很容易混淆，其中至少有部分理由是因為 Twitter 並不是一開始就提供原生的 retweet API。實際上，轉推的概念是一種自然發展出來的現象，Twitter 一直到 2010 年底才對此做出了回應，終於在 API 中提供了相應的支援。

用例子來說明一下，或許有助於讓你瞭解這些細微的技術細節：假設 @fperez_org 發佈了一則推文，然後 @SocialWebMining 進行了轉推。此時，@fperez_org 所發佈的推文對應的 retweet_count 就等於 1，而 @SocialWebMining 在其使用者時間軸裡就會出現一則推文，而且被標示成這是針對 @fperez_org 的推文所進行的一次轉推。

現在我們假設 @jyeee 透過 twitter.com 或 TweetDeck（*http://bit.ly/1a1pIbh*）之類的應用程式，在檢視 @SocialWebMining 的使用者時間軸時，注意到 @fperez_org 的這一則動態推文，然後點擊了轉推的按鈕。此時，@fperez_org 的推文相應的 retweet_count 就會變成 2，而 @jyeee 的使用者時間軸也會出現一則推文（就像 @SocialWebMining 一樣），並且標示出他對 @fperez_org 的推文進行了轉推。

這裡有一個必須瞭解的重點：如果從瀏覽 @jyeee 時間軸的任何使用者角度來看，@socialWebMining 在 @fperez_org 和 @jyeee 之間的「中介聯結關係」（intermediary link）實際上會消失不見。換句話說，@fperez_org 還是可以收到推文原始出處的標註資訊，而不用去管其中牽涉到多少層中介、帶來什麼樣的連鎖反應。

只要取得所有轉推該推文的使用者 ID，就可以使用 GET users/lookup API 輕鬆取得相應的個人檔案詳細訊息。請參見「9.17 解析使用者個人檔案資訊」以瞭解更多詳細訊息。

如果範例 9-15 已經無法完全滿足你的需求，請務必仔細研究一下「9.15 提取出轉推的原始出處」所提供的做法，以找出最初發出推文的原始使用者。如果你正在處理的是推文的歷史封存檔案，或是想要再次檢查內容中關於原始出處的相關訊息，我們會在那裡提供一個範例，運用正規表達式來分析推文的內容，以便能夠從「引用」的推文中提取出原始出處的相關訊息。

範例 9-15：找出已轉推推文的使用者

```
import twitter

twitter_api = oauth_login()

print("""User IDs for retweeters of a tweet by @fperez_org
that was retweeted by @SocialWebMining and that @jyeee then retweeted
from @SocialWebMining's timeline\n""")
print(twitter_api.statuses.retweeters.ids(_id=334188056905129984)['ids'])
print(json.dumps(twitter_api.statuses.show(_id=334188056905129984), indent=1))
print()

print("@SocialWeb's retweet of @fperez_org's tweet\n")
print(twitter_api.statuses.retweeters.ids(_id=345723917798866944)['ids'])
print(json.dumps(twitter_api.statuses.show(_id=345723917798866944), indent=1))
print()

print("@jyeee's retweet of @fperez_org's tweet\n")
print(twitter_api.statuses.retweeters.ids(_id=338835939172417537)['ids'])
print(json.dumps(twitter_api.statuses.show(_id=338835939172417537), indent=1))
```

有些 Twitter 使用者會故意不使用 retweet API，而是以「引用」推文的方式，把自己加入到對話中，使自己變成有可能被轉推的對象，而且我們也可以看到 RT 和 via 這些具有轉推功能性的做法，即使到如今還是很普遍。實際上，有一些比較流行的應用程式（例如 TweetDeck）可以在功能上把「編輯加 RT」和原生的「轉推」這兩種做法區分開來，如圖 9-2 所示。

圖 9-2：比較流行的應用程式（例如 Twitter 自己開發的 TweetDeck）會提供「Edit & RT」（編輯加 RT）的功能來「引用」某一則推文，同時也提供比較新的、比較原生的「Retweet」（轉推）功能

9.15 提取出轉推的原始出處

9.15.1 問題

你想判斷某則推文的原始出處。

9.15.2 解答

可以使用正規表達式的做法來分析推文的內容，找出像是「RT @SocialWebMining」或「（via @SocialWebMining）」這類的約定慣例文字。

9.15.3 討論

如「9.14 找出已進行轉推的使用者」所述，只要檢查一下 Twitter 原生 retweet API 送回來的結果，就可以在某些（當然不是所有）情況下，取得推文的原始出處。如該節所述，有時基於各種原因，使用者會把自己加入到對話中，因此有些特定推文可能需要特別進行分析，才能找出推文的原始出處。範例 9-16 示範的是如何在 Python 中使用正則表達式，以偵測出其中兩種常見的慣例做法，這兩種做法在 Twitter 原生 retweet API 發佈之前很常見，而且至今仍被普遍使用。

範例 9-16：提取出轉推的原始出處

```
import re

def get_rt_attributions(tweet):

    # 正規表達式的做法，取自 Stack Overflow (http://bit.ly/1821y0J)

    rt_patterns = re.compile(r"(RT|via)((?:\b\W*@\w+)+)", re.IGNORECASE)
    rt_attributions = []

    # 檢查推文內容，看看它是不是以 /statuses/retweet/:id 的方式所生成。
    # 參見 https://bit.ly/2BHBEaq

    if 'retweeted_status' in tweet:
        attribution = tweet['retweeted_status']['user']['screen_name'].lower()
        rt_attributions.append(attribution)

    # 接著檢查一下推文中是否存在「傳統」的轉推模式
    # 譬如出現 "RT" 或 "via" 的文字，這些做法目前仍被廣泛使用
    # 而且確實也是蠻好用的轉推方式。參見 https://bit.ly/2piMo6h
    # 就可以看到更多關於轉推的資訊

    try:
        rt_attributions += [
                        mention.strip()
                        for mention in rt_patterns.findall(tweet['text'])[0][1].split()
                    ]
    except IndexError as e:
        pass

    # 過濾掉任何重複的情況

    return list(set([rta.strip("@").lower() for rta in rt_attributions]))

# 使用範例
```

```
twitter_api = oauth_login()

tweet = twitter_api.statuses.show(_id=214746575765913602)
print(get_rt_attributions(tweet))
print()
tweet = twitter_api.statuses.show(_id=345723917798866944)
print(get_rt_attributions(tweet))
```

9.16 發出可靠的 Twitter 請求

9.16.1 問題

在收集資料進行分析的過程中,有時你會遇到意外的 HTTP 錯誤,錯誤的範圍從「超出速度限制」(429 錯誤)到臭名昭彰的「失敗的鯨魚」(fail whale;503 錯誤)都有可能出現,因此必須按照不同的狀況個別進行處理。

9.16.2 解答

寫出一個函式,用來做為通用 API 的包裝函式,並提供抽象邏輯,採用有意義的方式來處理各種 HTTP 錯誤碼。

9.16.3 討論

雖然 Twitter 的速度限制對於大多數應用程式來說還算是恰當的限制,但對於資料探勘活動來說,總讓人覺得有點綁手綁腳,因此我們通常有必要管理一下固定時段內所發出的請求數量,並且考慮各種類型的 HTTP 錯誤,例如臭名昭彰的「失敗的鯨魚」(fail whale),或是其他意外的網路故障情況。範例 9-17 顯示的是編寫包裝函式的一種做法,它可以把一些混亂的邏輯抽象化,讓你在編寫 script 腳本的時候,不需要考慮速度限制和 HTTP 錯誤的問題,彷彿這些問題根本就不存在似的。

 關於如何運用標準函式庫的 functools.partial 函式,來簡化包裝函式的使用,請參見「9.5 構建出更方便好用的函式」以獲得更多的啟發。另外,請務必重新檢視一下 Twitter 的 HTTP 錯誤碼完整列表(*http://bit.ly/2rFAjZw*)。「9.19 取得使用者所有的朋友或跟隨者」提供了一個具體的實作,說明如何使用一個名為 make_twitter_request 的函式,它應該可以在你收集 Twitter 資料時,簡化一些可能遇到的 HTTP 錯誤。

範例 9-17：發出可靠的 *Twitter* 請求

```python
import sys
import time
from urllib.error import URLError
from http.client import BadStatusLine
import json
import twitter

def make_twitter_request(twitter_api_func, max_errors=10, *args, **kw):

    # 這個巢狀的輔助函式可用來處理常見的 HTTPErrors。如果出現 500 這類的錯誤，
    # 它會送回一個更新過的 wait_period 值。如果出現速度限制相關的問題 (429 錯誤)，
    # 它就會暫時阻止使用，直到速度限制被重設為止。如果遇到 401 和 404 錯誤，
    # 就會送回 None，這種情況需要由外部進行特別處理。
    def handle_twitter_http_error(e, wait_period=2, sleep_when_rate_limited=True):

        if wait_period > 3600: # 單位為秒
            print('Too many retries. Quitting.', file=sys.stderr)
            raise e

        # 參見 https://developer.twitter.com/en/docs/basics/response-codes
        # 可查看常見的代碼

        if e.e.code == 401:
            print('Encountered 401 Error (Not Authorized)', file=sys.stderr)
            return None
        elif e.e.code == 404:
            print('Encountered 404 Error (Not Found)', file=sys.stderr)
            return None
        elif e.e.code == 429:
            print('Encountered 429 Error (Rate Limit Exceeded)', file=sys.stderr)
            if sleep_when_rate_limited:
                print("Retrying in 15 minutes...ZzZ...", file=sys.stderr)
                sys.stderr.flush()
                time.sleep(60*15 + 5)
                print('...ZzZ...Awake now and trying again.', file=sys.stderr)
                return 2
            else:
                raise e # 必須從調用此函式的外部，去處理速度限制的問題
        elif e.e.code in (500, 502, 503, 504):
            print('Encountered {0} Error. Retrying in {1} seconds'\
                    .format(e.e.code, wait_period), file=sys.stderr)
            time.sleep(wait_period)
            wait_period *= 1.5
            return wait_period
```

```python
        else:
            raise e

    # 這裡是巢狀輔助函式的結尾

    wait_period = 2
    error_count = 0

    while True:
        try:
            return twitter_api_func(*args, **kw)
        except twitter.api.TwitterHTTPError as e:
            error_count = 0
            wait_period = handle_twitter_http_error(e, wait_period)
            if wait_period is None:
                return
        except URLError as e:
            error_count += 1
            time.sleep(wait_period)
            wait_period *= 1.5
            print("URLError encountered. Continuing.", file=sys.stderr)
            if error_count > max_errors:
                print("Too many consecutive errors...bailing out.", file=sys.stderr)
                raise
        except BadStatusLine as e:
            error_count += 1
            time.sleep(wait_period)
            wait_period *= 1.5
            print("BadStatusLine encountered. Continuing.", file=sys.stderr)
            if error_count > max_errors:
                print("Too many consecutive errors...bailing out.", file=sys.stderr)
                raise

# 使用範例

twitter_api = oauth_login()

# 參見 http://bit.ly/2Gcjfzr for twitter_api.users.lookup

response = make_twitter_request(twitter_api.users.lookup,
                                screen_name="SocialWebMining")


print(json.dumps(response, indent=1))
```

9.17 解析使用者個人檔案訊息

9.17.1 問題

你想找出一個或多個使用者 ID、或是螢幕名稱所對應的個人檔案（profile）訊息。

9.17.2 解答

只要使用 GET users/lookup 這個 API，一次就可以針對多達 100 個 ID 或使用者名稱，取得完整的使用者個人檔案。

9.17.3 討論

有很多 API（例如 GET friends/ids 和 GET followers/ids）會送回一些使用者的 ID 值，我們可能需要進一步用它來解析出使用者名稱或其他個人檔案訊息，這樣才能繼續進行有意義的分析。Twitter 提供了 GET users/lookup（*https://bit.ly/2Gcjfzr*）這個 API，一次就可以解析多達 100 個 ID 或使用者名稱，而且可以使用一種簡單的模式，針對比較大的批量進行迭代操作。雖然這種做法會在邏輯上增加一點點複雜度，但我們可以構建出一個單一的函式，根據你的選擇來做為關鍵字參數，透過使用者名稱或 ID 解析出使用者的個人檔案。範例 9-18 示範的就是一個可適應多種用途的函式，可針對所要解析的使用者 ID 提供額外的支援。

範例 9-18：解析使用者個人檔案訊息

```
def get_user_profile(twitter_api, screen_names=None, user_ids=None):

    # 至少必須提供螢幕名稱（screen_name）或使用者 ID（user_id）其中的一種（這是一個 xor 邏輯）
    assert (screen_names != None) != (user_ids != None),
        "Must have screen_names or user_ids, but not both"

    items_to_info = {}

    items = screen_names or user_ids

    while len(items) > 0:

        # 每次用 API 執行 /users/lookup，一次可處理 100 個項目。
        # 詳情可參見 http://bit.ly/2Gcjfzr。
```

```
        items_str = ','.join([str(item) for item in items[:100]])
        items = items[100:]

        if screen_names:
            response = make_twitter_request(twitter_api.users.lookup,
                                            screen_name=items_str)
        else: # user_ids
            response = make_twitter_request(twitter_api.users.lookup,
                                            user_id=items_str)

        for user_info in response:
            if screen_names:
                items_to_info[user_info['screen_name']] = user_info
            else: # user_ids
                items_to_info[user_info['id']] = user_info

    return items_to_info

# 使用範例

twitter_api = oauth_login()

print(get_user_profile(twitter_api,
    screen_names=["SocialWebMining", "ptwobrussell"]))
#print(get_user_profile(twitter_api, user_ids=[132373965]))
```

9.18 從任意文字中提取出推文實體

9.18.1 問題

你想分析任意的文字，並提取出其中的推文實體（例如「@ 使用者名稱」這類的使用者提及、# 主題標籤，以及其中可能出現的 URL）。

9.18.2 解答

只要使用像是 twitter_text 這類的第三方套件，就可以從任意文字（例如歷史推文封存資料，其中有可能並未包含 v1.1 API 之後才開始提供的推文實體）提取出推文實體。

9.18.3 討論

Twitter 並不總是能夠提取出推文中的實體，但你可以藉由一個名為 twitter_text 的第三方套件，從文字輕鬆提取出推文實體，如範例 9-19 所示。你只要輸入 pip install twitter_text 的指令，就可以用 pip 把 twitter_text 安裝起來。

範例 9-19：從任意文字中提取出推文實體

```
# pip install twitter_text
import twitter_text

# 使用範例

txt = "RT @SocialWebMining Mining 1M+ Tweets About #Syria http://wp.me/p3QiJd-1I"

ex = twitter_text.Extractor(txt)

print("Screen Names:", ex.extract_mentioned_screen_names_with_indices())
print("URLs:", ex.extract_urls_with_indices())
print("Hashtags:", ex.extract_hashtags_with_indices())
```

9.19 取得使用者所有的朋友或跟隨者

9.19.1 問題

你想針對某一個（可能非常受歡迎的）Twitter 使用者，取得他所有的朋友或跟隨者。

9.19.2 解答

只要使用「9.16 發出可靠的 Twitter 請求」所介紹的 make_twitter_request 函式，就可以自動把請求數量超出規定速度限制的情況納入考慮，藉此簡化收集 ID 的過程。

9.19.3 討論

GET followers/ids 和 GET friends/ids 這兩個 API 可以用瀏覽的方式，取得特定使用者所有的跟隨者 ID 和朋友 ID，但凡是檢索所有 ID 的相關邏輯，都需要特別留意，因為每次 API 請求最多只能送回 5,000 個 ID。雖然幾乎大多數使用者都不會有 5000 個以上的朋友或跟隨者，但通常我們有興趣進行分析的一些名人使用者，往往會擁有數十萬甚至數百萬的跟隨者。如果想要收集這些 ID，可能就有一點挑戰性，因為必須運用游標（cursor）取得每一批的結果，而且還要考慮整個過程有可能出現 HTTP 錯誤。幸運的是，直接套用 `make_twitter_$request` 並不是很困難，而且先前介紹過運用游標取得結果的相關邏輯，可以讓我們很有系統地取得所有 ID。

範例 9-20 所引進的類似技術，可以搭配「9.17 解析使用者個人檔案訊息」所提供的範例，建立一個穩固的函式，來做為下一個處理步驟，例如針對部分（或全部）的 ID，解析出相應的使用者名稱。得到進一步的結果之後，最好先把這些結果儲存到文件導向的資料庫（例如 MongoDB，如「9.7 用 MongoDB 來儲存與存取 JSON 資料」所示），以免在操作期間出現意外故障時，丟失任何有用的訊息。

 你可以考慮付錢給第三方的資料供應商（例如 DataSift（*http://bit.ly/1a1pKje*）），以便能夠更快存取某些類型的資料，例如針對非常受歡迎的使用者（例如 @ladygaga ）相應所有跟隨者的完整資料。在嘗試收集如此大量的資料之前，至少要先算一下大概要花多少時間，並且考慮長時間執行的過程中任何可能發生的（意外）錯誤，而且也可以想想從另一個資料來源取得資料，會不會是更好的選擇。或許你可以考慮花一點錢，這樣也許可以省下許多時間。

範例 9-20：取得某個使用者所有的朋友或跟隨者

```python
from functools import partial
from sys import maxsize as maxint

def get_friends_followers_ids(twitter_api, screen_name=None, user_id=None,
                              friends_limit=maxint, followers_limit=maxint):

    # 至少必須提供螢幕名稱（screen_name）或使用者 ID（user_id）其中的一種（這是一個 xor 邏輯）
    assert (screen_name != None) != (user_id != None), \
        "Must have screen_name or user_id, but not both"

    # 參見 http://bit.ly/2GcjKJP 和 http://bit.ly/2rFz90N
    # 以取得 API 參數相關的詳細訊息

    get_friends_ids = partial(make_twitter_request, twitter_api.friends.ids,
                              count=5000)
    get_followers_ids = partial(make_twitter_request, twitter_api.followers.ids,
                                count=5000)
```

```
    friends_ids, followers_ids = [], []

    for twitter_api_func, limit, ids, label in [
                [get_friends_ids, friends_limit, friends_ids, "friends"],
                [get_followers_ids, followers_limit, followers_ids, "followers"]
            ]:

        if limit == 0: continue

        cursor = -1
        while cursor != 0:

            # 透過部分綁定的可調用函式來使用 make_twitter_request
            if screen_name:
                response = twitter_api_func(screen_name=screen_name, cursor=cursor)
            else: # user_id
                response = twitter_api_func(user_id=user_id, cursor=cursor)

            if response is not None:
                ids += response['ids']
                cursor = response['next_cursor']

            print('Fetched {0} total {1} ids for {2}'.format(len(ids),
                    label, (user_id or screen_name)),file=sys.stderr)

            # 也許你想在每次迭代時把資料保存起來，
            # 這樣可以在非預期的情況下提供多一層的保護

            if len(ids) >= limit or response is None:
                break

    # 運用 ID 做一些有用的事情，例如把資料保存到磁碟中
    return friends_ids[:friends_limit], followers_ids[:followers_limit]

# 使用範例

twitter_api = oauth_login()

friends_ids, followers_ids = get_friends_followers_ids(twitter_api,
                                                screen_name="SocialWebMining",
                                                friends_limit=10,
                                                followers_limit=10)

print(friends_ids)
print(followers_ids)
```

9.20 分析使用者的朋友與跟隨者

9.20.1 問題

你想針對某個使用者的朋友與跟隨者進行比較,以做出一些基本的分析。

9.20.2 解答

可使用交集和差集之類的集合操作,針對使用者的朋友與跟隨者進行分析。

9.20.3 討論

取得使用者所有的朋友和跟隨者之後,你可以藉助像是「交集」(*intersection*)和「差集」(*difference*)之類的集合相關操作,單純針對 ID 值本身進行一些原始分析,如範例 9-21 所示。

如果給定兩個集合,交集操作就會送回它們共同的項目,差集則會用其中一個集合的項目「減去」另一個集合的項目,最後留下有差異的項目。還記得嗎?交集是一種可前後交換的運算方式,但差集操作的兩個集合則「不可」前後交換。[1]

如果分析的是「朋友」和「跟隨者」這兩個集合,其交集可以解釋為「彼此互相是朋友」,也就是那些跟隨著使用者、同時被使用者跟隨的人,而兩個集合的差集則可以解釋為那些跟隨著使用者、但並沒有被使用者跟隨的人,或是那些被使用者跟隨、但沒有跟隨使用者的人;由此也可以看出,差集操作的前後順序,會帶來不同的效果。

一旦取得朋友和跟隨者 ID 的完整列表,這些集合相關操作的計算就是很自然的起始做法,可做為後續分析的跳板。舉例來說,如果一開始面對使用者擁有好幾百萬個跟隨者的情況,應該沒有必要馬上使用 GET users/lookup 這個 API 來取得每個人的個人檔案。相反的,你可以先根據集合相關操作的結果做出一些選擇,例如可以在進一步處理其他資料之前,先針對彼此互相跟隨的朋友(他們應該有比較緊密的關係),優先處理這些使用者 ID 的個人檔案。

1　所謂「可前後交換」(commutative)的運算,指的就是參與運算的運算對象(operand)順序並不重要,運算對象的順序可以前後交換,比如加法或乘法就是如此。

範例 *9-21*：分析某個使用者的朋友與跟隨者

```python
def setwise_friends_followers_analysis(screen_name, friends_ids, followers_ids):

    friends_ids, followers_ids = set(friends_ids), set(followers_ids)

    print('{0} is following {1}'.format(screen_name, len(friends_ids)))

    print('{0} is being followed by {1}'.format(screen_name, len(followers_ids)))

    print('{0} of {1} are not following {2} back'.format(
            len(friends_ids.difference(followers_ids)),
            len(friends_ids), screen_name))

    print('{0} of {1} are not being followed back by {2}'.format(
            len(followers_ids.difference(friends_ids)),
            len(followers_ids), screen_name))

    print('{0} has {1} mutual friends'.format(
            screen_name, len(friends_ids.intersection(followers_ids))))

# 使用範例

screen_name = "ptwobrussell"

twitter_api = oauth_login()

friends_ids, followers_ids = get_friends_followers_ids(twitter_api,
                                                    screen_name=screen_name)
setwise_friends_followers_analysis(screen_name, friends_ids, followers_ids)
```

9.21 收集使用者的推文

9.21.1 問題

你想收集某個使用者所有的最新推文，以進行後續的分析。

9.21.2 解答

只要使用 GET statuses/user_timeline 這個 API 端點，就能檢索出使用者多達 3200 條最新的推文，不過最好還是使用 make_twitter_request 這類比較可靠的 API 包裝函式

（如「9.16 發出可靠的 Twitter 請求」所述），因為這種請求有可能會超出速度限制，或是在過程中遇到 HTTP 錯誤。

9.21.3 討論

時間軸（timeline）是 Twitter 開發者都必須瞭解的基本概念，而且 Twitter 也提供了一個方便的 API 端點，其目的就是透過「使用者時間軸」的概念，來收集使用者的推文。收集使用者的推文（如範例 9-22 所示）通常是在分析上很有意義的一個起點，因為推文是 Twitter 世界中最基本的原生對象。只要收集特定使用者大量的推文，就可以提供令人難以置信的洞察力，瞭解這個使用者都在談論些什麼（同時也可以瞭解他最在乎什麼）。只要擁有某特定使用者好幾百則推文的封存資料，你就可以進行好幾十個實驗，而且通常就不需要再進行太多額外的 API 存取了。在實驗過程中，你可以把推文儲存在文件導向的資料庫（例如 MongoDB），這是一種保存、存取資料很自然的做法。對於長期使用 Twitter 的使用者而言，如果想知道興趣或情感隨時間的變化，只要進行時間序列分析，應該就可以得到不錯的結果。

範例 9-22：收集使用者的推文

```
def harvest_user_timeline(twitter_api, screen_name=None, user_id=None,
    max_results=1000):

    assert (screen_name != None) != (user_id != None), \
    "Must have screen_name or user_id, but not both"

    kw = {  # 進行 Twitter API 調用所需的關鍵字參數
        'count': 200,
        'trim_user': 'true',
        'include_rts' : 'true',
        'since_id' : 1
        }

    if screen_name:
        kw['screen_name'] = screen_name
    else:
        kw['user_id'] = user_id

    max_pages = 16
    results = []

    tweets = make_twitter_request(twitter_api.statuses.user_timeline, **kw)
```

```python
    if tweets is None: # 401( 未認證錯誤 ) —— 不需要進入迴圈
        tweets = []

    results += tweets

    print('Fetched {0} tweets'.format(len(tweets)), file=sys.stderr)

    page_num = 1

    # 有很多 Twitter 帳號的推文數量並未超過 200 則，這種情況下並不需要進入
    # 迴圈，浪費寶貴的請求（如果設定 max_results = 200 的話）。

    # 注意：迴圈內也可以採取一些類似的最佳化做法，以減少請求的次數
    # （舉例來說，你在第二次請求時，預期總共應該會取得 400 則推文，
    # 但如果實際上只取得 287 則推文，就不需要再進行第三次請求了）。不過，Twitter 會針對一些
    # 受審查（censored）及已刪除的推文進行「後篩選」（post-filtering），所以 count 的數量不一定很精準。
    # 因此，嚴格檢查結果數量是不是 200 的倍數，這種做法也不大對。舉例來說，
    # 如果數量是 198，實際上後面很可能還有其他的推文。如果你已經先知道
    # 帳號內推文的總數量（透過 GET /users/lookup/），這樣你就可以
    # 用它來做為簡單的判斷依據。

    if max_results == kw['count']:
        page_num = max_pages # 阻止程式進入迴圈

    while page_num < max_pages and len(tweets) > 0 and len(results) < max_results:

        # 在 Twitter v1.1 的 API 中，如果要遍歷時間軸，就必須
        # 取得下一次查詢時要送入的 max-id 參數
        # 參見 http://bit.ly/2L0jwJw
        kw['max_id'] = min([ tweet['id'] for tweet in tweets]) - 1

        tweets = make_twitter_request(twitter_api.statuses.user_timeline, **kw)
        results += tweets

        print('Fetched {0} tweets'.format(len(tweets)),file=sys.stderr)

        page_num += 1

    print('Done fetching tweets', file=sys.stderr)

    return results[:max_results]

# 使用範例
```

```
twitter_api = oauth_login()
tweets = harvest_user_timeline(twitter_api, screen_name="SocialWebMining",
                               max_results=200)


# 用 save_to_mongo 保存到 MongoDB，或是用 save_json 保存到本地檔案中
```

9.22 針對朋友關係圖進行爬取的動作

9.22.1 問題

你想收集某個使用者的跟隨者、這些跟隨者的跟隨者、這些跟隨者的跟隨者的跟隨者 …… 等等這些人的 ID，以做為網路分析的一部分 —— 實際上就是針對「跟隨」關係所形成的朋友關係圖，在 Twitter 中進行爬取資料的動作。

9.22.2 解答

使用廣度優先搜尋的做法，以一種有系統的方式收集朋友關係訊息，這樣的訊息很容易運用網路分析 graph 圖來進行解釋。

9.22.3 討論

廣度優先搜尋是探索 graph 圖時常用的技術，也是一種標準的做法，它會從一個點開始，根據關係所定義的前後背景（context），打造出相應的多層結構。只要給它一個起點與所要探索的深度，廣度優先演算法就會用一種有系統的方式遍歷整個探索空間，最後保證一定可以把深度範圍內的所有節點送回來，而在探索資料空間的搜尋過程中，它會先針對同一個深度進行完整的探索，然後才會前往下一個深度繼續進行搜尋（參見範例 9-23）。

請記住，在瀏覽 Twitter 朋友關係圖時，你很可能會遇到「超級節點」（supernode；也就是往外連線數量非常多的節點），這些「超級節點」非常耗費計算資源，而且一不小心就會讓 API 請求次數超出速度限制。建議你至少在初步分析期間，針對 graph 圖中每個使用者所要取得的跟隨者數量，設定一個有意義的上限值，好讓你更清楚自己所要面對的問題，並判斷值不值得花費時間與精力去處理超級節點，以解決你的特定問題。探索

graph 圖是一個很複雜（也很令人興奮）的問題，各位可以更有智慧地搭配各種其他工具（例如取樣技術），進一步提高搜尋的效率。

範例 9-23：針對朋友關係圖進行爬取的動作

```python
def crawl_followers(twitter_api, screen_name, limit=1000000, depth=2,
                    **mongo_conn_kw):

    # 針對螢幕名稱（screen_name）解析出相應的 ID，然後用 ID 進行後續操作，
    # 讓保存的資料維持一致性

    seed_id = str(twitter_api.users.show(screen_name=screen_name)['id'])

    _, next_queue = get_friends_followers_ids(twitter_api, user_id=seed_id,
                                        friends_limit=0, followers_limit=limit)

    # 把 seed_id => _follower_ids 的對應關係保存在 MongoDB 中

    save_to_mongo({'followers' : [ _id for _id in next_queue ]}, 'followers_crawl',
                '{0}-follower_ids'.format(seed_id), **mongo_conn_kw)

    d = 1
    while d < depth:
        d += 1
        (queue, next_queue) = (next_queue, [])
        for fid in queue:
            _, follower_ids = get_friends_followers_ids(twitter_api, user_id=fid,
                                                friends_limit=0,
                                                followers_limit=limit)

            # 把 fid => follower_ids 的對應關係保存在 MongoDB 中
            save_to_mongo({'followers' : [ _id for _id in follower_ids ]},
                        'followers_crawl', '{0}-follower_ids'.format(fid))

            next_queue += follower_ids

# 使用範例

screen_name = "timoreilly"

twitter_api = oauth_login()
crawl_followers(twitter_api, screen_name, depth=1, limit=10)
```

9.23 分析推文內容

9.23.1 問題

假設你有一大堆推文,想對每則推文的內容進行一些粗略的分析,以便更瞭解相關討論的性質,還有這些推文所要傳達的想法。

9.23.2 解答

運用一些簡單的統計數字,例如詞彙多樣性(lexical diversity)或每條推文的平均單詞數量,就可以初步瞭解討論的內容,這可說是判斷語言本質的第一步。

9.23.3 討論

除了分析推文實體的內容、針對常見單詞進行簡單的頻率分析之外,你還可以檢查一下推文的「**詞彙多樣性**」(*lexical diversity*),或是計算其他一些簡單的統計數字(例如每則推文的平均單詞數量),對資料建立更多的認識(參見範例 9-24)。詞彙多樣性其實是一種簡單的統計數字,它的定義就是在語料庫中「唯一而不重複單詞的數量」除以「所有單詞的總數量」;根據這個定義,如果詞彙多樣性為 1.0,就表示語料庫中所有單詞全都是唯一而不重複的;如果詞彙多樣性接近 0.0,就表示有很多重複的單詞。

在不同的情況下,詞彙多樣性的解釋也可能略有不同。舉例來說,在文學領域中,如果針對兩個作家的詞彙多樣性進行比較,或許就可以衡量出他們相對的語言豐富性或表現能力。雖然這通常並不是最終的目的,但詞彙多樣性通常在非常初步的階段,就可以提供很有價值且相當深入的見解(通常會與頻率分析結合使用),這些相當深入的見解可做為很好的參考依據,指引後續可能採取的步驟。

如果是在 Twitter 的世界裡比較兩個 Twitter 使用者,或許也可以用類似的方式解釋詞彙多樣性,不過它也有可能只代表目前正在討論的整體內容相對的多樣性,譬如有些人只談論技術,有些人談論的話題範圍則寬廣得多。如果是多個推文者針對同一主題集合了許多推文(例如從 Search API 或 Streaming API 送回來的一大堆推文),在這樣的情況下,詞彙多樣性有可能會比預期低得多,但其中原因「可能」是因為他們之間有很多不必明說大家都知道的「集體思維」。另一種可能是大量轉推的情況,其中或多或少都存在一些反覆出現的相同訊息。任何分析都一樣,如果不知道相應的背景,就不應該貿然對統計數字做出任何的解釋。

範例 9-24：分析推文內容

```python
def analyze_tweet_content(statuses):

    if len(statuses) == 0:
        print("No statuses to analyze")
        return

    # 這個巢狀的輔助函式是用來計算詞彙的多樣性
    def lexical_diversity(tokens):
        return 1.0*len(set(tokens))/len(tokens)

    # 這個巢狀的輔助函式是用來計算每則推文的平均單詞數量
    def average_words(statuses):
        total_words = sum([ len(s.split()) for s in statuses ])
        return 1.0*total_words/len(statuses)

    status_texts = [ status['text'] for status in statuses ]
    screen_names, hashtags, urls, media, _ = extract_tweet_entities(statuses)

    # 計算所有推文中出現過的所有單詞
    words = [ w
            for t in status_texts
                for w in t.split() ]

    print("Lexical diversity (words):", lexical_diversity(words))
    print("Lexical diversity (screen names):", lexical_diversity(screen_names))
    print("Lexical diversity (hashtags):", lexical_diversity(hashtags))
    print("Averge words per tweet:", average_words(status_texts))


# 使用範例

q = 'CrossFit'
twitter_api = oauth_login()
search_results = twitter_search(twitter_api, q)

analyze_tweet_content(search_results)
```

9.24 針對超鏈接的目標內容進行摘要總結

9.24.1 問題

你想針對超鏈結（例如推文實體 URL）其中的內容有個粗略的瞭解，以便能夠洞悉推文的性質，或瞭解一下 Twitter 使用者的興趣。

9.24.2 解答

可以把 URL 所對應的內容摘要總結成幾個句子，以便能夠輕鬆進行略讀（或以其他方式進行更簡潔的分析），而不必完整閱讀整個網頁的內容。

9.24.3 討論

如果想理解一般網頁中的人類語言資料，你的想像力就是唯一的限制。範例 9-25 提供了一個範本，可以針對內容進行處理並提煉成比較簡潔的形式，然後就可以透過其他技術快速進行略讀或分析這些結果。簡而言之，它示範的是如何取得網頁的內容，然後把網頁中比較有意義的內容（捨棄掉標頭、頁腳、側邊欄等大量的樣板文字）獨立出來，再刪除殘留的 HTML 標籤，並使用一種簡單的摘要總結技術，把內容中最重要的句子提取出來。

摘要總結技術基本上就是基於這樣的前提：只要把重要的句子按照時間順序排列，就可以做為一個很好的內容摘要總結，而且只要識別出經常相互靠近而且頻繁出現的單詞，就可以找出重要的句子。這樣的做法雖然有點粗糙，但如果是針對一般相對合理的網頁內容，這種形式的摘要總結效果倒是出奇地好。

範例 9-25：針對超鏈接目標的內容進行摘要總結

```
import sys
import json
import nltk
import numpy
import requests
from boilerpipe.extract import Extractor

def summarize(url=None, html=None, n=100, cluster_threshold=5, top_sentences=5):
```

```python
# 這個做法取自 H.P. Luhn 的 "The Automatic Creation of Literature Abstracts"
# （自動建立文學摘要）
# 參數：
# * n  - 考慮的單詞數量
# * cluster_threshold - 考慮的單詞間距離
# * top_sentences - 要送回前 n 句總結的句子數量

# 巢狀輔助函式的開頭
def score_sentences(sentences, important_words):
    scores = []
    sentence_idx = -1

    for s in [nltk.tokenize.word_tokenize(s) for s in sentences]:

        sentence_idx += 1
        word_idx = []

        # 針對單詞列表中的每個單詞 ...
        for w in important_words:
            try:
                # 計算出重要單詞在每個句子中相應的索引

                word_idx.append(s.index(w))
            except ValueError as e: # w 並沒有出現在這個句子中
                pass

        word_idx.sort()

        # 有些句子可能並未包含任何重要的單詞
        if len(word_idx)== 0: continue

        # 針對重要單詞兩兩進行檢查，單詞間距小於門檻值就是同一集群
        # 以此方式對重要單詞進行分群處理

        clusters = []
        cluster = [word_idx[0]]
        i = 1
        while i < len(word_idx):
            if word_idx[i] - word_idx[i - 1] < cluster_threshold:
                cluster.append(word_idx[i])
            else:
                clusters.append(cluster[:])
                cluster = [word_idx[i]]
            i += 1
        clusters.append(cluster)
```

```
        # 對每個集群進行評分。句子裡各集群中最高的分數，
        # 就是這個句子相應的分數。

        max_cluster_score = 0
        for c in clusters:
            significant_words_in_cluster = len(c)
            total_words_in_cluster = c[-1] - c[0] + 1
            score = 1.0 * significant_words_in_cluster \
                * significant_words_in_cluster / total_words_in_cluster

            if score > max_cluster_score:
                max_cluster_score = score

        scores.append((sentence_idx, score))

    return scores

# 巢狀輔助函式的結尾

extractor = Extractor(extractor='ArticleExtractor', url=url, html=html)

# 每個頁面的情況各有不同。所得到的結果也各有不同。
# 好消息是，摘要總結演算法天生就有一定的
# 雜訊處理效果。

txt = extractor.getText()

sentences = [s for s in nltk.tokenize.sent_tokenize(txt)]
normalized_sentences = [s.lower() for s in sentences]

words = [w.lower() for sentence in normalized_sentences for w in
        nltk.tokenize.word_tokenize(sentence)]

fdist = nltk.FreqDist(words)

top_n_words = [w[0] for w in fdist.items()
        if w[0] not in nltk.corpus.stopwords.words('english')][:n]

scored_sentences = score_sentences(normalized_sentences, top_n_words)

# 第一種摘要總結做法：
# 根據平均分數，加上一定比例的標準差，過濾掉一些
```

```
# 比較不重要的句子。

avg = numpy.mean([s[1] for s in scored_sentences])
std = numpy.std([s[1] for s in scored_sentences])
mean_scored = [(sent_idx, score) for (sent_idx, score) in scored_sentences
                if score > avg + 0.5 * std]

# 第二種摘要總結做法：
# 只送回排名前 N 個句子

top_n_scored = sorted(scored_sentences, key=lambda s: s[1])[-top_sentences:]
top_n_scored = sorted(top_n_scored, key=lambda s: s[0])

# 摘要總結的結果，可掛入 post 物件中

return dict(top_n_summary=[sentences[idx] for (idx, score) in top_n_scored],
            mean_scored_summary=[sentences[idx] for (idx, score) in mean_scored])
```

```
# 使用範例

sample_url = 'http://radar.oreilly.com/2013/06/phishing-in-facebooks-pond.html'
summary = summarize(url=sample_url)

# 另一種做法是，如果你有 HTML，可以直接把它送進去。有時可能必須採用這種做法，
# 比如遇到了神秘的 urllib2.BadStatusLine 錯誤。這裡就是
# 相應的做法：

# sample_html = requests.get(sample_url).text
# summary = summarize(html=sample_html)

print("-------------------------------------------------")
print("                  'Top N Summary'")
print("-------------------------------------------------")
print(" ".join(summary['top_n_summary']))
print()
print()
print("-------------------------------------------------")
print("              'Mean Scored' Summary")
print("-------------------------------------------------")
print(" ".join(summary['mean_scored_summary']))
```

9.25 分析使用者最喜愛的推文

9.25.1 問題

你想檢查一下某人最喜愛的推文，藉此瞭解更多關於這個人所在意的事物。

9.25.2 解答

只要使用 GET favorite/list 這個 API 端點，就可以取得使用者最喜愛的推文，然後再套用偵測、提取、計算推文實體數量的技術，即可呈現出一些內容相關的特性。

9.25.3 討論

並非所有 Twitter 使用者都使用書籤來標註最喜愛的推文，因此你並不能把這種做法視為完全可靠的技術，藉此方式來找出使用者感興趣的內容與主題；但如果你夠幸運，遇到一個 Twitter 使用者習慣用書籤標註最喜愛的推文，通常就有機會找到一個精選內容的寶庫。雖然範例 9-26 所顯示的分析針對的是先前所構建的推文實體表，不過你完全可以把更高階的技術應用到推文本身。另外還有幾個不同的構想，譬如根據不同主題切分內容、分析某人最喜愛的推文如何隨時間演變或進化，或是畫出某人何時或間隔多久會把推文加入書籤，觀察其中有沒有什麼規律性。

請記住，除了加入書籤之外，使用者轉推過的任何推文也很值得進行分析，甚至可以分析不同行為的模式，例如使用者比較喜歡轉推（多久一次）還是比較喜歡把推文加入書籤（多久一次），或是兩種行為都很常出現；像這類的分析調查，本身就相當具有啟發性。

範例 9-26：分析使用者最喜愛的推文

```
def analyze_favorites(twitter_api, screen_name, entity_threshold=2):

    # 在之前的問答中曾介紹過，只要運用游標，就可以取得超過 200 則的推文，
    # 不過 200 則推文已經可以做出不錯的分析了
    favs = twitter_api.favorites.list(screen_name=screen_name, count=200)
    print("Number of favorites:", len(favs))

    # 搞清楚推文中最常見的是哪些實體（如果有的話）

    common_entities = get_common_tweet_entities(favs,
                                        entity_threshold=entity_threshold)
```

```
# 運用 PrettyTable，建立一個顯示起來比較美觀的表格

pt = PrettyTable(field_names=['Entity', 'Count'])
[ pt.add_row(kv) for kv in common_entities ]
pt.align['Entity'], pt.align['Count'] = 'l', 'r'  # 設定各欄位對齊的方式

print()
print("Common entities in favorites...")
print(pt)


# 列印出其他的一些統計數字
print()
print("Some statistics about the content of the favorities...")
print()
analyze_tweet_content(favs)

# 也可以開始分析超鏈結相應的內容，或是針對內容進行摘要總結等等。

# 使用範例

twitter_api = oauth_login()
analyze_favorites(twitter_api, "ptwobrussell")
```

9.26 結語

雖然運用與挖掘 Twitter 資料的方法可能有千百種，本章的內容可能只佔其中的一小部分，但我們希望在這裡為你提供一個很好的跳板，還有一些範例可供你借鑒，甚至可以套用到許多具有獲利機會的專案之中。只要能夠善用 Twitter（以及其他大多數社群網站）的資料，各種應用的可能性範圍可說是非常廣泛而強大，而且（也許最重要的是）非常好玩又有趣！

我們非常歡迎、也非常鼓勵你利用 pull requests（拉回請求）的方式提出其他問題（或是針對這裡的問答提出更好的建議），而且我們也會非常大方接受大家的請求。請到本書的 GitHub 儲存庫（*http://bit.ly/Mining-the-Social-Web-3e*）以 fork（分叉）的方式取得本書的程式碼，你可以針對本章的 Jupyter Notebook 提交請求，然後送出 pull request（拉回請求）即可！希望這一系列問答能夠逐漸擴大涵蓋的範圍，為眾多的社群資料駭客們提供一個有價值的起始點，並且逐漸形成一個活躍的貢獻者社群。

9.27 推薦練習

- 更深入重新檢視 Twitter Platform API（*http://bit.ly/1a1kSKQ*）。有沒有找到（或找不到）一些讓你感到很驚訝的 API？

- 分析一下你曾經轉推過的所有推文。對於轉推的內容或興趣隨著時間的變化，你會感到很驚訝嗎？

- 把你所寫的推文與你轉推的推文並列呈現。這些內容通常都是圍繞著相同的主題嗎？

- 試著寫出一組問答，使用 NetworkX 把 MongoDB 中的朋友關係圖資料載入到一個真實的 graph 圖中，並使用 NetworkX 其中一種預設演算法（例如中心度或集團分析）深入挖掘一下 graph 圖。第八章提供了關於 NetworkX 的概述，你可以先重新檢視一下，再嘗試完成本練習。

- 嘗試寫出一組問答，運用前一章所介紹的視覺化技巧，以視覺化方式呈現 Twitter 資料。舉例來說，運用不同的 graph 圖視覺化呈現方式，把朋友關係圖顯示出來；或是運用 Jupyter Notebook 的一些圖形或直方圖，把特定使用者的推文模式或傾向，以視覺化方式呈現出來；或是把推文中的內容填入標籤雲（類似單詞標籤雲（*http://bit.ly/1a1n5pO*）的做法）。

- 嘗試寫出一組問答，辨識出那些跟隨了你但你並沒有反過來跟隨的人，然後查看一下他們推文的內容，或許你會發現其中有些人很值得跟隨。我們在「測量相似度」曾介紹過一些相似度的衡量方式，也許可以做為一個合適的起點。

- 嘗試寫出一組問答，根據兩個使用者的推文內容，計算出兩個使用者的相似度。

- 重新檢視一下 Twitter 的 Lists API，特別看一下 **/lists/list**（*http://bit.ly/2L0fSzd*）和 **/lists/memberships**（*http://bit.ly/2rE3mwD*）這兩個 API 端點，它們可以告訴你「使用者訂閱（subscribe）的列表」，以及「被其他使用者加入成員（*member*）的列表」。從使用者訂閱的列表和其他使用者加入的列表中，你能否得出一些關於使用者的訊息？

- 嘗試把處理人類語言的技術套用到推文中。卡內基美隆大學（Carnegie Mellon）有一個叫做「Twitter NLP and part-of-speech tagging」（Twitter 自然語言處理與詞性標記；*http://bit.ly/1a1n84Y*）的專案，那裡應該是個很好的起點。

- 如果你跟隨了許多 Twitter 帳號，大概就很難確實跟上所有的活動。請嘗試編寫出一個演算法，根據重要性而非時間順序，針對出現在首頁時間軸上的推文進行排序。你能否有效過濾掉雜訊，並篩選出更多有用的資訊？你能否根據自己個人的興趣，針對當天的熱門推文計算出有意義的摘要？

- 開始針對其他社群網站（如 Facebook 或 LinkedIn），逐步製作出有用的問答集

9.28 線上資源

本章以下的幾個連結列表，可能對你有點用處：

- BSON（*http://bit.ly/1a1pG34*）

- d3-cloud GitHub 儲存庫（*http://bit.ly/1a1n5pO*）

- 指數衰減（*http://bit.ly/1a1pHEe*）

- MongoDB 資料聚合框架（aggregation framework；*http://bit.ly/1a1pGjv*）

- OAuth 2.0（*http://oauth.net/2/*）

- Twitter API 文件（*http://bit.ly/1a1kSKQ*）

- Twitter API HTTP 錯誤碼

- Twitter NLP 與詞性標記專案（*http://bit.ly/1a1n84Y*）

- Twitter Streaming API（*http://bit.ly/2rDU17W*）

- WOE（Where On Earth）ID 查詢（*http://bit.ly/2jVIcXo*）

## 第三部分

附錄

本書的附錄提供了一些貫穿各領域的材料，這些內容可說是本書之前許多內容的基礎：

- 附錄 A 簡要概述了本書所附帶的虛擬機相關技術，並簡要討論了虛擬機的範圍和目的。

- 附錄 B 提供了關於「開放授權」（OAuth）的簡短討論；這個協定是一種產業協定，它可以讓 API 在各大社群網站中存取社群資料。

- 附錄 C 是本書程式碼中常會遇到的一些常見 Python 慣用做法簡要入門；它特別強調說明關於 Jupyter Notebook 其中的一些微妙之處，你或許能從中受益。

本書在虛擬機方面
的相關經驗

就像本書每一章都有一個相應的 Jupyter Notebook 一樣，每個附錄也都有一個相應的 Jupyter Notebook。所有的 notebooks 全都保存在本書的 GitHub 程式碼儲存庫（*http://bit.ly/Mining-the-Social-Web-3E*）。這篇附錄純粹只是用來做為 Jupyter Notebook 的交叉參照之用，我們會在 Jupyter Notebook 內提供關於如何安裝與設定本書虛擬機的逐步說明，使用 Docker 更加方便。

強烈建議你以本書相關的 Docker 映像做為開發環境，而不要直接使用你電腦中現有的 Python 安裝環境。安裝 Jupyter Notebook 及其科學計算相關的所有依賴關係時，會牽涉到一些比較複雜的設定管理問題。本書所使用的各種第三方 Python 套件，以及跨平台支援使用者的需求，只會增加基本開發環境啟動與執行時可能涉及的複雜度。

GitHub 儲存庫（*http://bit.ly/Mining-the-Social-Web-3E*）包含各種最新的說明，其中包括入門介紹、如何安裝 Docker 並啟動一個「容器化」（containerized）的 image 映像（其中包含本書使用到的所有軟體）。即使你是使用 Python 開發工具的專家，在初次閱讀本書時，還是可以利用本書的虛擬機省下一些時間。不妨嘗試一下。你會很慶幸自己有這麼做。

本附錄相應的唯讀 Jupyter Notebook（Appendix A：Virtual Machine Experience（附錄 A：虛擬機相關經驗）；*http://bit.ly/2H0nbUu*）是與本書的 GitHub 程式碼儲存庫（*http://bit.ly/Mining-the-Social-Web-3E*）共同維護，其中包含了逐步說明的入門指南。

OAuth 入門

就像本書每一章都有個相應的 Jupyter Notebook 一樣，每個附錄也都有一個相應的 Jupyter Notebook。所有的 notebooks 全都保存在本書的 GitHub 程式碼儲存庫（*http:// bit.ly/Mining-the-Social-Web-3E*）。紙本版的這篇附錄純粹只是用來做為 Jupyter Notebook 的交叉參照之用，我們會在 Jupyter Notebook 內提供關於使用者授權時所牽涉到的一些 OAuth 互動式流程；如果你的應用程式需要給其他使用者使用，就有需要閱讀這些相關的內容。

這篇附錄主要是針對 OAuth 進行簡要的介紹。關於 Twitter、Facebook 和 LinkedIn 等各大流行網站的 OAuth 流程範例程式碼，全都有相應的 Jupyter Notebook 可供使用。

 這篇附錄對應的 Jupyter Notebook，檔名是 Appendix B：OAuth Primer
（附錄 B：OAuth 入門；*http://bit.ly/2xnKpUX*），你可以直接在線上查看。

內容簡介

OAuth 就是「開放授權」（Open Authorization）的縮寫，它可以為使用者提供一種「授權」給應用程式的方式，讓應用程式可以透過 API 存取其帳號資料，這樣使用者就不用把比較敏感的憑證資料（例如使用者名稱與密碼）提供給應用程式了。雖然我們在這裡是針對社群網路來介紹 OAuth，但別忘了它其實是一種規範，只要使用者想授權給應用程式去做出某些操作，這類情況都有廣泛的適用性。使用者通常可以針對不同的第三方應用程式，提供不同級別的存取權限（這部分也要看 API 本身實作到什麼程度），而且可以隨時撤銷授權。舉例來說，以 Facebook 為例，它在權限方面實作到非常細膩的程度，使用者可以讓第三方應用程式存取到非常具有針對性的帳號相關敏感訊息。

由於 Twitter、Facebook、LinkedIn 和 Instagram 這類平台幾乎無所不在，而且針對這些社群網站平台所開發的第三方應用程式也受到廣泛的運用，因此他們全都把 OAuth 做為平台授權的一種通用做法，這也沒什麼好奇怪的。不過就像其他任何規範或協定一樣，目前不同社群網站媒體資源的 OAuth 實作，還是會隨著實作的規範版本而有所不同，而且在某些實作中，有時還會出現一些比較特別的做法。本節將簡要介紹 RFC 5849（*http://bit.ly/1a1pWio*）所定義的 OAuth 1.0a，以及 RFC 6749（*http://bit.ly/1a1pWiz*）所定義的 OAuth 2.0；如果想要挖掘社群網站，或從事平台 API 相關的程式設計工作，這兩種都會遇到。

OAuth 1.0a

OAuth 1.0 [1] 定義了一種協定，這個協定可以讓 Web 客戶端程式從伺服器中存取到一些受保護的資源，相關的詳細說明可參見 OAuth 1.0 Guide（OAuth 1.0 使用指南；*http://bit.ly/1a1pYHe*）。如你所知，這個協定存在的目的就是為了讓使用者（也就是資源的擁有者）不用把密碼提供給 Web 應用程式，它所定義的範圍雖然很窄，但它確實達到了所聲稱的效果。進一步來看的話，開發者在使用 OAuth 1.0 進行開發時最主要的抱怨之一就是，由於 OAuth 1.0 預設情況下並不是使用 HTTPS 協定這種比較安全的 SSL 連線方式來交換憑證，所以實作過程會牽涉到各種加密的細節（例如 HMAC 簽名生成（*http://bit.ly/1a1pZe1*）），實作起來非常繁瑣。換句話說，OAuth 1.0 把加密技術當做實作流程的一部分，以確保有線傳輸期間的安全性。

雖然這裡的討論並不算很正式，但你也許想知道，如果以 OAuth 的術語來說，發出請求想要進行存取的應用程式，通常叫做「客戶端程式」（client，有時也叫做 *consumer* 消費端程式），而保存著「受保護資源」的社群網站或服務，則稱為「伺服器」（server，有時也叫做 provider 服務提供者），其中可以授予存取權限的使用者，就是所謂的「資源擁有者」（resource owner）。由於這整個過程牽涉到三方，因此在它們之間的一系列重定向（redirect），通常叫做「三方流程」（three-legged flow），或是更通俗的說法，也

1　在這裡的所有討論中，「OAuth 1.0」這個術語在技術上來說指的就是「OAuth 1.0a」，因為 OAuth 1.0 已經被版本 A 淘汰掉了，目前 OAuth 1.0a 已廣泛成為各種實作的標準。

叫做「OAuth 授權流程」（OAuth dance）。雖然其中實作與安全相關的細節有點龐雜，但是 OAuth 授權流程其實只牽涉到一些基本的步驟，這些步驟最後就可以讓客戶端應用程式代替資源擁有者，從服務提供者那裡存取到受保護的資源：

1. 客戶端程式從伺服器取得一個尚未授權的請求 token。

2. 資源擁有者針對這個請求 token 給予授權。

3. 客戶端程式用這個請求 token 進行交換，以取得 access token。

4. 客戶端程式只要使用 access token，就可以代表資源擁有者存取受保護的資源。

關於憑證方面，客戶端程式會從 consumer key 和 consumer secret 開始，到了 OAuth 授權流程結束時，就可以取得 access token 和 access token secret，用來存取受保護的資源。綜合以上所述，OAuth 1.0 主要就是為了讓客戶端應用程式能夠從資源擁有者那裡安全取得授權，以便能夠到伺服器中存取帳號資源；雖然實作的細節有些繁瑣，不過它提供了一個很廣泛被接受的協定，可以很順利實現其目的。OAuth 1.0 很有可能還會持續存在一段時間。

 羅布・索伯（Rob Sober）的《Introduction to OAuth (in Plain English)》（用白話簡介 OAuth；*http://bit.ly/1a1pXD7*）就是針對一般使用者（資源擁有者）說明如何把短網址服務（例如 bit.ly）當成客戶端程式，為它提供授權，以便能夠自動把短網址發佈到 Twitter（服務提供者）中。內容相當值得一看，而且應該可以讓你更加理解本節所介紹的一些抽象概念。

OAuth 2.0

OAuth 1.0 為 Web 應用程式提供了有用（但有點侷限）的授權流程，不過 OAuth 2.0 一開始就完全倚靠 SSL 來確保安全性，大幅簡化 Web 應用程式開發人員的實作細節，進而滿足了各種不同而廣泛的應用情境。這些應用情境的範圍，包括支援移動設備到企業需求，甚至從未來的角度考慮到「物聯網」（例如一些可能出現在你家中的設備）的需求。

Facebook 很早就開始採用 OAuth 2.0，其遷移計劃最早可追溯到 2011 年關於 OAuth 2.0 的起草文件（*http://bit.ly/1a1pYa9*），而且這個平台很早就完全採用 OAuth 2.0 其中一部分的規範。雖然目前 Twitter 標準的使用者身份驗證方式還是採用 OAuth 1.0a，但它在 2013 年初也實作了應用程式的身份驗證（*http://bit.ly/2GZEa9a*），這個身份驗證方式採用的是 OAuth 2.0 規範裡的「客戶端憑證授予（*Client Credentials Grant*）」（*http://bit.ly/1a1q3KT*）流程。如你所見，OAuth 2.0 發表之後，各大社群網站的反應各不相同，實際上並不是每個社群網站都爭先恐後馬上進行實作。

OAuth 2.0 是否會按照原本的設想成為新的產業標準，目前還不是那麼清楚。有一篇頗受歡迎的部落格文章，標題為「OAuth 2.0 and the Road to Hell（OAuth 2.0 和通往地獄的道路）」（*http://bit.ly/2Jege7m*；以及相應的 Hacker News 討論（*http://bit.ly/1a1q2Xg*））頗值得一看，其中總結了許多的問題。這篇文章是由 Eran Hammer 所撰寫，他在擔任 OAuth 2.0 規範的主要作者與編輯的角色幾年之後，於 2012 年中辭去了這個工作。始終圍繞大型開放式企業問題的「委員會設計」取向，似乎淹沒了相關工作群組的熱情與進步，而這個規範雖然已經在 2012 年末發表，但它能否提供實際的規範或藍圖，目前還不清楚。

幸運的是，在過去幾年中，湧現了許多出色的 OAuth 框架，緩解了 OAuth 1.0 其中許多 API 存取相關的開發難題，讓許多開發者得以跨越 OAuth 1.0 的障礙，持續進行創新開發。舉例來說，在本書前面的章節中使用 Python 套件時，你並不需要瞭解或關心 OAuth 1.0a 實作相關的任何複雜細節，只需要瞭解其工作原理即可。雖然 OAuth 2.0 有「良好的用意」，同時也存在「分析癱瘓」（*analysis paralysis*）的問題，不過目前看起來似乎很清楚的是，OAuth 2.0 其中一些流程定義得相當不錯，因此有些大型社群網站還是選擇與它一起前進。

如你所知，OAuth 1.0 實作中包含了一組相當嚴格的步驟，而與 OAuth 1.0 實作不同的是，OAuth 2.0 實作可能會因特定的使用情況而有所不同。不過典型的 OAuth 2.0 流程確實利用了 SSL 的優點，而且實際上只不過是由一些重定向所組成，如果從足夠高的層次上來看，這些重定向與之前所提過的 OAuth 1.0 流程相關步驟並沒有什麼不同。舉例來說，Twitter 的應用程式身份驗證（*http://bit.ly/2GZEa9a*）同樣是用 consumer key 和 consumer secret 來交換應用程式的 access token，只不過它採用的是安全的 SSL 連結。

不過要再次提醒的是，實作方式會依特定的使用狀況而有所不同，如果你對其中某些細節感興趣，OAuth 2.0 規範（*http://bit.ly/1a1q3uv*）第 4 節的內容雖然讀起來可能有點辛苦，但其中確實提供了相當容易理解的內容。如果你選擇閱讀其中的內容，請注意其中有些術語在 OAuth 1.0 與 OAuth 2.0 的用法並不相同，因此與其同時學習兩種規範，不如一次集中精力先理解其中一種規範，或許會比較容易一點。

Jonathan LeBlanc 的《*Programming Social Applications*》（社群應用程式
設計；*http://oreil.ly/1818YTc*；O'Reilly 出版）其中第 9 章談到如何構建社
群網站應用程式的內容，其中針對 OAuth 1.0 與 OAuth 2.0 做出了相當不
錯的討論。

身為一個社群網站的資料挖掘者，OAuth 的相關特性以及 OAuth 1.0 和 OAuth 2.0 的基
礎實作，對你來說或許並不是那麼重要。這裡討論的目的主要是提供一些基礎知識，讓
你對比較關鍵的概念有基本的理解，如果各位想要進一步研究，也能以此做為起點。收
集過各種資料的你應該也知道，魔鬼就在細節中。雖然這些知識有時會派上用場，但幸
運的是，有許多很不錯的第三方函式庫，在很大程度上幫助了人們，讓人們不需要對細
節有太多的瞭解。OAuth 1.0 和 OAuth 2.0 流程全都包含在本附錄相應的程式碼之中，
你可以根據自己的需要，想挖掘多少細節都沒問題。

Python 和 Jupyter Notebook 的提示與技巧

就像本書每一章都有一個相應的 Jupyter Notebook 一樣,每個附錄也都有一個相應的 Jupyter Notebook。就像附錄 A 一樣,這個「印刷版」的附錄內容可做為 Jupyter Notebook 的交叉參照之用;本書的程式碼全都放在 GitHub 程式碼儲存庫(*http://bit.ly/Mining-the-Social-Web-3E*),其中包括 Python 的一些慣用做法,以及關於 Jupyter Notebook 一些有用的使用技巧。

> 本附錄相應的 Jupyter Notebook(*https://bit.ly/37zzuWz*)包含了一些額外的範例,其中有些常用的 Python 慣用做法,在本書各處都用得到。其中還有一些關於如何使用 Jupyter Notebook 的有用提示,可以讓你節省一些時間。

雖然把 Python 稱為「可執行的虛擬程式碼(executable pseudocode)」這樣的說法並不少見,但如果可以把 Python 當成一種通用的程式語言,好好重新檢視一下這個語言,對於一個 Python 的初學者來說,應該是很值得的事情。如果你確實把 Python 當成一種程式語言,想要從 Python 的一般性介紹中獲益,可以考慮閱讀 Python 教程(*http://bit.ly/2LHjGph*)其中第 1 至 8 節的內容,以做為熟悉基本概念的方法。這是一個很值得的投資,可以讓你最大程度享受本書的內容。

索引

※ 提醒您：由於翻譯書排版的關係，部分索引名詞的對應頁碼會和實際頁碼有一頁之差。

T

U

V

關於作者

Matthew Russell（*@ptwobrussell*）是一位來自田納西州中部的技術領導者。他在工作中努力成為領導者，也協助他人成長為領導者，並打造高效率團隊解決各種難題。在工作之餘，他也會潛心思考終極現實、實行粗暴個人主義，以及訓練殭屍或機器人啟示錄（*apocalypse*）的可能性。

Mikhail Klassen（*@MikhailKlassen*）是 Paladin AI（*https://paladin.ai/*）的首席資料科學家，這家新創公司建立了一些自動調整的訓練技術。他擁有 McMaster 大學的計算天文物理博士學位，以及哥倫比亞大學的應用物理學士學位。Mikhail 對人工智慧及如何善用資料科學工具充滿熱情。在新創公司工作之餘，他通常在讀書或旅行。